Biochemistry
이해하기 쉬운 생화학

*머리말

생화학은 생명체 내에서 일어나는 수많은 다양한 화학반응에 다양한 생체분자들이 어떻게 특정 화학반응을 일으키고 조절하고 통합하는지에 대한 기전을 분자 수준에서 연구하는 학문이다.

최근 영양학 및 보건학 분야가 광범위한 생화학적 지식을 필요로 하는 예방의학적인 면에 큰 비중을 두고 있는 점을 감안하여 『이해하기 쉬운 생화학』은 생체 내에서 일어나는 생명과학의 이해를 돕기 위해 생화학의 기초지식과 응용을 최대한 평이하게 서술하려고 노력하였다. 또한 간호학, 약학, 환경학, 생물학, 화학, 분자생물학, 생물물리학 그리고 생물공학을 공부하는 학생들에게도 좋은 입문서가 되도록 필요한 내용을 이해하기 쉽게 전달하려고 노력하였다.

『이해하기 쉬운 생화학』은 생화학의 기초적인 내용을 기술하고 관련된 응용분야의 새로운 정보를 수집, 요약하여 모두 12장으로 구성하여 한 학기에 수업이 가능하도록 하였다. 생명의 화학적 현상의 기본이 되는 물과 완충액, 단백질, 효소 등에 대한 기본 개념과 특성을 파악할 수 있도록 하였으며, 생체의 중요한 구성요소이고 에너지급원인 당질, 지질, 단백질대사를 연속적으로 기술하여 상호 관계를 이해할 수 있도록 하였다. 또한 유전공학의 기초가 되는 핵산의 화학, 유전정보의 보존, 전달 및 조절에 관한 부분을 이해하기 쉽게 해설하려고 노력하였다.

아직도 저자들이 다시 보고 다듬어야 할 곳이 많이 있을 것이라 생각한다. 이 부분은 기회가 있을 때마다 바로잡고 다듬어갈 것을 약속한다. 마지막으로, 이 책이 나오기까지 기획, 편집, 인쇄의 출판 전 과정에 관여한 파워북 편집부 담당자들의 헌신적인 노고에 감사의 마음을 전한다.

저자 일동

*차례

CHAPTER 3 효소

CHAPTER 4 탄수화물

CHAPTER 5 탄수화물 대사

CHAPTER 6 구연산회로

CHAPTER 7 전자전달계와 산화적 인산화

CHAPTER 8

지질

CHAPTER 9

지질 대사

CHAPTER 10
단백질 분해와 아미노산 대사

CHAPTER 11

뉴클레오티드와 핵산

CHAPTER 12

유전정보의 흐름

생명의 기본단위와 생화학 반응의 환경

Chapter 1

1. 생명체의 특징과 생화학
2. 세포 : 생명의 구조적 · 기능적 단위
3. 생체분자를 구성하는 원소 및 화학결합
4. 생체용매로서의 물

CHAPTER 1

1 생명체의 특징과 생화학

생화학biochemistry은 생명현상 또는 생명원리의 기초를 화학적으로 연구하여 밝히는 학문이다. 즉, 생화학은 생체분자들biomolecules이 생명체 내의 현상과 특성을 나타내기 위해 상호작용하는 과정에서 나타나는 여러 현상을 다양한 분자적 반응에 기초하여 설명하는 학문으로서 생물화학biological chemistry이라고 부르기도 한다.

모든 생명체는 비생물에 비해 생명현상이라고 부르는 몇 가지 주요 특징을 가지는데, 이러한 특징들은 생명현상을 이해하는 데 도움이 된다.

1) 생명체는 매우 복잡하며, 고도로 조직화되어 있다

생물을 구성하는 생체분자들은 원자(원소의 기본단위)로 구성되어 있으며, 이러한 원자들은 다양한 조합의 화학결합을 통해 분자를 형성하고, 또 분자들이 서로 연결되어 고분자를 형성한다. 단백질, 탄수화물, 지질, 핵산 등의 고분자들은 생체의 여러 조직과 기관을 구성하는 세포의 소기관organelle을 구성함으로써 생체기 생체분자들의 고도로 조직화된 산물임을 나타낸다.

2) 생명체는 동적인 상태를 유지한다

생명체는 주위의 계system로부터 끊임없이 물질과 에너지를 상호 교류하여 생명체에 필요한 화합물을 생성하며, 주변의 계와 물질의 평형을 이루는 비생물과는 달리 스스로를 구성하는 생화합물을 분해·합성함으로써 동적인 상태를 유지한다. 예를 들면, 생명체는 영양소라는 고분자들로부터 에너지를 획득할 수 있으며, 이를 저장하고 변환시키며 이용하는 방법인 물질대사metabolism를 수행하는데, 이는 생명체의 성장, 발달 및 유지를 돕는다. 물질대사는 생화학적 목적에 따라 고분자인 생체분자를 간단한 분자로 분해하는 이화과정catabolism과 작은 전구체 분자로부터 복잡하고 큰 생체분자를 생합성하는 동화과정anabolism으로 나뉜다. 이화과정은 전체적으로 산화과정이고 화학적 에너지의 방출 및 ATP의 생성과정이다. 동화과정은 전체적으로 환원과정이고 에너지의 유입을 필요로 하며 생체에너지인 ATP를 소비하는 과정이다.

3) 생명체는 자기복제 및 자가회합하고 분화하며 생식을 통해 번식한다

생명체는 자신의 세포 내 핵 속에 유전자gene라는 유전정보를 DNA 염기서열을 통해 저장하고 있으며, 그 정보는 한 세대에서 다음 세대로 전해질 수 있다.

4) 생명체는 항상성을 가진다

생명체는 외부 환경요인 및 내적 변화 속에서도 환경 변화를 감지하고 반응하여 여러 기관계의 기능적인 협조와 통제를 통해 항상 안정된 상태를 유지하려는 항상성homeostasis을 가진다.

생명현상을 이해하기 위해 생화학 외에도 생체를 구성하는 기능적 단위체의 기능이나 현상을 연구하는 생리학physiology과 생체를 이루는 구성물의 형태 및 구조를 연구하는 해부학anatomy이 있다. 또한 생체에 대한 약물의 기능들을 연구하는 학문인 약리학pharmacology과 생물체가 외부로부터 물질을 섭취하여 이것을 이용하고 몸 밖으로 배설하면서 생명현상을 유지하는 과정을 연구하는 학문인 영양학nutrition도 밀접한 관계를 가지고 있다.

이 장에서는 생화학의 근간을 이루는 화학적·생물학적 기초지식을 기본으로, 생물체를 구성하는 기본단위인 원소를 구성하는 원자와 원자 간의 다양한 화학결합의 조화를 통한 분자의 형성, 생명체에서 일어나는 화학반응의 용매로서 작용하는 물, 그리고 생명현상을 나타내는 구조적·기능적 최소단위인 세포의 종류와 구조, 그리고 기능에 대해 살펴본다.

2 세포 : 생명의 구조적 · 기능적 단위

인체의 경우 유사한 기능을 수행하는 세포들이 모여 조직tissue을 이루고, 세포의 집단체인 조직은 세포보다 상위의 구조적 · 기능적 단위를 형성한다. 또 다른 구조 및 기능적 특성을 갖는 조직들과 결합하여 기관organ을 형성하며, 유사한 기능의 기관들이 연합하여 기관계를 구성하고, 기관계가 유기적인 연합을 통해 인체를 형성한다.

1) 세포의 종류

분자가 물질 고유의 특성을 잃지 않는 가장 기본적인 기능단위인 것과 마찬가지로, 인체를 포함한 모든 생명체와 유기체의 생명현상을 나타내는 구조적 · 기능적 단위는 세포cell이다. 생명체는 독립적으로 생명현상을 영위하는 단세포 형태일 수도 있고, 각각의 특정 기능을 수행하도록 분화된 세포가 모인 다세포 형태로 구분될 수도 있다.

오래전부터 과학자들은 세포의 구조적 · 기능적 특징에 따라 원핵세포prokaryote와 진핵세포eukaryote 두 가지로 구분하고 있다. 원핵 · 진핵 세포 모두는 세포 내 · 외의 주변 환경이 지질 이중층으로 구성된 세포막 단위에 의해 구분되는 공통점을 가졌지만, 진핵세포의 내부 구조는 원핵세포와는 다르게 구획화된 막 구조를 형성하여 구조적 차이점을 나타낸다 그림 1-1.

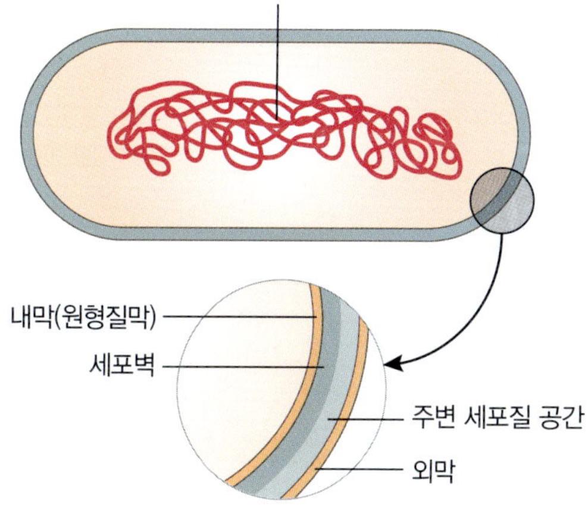

그림 1-1 원핵세포의 구조

(1) 원핵세포

① 원핵세포는 세균bacteria과 남조류cyanobacteria와 같은 단순한 생물을 구성하는 세포로서 지름이 1~10 μm의 작은 크기로 매우 다양한 종류와 광범위한 분포를 나타낸다.

② 원핵세포는 원형질막plasma membrane과 바깥쪽에

펩티도글라이칸peptido-glycan으로 이루어진 단단한 세포벽cell wall에 둘러싸여 보호되고 있다 그림 1-1.

③ 원핵세포의 원형질 막 안쪽에 존재하는 세포질에는 막으로 구획된 핵이 없으며, 유전물질은 핵양체nucleoid라고 부르는 고도로 꼬인 환(고리)상의 DNA 형태로 세포질 내에 존재하고, 여러 화학적 반응을 촉매하는 효소와 단백질 합성을 담당한 리보솜이 존재한다 그림 1-1.

(2) 진핵세포

① 진핵세포는 동물과 식물을 포함하고 있는 생물체를 구성하는 세포로서 지름이 5~100 μm로 원핵세포에 비해 훨씬 크며, 원핵생물과 가장 큰 차이점은 세포 내부의 구조가 막으로 구획화되어 있다는 점이다.

② 세포는 세포막으로 둘러싸여 있으며, 세포의 안쪽 바탕 공간인 세포질cytoplasm은 유전물질인 DNA가 막으로 둘러싸여 있는 구역, 즉 핵을 포함하여 막으로 둘러싸인 구조의 여러 가지 세포 소기관들을 포함하고 있다 그림 1-2.

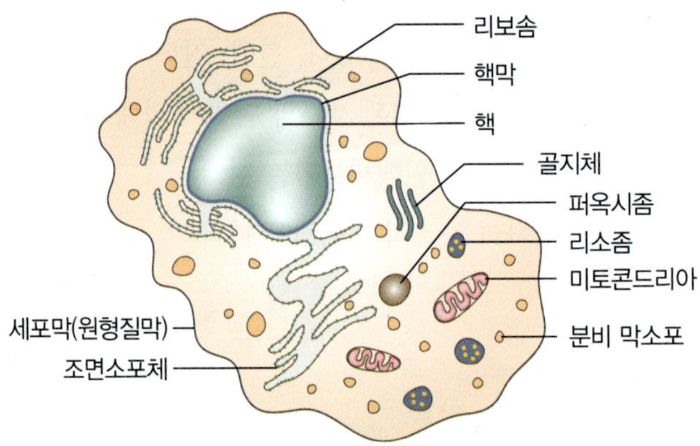

그림 1-2 진핵세포의 구조

2) 세포의 구조

(1) 세포막

① 세포막의 구조와 기능

세포막은 원형질막이라고도 부르며, 세포의 내부와 외부를 나눌 뿐만 아니라 조직 내 세포들 간의 경계를 구분하는 구조이다. 기본적으로 인지질 이중층bilyer phospholipid의 구조에 단백질이 묻혀 있으며, 이와 결합한 탄수화물 및 막의 구조적 견고성을 부여하는 콜레스테롤 분자가 존재한다 그림 1-3.

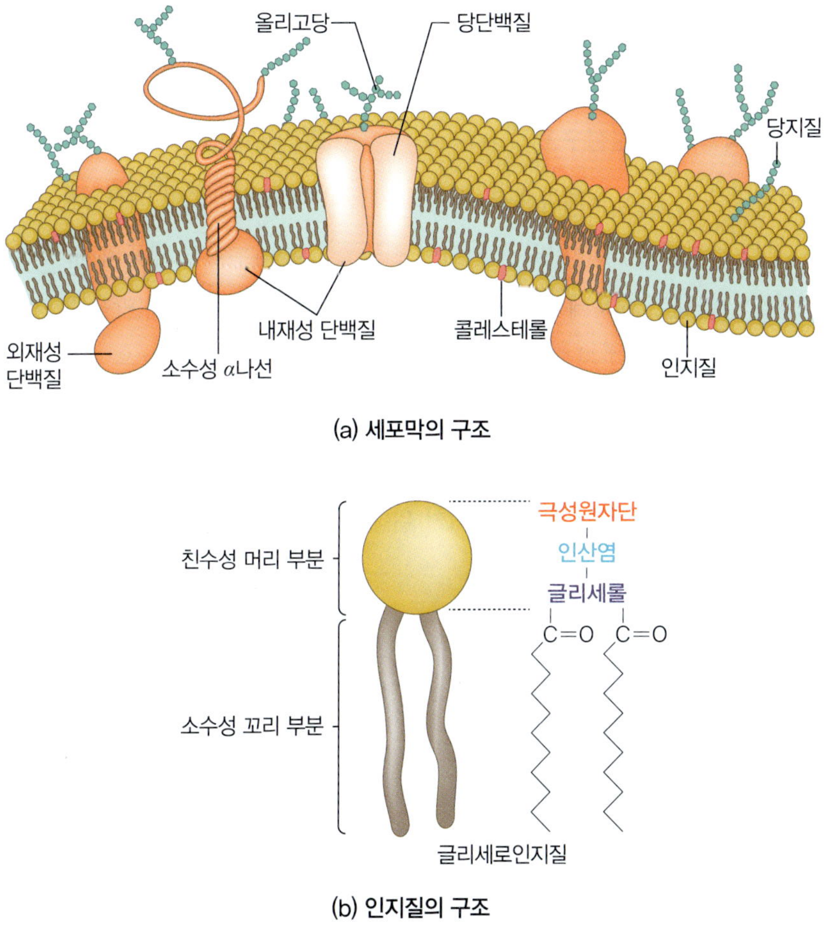

그림 1-3 세포막 및 인지질의 구조

원형질막을 구성하는 인지질은 물과 상호작용하는 친수성hydrophilic 머리와 물과의 친화성이 없는 소수성hydrophobic 꼬리로 이루어져 있다. 친수성의 머리 부분은 세포의 내·외부를 향하고 있고, 소수성의 꼬리 부분은 안쪽으로 마주보는 형태를 취하여 유동적인 이중층을 형성한다. 단백질은 원형질막의 외부나 내부를 향해 돌출되어 있거나 이중층의 막을 관통하는 형태로 존재한다. 이는 막을 통해 유출되어야 하는 영양소나 노폐물, 신호물질 같은 분자들의 이동에 대한 선택적 투과의 방어벽으로서 작용하며, 이는 주로 원형질막에 묻혀 있는 운반단백질transport protein이나 수용체 단백질receptor protein에 의해 조절된다. 즉, 세포막에서 지질은 물리적·구조적 특성을 결정하며, 세포막의 기능적 특징은 단백질에 의해 결정된다. 탄수화물은 세포막을 이루는 지질 혹은 단백질에 결합되어 당지질 혹은 당단백질을 형성하며, 주로 세포의 상호작용을 위한 식별의 도구를 제공한다.

② 세포막을 통한 물질수송

원형질막은 영양소, 노폐물 등과 같은 분자들이 세포의 안쪽과 바깥쪽으로 이동하는 것을 조절한다. 원형질막은 인지질 이중층으로 이루어져 세포의 내·외부에 소수성을 나타내기 때문에 가스나 일부 비극성의 작은 분자들만이 막을 통과할 수 있으며, 물과 친화적인 친수성 분자, 즉 이온이나 극성이 큰 분자들은 세포막을 쉽게 통과할 수 없고, 다양한 막단백질을 통해 세포 내로 수송될 수 있다. 이러한 이유로 원형질막은 선택적 투과를 위한 효율적인 화학적 장벽이며, 물에 용해된 분자가 막을 가로질러 세포 내로 수송되기 위해서는 통과되는 물질의 화학적 성질에 따라 크게 3가지 방법을 이용한다.

단순확산simple diffusion O_2, CO_2, N_2 등의 가스, 비극성의 스테로이드 호르몬 steroid hormones, 몇 가지 약물 등은 특정 운반단백질을 필요로 하지 않으며, 에너지 소비 없이 물질이 막을 경계로 높은 농도에서 낮은 농도로 농도 구배concentration gradient에 순응하여 이동하는 현상을 말한다.

촉진확산facilitated diffusion 과당fructose, 이온ions 및 물이 막에 존재하는 특정 운반단백질을 이용하여 막을 경계로 농도 구배에 순응(고농도→저농도)하여 물질을 이동하는 방법으로서, 단순확산에 비해 운반체를 이용한다는 점에서 다르지만 농

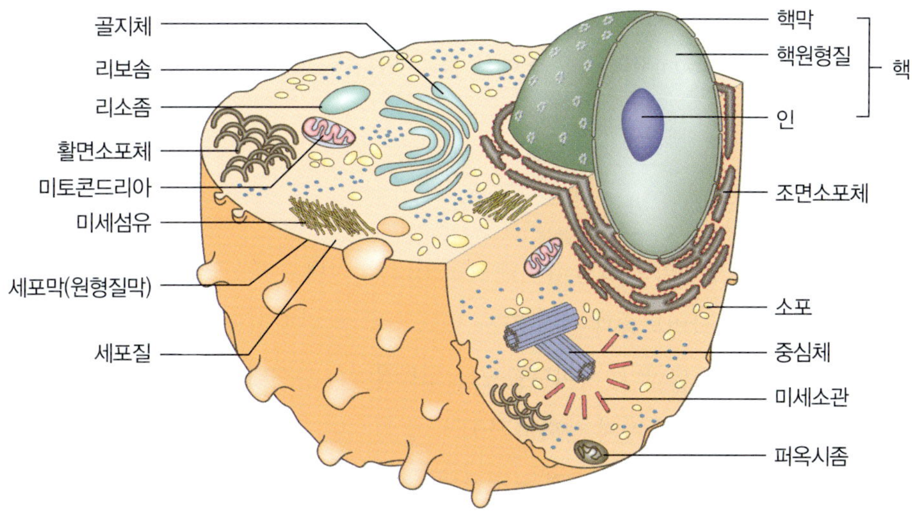

(a) 동물세포의 구조

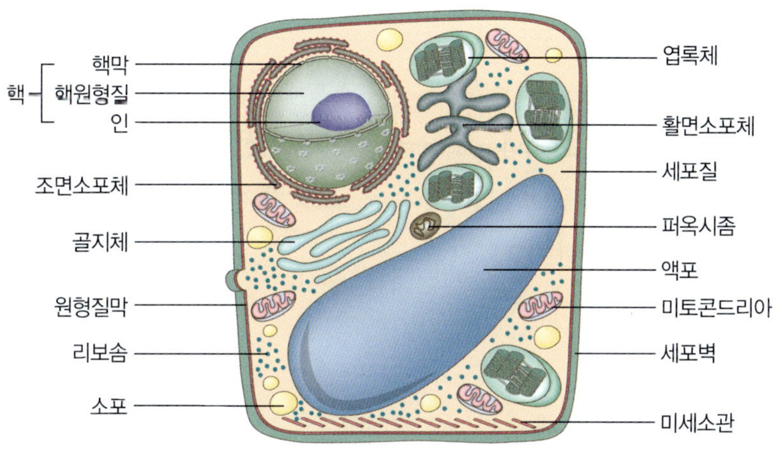

(b) 식물세포의 구조

그림 1-4 동물세포와 식물세포의 구조

도 구배에 순응하여 물질이 이동하는 공통점을 가진다.

능동수송active transport 포도당, 아미노산, 여러 가지 이온이나 친수성의 분자, 지질과 같은 물질들이 ATP의 가수분해에 따라 작동되는 운반단백질에 의해 막을 경계로 농도 구배에 역행(저농도→고농도)하여 이동하는 방법이며, 대표적으로 Na^+/K^+–ATPase(Na^+/K^+–pump)의 작용을 예로 들 수 있다.

3) 세포질

세포질은 원형질막으로 둘러싸인 세포 내부의 바탕질 또는 공간을 뜻하며, 물에 가용성 부분인 사이토졸과 여러 가지 세포 소기관, 단백질 섬유로 구성된 세포 골격의 망조직을 포함한다. 사이토졸에는 세포질에서 일어나는 해당과정, 단백질 및 지방산 합성 등 여러 가지 생화학적 대사에 필요한 효소, 아미노산, 핵산 및 탄수화물 등이 존재하고, 세포 골격은 세포의 구조를 지탱하며 세포 내 분자들의 이동 경로 역할을 한다.

4) 세포 소기관

진핵세포는 핵nucleus, 리보솜ribosome, 소포체endoplasmic reticulum, ER, 골지체Golgi apparatus, 미토콘드리아mitochondria 등을 포함한다 그림 1-4(a). 이들 세포 소기관 외에 식물세포는 세포벽, 엽록체chloroplast를 추가로 포함하며, 동물세포는 리소좀lysosomes을 포함한다 그림 1-4(b).

(1) 핵

핵은 세포의 특성과 대사 기능을 결정하는 유전정보를 저장하여 이 유전정보에 따라 단백질 합성을 통제함으로써 세포가 수행할 수 있는 기능과 구조에 중요한 영향을 미치는 세포 내 정보 통제소이다 그림 1-5. 핵은 이중막으로 구성된 핵막nuclear envelope에 의해 외부의 세포질과 내부의 핵질nuclear matrix로 구분되며, 외부 핵막은 리보솜이 부착된 조면소포체와 연결된다. 핵막 표면에는 단백질, mRNA 등의 물질이 핵 내외로 이동할 수 있는 핵공nuclear pore이라는 통로가 존재한다. 핵질에는 일반적으로 불규칙한 실모양의 염색질chromatin이 존재하는데 그림 1-5(b), 염색질은 염기서열에 유전정보를 포함한 DNA와 히스톤histone 단백질이 고도로

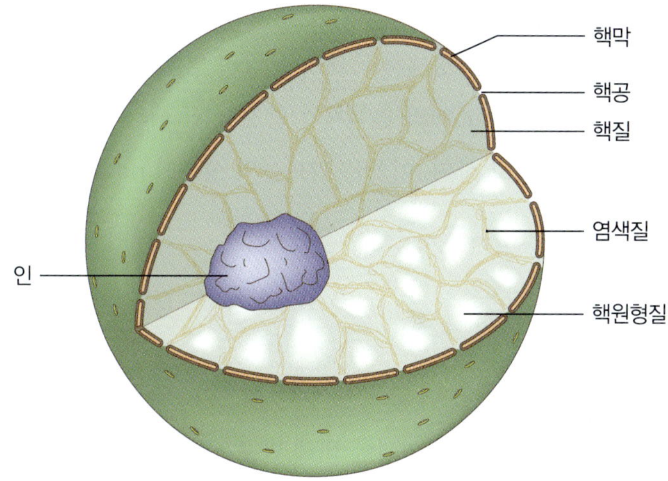

(a) 핵의 구조

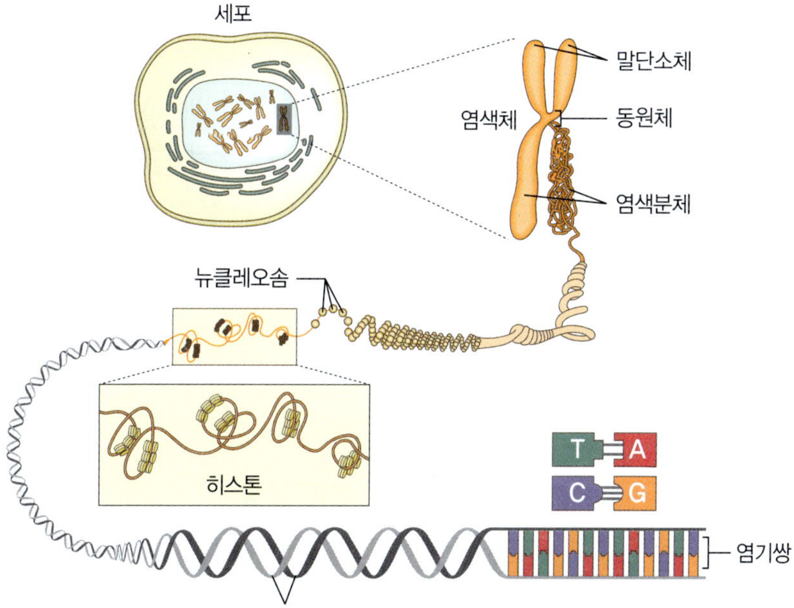

(b) 유전물질의 구성

그림 1-5 핵의 구조 및 유전물질의 구성

조직화된 망상조직이다. 염색질은 세포가 분열하여 딸세포에 유전물질을 분배하기 위해 고도로 응축되는 과정에서 막대기 모양의 염색체chromosome를 형성하는데, 사람의 경우 23쌍, 즉 46개의 염색체가 존재한다. 핵의 내부에 어둡게 보이는 부분을 인nucleolus이라고 하며, 이곳은 리보솜의 성분인 rRNA의 대부분이 합성되는 장소이다.

(2) 리보솜

리보솜은 단백질의 합성을 담당하는 세포 내 기관으로서 원핵세포 및 진핵세포 모두에 존재하며, 다른 세포 소기관에 비해 막구조를 취하고 있지 않다. 리보솜은 rRNA와 단백질의 복합체인 큰 단위와 작은 단위의 두 개의 소단위로 구성되어 있으며, 각 각의 크기는 침강계수S, Sedimentation coefficient로 나타낼 수 있는데, 진핵세포의 리보솜(80S)은 60S의 큰 단위와 40S의 작은 단위로, 원핵세포의 리보솜(70S)은 50S의 큰 단위와 30S의 작은 단위로 구성된다 그림 12-11 참고. 단백질 합성이 시작될 때 리보솜 소단위가 결합하고 리보솜을 형성하여 mRNA상의 유전정보를 해독함으로써 아미노산 간의 펩티드 결합을 형성시켜 단백질을 합성한다.

(3) 소포체

소포체ER는 막구조의 납작한 주머니로 이루어진 세포 내 가장 큰 막 구조이다. 두 가지 형태의 소포체가 존재하며, 표면에 리보솜이 결합하여 거친 표면을 나타내

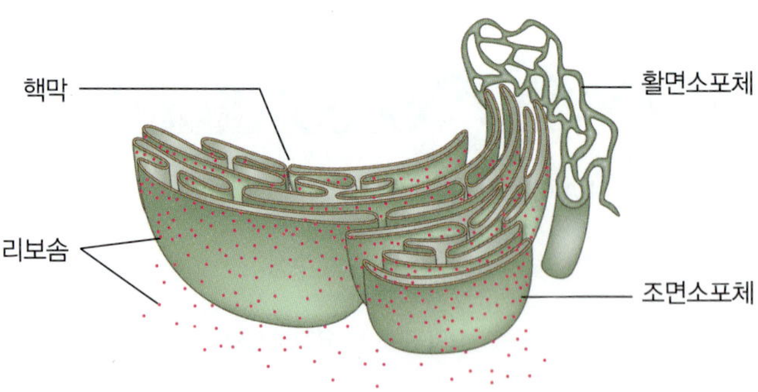

그림 1-6 소포체의 종류와 구조

는 조면소포체rough ER, RER와 리보솜이 결합하지 않아 매끈한 표면을 나타내는 활면소포체smooth ER, SER로 구분한다 그림 1-6. 조면소포체에 결합한 리보솜은 세포에서 합성하는 거의 모든 단백질을 합성하는데, 리보솜으로부터 합성된 폴리펩티드 polypeptide는 조면소포체의 내강으로 들어가 샤페론chaperon이라는 단백질의 작용으로 접힘반응을 거쳐 3차원적 구조를 갖추게 된다. 활면소포체에서는 주로 지방산 fatty acid, 인지질phospholipid 및 콜레스테롤cholesterol의 합성이 이루어지며, 간세포 hepatocyte에 존재하는 활면소포체는 살충제를 비롯한 약물 및 소수성을 나타내는 독성물질을 체외로 배출시킬 수 있는 형태로 변형시키는 해독 기능을 가지고 있다.

(4) 골지체

조면소포체로부터 합성된 단백질은 소포체로부터 떨어져 나온 작은 막구조의 운반소포transport vesicle에 운반되어 골지체로 수송된다 그림 1-7. 골지체는 얇고 구

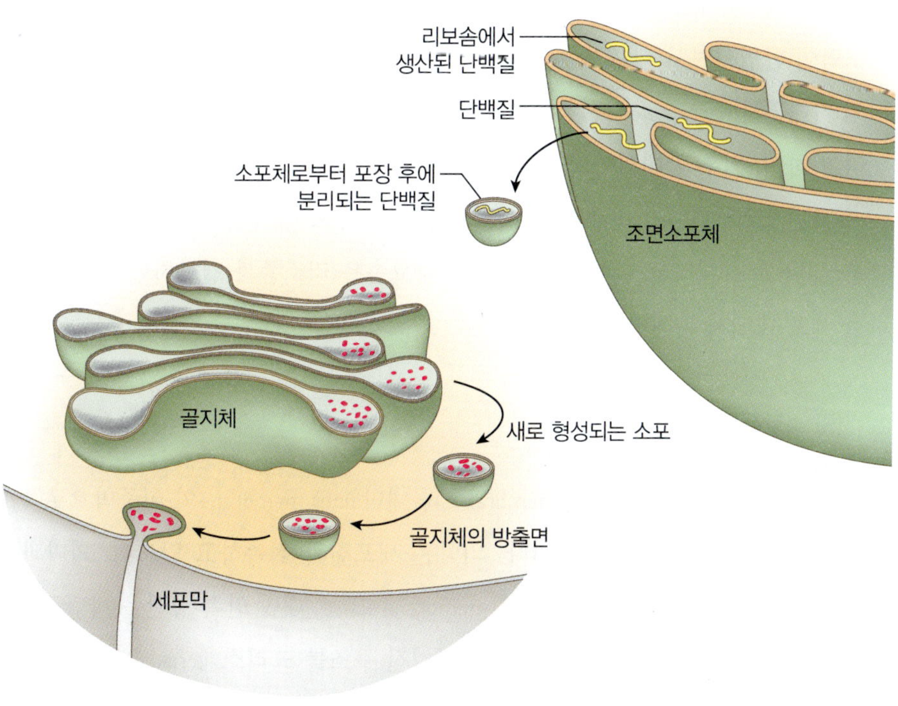

그림 1-7 막 내부 체계에서의 골지체로의 물질수송

부러진 납작한 주머니 모양의 막소낭이 쌓여 있는 형태의 구조물로서 한 면은 소포체를 향해, 다른 한 면은 원형질막으로 향해 있으며, 낭의 모서리 부분에서는 소포가 많이 관찰된다. 운반소포에 의해 전달된 단백질은 골지체에서 당을 결합시키는 등 화학적 변형작용 및 농축작용의 추가적인 처리과정을 거치며, 단백질의 구조와 최종 목적지에 따라 막단백질과 분비성 단백질로 다르게 변형시킨다.

(5) 리소좀

리소좀은 동물세포에서만 관찰되는 세포 소기관으로서 세포 내에 존재하는 손상된 세포막이나 오래된 세포 소기관을 분해하는 역할을 하며, 식물세포에서는 액포vacuole에서 동일한 기능을 수행한다. 이러한 분해작용은 리소좀에 존재하는 다량의 가수분해효소에 의해 진행되며, 중합체polymer를 단량체monomeric subunit로 분해하는 40여 종 이상의 가수분해효소는 산성의 pH에서 효과적인 분해작용을 수행하여 산 가수분해효소acid hydrolase라고 부른다. 세포 내 물질이 리소좀에 의해서 분해될 뿐 아니라, 세포 외의 물질들도 세포 내로 들어와 분해될 수 있는데, 세포막이 함입되면서 세포 밖 물질을 둘러싸서 엔도솜endosome을 형성하여 세포 밖의 거대분자macromolecule가 세포 내로 유입되는 과정을 세포 내 이입endocytosis이라고 하며, 외부 박테리아와 같은 전체 세포나 용해되지 않은 커다란 물질들이 세포 표면으로부터 파고솜phagosome을 형성하여 세포 내로 유입되는 과정을 식균작용phagocytosis이라고 한다. 엔도솜이나 파고솜은 리소좀과 결합하여 외부의 물질을 세포 내에서 분해한다.

(6) 미토콘드리아

미토콘드리아는 외막outer membrame과 내막inner membrane의 이중막으로 이루어져 있으며 세포 내 발전소이다. 외막은 세포질과 접촉하고 있으며, 외막과 내막 사이의 공간을 막 사이 공간intermembrane space, 내막 안쪽 공간을 바탕질(기질matrix)이라고 하고, 내막이 안쪽으로 접혀진 구조를 크리스테cristae라고 한다. 미토콘드리아를 세포 내 발전소라고 부르는 것은 주로 지방산이나 포도당을 주원료

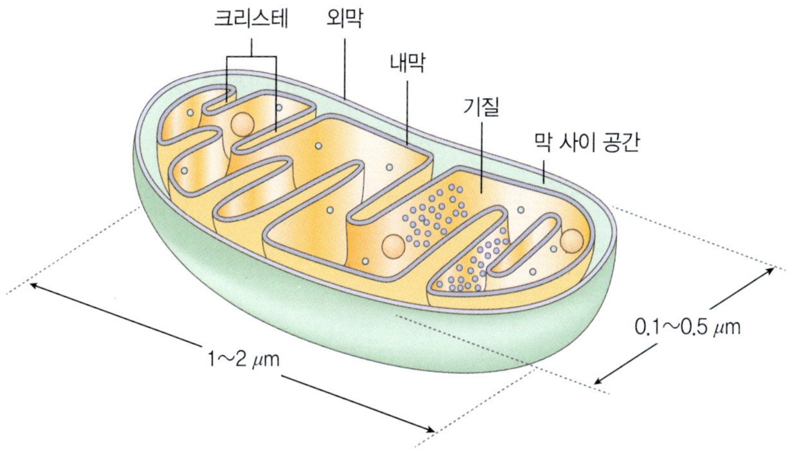

그림 1-8 미토콘드리아의 구조

로 하여 생체 내 에너지인 ATPadenosine triphosphate를 합성하는 장소이기 때문이다. 크리스테를 포함하는 내막에는 전자전달계를 구성하는 몇 가지 단백질 복합체 및 ATP 합성효소ATP synthase가 존재하여 다량의 ATP가 생산되는 장소이다. 바탕질에는 TCA 회로(구연산회로citric acid cycle, 크렙스Krebs 회로), 지방산의 β-산화β-oxidation 등의 에너지 생산과 관련된 시스템을 구성하는 효소들이 존재하여 포도당 혹은 지방산의 산화가 수행되도록 한다.

(7) 퍼옥시좀

퍼옥시좀peroxisome은 적혈구를 제외한 모든 진핵세포가 가진 구형의 세포 소기관으로서 몇몇의 산화효소를 함유하여 유기물을 산화시키는 역할을 하는데, 이때 산화반응에 의해 유해한 과산화수소가 발생되지만 다량의 카탈라아제catalase를 함유하여 과산화수소H_2O_2를 물과 산소로 분해시킨다. 또한 ATP 생산을 위한 미토콘드리아에서의 지방산 산화와는 다르게 퍼옥시좀에서는 콜레스테롤과 같은 주요 화합물을 생합성하기 위한 전구체를 생성하기 위하여 지방산을 산화시켜 아세틸기acetyl group를 생성한다.

(8) 액포

액포는 단일막으로 이루어진 세포 소기관으로서 대부분 식물세포에서 발견되며, 성숙한 식물세포에서는 세포의 80%를 차지하는 경우도 있다. 당과 아미노산과 같은 영양소nutrient와 이온, 물, 노폐물 등의 작은 물질을 저장하고 여러 가지 산가수분해효소를 함유하고 있다.

(9) 엽록체

엽록체는 주로 식물이나 녹조류에서 발견되는 세포 소기관으로서 외막과 내막의 이중막으로 되어 있다. 막 안쪽에 복잡하게 접힌 형태로 쌓인 틸라코이드thylakoid라는 내부 막 시스템이 존재한다 그림 1-9. 틸라코이드 막은 엽록소chlorophyll를 함유하고 있어 빛에너지를 흡수하며, 에너지 생성과정에 필요한 효소와 더불어 광합성을 통해 ATP를 생성한다.

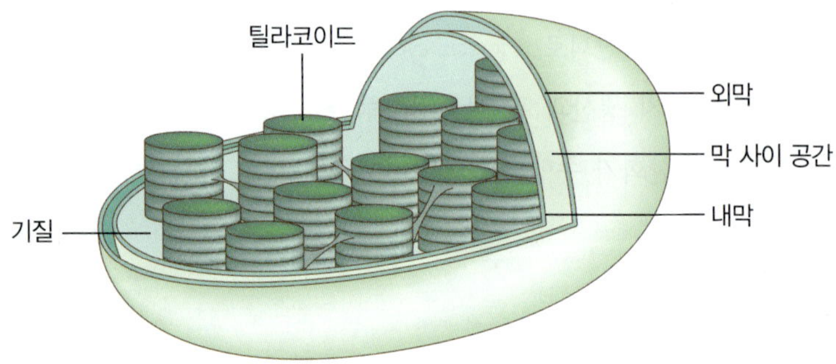

그림 1-9 엽록체의 구조

3 생체분자를 구성하는 원소 및 화학결합

1) 생체분자를 구성하는 화학원소

생명체의 기능적·구조적 단위의 세포는 기능적 구성물인 세포 소기관으로 이루어지고, 이들은 수백만 개의 분자들이 모여서 생명현상의 근간을 이루는 거대분자로 구성되어 있다.

생명체를 구성하는 90여 개의 화학원소 중 약 30종의 원소만이 동식물에서 발견되며, 대부분의 화합물은 10여 종의 원소로 구성된다.

이 중에서 탄소carbon, C, 수소hydrogen, H, 산소oxygen, O, 질소nitrogen, N, 황sulfur, S, 인phosphorous, P은 거대분자의 대부분인 탄수화물, 단백질, 지질, 핵산 등을 구성하고 있으며, 생명체 건조 중량의 90% 이상을 차지하는 원소이다.

또한 대부분 생물에서 미량으로 발견되는 칼슘calcium, Ca, 칼륨potassium, K, 철iron, Fe, 염소chlorine, Cl, 구리copper, Cu, 아연zinc, Zn, 요오드iodine, I 등의 미량원소들은 생명 유지에 필수적인 원소이다.

2) 생화합물의 화학적 특성

(1) 생화합물의 중심 탄소

생명체 내에서 생성되는 화합물을 생화합물biochemicals이라고 부르며, 생화합물은 세포의 건조 중량의 절반 이상을 차지하는 탄소원자를 중심 골격으로 다양한 원자 또는 원자의 집합체(원자단atomic group)가 결합하는 구조를 이루고 있다. 하나의 탄소원자는 네 개의 원자가전자valence electron를 이용하여 다른 원자들과 4개까지 결합을 형성할 수 있는데, 가장 중요한 것은 각각의 탄소원자들 사이에 전자쌍을 공유하여 탄소 간의 단일 결합을 형성함으로써 매우 안정한 화학적 뼈대 혹은 골격을 형성한다는 점이다. 탄소 간의 공유결합으로 형성된 탄소골격은 선형linear, 가지형branched 또는 고리형cyclic의 탄소화합물 구조를 형성할 수 있다.

(2) 작용기

생물체에서 발견되는 중요한 유기분자들의 다수는 탄화수소의 유도체로 나타나는데, 탄소와 결합한 수소는 다양한 작용기functional group에 의해 치환되어 생화합물을 형성한다. 탄소와 탄소, 탄소와 수소 간의 결합은 화합물의 안정된 골격을 제공하는 데 반해, 작용기는 물리적 특징, 화학적 반응성, 용액에서의 용해도 등의 화합물의 특징을 부여하는 원자의 집합체를 말하며, 이들의 화학적 특성은 화합물의 생화학적 작용에 필수적이다.

대부분 작용기의 원자단은 하나 혹은 그 이상의 전기음성도가 큰 원자들(O, N, P, S)을 포함하여 더욱 극성을 띠고 물과의 반응이 커지며 반응성이 증가한다. 대표적인 작용기로서 카보닐기carbonyl group와 이를 포함하는 알데히드기aldehyde group 및 케톤기ketone group, 히드록실기hydroxyl group, 아미노기amino group, 카복실기carboxyl group 등이 있다. 작용기들 사이에 가장 대표적인 결합에는 카복실기와 히드록실기 사이에 형성되는 에스테르 결합ester bond, 카복실기와 아민amine 사이에 형성되는 아미드 결합amide bond이 있다 표 1-1.

표 1-1 생화합물에서의 일반적인 작용기와 결합들

작용기(functional groups)		결합(linkages)
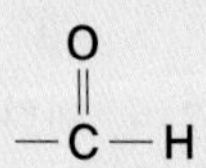 carbonyl (aldehyde) 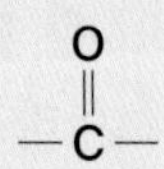 carbonyl (ketone)	$-SH$ sulfhydryl (thiol)	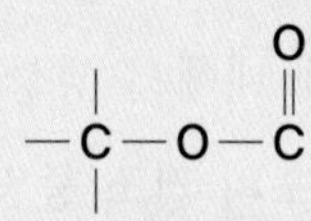 ester
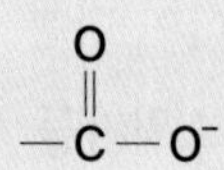 carboxyl (carboxyl acid)	$-NH_2$, $-NH_3^+$ amino (amines)	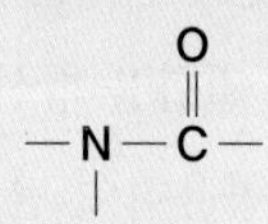 amide
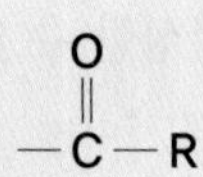 acyl (triacylglycerol)	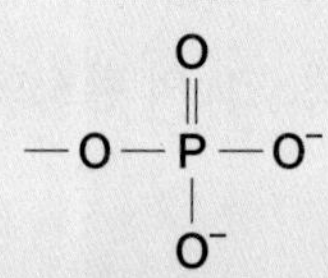 phosphate (phosphorylated molecule)	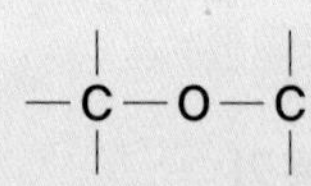 ether
$-OH$ hydroxyl (alcohol)	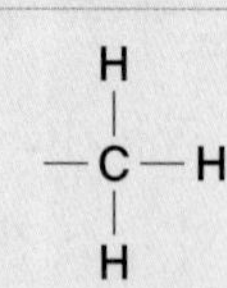 methyl	

3) 공유결합과 비공유결합

원자들은 다른 원자와 결합하여 원래의 원자와는 다른 성질을 지니는 분자를 생성하는데, 이때 원자들 사이에 상호작용 혹은 인력을 화학결합chemical bonds이라고 하며, 화학결합의 형성을 통해 분자는 개개의 원자로 분리되어 있을 때보다 더 안정한 구조를 취할 수 있다. 이러한 원자와 원자 또는 서로 다른 분자들 사이의 인력은 강한 인력과 약한 인력으로 구분할 수 있는데, 이 중 가장 강한 힘은 원자 2개가 각각이 보유한 서로의 전자를 공유하여 형성하는 공유결합covalent bond이다. 비공유결합noncovalent bond은 비교적 약한 인력을 나타내는 결합의 유형으로서 수소결합hydrogen bond, 이온결합ionic bond, 소수성 상호작용hydrophobic interaction, 반 데르 발스의 힘van der Waals force이 있다 그림 1-10.

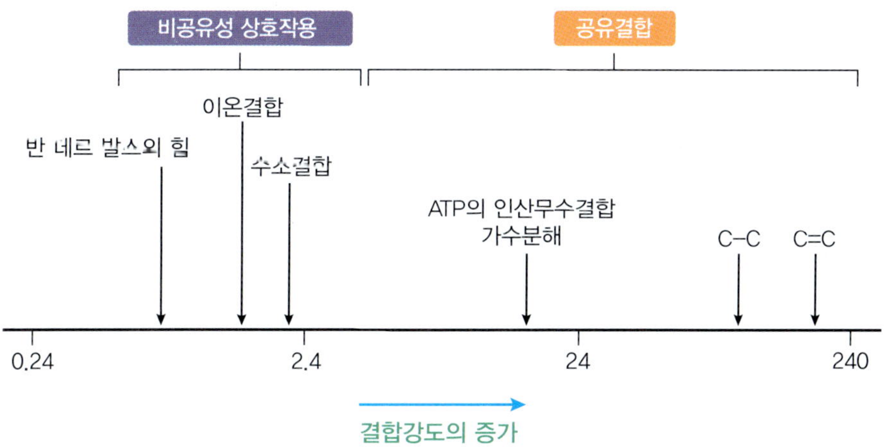

그림 1-10 공유결합과 비공유성 상호작용에 대한 상대적 에너지

(1) 공유결합

① 원자가전자 구조와 공유결합

공유결합은 두 개의 원자 가장 바깥쪽 전자들인 원자가전자들 간의 공유전자쌍으로서 원자가껍질을 완성하기 위해 여러 개의 전자를 얻거나 잃어야 하는 주기율표의 가운데 위치한 원소들에게서 자주 일어난다. 원자는 가장 바깥쪽 전

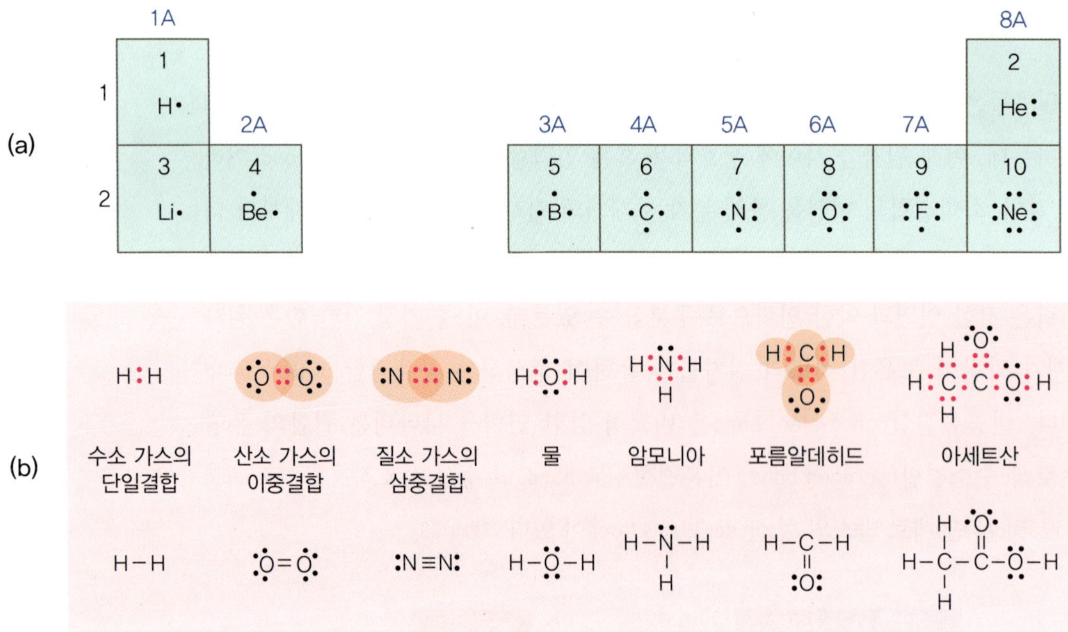

그림 1-11 주요 원소의 원자가전자와 공유결합수

자껍질(원자가껍질)이 채워졌을 때 가장 안정한 상태를 나타내는 원칙에 의해 두 원자 간의 공유결합이 형성되며, 원자가껍질이 채워지기 위해 필요한 전자들의 수에 따라 결합의 수도 결정될 수 있다. 주기율표의 1주기 원소들은 최외각에 최대 2개의 원자가전자를 가질 수 있으며, 2주기 원소들의 최외각에는 최대 8개의 전자를 가질 수 있다. 예를 들어, 물의 경우 산소는 6개의 최외각전자를 가지므로 1개의 전자를 가지는 수소 두 개와 공유결합을 통해 물을 형성하여 최외각을 완성할 수 있다(H:O:H, H–O–H). 원자가전자를 점으로 나타낸 루이스 구조 Lewis structure를 통해 공유결합의 수를 예를 들어 나타낼 수 있다 그림 1-11.

② 극성 및 무극성 공유결합

전기음성도electronegativity란 분자 내 원자가 그 원자의 결합에 관여하고 있는 전자를 끌어당기는 정도를 나타내는 상대적 척도를 말하며, 주기율표에서 같은 주기에서 원자번호가 커질수록, 같은 족에서 원자번호가 작아질수록 증가한다. 생체분자들 중에서 자주 발견되는 원소들 중에 탄소(2.5)나 수소(2.1)는 대체로 적은 전기음성도를 나타내며, 산소(3.5), 질소(3.0)는 대체로 커다란 전기음성도를 나타낸다. 결국 전기음성도는 결합에서 전자가 균등하게 또는 불균등하게 배분되었는가를 표시해 주는 지표로 사용되며, 두 원자 간의 전기음성도가 같거나 거의 비슷할 때는 균등한 전자의 분배를 나타내어 결합은 비극성nonpolar을, 두 원자 간의 전기음성도 차이가 나면 전자가 불균등하게 배분되어 그 결합은 극성polar을 나타내며 쌍극자dipole를 가지게 된다 그림 1-12.

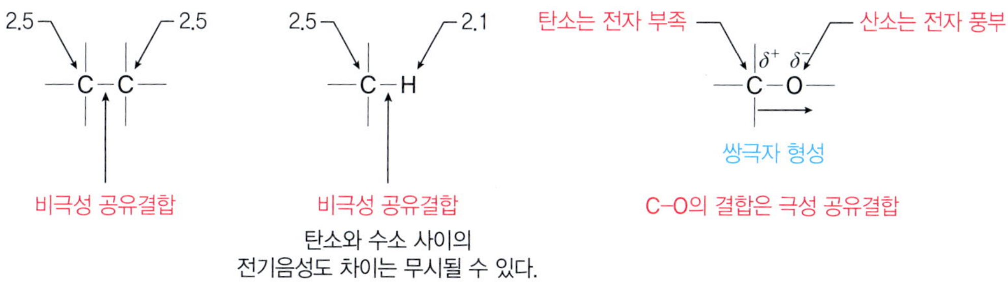

그림 1-12 극성 공유결합과 비극성 공유결합

③ 이온화

일부 원소들은 전기음성도가 매우 높아서 화학반응 동안 다른 원소들로부터 전자를 포획할 수 있다. 예를 들어, 소디움Na과 염소Cl를 섞어 반응시키면 각각의 소디움 원자의 최외각에 존재하는 하나의 전자는 최외각에 7개의 전자를 가진 염소로 이동하며, 그 결과 두 원소는 하전된 이온ion들로 전환된다.

$$2\,Na\cdot \;+\; :\ddot{\underset{..}{Cl}}:\ddot{\underset{..}{Cl}}: \longrightarrow 2\,Na:\ddot{\underset{..}{Cl}}: \longrightarrow 2\,Na^{+} \;+\; 2:\ddot{\underset{..}{Cl}}:^{-}$$

염소이온은 추가의 전자를 획득함으로써 핵에 존재하는 양성자의 수에 비해 전자의 수가 하나 많게 되어 1가의 음의 전하를 띠며, 이를 음이온anion이라고 한다. 소디움 원자Na는 하나의 전자를 잃어버려 여분의 양전하를 가지며, 이를 양이온cation이라고 한다.

(2) 비공유결합

공유결합은 분자를 구성하는 원자들 사이에 전자를 공유하여 형성되는 강한 결합이며, 주로 탄소를 중심으로 형성되어 대부분 화합물의 안정한 뼈대 형성에 기여한다. 이에 반해 비공유결합noncovalent bond은 결합을 형성하는 원자들 사이의 전자를 공유하는 것이 아니라 주로 반대의 전하를 가지는 원자들 사이의 인력으로서 가역적이며 약한 결합(약 1~5 kcal/mol)을 형성하여 쉽게 깨지거나 재형성될 수 있는 특징을 가진다. 이러한 비공유결합은 DNA와 단백질의 상호작용, 효소와 기질의 상호작용, 호르몬과 수용체의 상호작용 등 여러 생체 고분자 사이에 일시적인 상호작용을 가능하게 함으로써 생명 유지에 중요한 화학반응이 진행되게 한다.

① 수소결합

수소가 산소 혹은 질소와 같은 전기음성도가 큰 원자와 공유결합을 형성할 때 결합을 형성하는 공유전자쌍은 수소로부터 전기음성도가 큰 원자 쪽으로 쏠려 배치되며 이로 인해 수소는 부분적으로 양성의 전하를 띠게 된다. 이 결과 부분적으로 양전하를 띤 수소원자는 주변에 위치하는 분자 내의 전기음성도가 큰 원소의 비공유전자쌍unshared pair과 인력 형성이 가능한 위치까지 근접하는데, 이러한 약한 인력을 수소결합hydrogen bond이라고 한다 그림 1-13. 수소결합은 대부분 극성분

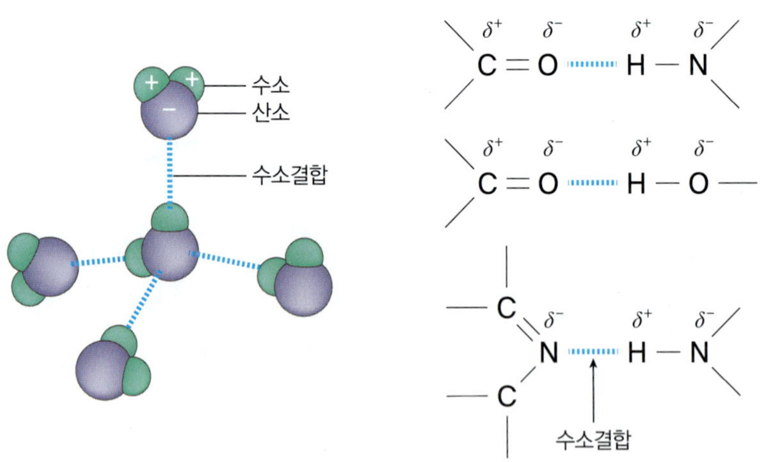

그림 1-13 수소결합

자들 사이에 나타나고, 물의 구조와 화학적 특징을 결정함에 중요할 뿐만 아니라 생체에서 나타나는 거대분자들의 상호작용 및 구조에 영향을 미친다.

② 이온결합

양이온, 음이온 간의 정전기적 인력을 이온결합ionic bond 또는 염다리salt bridge라고 부르는데, 대표적인 예로서 Na^+와 Cl^-의 상반된 전하 사이에서 일어나는 인력에 의해 규칙적으로 쌓인 소금NaCl의 염 결정체를 들 수 있다. 소금은 염 결정체 내에서 강한 이온결합을 형성하지만, 물에 녹게 되면 각각의 반대로 하전된 이온들이 물분자에 의해 둘러싸여 상호작용함으로써 이온결합을 형성하기에 충분히 접근하는 것을 방해받아 결합이 해체되고 각각의 이온으로 분리된다 그림 1-14.

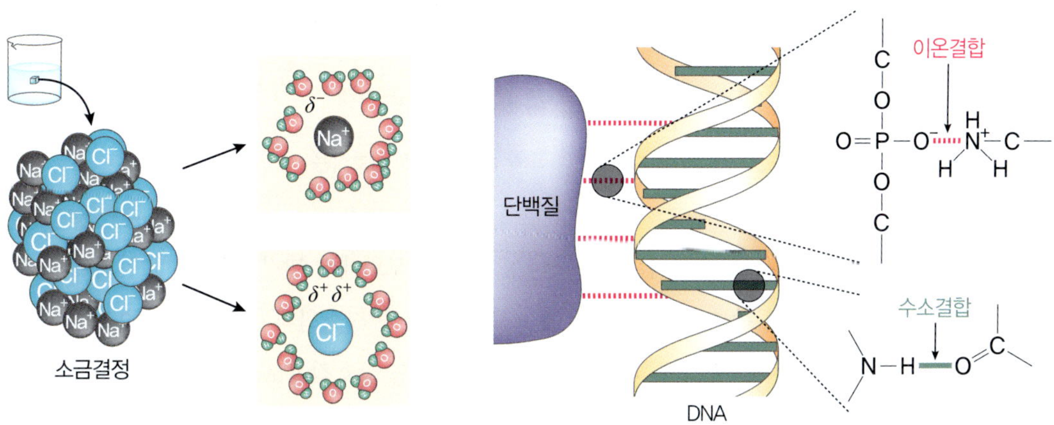

(a) 소금분자의 이온결합 및 이온화 (b) 고분자 화합물의 화학결합

그림 1-14 이온결합

(3) 소수성 상호작용

아미노산 또는 포도당 같이 극성을 나타내어 물과의 상호작용이 가능한 분자들을 친수성hydrophilic, water loving 분자라고 부른다. 긴 탄화수소 화합물을 포함한 지방 또는 스테로이드와 같은 분자들은 물의 극성 부분과 상호작용 가능한 하전된 영역이 부족하여 물에 녹을 수 없다. 이러한 비극성의 화합물들은 물 안에서 존

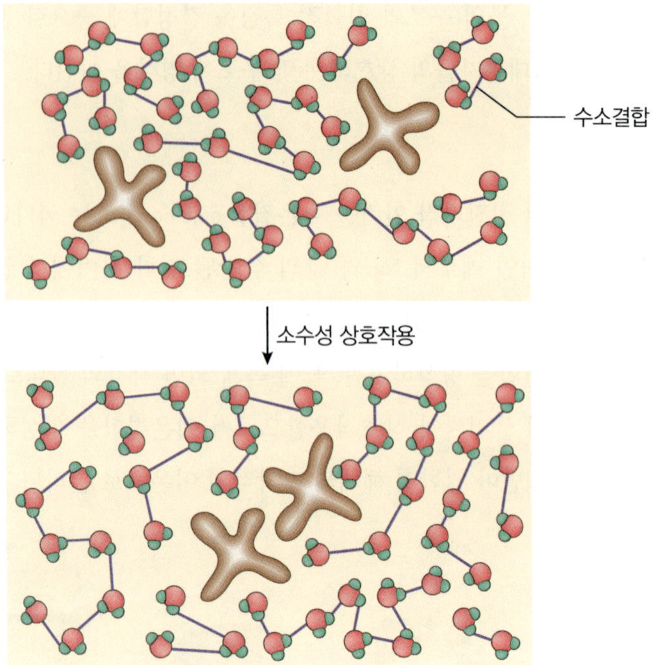

그림 1-15 소수성 상호작용

재할 때 서로 모이며, 이는 비극성 분자들 서로에게 발생되는 강한 인력에 의해서가 아니라 주변의 극성 환경에 노출되는 것을 최소화하기 위한 방법이다. 이때 비극성 분자들 사이에 발생되는 인력을 소수성 상호작용hydrophobic interaction이라고 한다 그림 1-15.

(4) 반 데르 발스의 힘

생체 내의 여러 분자는 전하 또는 극성을 갖지 않는다. 때로는 비극성 분자들 사이에서도 순간적인 정전기적 상호작용이 형성될 수 있는데, 이는 원자 주위의 전자 분포가 어느 시점에서 원자의 한쪽으로 쏠려 일시적인 전자 분포의 불균형을 나타낼 수 있기 때문이다. 이러한 일시적인 전자 분포의 불균형으로 인해 분자 내에서 일시적 전하 분리가 나타날 수 있으며, 이러한 일시적 이중극자를 가진 분자가 일정한 거리로 서로 가까워지면 약한 인력이 형성되는데 이러한 인력을 반 데르 발스의 힘van der Waals force이라고 부른다. 또한 분자 내에서 일시적으로 형성

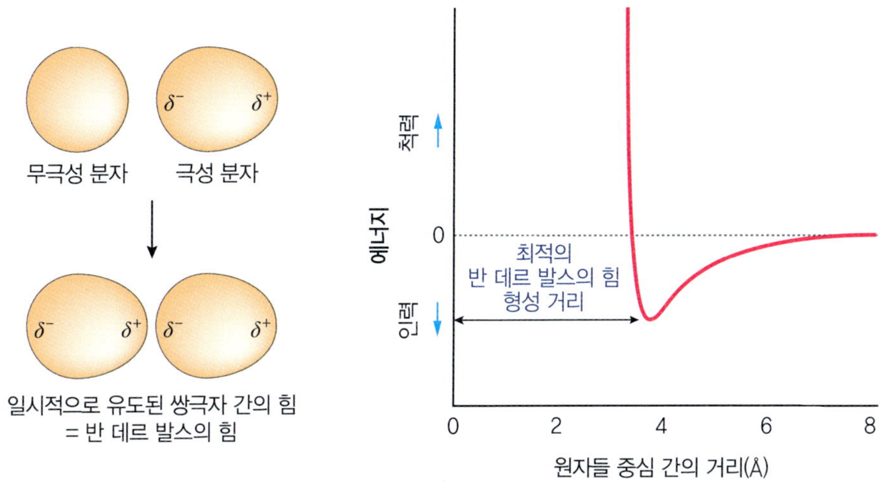

(a) 반 데르 발스의 힘 형성 (b) 반 데르 발스의 힘 형성을 위한 원자 간 특정 거리

그림 1-16 반 데르 발스의 힘

된 이중극자는 인접한 분자에서 유사한 방식으로 전하의 분리를 유도할 수 있다. 반 데르 발스의 힘의 강도는 반응하는 원자의 거리에 따라 민감하며 두 원자들 사이의 거리가 약 4Å에서 최대의 인력을 나타내고, 거리가 멀어질수록 급격하게 감소하며 너무 근접하면 전자들 간에 척력이 발생한다 그림 1-16.

4 생체용매로서의 물

1) 물의 생물학적 역할

생명을 구성하는 세포 내·외의 환경은 물이다. 물은 생물학적 용매로서 세포 내의 대사반응의 매체를 제공하고 영양분을 공급하거나 노폐물 제거의 역할을 하며, 수소이온의 농도를 알려주는 지표인 pH와 생체 내 온도를 조절하는 필수적 완충제buffer로 작용한다. 물은 탄수화물, 단백질, 지방 등의 영양소의 화학결합을 가수분해하는 소화과정과 같은 여러 가지 생화학 반응에 참여한다.

2) 물의 구조 및 수소결합의 중요성

물분자에서 수소와 산소원자의 배열은 H-O-H의 공유결합 구조로서 결합각은 산소에 존재하는 2개의 비공유전자쌍으로 인해 104.5°인 비직선을 나타낸다. 산소원자의 전기음성도 값(3.5)은 수소(2.1)의 1.5배로 두 공유결합의 전자들이 동등하게 공유되지 않으며, 산소원자가 전자를 더 강하게 잡아당겨서 H-O 간에 전기 쌍극자dipole가 만들어져 산소는 부분적으로 음전하(δ^-)를 띠고, 수소는 양전하(δ^+)를 띤다.

이로 인해, 물분자의 산소원자와 이웃한 물분자의 수소원자 사이에 정전기적 인력이 형성되며 이를 수소결합이라 한다. 이러한 수소결합의 형성 및 물의 쌍극자는 물이 생체의 용매로서 작용할 수 있는 특징을 부여한다. 전하를 갖지 않으나 극성을 갖는 생체분자는 쌍극자-쌍극자 상호작용을 유발하는 많은 극성 작용기를 갖고 있어서 물에서 잘 녹을 수 있다. 비극성 화합물은 물과 쉽게 상호작용이 가능한 이온이나 극성 작용기를 가지고 있지 않기 때문에 수화될 수 없고, 이온 화합물은 각각의 이온이 극성 물분자에 의해 수화될 수 있다. 극성 영역과 비극성 영역을 동시에 가진 양친매성 화합물은 물과 반응하면 극성의 친수성 영역은 물(용매)과 상호작용을 최대로 되도록 배치되며, 비극성의 소수성 영역은 물과의 상호작용을 최소화하기 위해 서로 뭉치게 되어 미셀micelle 구조를 형성하게 된다 그림 1-17. 미셀이란 물속에서 양극성을 띤 화합물의 안정적 구조를 뜻하며, 모든 소수성을 띠는 부위들은 물로부터 격리되고, 물분자로 정렬된 껍질은 최소화된다.

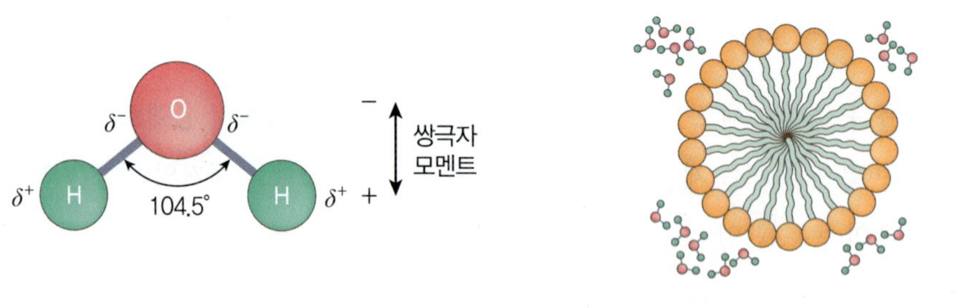

(a) 물분자의 구조 (b) 물속에서의 양극성 화합물의 배열

그림 1-17 물의 이중극자 및 미셀 구조

3) 산과 염기

(1) 아레니우스(Arrhenius)의 정의

산acid은 수용액에서 이온화하여 수소이온H^+을 방출하고, 수용액 내에서 물과 결합하여 H_3O^+로 존재한다. 염기base는 수용액에서 이온화하여 수산화이온OH^-을 방출한다.

$$HCl(산) \longrightarrow H^+ + Cl^-,\quad NaOH(염기) \longrightarrow Na^+ + OH^- \quad \cdots\cdots (1)$$

(2) 브뢴스테드-로우리(Brönsted & Lowry)의 정의

산은 다른 화합물에 H^+proton를 제공할 수 있는 화합물을 말하며, 염기는 다른 화합물로부터 H^+를 제공받을 수 있는 화합물을 말한다.

$$H_3O^+(산) \rightleftharpoons H^+ + H_2O,\quad H_2O \rightleftharpoons OH^-(염기) + H^+ \quad \cdots\cdots (2)$$

(3) 물의 이온화와 pH

물 한 분자가 해리되면 물분자의 두 개의 극성결합(H-O) 중 하나가 끊어지며, 이로부터 방출되는 수소이온은 주변 물분자와 결합하여 히드로늄 이온H_3O^+과 히드록시드 이온OH^-이 형성되는 가역적 자기해리반응self-dissociation, 즉 이온화반응ionization을 거치게 된다. 수용액에서의 히드로늄 이온의 농도$[H_3O^+]$는 쉽게 표기하기 위해 수소이온 농도$[H^+]$로 나타낸다.

$$H_2O + H_2O \rightleftharpoons H_3O^+ + OH^-,\quad H_2O \rightleftharpoons H^+ + OH^- \quad \cdots\cdots (3)$$

물의 이온화는 평형상수 K_{eq}로 표시한다.

$$K_{eq} = \frac{[H^+][OH^-]}{[H_2O]} \quad \cdots\cdots (4)$$

25℃에서 순수한 물의 K_{eq}는 1.8×10^{-16} M로 측정되며, 25℃에서 순수한 물의 농도, $[H_2O]$의 값은 물 1 L의 무게 1,000 g을 물의 분자량인 18로 나누면 55.5 M이다.

$$[H^+][OH^-] = K_{eq}[H_2O]$$
$$[H^+][OH^-] = (1.8\times10^{-16}\ M)(55.5\ M) \quad (5)$$
$$[H^+][OH^-] = 1.0\times10^{-14}\ M^2$$

따라서 25℃의 순수한 물에서는, $[H^+] = [OH^-] = \sqrt{1.0\times10^{-14}\ M^2} = 1.0\times10^{-7}$ M을 나타낸다.

지수 형태로 표시된 수소이온의 농도는 표기하기 어려워 대체로 쉽게 용액의 수소이온의 농도를 표기하기 위해 다음과 같이 pH를 사용한다. 기호 p는 음의 로그값을 의미한다.

$$pH = \log\frac{1}{[H^+]} = -\log[H^+] \quad (6)$$

물의 $[H^+]$은 10^{7} M이며, 따라서 물의 pH는 $\log\frac{1}{10^{-7}} = -\log 10^{-7} = 7$로 나타낼 수 있다.

pH = 7일 때 보통 중성이라고 하며, 7 이하일 때 산성, 7 이상일 때 알칼리성을 나타낸다. 두 용액의 pH 값의 1단위만큼 다른 것은 한쪽 용액의 수소이온 농도가 다른 용액보다 10배 차이를 나타내는 것을 의미한다. pH는 생명체 내의 상태를 나타내는 주요 지표이며 그림 1-18, 혈액이나 요의 pH는 특정 질병의 진단에 주로 사용되고 있다. 혈액의 pH는 대략 7.4를 유지하며, 약간의 변화에도 혼수상태 또는 죽음에 이르는 심각한 상황을 초래할 수 있는데, 예를 들어 중증의 당뇨 환자의 경우 정상 혈액의 pH보다 낮은 산혈증acidemia을 나타내는 경우가 흔히 관찰된다.

적절한 pH를 유지하는 것은 생체 내 거대분자의 구조와 활성에 큰 영향을 미친다. pH의 변화는 생체 내 여러 화합물의 구조와 상호작용에 영향을 미치는 여러 가지 약한 결합들, 즉 이온결합 혹은 수소결합 등의 정전기적 인력에 많은 영향을 미치며, 이러한 구조 및 상호작용의 변화는 여러 반응을 촉매하는 효소 등의 기능과 활성에도 변화를 일으킬 수 있다.

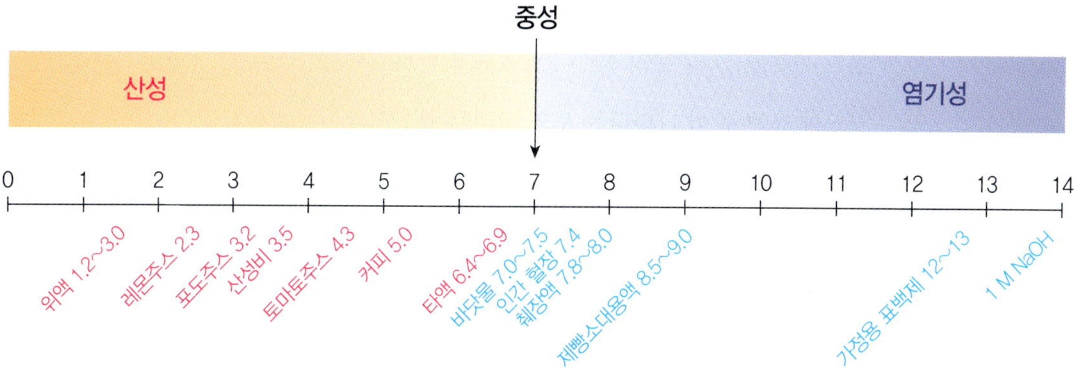

그림 1-18 일반 용액의 pH 값

(4) 산의 이온화 : pH와 pK_a

체액을 비롯한 여러 용액의 수소이온 농도는 물의 자가해리에 의한 수소이온에는 거의 영향을 미치지 않으며, 용액 내의 산과 염기와 같은 수소이온의 농도를 증가 또는 감소시키는 어떤 물질에 의해 결정된다. 브뢴스테드-로우리의 정의에 의해 일반적으로 산은 물속에서 수소이온(양성자, H^+)을 해리하는 물질이며, 염기는 수소이온을 수용하는 물질이다. HA로 표시되는 산은 수용액에서 다음과 같이 해리한다. A^-는 역반응에서 수소이온을 받아들이기 때문에 염기로 부르며, HA와 A^-는 짝산-짝염기쌍conjugate acid-conjugate base pair의 관계로 정의될 수 있다.

$$HA \rightleftharpoons H^+ + A^- \quad \cdots\cdots (7)$$

일반적으로 염산, 질산, 황산 등을 강산이라 하며, 이들 산은 수용액에서 완전히 수소이온을 해리하여 이온화된다. 수용액에서 완전히 수소이온이 해리되는 강산 외에도 일부의 수소이온만 해리되는 여러 가지 약산이 존재하며, 생체에서는 주로 약산이 흔히 관찰된다. 산의 강도는 어떤 물질이 수소이온을 방출하는 경향을 나타내며, 이는 산의 해리상수dissociation constant, K_a로 표시한다.

$$K_a = \frac{[H^+][A^-]}{[HA]}, \quad pK_a = -\log K_a \quad \cdots\cdots (8)$$

H^+을 해리하여 잃는 경향이 강할수록 K_a 값이 커지며 더 강력한 산을 나타낸다. 주로 지수로 쓰인 해리상수는 사용하기에 불편하여 음의 대수 pK_a로 사용하는데, 강산에서 큰 값이 나타나는 K_a와 반대로 강산일수록 pK_a값이 작다.

산과 염기의 비율과 pH의 관계를 알아보기 위하여 (8)의 첫 번째 식을 $[H^+]$에 대해 풀면,

$$[H^+] = K_a \frac{[HA]}{[A^-]} \quad \cdots\cdots (9)$$

(9)의 식의 양변의 음의 대수를 취하면

$$-\log [H^+] = -\log K_a - \log \frac{[HA]}{[A^-]} \quad \cdots\cdots (10)$$

(6)과 (8)을 이용하여, $-\log [H^+]$를 pH로, $-\log K_a$를 pK_a로 전환하면

$\mathrm{pH} = \mathrm{p}K_a - \log \frac{[HA]}{[A^-]}$이고, 이 식의 $-\log \frac{[HA]}{[A^-]}$의 부호를 바꾸면,

$$\mathrm{pH} = \mathrm{p}K_a + \log \frac{[A^-]}{[HA]}, \quad \mathrm{pH} = \mathrm{p}K_a + \log \frac{[\text{수소이온 수용체}]}{[\text{수소이온 공여체}]} \quad \cdots\cdots (11)$$

로 정리될 수 있는데, (11)을 헨더슨-하셀발흐Henderson-Hasselbach 식이라고 부른다.

(11)의 식에서 염기로 이온화된 염기의 농도 $[A^-]$와 이온화되기 전 산의 농도 [HA]가 같을 때, '$\log [A^-]/[HA] = 0$'이 되므로 '$\mathrm{pH} = \mathrm{p}K_a$'가 된다. 즉 p$K_a$는 산의 절반이 해리되었을 때 혹은 산과 염기의 양이 같을 때의 pH 값을 나타낸다.

(5) 적정곡선과 완충용액

산성 용액에 염기를 첨가하여 적정할 때 용액의 pH가 변화하며, 이러한 pH 변화 과정을 나타낸 그래프를 적정곡선titration curve이라고 한다. 적정titration이란 이미 알고 있는 농도의 적정제 용액을 만들어 미지 농도의 용액과 반응시킴으로써 농도를 결정하는 과정을 말한다. 산과 염기는 물이 형성되는 중화반응을 하고 산과 완

전한 반응을 이루는 염기의 양을 1당량이라 하며, 정확히 농도가 계산된 염기용액을 제조하여 산에 조금씩 반응시켰을 때의 연속적인 pH 변화를 측정함으로써 적정곡선을 나타낼 수 있다.

그림 1-19는 아세트산CH_3COOH의 적정곡선을 나타낸 것이다. 25℃에서 0.1 N NaOH로 0.1 N 아세트산 용액을 적정하면 정확하게 0.5당량의 NaOH가 첨가된 적정의 중간점에서 아세트산의 절반이 해리되어 짝산인 양성자 주개proton donor의 농도$[CH_3COOH]$, 짝염기인 양성자 받개proton acceptor의 농도$[CH_3COO^-]$가 같게 된다. 즉 $[CH_3COOH]$와 $[CH_3COO^-]$가 같을 때의 pH는 아세트산의 pK_a과 같다(헨더슨-하셀발흐 식 참조).

적정곡선을 살펴보면 아세트산의 값인 pH 4.76 부근에서 변곡점이 존재하며, 이 변곡점이 산의 pK_a 값에 해당하고, 이 부분에서는 다량의 수산화이온이 첨가되어도 용액의 pH 변화는 미미하다. 이는 짝산과 짝염기의 농도가 같을 때, 산 혹은 염기의 첨가가 pH 변화를 억제할 수 있음을 나타낸다. 산 또는 염기를 첨가할 때 pH

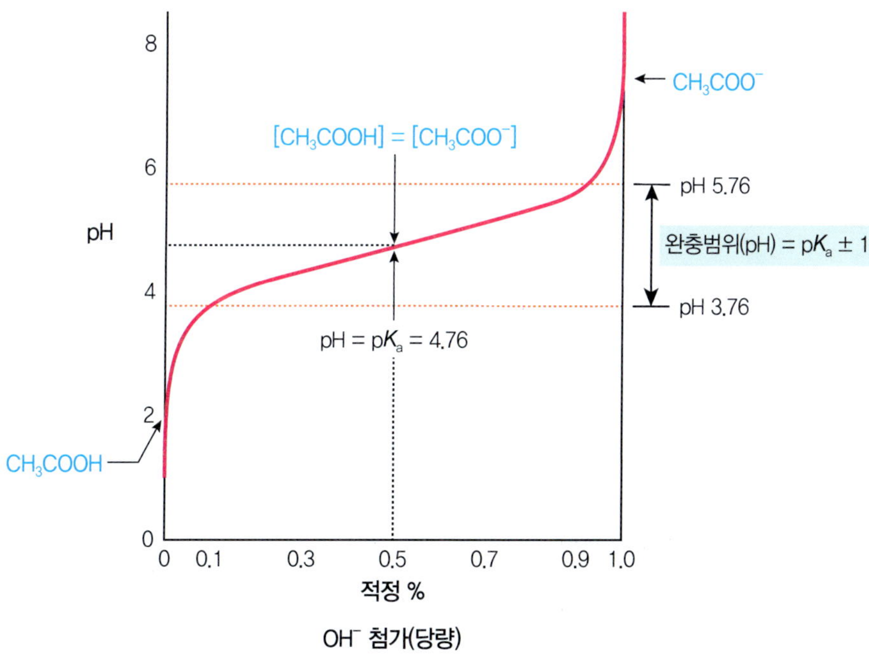

그림 1-19 아세트산의 적정곡선

변화가 가장 적은 지점에서 그 용액의 완충능력은 최대이며, H^+ 공여체와 수용체의 이온 농도가 같은 지점, 즉 pH가 pK_a와 같을 때 최대의 완충능력을 나타내고, 산-염기짝쌍의 효과적인 완충범위(pH)는 $pK_a \pm 1$의 범위에서 나타난다.

산 혹은 알칼리의 첨가에도 불구하고, 어떤 용액에 존재하는 약산-짝염기의 작용으로 pH의 변화가 적게 나타나는 용액을 완충용액buffer이라고 한다. 모든 생명체에서의 pH 변화는 생명현상과 직결되며, 일정 pH가 지속되지 못할 때에는 생명현상에 심각한 문제를 야기할 수 있다. 뿐만 아니라, 대부분 생물학적 과정은 pH의 변화에 매우 민감하게 반응하는데, 이는 수소이온 농도의 변화가 생명체를 구성하는 고분자 화합물의 이온 상태에 영향을 미치기 때문이다. 예를 들면, 수소이온의 농도가 증가하는 환경에서 단백질의 구성원인 아미노산 작용기의 $-NH_2$ 그룹은 수소이온과 결합으로 $-NH_3^+$를 형성하여 전체 단백질의 안정적인 구조를 변형시키고 활성을 방해할 수 있다.

성장하는 세포는 대사과정을 통해 이산화탄소와 젖산 같은 산성물질이 많이 발생함에도 불구하고 세포질 및 혈액 등 체액의 pH를 7.2~7.4 정도로 일정하게 유지할 수 있다. 이는 생명체에서 완충 시스템을 통해 체액의 pH를 일정하게 유지하기 때문이다. 여러 가지 대사과정에서 산소를 사용한 영양물질의 소비과정은 이산화탄소를 발생시키는데, 이는 물과 반응하여 H_2CO_3(탄산carbonic acid)을 생성하고, 탄산은 쉽게 해리하여 HCO_3^-(중탄산이온bicarbonate ion)과 수소이온으로 해리된다.

$$CO_2 + H_2O \rightleftharpoons H_2CO_3 \rightleftharpoons H^+ + HCO_3^- \quad \cdots\cdots \quad (12)$$

혈액 완충계의 약산과 짝염기는 주로 H_2CO_3과 HCO_3^-으로 구성되며, 만일 H^+의 농도가 증가(산성물질의 과잉 유입)하는 요인이 발생할 때에는 HCO_3^-이 과잉의 H^+과의 결합을 통해 급격한 pH의 변화를 억제한다. 이 경우 반응(12)가 왼쪽으로 진행되어 CO_2가 발생하며, 이는 호흡을 통해 배출될 수 있다. 반대로 호흡 시 과환기hyperventilation에 의해 발생되는 과도한 OH-히드록실 이온들은 H_2CO_3으로부터 유래하는 H^+에 의해 중화될 수 있다.

세포질(세포내액)에서는 혈액에서의 H_2CO_3와 HCO_3^-의 유사한 방식으로 급격한

pH의 변화를 억제할 수 있는 인산염 완충계가 사용되며, 약산과 짝염기는 $H_2PO_4^-$와 HPO_4^{2-}로 구성된다.

$$H_2PO_4^- \rightleftharpoons H^+ + HPO_4^{2-} \quad \cdots\cdots (13)$$

아미노산과 단백질

Chapter 2

1. 아미노산
2. 아미노산의 성질
3. 아미노산의 정성반응 : 닌하이드린 반응
4. 펩티드
5. 단백질의 구조
6. 단백질의 분류
7. 단백질의 정색반응
8. 단백질의 분리

CHAPTER 2

단백질protein은 탄소C, 수소H, 산소O, 질소N, 황S을 함유한 아미노산이 펩티드 결합을 통해 만들어진 생체 고분자물질로 세포의 주요 구성성분이다. 단백질은 우리 몸 안에서 효소, 호르몬, 헤모글로빈 등 중요한 역할을 하는 물질이 되기 때문에 그 어원도 생명 유지에 가장 중요하다는 뜻을 지닌 *Proteios*에서 유래되었다.

식품 중의 질소는 주로 단백질에 존재하며 그 양은 평균 16%이다. 16%의 의미는 단백질 100 g 중 질소가 16 g 함유되어 있다는 것으로 아래 식처럼 표현할 수 있다.

$$\frac{\text{단백질 양}}{\text{질소 양}} = \frac{100}{16} = 6.25$$

$$\text{단백질 양} = \text{질소 양} \times 6.25$$

즉 질소 함량을 정량한 후 여기에 6.25를 곱하면 단백질 양을 알 수 있다. 이때 곱해 주는 6.25를 질소계수라고 하며, 식품마다 고유의 값이 있다.

1 아미노산

단백질은 강한 산 또는 알칼리 용액에 넣고 가열하면 펩티드 결합이 끊어지면서 아미노산amino acid으로 분해되는데, 1806년 아스파라긴asparagine이 최초로 발견된 후, 1938년 트레오닌threonine까지 20종류의 아미노산이 모두 밝혀졌다 표 2-1.

아미노산은 발견된 물질에서 그 이름이 유래되었는데, 아스파라긴은 아스파라거스asparagus, 글루탐산glutamic aicd은 밀 단백질 글루텐gluten, 글리신은 단맛이 있어서 단맛을 뜻하는 그리스어 *glykos*에서 명명되었다.

1) 아미노산의 구조

아미노산은 하나의 탄소에 알칼리를 나타내는 아미노기 $-NH_2$와 산성을 나타내

표 2-1 표준 아미노산의 이름과 약어

아미노산	약자 표기	약문자
알라닌(alanine)	Ala	A
아르기닌(arginine)	Arg	R
아스파라긴(asparagine)	Asn	N
아스파르트산(aspartic acid)	Asp	D
시스테인(cysteine)	Cys	C
글루타민(glutamine)	Gln	Q
글루탐산(glutamic acid)	Glu	E
글리신(glycine)	Gly	G
히스티딘(histidine)	His	H
이소루신(isoleucine)	Ile	I
루신(leucine)	Leu	L
리신(lysine)	Lys	K
메티오닌(methionine)	Met	M
페닐알라닌(phenylalanine)	Phe	F
프롤린(proline)	Pro	P
세린(serine)	Ser	S
트레오닌(threonine)	Thr	T
트립토판(tryptophan)	Trp	W
티로신(tyrosine)	Tyr	Y
발린(valine)	Val	V

는 카복실기 $-COOH$가 결합되어 있으며 그림 2-1, 아미노기가 α-탄소에 결합되어 있으면 α-아미노산, β-탄소에 결합되어 있으면 β-아미노산이라고 부른다.

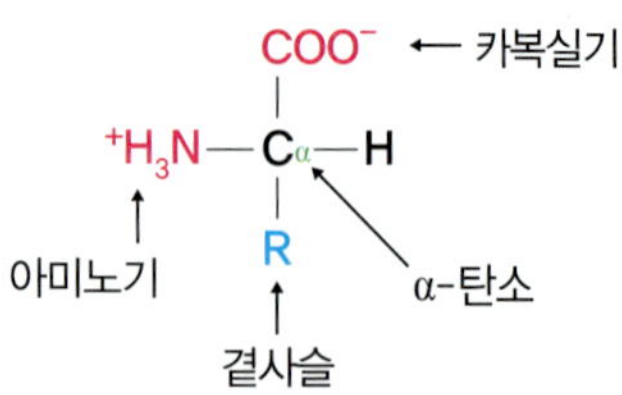

그림 2-1 아미노산의 구조

자연계에서 단백질을 구성하는 20종류의 아미노산은 모두 α-탄소를 중심으로 아미노기, 카복실기, 수소를 공통으로 가지고 있고 곁사슬R만 다르다. 탄소는 최외각전자 분포 때문에 결합할 수 있는 팔이 4개로 각각 다른 작용기와 결합할 때 그 탄소를 부제탄소asymmetric carbon라고 부르는데, 곁사슬이 수소인 글리신을 제외한 아미노산은 부제탄소를 가지고 있고, D형과 L

형의 광학이성체가 존재한다.

글리세르알데히드에서 부제탄소를 중심으로 알데히드기를 맨 위에 두었을 때 수산기-OH가 오른쪽에 위치하면 D-형이고, 왼쪽에 위치하면 L-형이 된다[라틴어인 *laevus*(좌선성), *dexter*(우선성)에서 유래]. 마찬가지로 아미노산도 부제탄소를 중심으로 맨 위에 카복실기를 두었을 때 아미노기가 오른쪽에 위치하면 D-형이고 왼쪽에 위치하면 L-형이 된다. 자연계에서 단백질을 구성하는 아미노산은 모두 L-형이고, 아미노기가 α-탄소에 결합되어 있어 α-L-아미노산이다 그림 2-2.

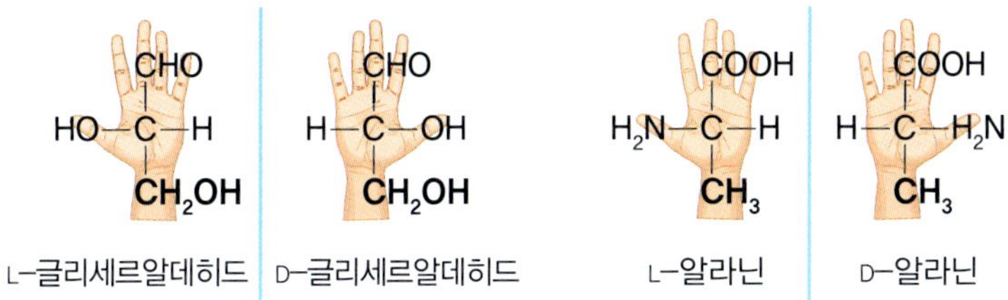

그림 2-2 글리세르알데히드와 알라닌의 입체이성질체

2) 단백질을 구성하는 아미노산의 종류

(1) 곁사슬기(R)의 화학구조에 의한 분류

20종류의 아미노산은 모두 산성을 나타내는 카복실기, 알칼리성을 나타내는 아미노기, 수소를 공통적으로 가지며 곁사슬R만 다르다. 곁사슬기의 극성과 곁사슬기에 산 또는 염기를 나타내는 기능기의 존재 여부에 따라 크게 중성의 비극성 아미노산과 극성 아미노산, 산성 아미노산, 알칼리성 아미노산으로 분류할 수 있다. 더 세부적으로 곁사슬기에 황을 함유하는 함황 아미노산, 방향족 탄화수소를 가지는 방향족 아미노산, 복소환을 가지는 복소환 아미노산으로도 나눌 수 있다 표 2-2.

① 비극성 아미노산

곁사슬기가 메탄methane, CH_4처럼 지방족 탄화수소로 이루어진 것과 방향족 탄화수소로 이루어진 것이 있다 그림 2-3.

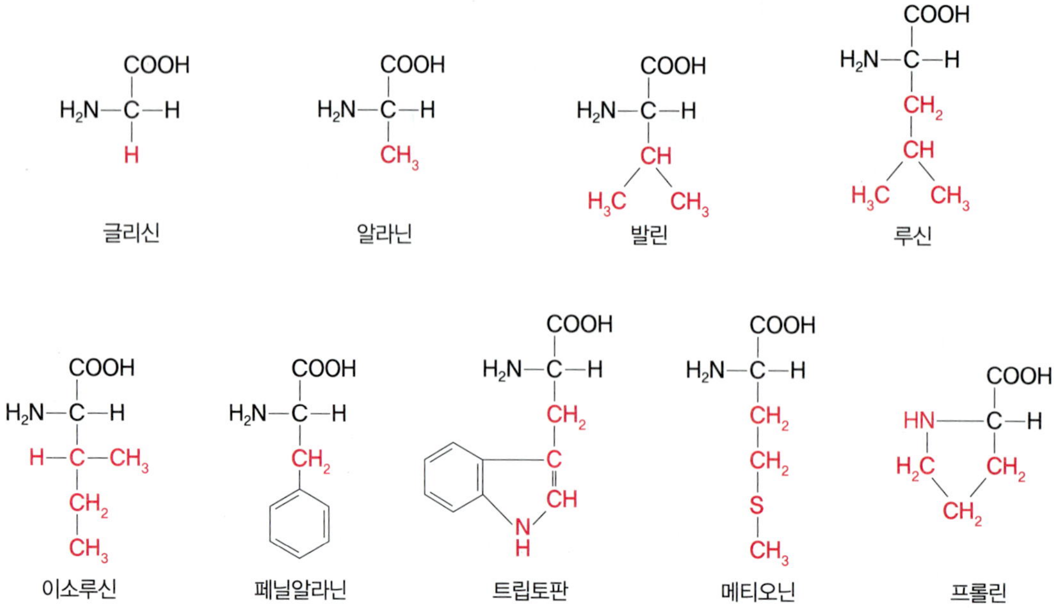

그림 2-3 비극성 아미노산

결사슬기가 지방족 탄화수소인 아미노산 글리신, 알라닌, 발린, 루신, 이소루신, 프롤린, 메티오닌이 있다. 이 중에서 발린, 루신, 이소루신은 가지가 달린 지방족 탄화수소로 곁가지 아미노산에 속한다.

결사슬기가 방향족 탄화수소인 아미노산 페닐알라닌과 트립토판이 있다.

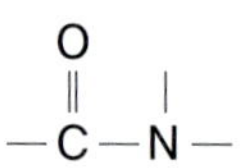

아미드기

② 중성의 극성 아미노산

중성의 pH에서 수소결합을 할 수 있는 히드록실기 –OH, 술프히드릴기sulfhydryl group, –SH, 아미드기 –$CONH_2$를 결사슬에 가지고 있는 아미노산들이다 그림 2-4.

알아두기

지방족 탄화수소

탄소와 수소만으로 구성되어 있으며 탄소원자와 탄소원자 사이의 결합은 단일 결합으로 이루어져 있다. 가장 간단한 지방족 탄화수소는 메탄(methane, CH_4), 에탄(ethane, CH_3CH_3, C_2H_6), 프로판(propane, C_3H_8, $CH_3CH_2CH_3$), 부탄(C_4H_{10},$CH_3CH_2CH_2CH_3$) 등이 있다.

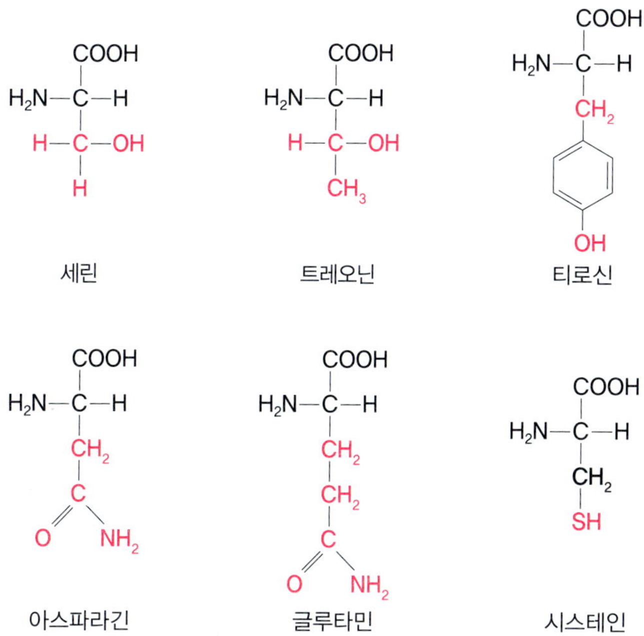

그림 2-4 중성의 극성 아미노산

결사슬기에 히드록실기를 가지는 아미노산 세린serine, 트레오닌threonine, 티로신tyrosine의 곁사슬기에 있는 히드록실기는 수소결합을 통해 단백질의 2차, 3차 구조를 유지하는 데 중요한 역할을 한다.

결사슬기에 아미드기를 가지는 아미노산 아스파르트산의 아미드amide 유도체인 아스파라긴, 글루탐산의 아미드 유도체인 글루타민이 여기에 속한다.

결사슬기에 술프히드릴기를 가지는 아미노산 시스테인에 있는 –SH기는 산화하여 다른 시스테인과 S–S결합을 형성하여 단백질의 3차 구조를 안정화시킨다 그림 2-5. 시스테인과 시스테인이 S–S결합한 것을 시스틴cystine이라고 한다.

③ 산성 아미노산

아미노기 1개와 카복실기 2개를 갖는 아미노산이다. 즉 다른 아미노산보다 산성으로 작용하는 카복실기 –COOH를 곁사슬에 하나 더 가지고 있는 아미노산으로, 알칼리성 pH(pH 7.0 이상)에서 곁사슬기의 카복실기가 해리되어 전체는 (–)전하를 띤

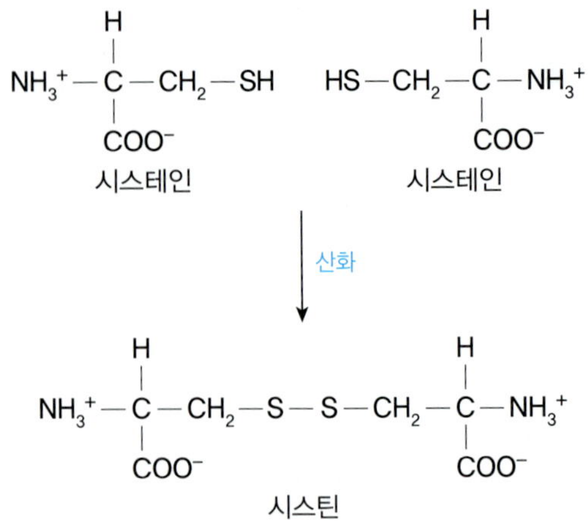

그림 2-5 시스테인으로부터 시스틴 합성

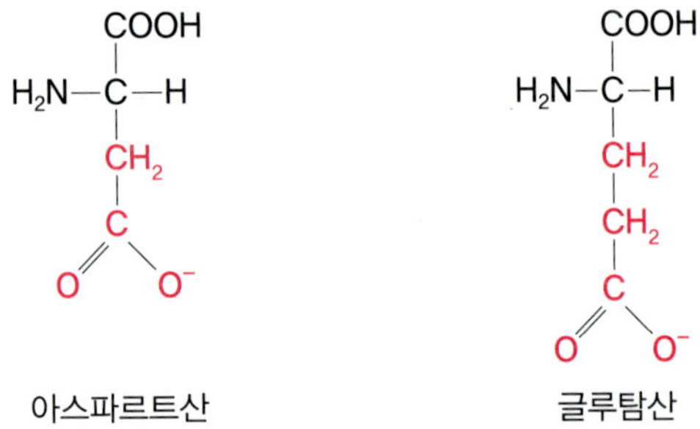

그림 2-6 산성 아미노산

다. 아스파르트산과 글루탐산이 있다 그림 2-6.

④ 알칼리성 아미노산

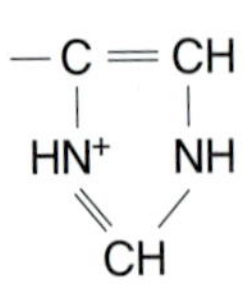

이미다졸기

아미노기 2개와 카복실기 1개를 갖는 아미노산이다. 즉 다른 아미노산보다 알칼리성으로 작용하는 아미노기 $-NH_2$를 곁사슬에 하나 더 가지고 있는 아미노산들로, 알칼리성 pH(pH 7.0 이상)에서 곁사슬기의 아미노기는 수소이온 H^+과 결합하여 NH_3^+로 전체적인 전하가 (+)를 나타낸다. 여기에 속하는 아미노산은 이미다졸기 imidazole radical를 갖는 히스티딘을 포함하여 리신, 아르기닌이 있다 그림 2-7.

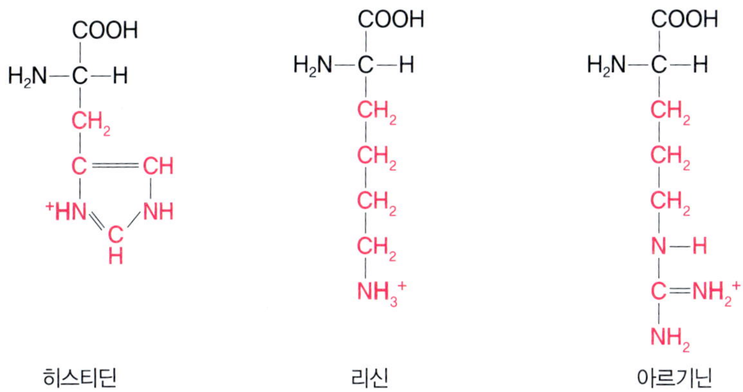

그림 2-7 알칼리성 아미노산

표 2-2 곁사슬기의 화학구조에 의한 아미노산의 분류

분류	아미노산
지방족 아미노산	글리신, 알라닌, 발린, 루신, 이소루신
히드록실기를 갖는 아미노산	세린, 트레오닌, 티로신
황 함유 아미노산	시스테인, 메티오닌
방향족 아미노산	페닐알라닌, 티로신, 트립토판
알칼리성 아미노산	리신, 아르기닌, 히스티딘
산성 아미노산	아스파르트산, 글루탐산
아미드기를 갖는 아미노산	아스파라긴, 글루타민

(2) 생체 내 합성 유무에 의한 분류

① 필수아미노산과 불필수아미노산

단백질 합성에 필요한 20개 아미노산 중 체내에서 합성되지 못하거나 필요량보다 적게 합성되어 반드시 식사를 통해 섭취해야 하는 필수아미노산은 9개가 있다 표 2-3.

표 2-3 필수아미노산과 불필수아미노산의 종류

필수아미노산	불필수아미노산
발린, 루신, 페닐알라닌, 트레오닌, 메티오닌, 트립토판, 리신, 이소루신, 히스티딘	알라닌, 아스파르트산, 아스파라긴, 시스테인, 글루탐산, 글루타민, 글리신, 프롤린, 세린, 티로신, 아르기닌

3) 아미노산과 생리활성물질

뉴클레오시드
5탄당과 염기 결합

뉴클레오티드
인산-5탄당-염기 결합

퓨린 염기
- 아데닌(adenine)
- 구아닌(guanine)

아미노산과 일부 아미노산의 유도체는 인체 내에서 신경전달물질, 헤모글로빈과 같은 중요한 생리활성물질을 만드는 전구체로 사용되기도 한다 표 2-4.

트립토판은 신경전달물질인 세로토닌의 전구체이며, 도파민, 에피네프린, 노르에피네프린과 같은 카테콜아민은 티로신으로부터 만들어진다. 이외에 뇌의 억제성 신경전달물질인 GABAgamma-aminobutyric acid는 글루탐산의 유도체이며, 글리신은 헴heme과 같은 포르피린 고리의 전구체로 사용될 뿐만 아니라 아스파르트산, 글루타민과 더불어 뉴클레오티드의 퓨린 염기를 생합성하는 물질로 사용된다.

표 2-4 아미노산과 생리활성물질

전구체가 되는 아미노산	생리활성물질	기능
트립토판	세로토닌	식욕, 기분 행동을 조절하는 신경전달물질
티로신	도파민, 에피네프린, 노르에피네프린	신경전달물질
글루탐산	GABA	뇌의 억제성 신경전달물질
글리신	헴(heme), 뉴클레오티드(퓨린 염기)	적혈구, 핵산
아스파르트산	뉴클레오티드(퓨린, 피리미딘 염기)	DNA 구성
글루타민	뉴클레오티드(퓨린, 피리미딘 염기)	DNA 구성

2 아미노산의 성질

1) 양성 전해질

아미노산의 구조에서 α-아미노기 $-NH_2$는 중성 pH에서 수소이온을 받아들여 NH_3^+의 양전하를 띠고, α-카복실기 $-COOH$는 수소이온을 방출하여 COO^- 음전하를 가진다 그림 2-8.

이처럼 양전하와 음전하를 모두 가지고 있는 분자를 양성이온zwitterion이라고 하며, 대부분의 아미노산은 물에 잘 녹고 양성이온으로 존재한다.

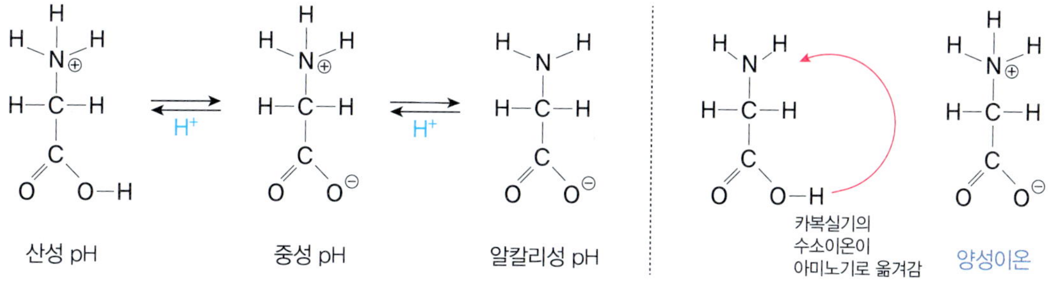

그림 2-8 글리신의 이온화반응

2) 등전점

아미노산은 pH에 따라 (+)전하와 (–)전하를 가진다. 특정 pH에서는 (+)전하와 (–)전하를 합친 순전하가 '0'이 되는데, 이때의 pH를 등전점isoelectricpoint, pI이라고 한다.

곁가지에 해리되는 작용기를 갖지 않는 아미노산을 알칼리 용액으로 적정하면 pH가 증가함에 따라 아미노산 분자구조 중 α-카복실기가 해리되기 시작하면서 수소이온을 방출한다 그림 2-9.

$$COOH \longrightarrow COO^- + H^+$$

α-카복실기가 50% 해리되는 pH를 pK_1이라고 부르며, 점차 pH가 증가하면 α-아미노기가 해리되기 시작하는데 50% 해리되는 pH를 pK_2라고 한다. 등전점pI는 pK_1

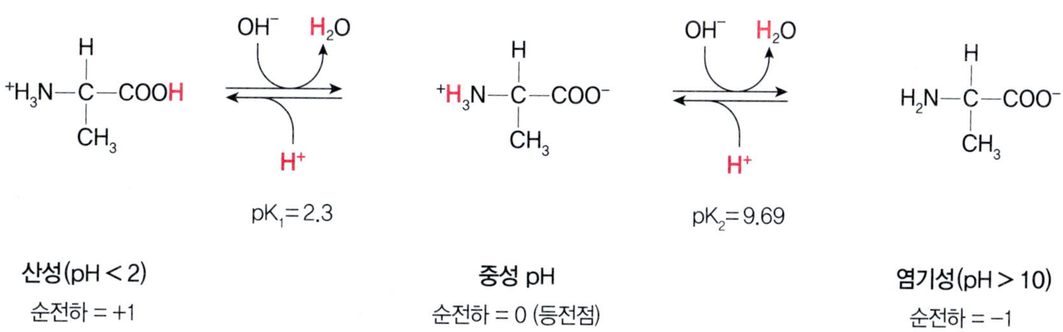

그림 2-9 pH에 따른 알라닌의 이온화 및 전하 상태

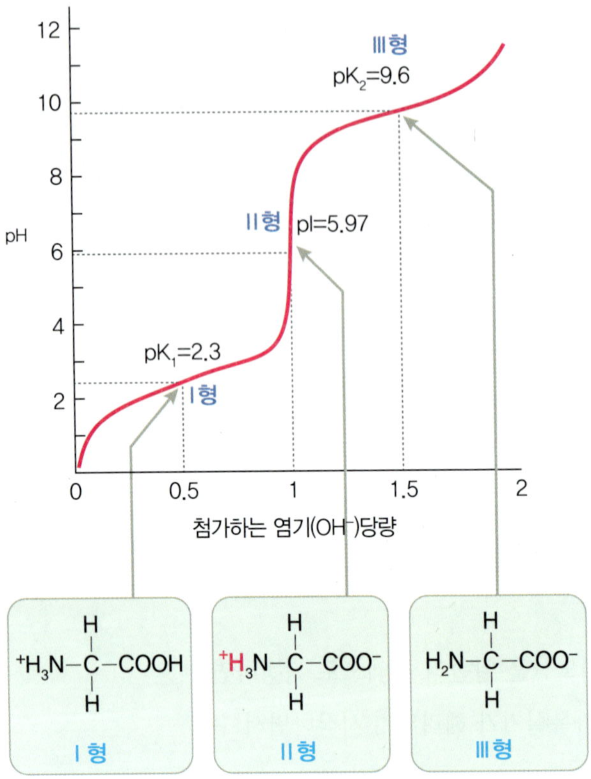

그림 2-10 글리신의 pK값과 등전점

과 pK_2의 산술적 평균이다.

즉, $pI = (pK_1 + pK_2)/2$

그림 2-10은 글리신을 알칼리 용액으로 적정할 때 글리신의 이온화 형태와 pK_1, pI, pK_2 값을 나타내었다. 글리신의 pI는 $(pK_1 + pK_2)/2 = (2.3 + 9.6)/2 = 6.0$이다.

곁사슬기에 해리되는 카복실기 또는 아미노기를 갖는 아미노산은 pK_1과 pK_2 외에 pK_R을 가진다. 따라서 pI를 구하는 식도 다르다. 알칼리성 아미노산은 아미노산 분자구조상 해리되는 작용기로 α-카복실기, α-아미노기, 곁사슬 아미노기를 가지고 있다. 알칼리 용액으로 적정할 때 산성에서 알칼리로 pH가 증가함에 따라 제일 먼저 α-카복실기가 해리되고(pK_1), 그 다음 α-아미노기가 해리된(pK_2) 뒤 곁사슬 아미노기가 해리되기(pK_R) 시작한다 그림 2-11.

이때 등전점은 pK_2과 pK_R의 산술적 평균값이 된다.

$$pI = (pK_2 + pK_R)/2$$

아스파르트산, 글루탐산과 같은 산성 아미노산은 곁사슬에 카복실기를 갖고 있기 때문에 해리되는 순서는 'α-카복실기 → 곁사슬 카복실기 → α-아미노기' 순으로 진행되어 등전점은 pK_1과 pK_R의 산술적 평균값이 된다.

$$pI = (pK_1 + pK_R)/2$$

표 2-5 아미노산의 pI값

아미노산	pK_1 -COOH	pK_2 $-NH_3^+$	pK_3 R group
알라닌	2.34	9.69	-
아르기닌	2.17	9.04	12.48
아스파라긴	2.02	8.80	-
아스파르트산	2.09	9.82	3.86
시스테인	1.71	10.78	8.33
글루타민	2.17	9.13	-
글루탐산	2.19	9.67	4.25
글리신	2.34	9.60	-
히스티딘	1.82	9.17	6.00
이소루신	2.36	9.60	-
루신	2.36	9.60	-
리신	2.18	8.95	10.53
메티오닌	2.28	9.21	-
페닐알라닌	1.83	9.13	-
프롤린	1.99	10.60	-
세린	2.21	9.15	-
트레오닌	2.63	9.10	-
트립토판	2.83	9.39	-
티로신	2.20	9.11	10.07
발린	2.32	9.62	-

3 아미노산의 정성반응 : 닌하이드린 반응

아미노산의 아미노기는 닌하이드린ninhydrin 시약과 반응하여 청자색을 나타낸다 그림 2-12.

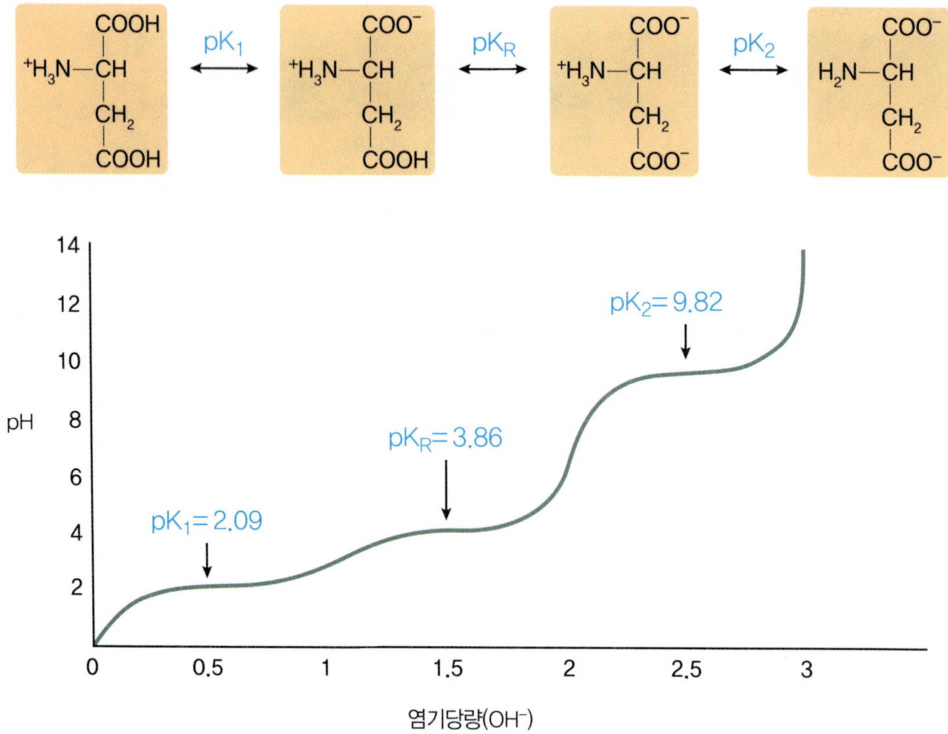

그림 2-11 아스파르트산의 적정곡선

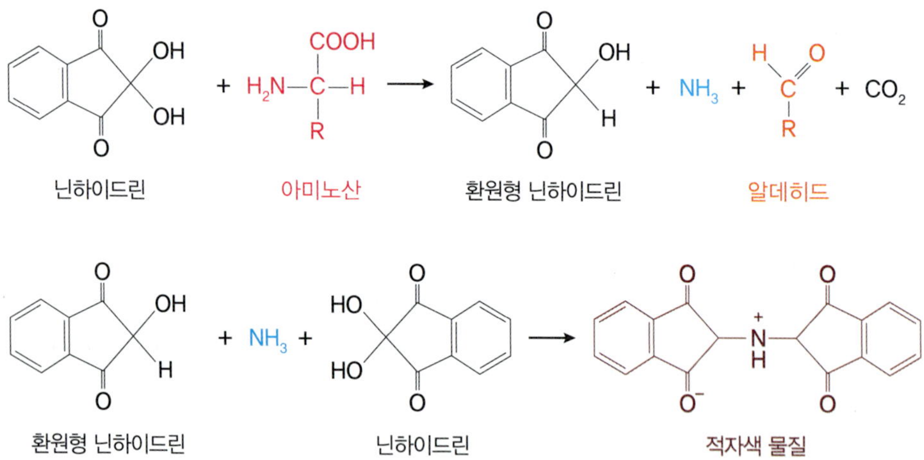

그림 2-12 닌하이드린 반응

4 펩티드

1) 펩티드 결합

펩티드 결합은 한 아미노산의 카복실기와 다른 아미노산의 아미노기가 물H_2O이 빠지면서 축합되어 형성된 결합으로 단일결합이지만, C에 결합한 산소와 N에 결합한 수소에 의한 전자의 불균등 분포로 부분적 이중결합이 형성되어 자유로운 회전이 불가능하다 그림 2-13.

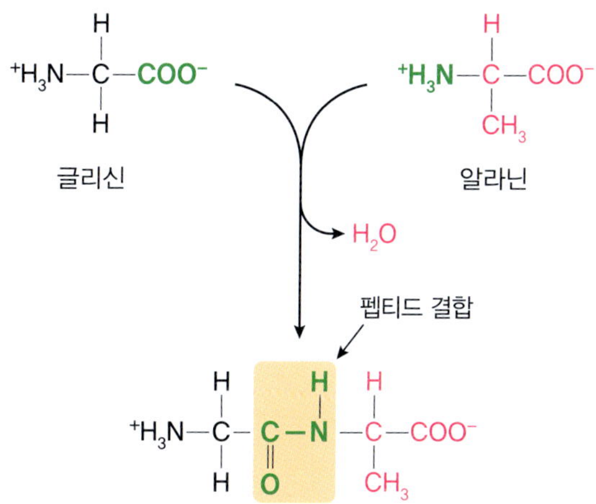

그림 2-13 글리신과 알라닌의 펩티드 결합

아미노산 2개가 펩티드 결합한 것을 디펩티드dipeptide, 3개가 결합한 것을 트리펩티드tripeptide, 4~50개의 아미노산이 결합한 것을 올리고펩티드oligopeptide, 그 이상인 것을 폴리펩티드polypeptide라고 한다. 펩티드의 한쪽 끝은 아미노기가 노출되어 N 말단, 다른 쪽은 카복실기가 노출되어 C 말단이라고 하며, 보통 표시할 때는 왼쪽이 N 말단이고 오른쪽 끝이 C 말단이다(N → C).

> mono : 1
> di : 2
> tri : 3
> tetra : 4
> penta : 5
> hexa : 6
> hepta : 7
> poly : 많다

2) 폴리펩티드의 아미노산 서열 분석

(1) 아미노산 조성 분석

폴리펩티드를 구성하는 아미노산의 종류와 양은 폴리펩티드를 강산(6 M-HCl)을 사용하여 가수분해한 후 HPLC를 이용하여 분석한다.

(2) FDNB 반응

FDNBfluoro dinitrobenzene 시약과 펩티드를 반응시킨 후 강산으로 펩티드 결합을 가수분해한다. FDNB와 결합한 N-말단 아미노산은 노란색을 띠어 나머지 아미노산과 차별화되고, 색을 띠는 아미노산을 크로마토그래피로 분리하면 어떤 아미노산인지 알 수 있다 그림 2-14.

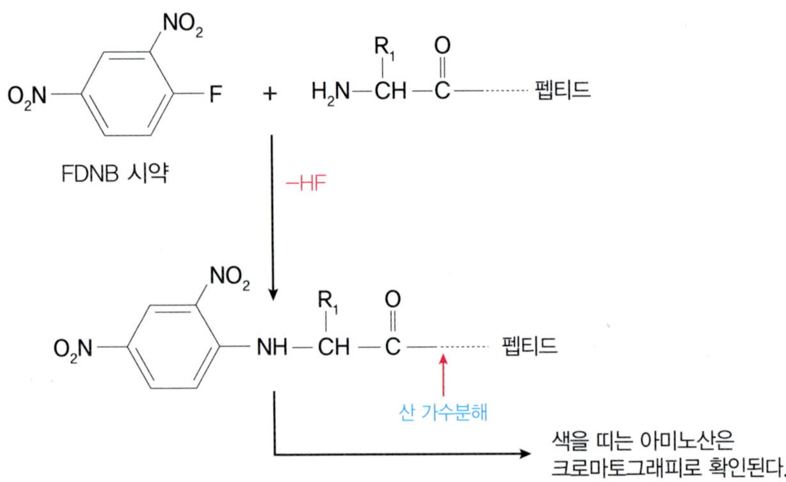

그림 2-14 FDNB 반응에 의한 N-말단 아미노산 결정

(3) 에드만 분해법

에드만 분해법은 폴리펩티드를 구성하는 아미노산들이 어떤 순서로 배열되어 있는지 서열을 결정하는 것이다. PITCphenylisothiocyanate라는 시약을 사용하여 펩티드의 N-말단에 있는 아미노산을 하나씩 레이블링하여 전체 사슬에서 순차적으

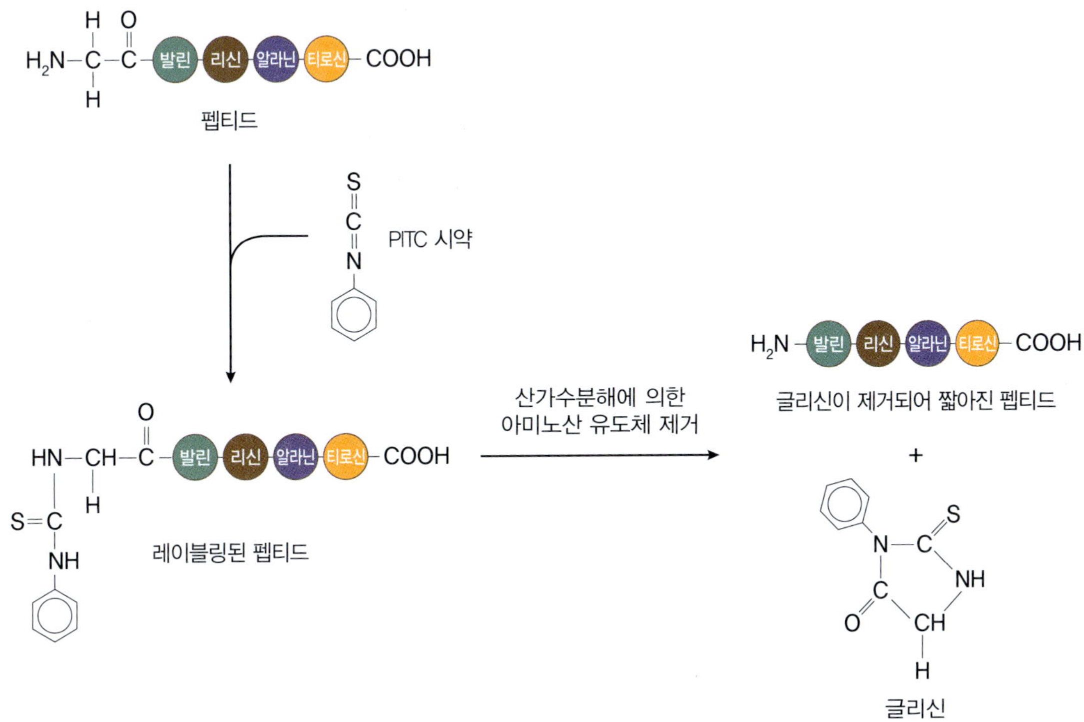

그림 2-15 에드만 분해법에 의한 아미노산 서열 분석

로 떨어지게 하는 방법으로 폴리펩티드의 전체 서열을 결정한다 그림 2-15.

3) 생리활성을 나타내는 펩티드

(1) 글루타티온

글루탐산-시스테인-글리신으로 이루어진 트리펩티드로 항산화 기능을 가지고 있다 그림 2-16.

(2) 아스파탐

아스파르트산과 페닐알라닌이 펩티드 결합을 한 디펩티드로 단맛을 내는 물질이다 그림 2-17.

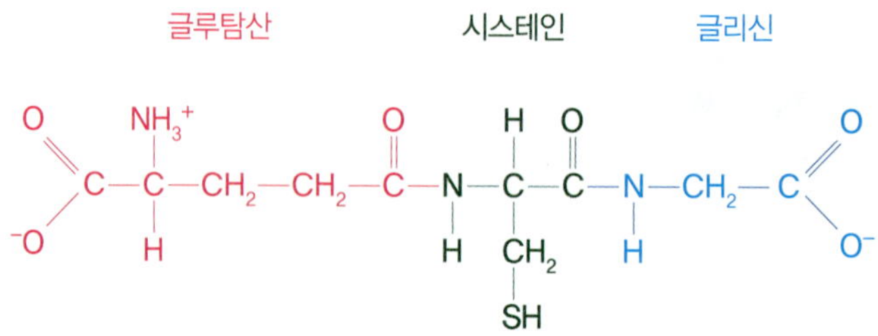

그림 2-16 글루타티온의 구조

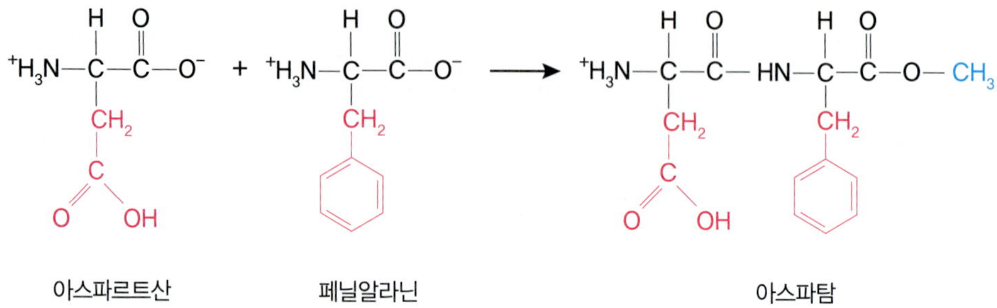

그림 2-17 아스파탐의 구조

(3) 옥시토신

뇌하수체 후엽에서 분비되는 호르몬으로 자궁 수축에 관여하며 수유기에는 젖의 분비를 촉진한다.

(4) 인슐린

인체 내에 중요한 호르몬 중의 하나로 혈당을 낮추는 역할을 한다. 췌장의 랑게르한스섬 β 세포에서 분비되며, 혈액 속의 포도당 수치인 혈당이 높아지면 혈액의 포도당을 세포 내로 유입시켜 산화를 촉진하거나 글리코겐의 형태로 저장하는 역할을 한다. 21개의 아미노산을 가진 A사슬과 30개의 아미노산을 가진 B사슬이 이황화결합(S–S)으로 연결되어 있다 그림 2-18.

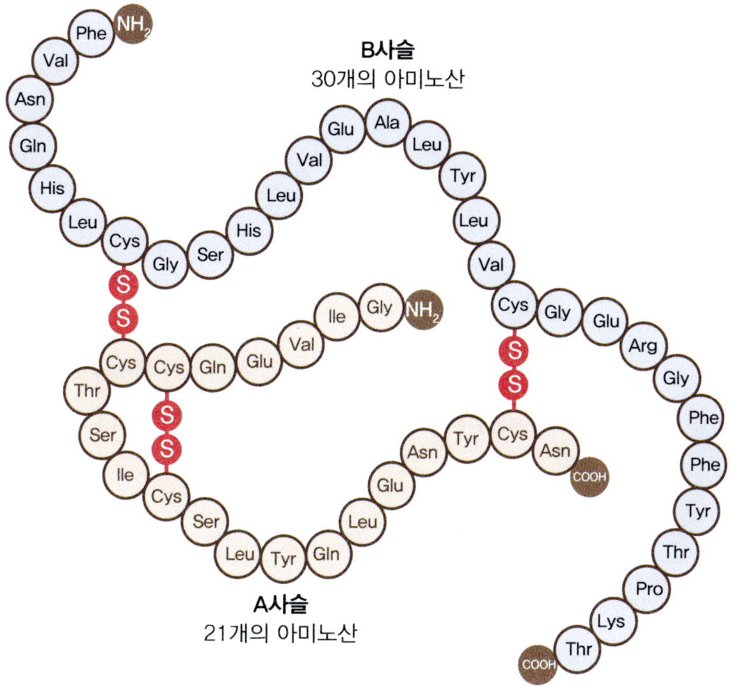

그림 2-18 인슐린

(5) 글루카곤

췌장의 랑게르한스섬 α 세포에서 분비되는 호르몬으로 혈액 속의 포도당 농도가 낮을 때 분비되며, 글리코겐 분해를 촉진하여 혈당을 높이는 역할을 한다.

5 단백질의 구조

1) 1차 구조

아미노산이 펩티드 결합에 의해 직선형으로 연결된 구조로 아미노산의 종류와 배열 순서를 말하며 유전자 암호의 순서와 일치한다 그림 2-19. 췌장에서 분비되는 호르몬으로 혈당을 상승시키는 글루카곤은 29개의 아미노산으로 구성되어 있다.

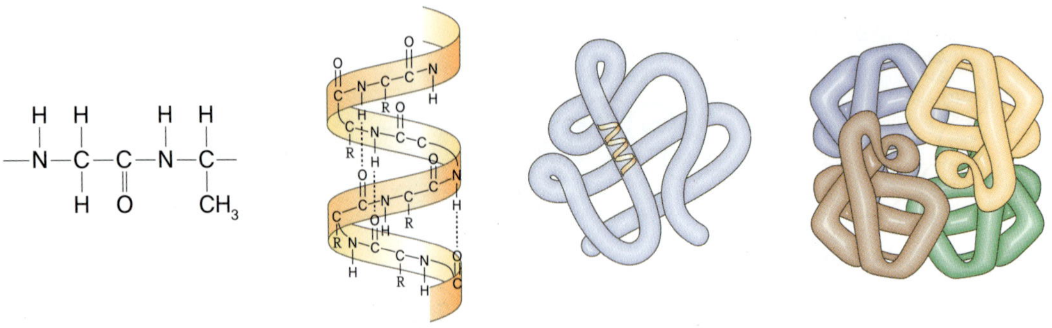

1차 구조 2차 구조 3차 구조 4차 구조

그림 2-19 단백질의 구조

2) 2차 구조

길게 나열된 1차 구조의 폴리펩티드 사슬이 수소결합를 통해 α-나선구조α-helix와 β-병풍구조β-sheet를 형성한 것이다. α-나선구조는 오른 나사 방향이며 회전할 때 아미노산 잔기 사이에 수소결합이 형성되고, 수소결합을 방해할 정도의 곁사슬이 큰 아미노산은 나선구조가 형성이 안 된다. β-병풍구조는 한 폴리펩티드의 N-H와 인접한 다른 폴리펩티드의 C=O 사이에 수소결합을 형성하여 지그재그 형태를 이루고 있다 그림 2-20.

3) 3차 구조

하나의 폴리펩티드가 이온결합, 수소결합, 이황화결합(S-S결합), 소수성결합에 의해 접혀져 안정된 3차원의 구조를 형성한 것이다 그림 2-19, 2-21.

4) 4차 구조

3차 구조를 형성한 2개 이상의 폴리펩티드가 공간적 · 입체적으로 배치된 구조로 4차 구조를 이루고 있는 각각의 폴리펩티드를 소단위체subunit라고 한다. 헤모글로빈은 4개의 소단위체가 한 공간 내에서 입체적으로 중합하여 거대한 분자를 형성하고 있다.

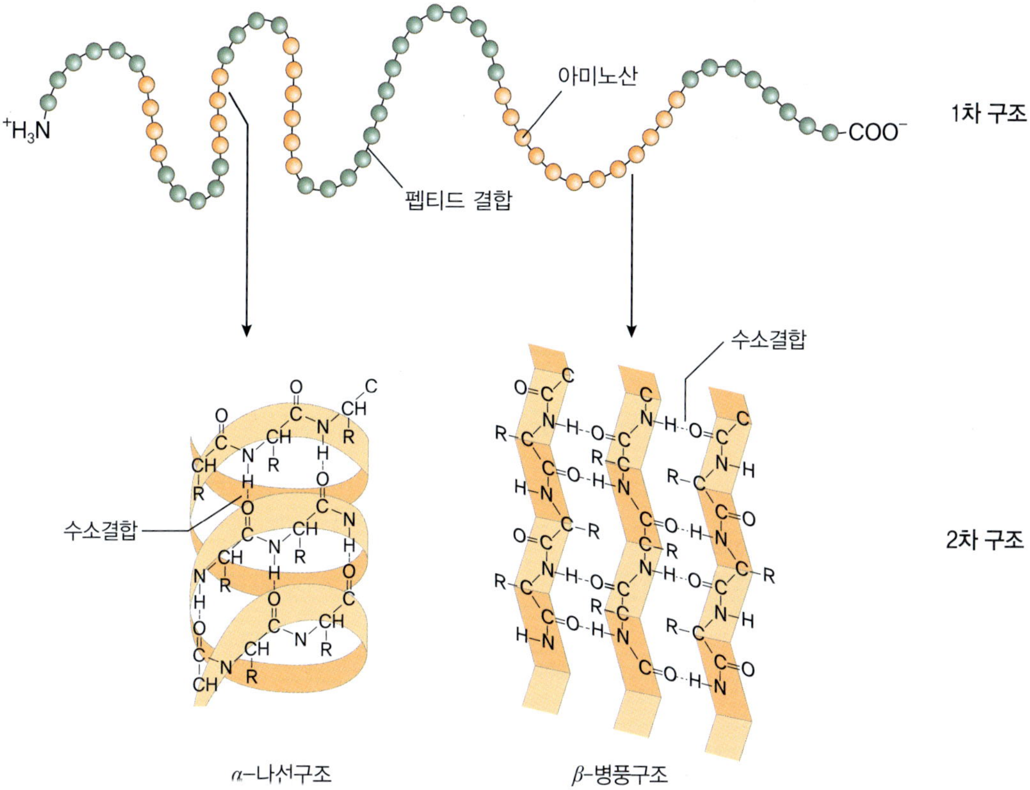

그림 2-20 단백질의 1차 구조와 2차 구조

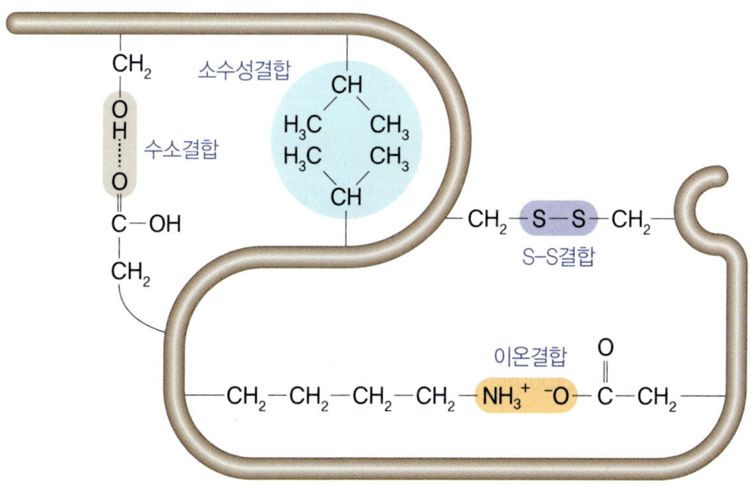

그림 2-21 단백질의 3차 구조를 유지하는 결합들

6 단백질의 분류

단백질은 유전적 암호에 따라 20종류의 아미노산이 펩티드 결합을 하여 이루어진 고분자 화합물로 단백질의 구성요소, 구조, 형태적 특이성, 용해도에 따라 다양하게 분류된다.

1) 단백질 조성 및 용해도에 따른 분류

단순단백질, 복합단백질, 유도단백질로 나눌 수 있다 표 2-6.

표 2-6 단백질의 종류

종류	의미
단순단백질	자연계에 존재하는 20종류의 아미노산만으로 이루어진 단백질 예) 알부민, 글로불린, 글루텔린, 프롤라민, 알부미노이드, 프로타민, 히스톤
복합단백질	단순단백질에 인(P), 황(S), 당과 같은 비단백질성 물질이 결합한 것으로 이들 비단백질성 성분들이 단백질의 주요 기능을 결정함 예) 인단백질, 핵단백질, 당단백질, 지단백질, 색소단백질
유도단백질	천연단백질에 열를 가하거나 효소를 통해 가수분해하는 등 물리적·화학적 처리를 통해 얻어진 단백질 • 1차 유도단백질 : 응고단백질, 젤라틴 • 2차 유도단백질 : 프로테오스, 펩톤, 펩티드, 아미노산

(1) 단순단백질

식품 중에는 아미노산만으로 이루어진 단백질이 많이 존재하는데 물, 묽은 염용액(0.85% NaCl), 묽은 산(0.1N-HCl), 묽은 알칼리(0.1N-NaOH), 유기용매(알코올) 등에 용해되는 여부에 따라 분류한다.

① 알부민(albumin)

물, 묽은 염 용액, 묽은 산, 묽은 알칼리에 잘 녹으며 동물성 단백질과 식물성 단백질에 많이 있다 표 2-7.

표 2-7 알부민의 종류

구분	종류
동물성 알부민	• 난백 : 오브알부민(ovalbumin) • 우유 : 락트알부민(lactalbumin) • 혈청 : 혈청알부민(serum albumin)
식물성 알부민	• 밀 : 루코신(leucosin) • 피마자 : 리신(ricin) • 완두 : 레규멜린(legumelin)

② 글로불린(globulin)

물에 녹지 않는 것이 알부민과 다르고 그 외 묽은 염 용액, 묽은 산, 묽은 알칼리에는 잘 녹는다 표 2-8. 가열에 의해 응고되고 알부민과 공존하는 경우가 많다.

표 2-8 글로불린의 종류

구분	종류
동물성 글로불린	• 난백 : 오보글로불린(ovoglobulin) • 우유 : 락토글로불린(lactoglobulin) • 혈청 : 혈청글로불린(serum globulin) • 근육 : 미오신(myosin) • 혈장 : 피브리노겐(fibirinogen)
식물성 글로불린	• 콩 : 글리시닌(glycinin) • 감자 : 튜베린(tuberin) • 완두 : 레규민(legumin)

③ 글루텔린(glutelin)

가열에 의해 응고되지 않으며 물과 염 용액에는 녹지 않지만 묽은 산, 묽은 알칼리에는 잘 녹는다. 곡류의 종자와 같은 식물성 식품에 많이 함유되어 있다. 대표적인 예로 쌀의 오리제닌oryzenin, 밀의 글루테닌glutenin, 보리의 호르데인hordein이 있다.

④ 프롤라민(prolamin)

묽은 산과 묽은 알칼리에 잘 녹을 뿐만 아니라 70~80% 알코올에도 잘 녹는 것이 특징이다.

대표적인 예로 밀의 글리아딘gliadin, 옥수수의 제인zein이 있다.

⑤ 알부미노이드(albuminoid)

경단백질scleroprotein로 물, 묽은 염 용액, 묽은 산, 묽은 알칼리에 녹지 않으며 동물의 세포와 조직에 많이 분포되어 있다. 대표적인 예로 케라틴(모발, 손톱), 콜라겐(근육, 연골), 엘라스틴(인대), 피브로인silk protein(명주실) 등이 있다.

⑥ 히스톤(histone)

물, 염류용액, 묽은 산, 묽은 알칼리에 잘 녹으며, 아르기닌 아미노산을 많이 함유하여 알칼리성을 나타낸다. 대표적인 예로 헤모글로빈을 구성하는 글로빈globin이 있다.

⑦ 프로타민(protamine)

히스톤처럼 아르기닌 아미노산을 함유하여 물에 녹았을 때 알칼리성을 나타낸다. 알칼리에서 알칼로이드 시약과 반응 시 침전되지 않는 것이 히스톤과 다르고, 연어의 정자와 같이 어류의 성숙한 정자세포 중에 핵산과 결합하여 존재하는 경우가 많다. 대표적인 예로 연어의 정자에 있는 살민salmin이 있다.

(2) 복합단백질

단순단백질에 인, 황, 당과 같은 비단백질성 물질이 결합한 것으로 이들 비단백질성 성분들이 단백질의 주요 기능을 결정한다 표 2-9.

(3) 유도단백질

천연단백질에 열을 가하거나 효소를 통해 가수분해하는 등 물리적·화학적 처리를 통해 얻어진 단백질로 변성 정도에 따라 1차 유도단백질과 2차 유도단백질로 나눈다 표 2-10.

표 2-9 복합단백질의 종류와 특징

구분	특징
인단백질	• 인지질처럼 단백질에 인산(H_3PO_4)이 에스테르 형태로 결합되어 있다. • 식물성 식품보다 주로 동물성 식품에 많다. • 예) 우유 : 카제인(casein), 난황 : 비텔린(vitellin)
핵단백질	• 단순단백질과 뉴클레오티드의 중합체 핵산이 결합한 것으로 세포핵에 많이 존재한다. • 단백질 부분은 아르기닌을 많이 함유한 히스톤 또는 프로타민과 같은 알칼리성이다.
당단백질	• 단순단백질과 다당류의 복합체로 다당류는 콘드로이틴황산, 당류는 갈락토스 등이 결합하고 있다. • 주요 기능은 동물과 식물의 세포와 조직을 보호하는 것이다. • 당단백질에 초산(acetic acid)을 첨가하였을 때 침전되면 뮤신(mucin), 침전되지 않으면 뮤코이드(mucoid)라고 한다. • 예) 뮤신 : 타액, 소화액, 뮤코이드 : 난백, 연골
색소단백질	• 헴, 클로로필, 카로티노이드와 같은 색소와 단순단백질이 결합한 것이다. • 헴단백질 : 헤모글로빈(혈액), 미오글로빈(근육) • 카로티노이드 단백질 : 로돕신(시홍), 아스타잔틴(새우, 게의 껍질)
금속단백질	• 철(Fe), 구리(Cu), 아연(Zn) 등을 함유한 단백질이다. • Fe을 함유하고 있는 단백질 : 페리틴, 헤모글로빈, 미오글로빈 • Cu를 함유하고 있는 단백질 : 헤모시아닌(hemocyanin) • Zn을 함유하는 단백질 : 인슐린 • Mg을 함유하는 단백질 : 클로로필 단백질

표 2-10 유도단백질의 종류

종류	의미
유도단백질	• 1차 유도단백질은 가수분해되지 않고 약간의 변성만 일으킨 것이다. 예) 응고단백질, 젤라틴 • 2차 유도단백질은 천연단백질이 분해되어 아미노산이 되기까지의 중간 생성물이다. 예) 단백질 → 프로테오스 → 펩톤 → 펩티드 → 아미노산

2) 단백질의 구조에 따른 분류

단백질은 구조 및 형태에 따라 긴 실 모양의 섬유상 단백질과 둥근 공 모양의 구상 단백질로 분류할 수 있다 표 2-11.

표 2-11 구조에 따른 분류

구분	특징
섬유상 단백질	• 긴 섬유상의 폴리펩티드가 S-S결합, 수소결합에 의해 일정한 방향으로 배열하여 긴 실 모양의 입체적 구조를 갖는 단백질이다. • 물에 불용성이며 소수성 아미노산이 단백질 내부와 외부에 많이 존재한다. 예) 케라틴(모발, 손톱), 콜라겐(인대, 연골), 피브로인(실크)
구상 단백질	• 폴리펩티드 사슬이 조밀하게 접혀져서 둥근 모양을 이룬 단백질이다. 예) 알부민, 글로불린, 헤모글로빈, 미오글로빈

(1) 섬유상 단백질

섬유상 단백질에는 콜라겐collagen, 케라틴keratin, 엘라스틴elastin, 피브로인fibroin 등이 있다 표 2-12.

표 2-12 섬유상 단백질의 종류

구분	특징
콜라겐	• 3중 나선구조(triple helix)로 글리신과 프롤린이 풍부하다 그림 2-22. • 결체조직, 근육, 피부, 연골에 많다. • 물과 함께 끓이면 젤라틴으로 변한다.
케라틴	• 소수성 아미노산을 다량 함유하여 물에 녹지 않는다. • 머리카락, 털, 피부, 손톱 및 뿔의 구성성분이다.
엘라스틴	• 콜라겐과 달리 분자구조가 무질서하게 꼬여 있다. • 인대조직과 동맥혈관벽 등에 존재한다.
피브로인	• 곤충과 거미에 의해 생성된다. • 역평행 β-병풍구조가 층을 이룬 구조로 알라닌과 글리신이 많다.

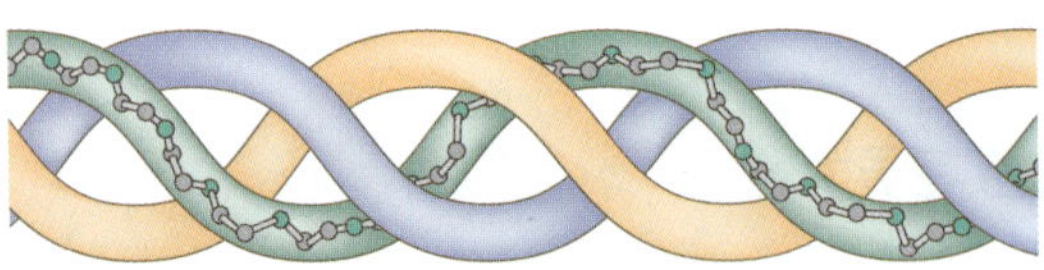

그림 2-22 콜라겐의 3중 나선구조

~글리신—리신—히드록시프롤린—글리신—프롤린—히드록시프롤린—글리신—알라닌~

그림 2-23 콜라겐 구성 아미노산의 배열

(2) 구상 단백질

효소, 면역글로불린, 헤모글로빈, 미오글로빈 등 생체 내에서 중요한 역할을 하는 단백질들이 구상 단백질에 속한다. 폴리펩티드가 수소결합, 이온결합, 소수성결합 등을 통해 둥근 형태로 접히면서 친수성 아미노산은 표면에 노출되고, 소수성 아미노산은 단백질 내부에 존재한다. 미오글로빈은 헴과 글로빈 단백질이 1:1로 결합된 3차 구조를 이루고 있지만, 헤모글로빈은 헴과 글로빈이 결합한 소단위체 4개가 입체적 구조를 이루는 4차 구조를 하고 있다.

① 미오글로빈(myoglobin)

산소가 결합하는 보결분자단prosthetic group인 헴과 글로빈globin이라는 단백질이 결합한 것이다 그림 2-24. 헴기는 4개의 피롤이 연결되어 고리를 이룬 포르피린 구조를 가지며 가운데에 철Fe^{2+}이 결합되어 있다 그림 2-25. 미오글로빈은 심근과 골격근에서 산소 저장 및 운반 기능을 한다.

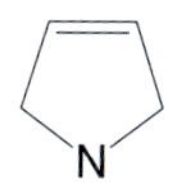

피롤기

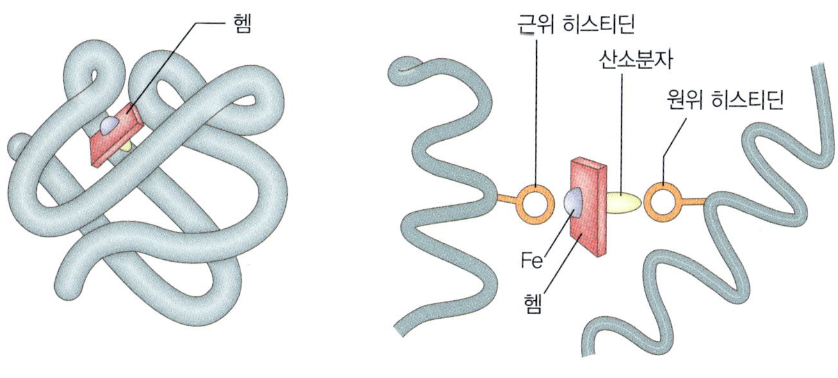

(a) 미오글로빈의 구조

(b) 미오글로빈과 산소의 결합

그림 2-24 미오글로빈의 산소결합 모습

② 헤모글로빈(hemoglobin)

적혈구에 존재하며 4개의 헴기와 4개의 글로빈 펩티드가 결합한 것이다 그림 2-26. 데옥시헤모글로빈deoxyhemoglobin은 산소친화도가 낮은 Ttaut 형태이고, 옥

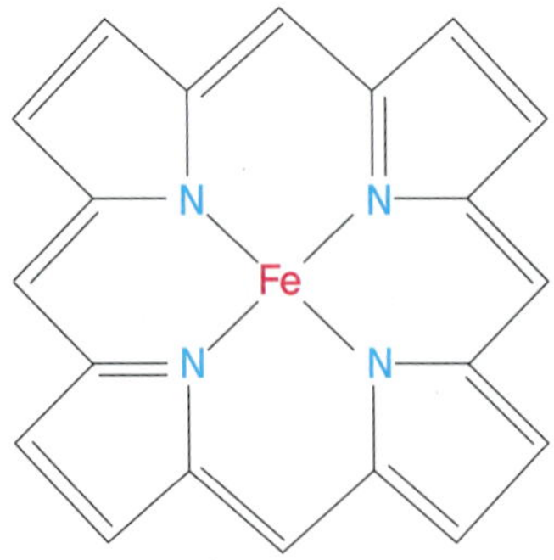

그림 2-25 미오글로빈에 있는 헴 구조

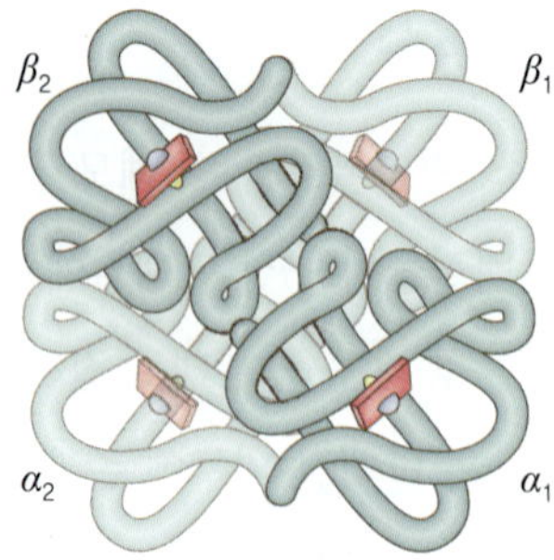

그림 2-26 헤모글로빈의 구조

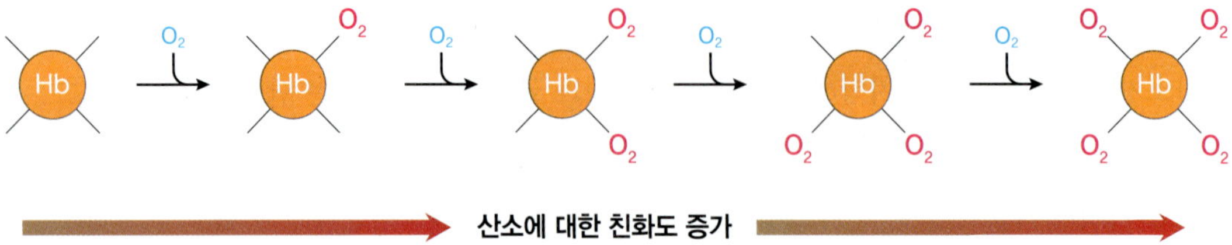

그림 2-27 헤모글로빈과 산소의 결합

시헤모글로빈은 산소친화도가 높은 Rrelaxed 형태로 존재한다. 미오글로빈은 구조적으로 헴기가 1개 존재하기 때문에 한 분자의 산소와 결합하지만, 헤모글로빈은 4개의 헴기를 갖고 있기 때문에 4분자의 산소와 결합한다.

③ 미오글로빈과 헤모글로빈의 산소결합

미오글로빈과 헤모글로빈에 산소가 결합할 때 포화도를 측정해 보면 헤모글로빈은 S자sigmoidal 모양을 나타낸다. 이것은 4개의 헴기에 4개의 산소가 결합할 때, 처음 1개의 산소가 결합할 때는 어렵지만 일단 결합하면 나머지 산소결합은 촉진된다는 것을 의미한다 그림 2-28.

미오글로빈은 조직에서 산소분압이 낮을 때 헤모글로빈보다 산소포화도가 높은데, 이것은 헤모글로빈이 산소를 쉽게 방출하고 미오글로빈은 이것을 받아서 산소를 필요로 하는 조직으로 전달할 수 있음을 의미한다. 헤모글로빈이 산소와 결합하는 정도는 pH, 이산화탄소분압P_{CO_2}, 산소분압P_{O_2}, 글리세린산 2,3-이인산2,3-bisphosphoglycerate, 2,3-BPG의 영향을 받는다 그림 2-29~2-32. 이들 인자는 헤모글로빈에서 산소가 결합하는

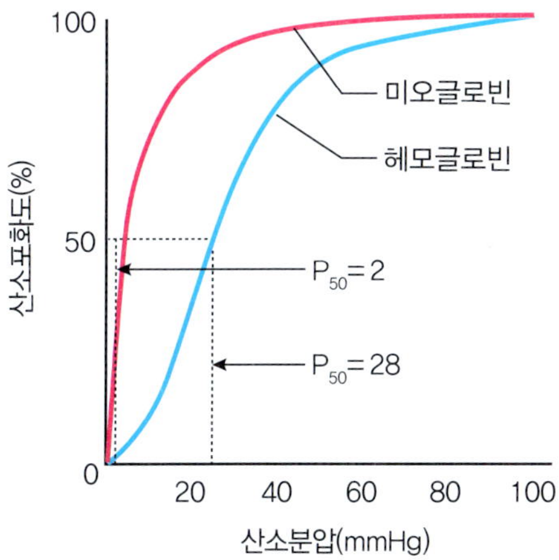

그림 2-28 미오글로빈과 헤모글로빈의 산소해리곡선
폐에서는 산소분압이 높아 헤모글로빈이 산소로 포화되어 있다가 말초조직으로 오면 산소분압이 낮아져 대부분의 산소가 해리된다.

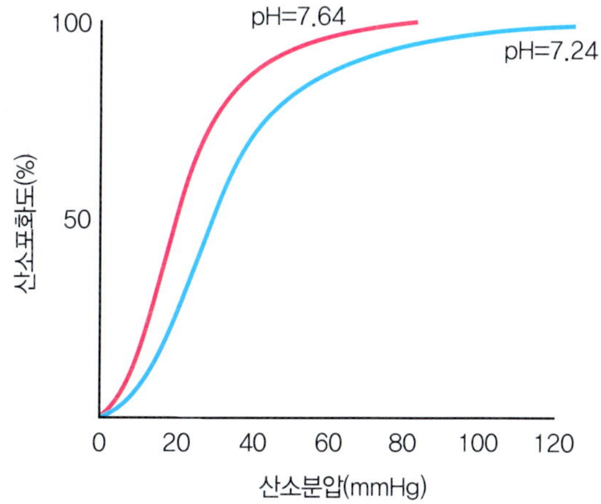

그림 2-29 pH의 영향

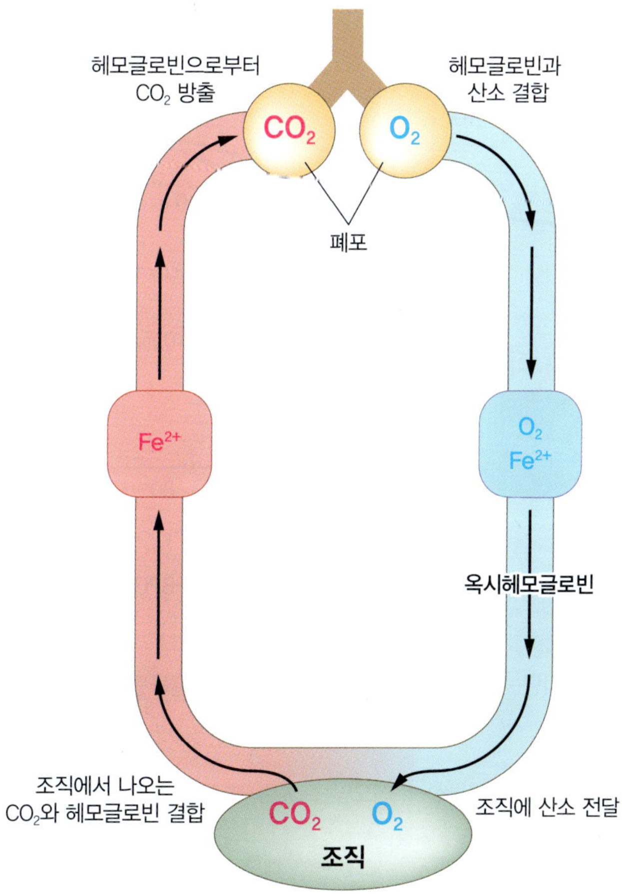

그림 2-30 헤모글로빈에 의한 산소와 이산화탄소의 운반

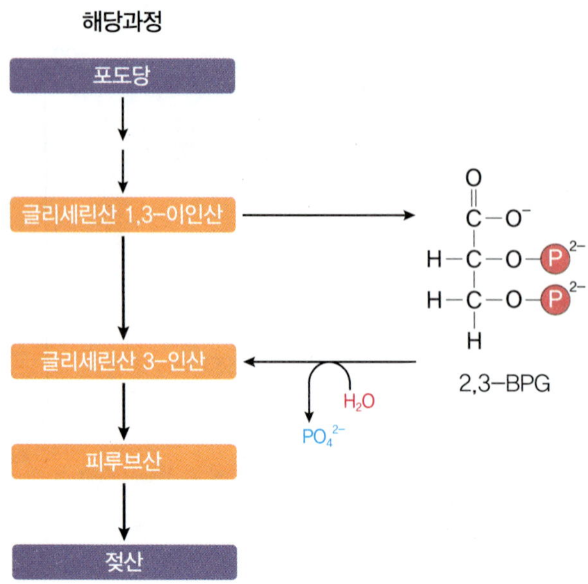

그림 2-31 2,3-BPG의 합성

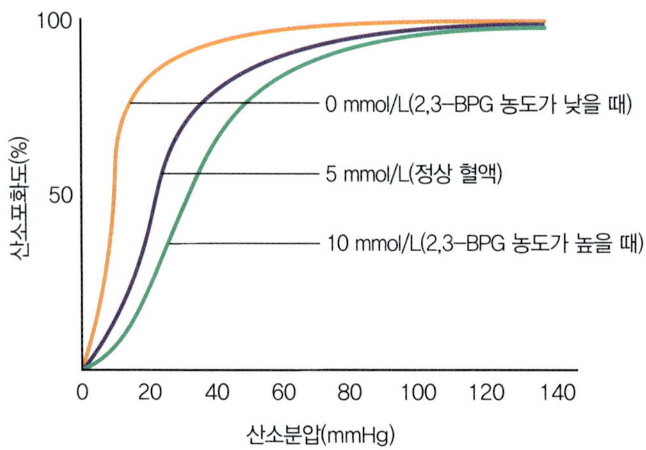

그림 2-32 2,3-BPG의 영향

발린[1]–히스티딘[2]–루신[3]–트레오닌[4]–프롤린[5]–**글루탐산**[6]–글루탐산[7]–리신[8] ∿∿ Hb A(정상 헤모글로빈)

발린[1]–히스티딘[2]–루신[3]–트레오닌[4]–프롤린[5]–**발린**[6]–글루탐산[7]–리신[8] ∿∿ Hb S(겸상적혈구)

그림 2-33 헤모글로빈의 아미노산 치환

부위가 아닌 다른 부위에 결합하여 영향을 주기 때문에 다른자리입체 조절인자 allosteric(=other site) effectors라고 한다. 미오글로빈과 산소의 결합에서는 다른자리입체 조절인자가 없다.

- pH가 낮아지거나 이산화탄소분압이 증가하면 헤모글로빈의 산소친화도가 떨어져서 산소해리곡선이 오른쪽으로 움직인다 그림 2-28. 이것을 보어 효과bohr effect라고 한다. 반대로 pH가 높아지고 이산화탄소분압이 낮아지면 산소해리곡선은 왼쪽으로 움직인다.
- 2,3-BPG는 해당과정의 중간 대사산물로 음전하(−)를 갖는다. (+)전하를 갖는 데옥시헤모글로빈의 산소결합 자리에 결합하여 변형을 가져오기 때문에 헤모글로빈과 산소의 친화도가 떨어져 산소해리곡선은 오른쪽으로 움직인다.

④ **겸상적혈구빈혈증(Sickle cell anemia)**

겸상적혈구는 유전자 돌연변이에 의해 헤모글로빈을 구성하는 4개의 펩티드 사슬 중 β 글로빈의 6번째 아미노산인 글루탐산이 발린으로 치환되어 나타나는 유전질환이다 그림 2-34.

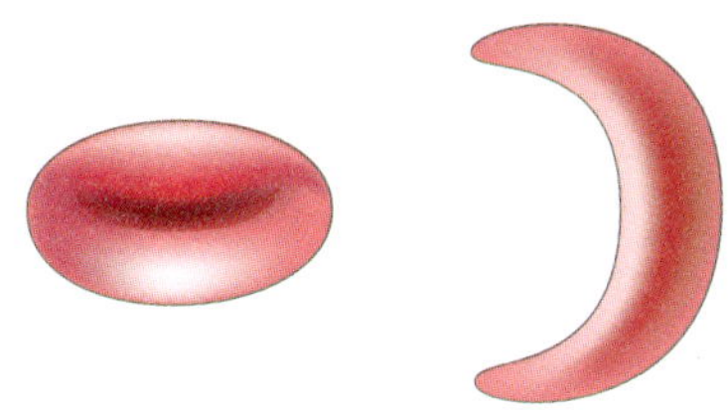

그림 2-34 정상 적혈구와 겸상적혈구

7 단백질의 정색반응

1) 뷰렛(Biuret) 반응

단백질 또는 폴리펩티드가 들어 있는 용액에 알칼리성 구리용액$CuSO_4$을 가한 후 가열하면 적자색을 나타낸다.

2) 잔토프로테인(Xanthoprotein) 반응

단백질분자 내에 티로신 또는 트립토판과 같은 방향족 아미노산이 존재할 때 진한 질산용액을 가하면 백색 침전이 발생하고 다시 가열하면 황색으로 변한다.

3) 밀론(Milon) 반응

단백질분자 내에 티로신과 같은 페놀기를 가진 아미노산이 존재할 때 밀론 시약을 가하면 백색 침전이 생기고, 다시 가열하면 적색으로 변한다.

4) 닌하이드린(Ninhydrin) 반응

단백질용액에 닌하이드린 용액을 가한 후 가열하면 적자색이 된다. 이 반응은 아미노산의 아미노기가 떨어져서 환원형 닌하이드린과 반응하는 것이기 때문에 단백질뿐만 아니라 아민이나 암모니아도 정색반응을 나타낸다.

8 단백질의 분리

1) 젤 여과 크로마토그래피(Gel-filtration chromatography)

단백질을 크기에 따라 분리하는 방법이다. 컬럼 안에 일정한 크기의 작은 구멍을 가진 비드(충진제)를 채운 후 단백질 시료를 컬럼 상단에 주입하고 완충용액으로 흘리면 분자량이 큰 단백질은 큰 공간으로 움직여서 컬럼을 빨리 빠져나오고, 작은 단백질들은 충진제의 미세한 공간을 통과하기 때문에 늦게 나오게 된다 그림 2-35.

2) 이온 교환 크로마토그래피(Ion exchange chromatography)

아미노산은 pH에 따라 (+) 또는 (–)전하를 갖기 때문에 수많은 아미노산으로 이루어진 단백질 역시 용액의 pH에 따라 전체적인 전하가 (+) 또는 (–)전하를 띠게 된다. 컬럼 안에 (–)전하를 갖는 작용기를 붙인 충진제를 넣고 단백질 혼합액을 주입한 후 특정 pH의 완충용액을 흘려주면 (–)전하를 갖는 단백질들은 반발력에 의해 그대로 흘러내려 가고, (+)전하를 갖는 단백질은 흡착되어 컬럼 안에 남게 된다. 결합되어 머물고 있는 단백질은 다량의 양이온을 흘려주면 경쟁에서 밀려서

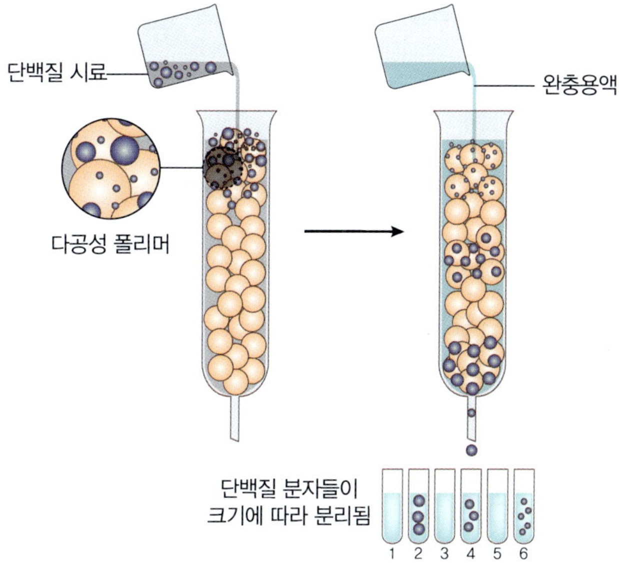

그림 2-35 젤 여과 크로마토그래피

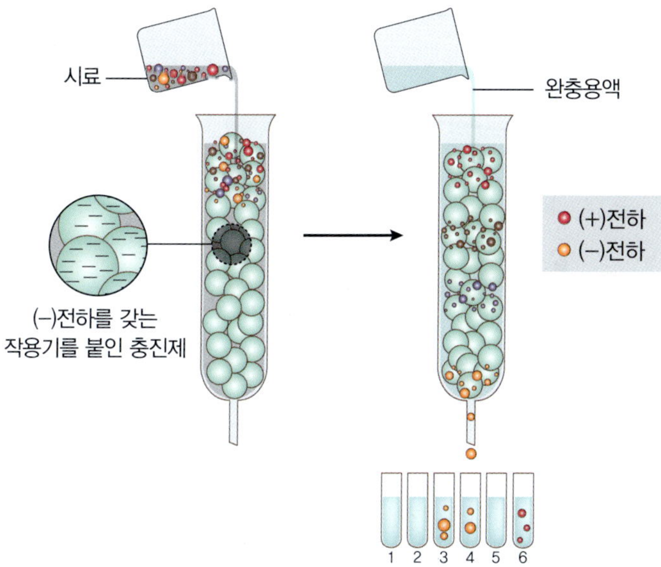

그림 2-36 이온 교환 크로마토그래피

빠져나오게 된다 그림 2-36.

컬럼 충진제에 음이온기가 붙어 있으면 양이온(+)을 띠는 단백질들이 결합했다가 떨어지므로 양이온 교환 크로마토그래피, 양이온기가 붙어 있으면 음이온 교환 크로마토그래피라고 한다.

3) 친화성 크로마토그래피(Affinity chromatography)

단백질을 결합특이성에 따라 분리하는 방법이다. 항원-항체처럼 분리하고자 하는 단백질에만 결합할 수 있는 리간드(작용기와 같은 역할)를 컬럼 충진제에 결합한 것을 컬럼에 채운다 그림 2-37.

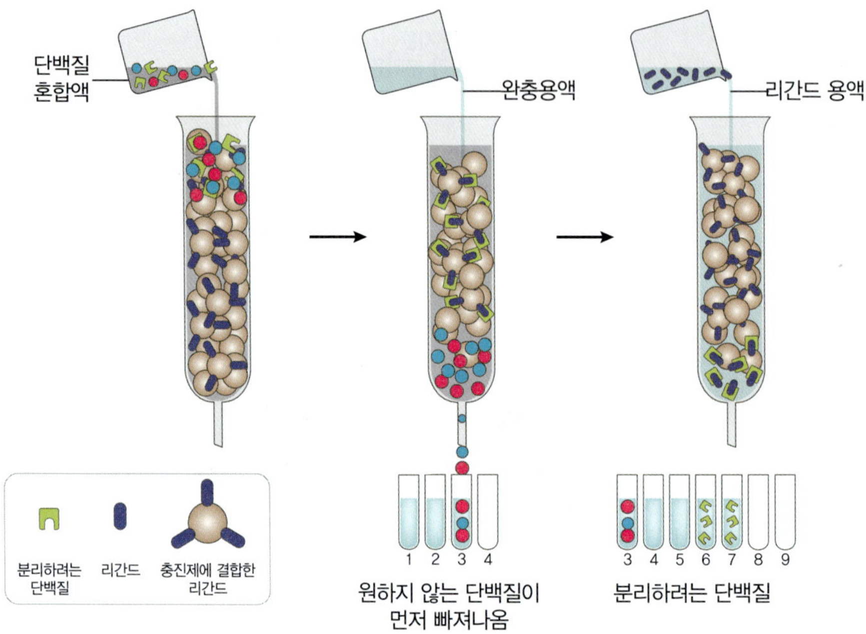

그림 2-37 친화성 크로마토그래피

단백질 시료액을 주입한 후 완충용액으로 흘려보내면 분리하고자 하는 단백질은 충진제에 결합되어 컬럼 안에 머물게 되고, 다른 단백질들은 흘러내려가 목표로 하는 단백질을 분리할 수 있다.

4) 전기영동(Electrophoresis)

단백질을 SDSsodium dodecyl sulfate와 같은 계면활성제와 반응시켜 전체적인 전하를 (–)로 만든 후 묵 같은 형상이지만 내부에 체와 같은 미세한 구멍pore을 가진 폴리아크릴아미드 젤polyacrylamide gel 판을 통과시키면 분자량이 작은 단백질은 빠르게 이동하지만 분자량이 큰 단백질은 늦게 이동하면서 분리된다. 아크릴아미드 젤을 꺼내 염색하면 단백질이 있는 부분은 파랗게 염색되어 눈으로 확인할 수 있다 그림 2-38.

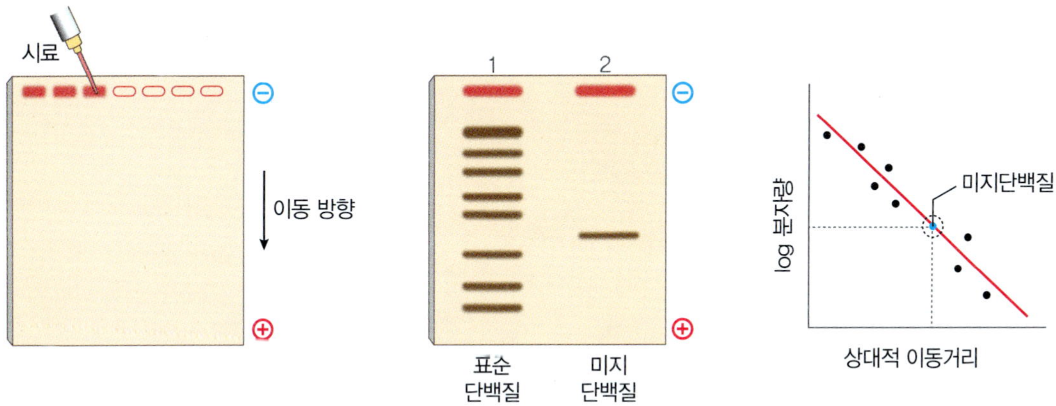

그림 2-38 전기영동

효소

Chapter 3

1. 효소 : 단백질
2. 효소의 분류
3. 효소의 구조
4. 효소활성 관련 인자
5. 효소와 기질의 결합방식
6. 효소의 작용
7. 효소활성 영향인자
8. 효소의 동역학
9. 효소활성 저해
10. 효소활성의 조절

CHAPTER 3

1 효소 : 단백질

체내에서는 수많은 화학반응이 37℃의 체온, 중성에 가까운 pH, 1기압의 생리적 조건에서 대단히 활발하게 진행되고 있다. 이러한 화학반응은 체내에서 합성되는 효소의 작용에 의해 진행된다. 이때 효소는 단지 반응속도만 촉진시키며 총체적인 과정은 변화시키지 않는다.

일반적으로 효소는 분자량이 1만~100만 정도이고, 대부분이 구상단백질에 해당된다. 효소는 단백질의 특성을 지니므로 특정의 온도나 pH 조건에 의해 반응이 제한된다.

생체반응은 효소에 의해 빠르고 정확하게 진행되며, 이때 효소는 반응을 촉매할 뿐 자신은 변하지 않음

알아두기 **효소 관련 용어와 단위**

- 기질(substrate, S) : 효소에 의해 작용을 받는 물질(예: 유당)
- 생성물(product, P) : 효소반응에 의해 생성된 물질(예: 유당으로부터 생성된 포도당과 갈락토스)
- 국제단위(international unit, I.U.) : I.U.는 효소의 최적 조건인 30℃에서 1분당 1 μmol의 기질을 생성물로 변환시키는 데 필요한 효소의 양으로 1 I.U.=1 μmol/min
- katal(신국제단위) : 1 katal은 1초낭 1 mol의 기질을 변환시키는 효소활성으로 1 katal = 6×10^7 I.U.

2 효소의 분류

효소는 일반적으로 부르기에 편리한 짧은 이름인 관용명과, 체계적으로 명확하게 구분할 때 사용되는 계통명으로 분류한다.

1) 관용명

관용명recommended name은 기질 이름에 -ase를 붙이거나(예: glucosidase, urease, amylase, lactase) 펩신, 트립신과 같이 관련 효소반응에 대한 정보를 전혀 제공하지 않고 발견 당시의 명칭이 그대로 관용적이 된 것을 말한다.

표 3-1 효소의 분류

종류	유형	예
산화환원효소 (oxidoreductase)	산화·환원 반응에 관여함	젖산 탈수소효소(EC 1.1.1.27) $CH_3-CO-COO^- + NADH + H^+ \rightleftharpoons CH_3-CH(OH)-COO^- + NAD^+$ (피루브산 → 젖산)
전이효소 (transferase)	기능기의 전달 촉매	헥소키나아제(EC 2.7.1.1) 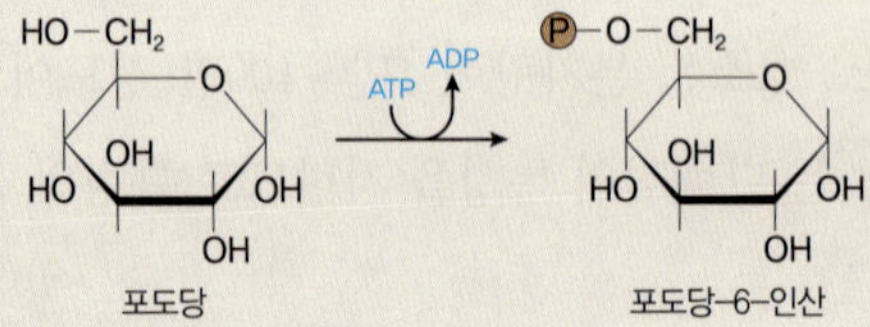
가수분해효소 (hydrolase)	가수분해 반응 촉매	요소 분해효소(EC 3.5.1.5) $NH_2-CO-NH_2 + H_2O \rightleftharpoons 2NH_3 + CO_2$ (요소)
부가·제거효소 (lyase)	기능기의 부가 또는 제거 반응 촉매	피루브산 탈탄산효소(EC 4.1.1.1) $CH_3-CO-COO^- \rightarrow CH_3-CHO + CO_2$ (피루브산 → 아세트알데히드)
이성화효소 (isomerase)	광학적 기하학적 이성질체의 재배열 반응 촉매	포도당-6-인산 이성질화효소(EC 5.3.1.1) 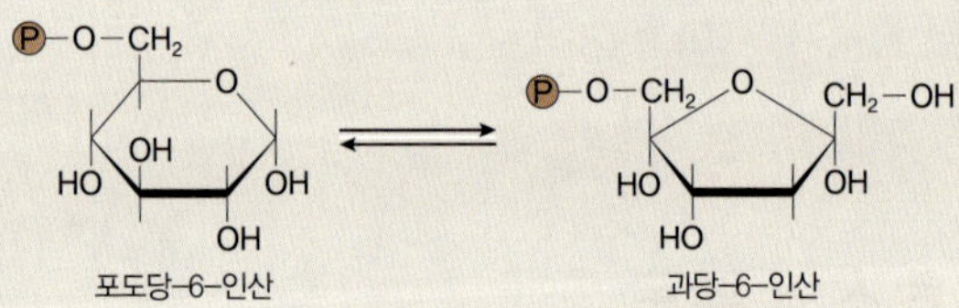
합성효소 (ligase)	ATP 등이 관여하는 축합 또는 그것에 관계되는 반응 촉매	피루브산 카복실화효소(EC 6.4.1.1) 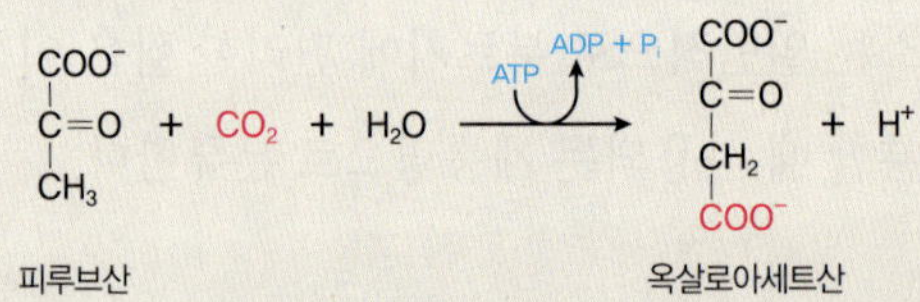

2) 계통명

현재까지 알려진 효소의 수와 종류가 대단히 많아서 관용명으로는 모두 구별해 표현하기가 어려워 국제생화학연합International Union of Biochemistry, IUB에서는 각

효소의 작용에 따라 6개의 계통으로 분류한 후 모든 효소에 효소번호(EC 번호)를 부여하고 계통명systemic name을 붙였다 표 3-1.

계통명은 기질의 이름과 촉매하는 반응을 모두 포함해서 표현하며, 어미에 -ase를 붙인다.

3 효소의 구조

효소는 단백질이 주된 구성성분이므로 단백질의 모든 특성을 지닌다.

효소는 단백질만으로 이루어지거나 단백질 이외의 부분을 포함한다. 단백질 부분을 아포효소apoenzyme라고 하며, 이 아포효소에 단백질이 아닌 보조인자cofactor나 조효소coenzyme가 결합해서 완전한 촉매활성을 나타내는 효소를 완전효소holoenzyme라고 한다.

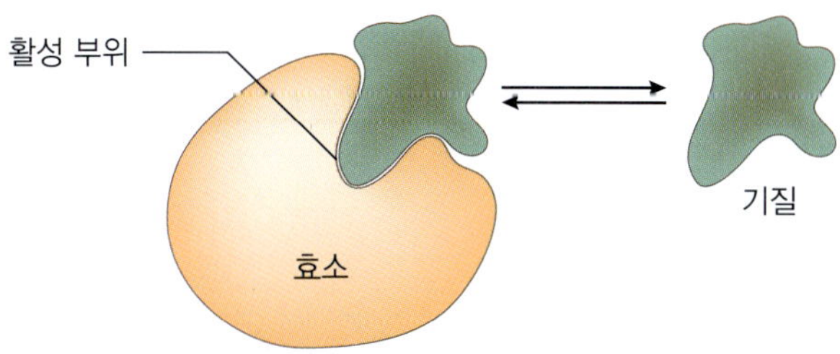

그림 3-1 효소에 기질이 결합하는 개요도

apoenzyme	+	coenzyme	=	holoenzyme
(단백질 부분)		(비단백질 부분)		
		비타민(조효소), 금속이온(보조인자)		

4 효소활성 관련 인자

효소활성 관련 인자에는 조효소와 보조인자 그리고 보결분자족prosthetic group이 있다. 조효소로는 TPP, FAD, PLP 등이 있고 표 3-2, 보조인자로는 Mg^{2+}, Cu^{2+}, Mn^{2+}, Fe^{2+} 등의 금속이온이 있으며 표 3-3, 보결분자족은 효소단백질과 강한 공유결합을 이루는 저분자의 유기화합물이다. 이들 비단백질 부분은 효소활성을 위해 필요하며 효소활성 부위로 작용한다.

표 3-2 효소활성 관련 조효소

비타민	조효소	효소
티아민(thiamin)	TPP	carboxylase, transketolase
리보플라빈(riboflavin)	FAD	dehydrogenase
나이아신(niacin)	NAD	dehydrogenase
판토텐산(pantothenic acid)	coenzyme A(CoA)	acetyl tansferase
비타민 B_6	PLP	amino transferase
엽산(folic acid)	tetrahydrofolate(THF)	one carbon carrier
비타민 B_{12}	5′-adenosylcobalamin	mutase, reductase

표 3-3 효소활성 관련 보조인자

금속이온	효소
Fe^{2+}, Fe^{3+}	cytochrome oxidase, catalase, peroxidase
Cu^{2+}	cytochrome oxidase
Zn^{2+}	DNA polymerase, carbonic anhydrase, alcohol dehydrogenase
Mg^{2+}	hexokinase, glucose-6-phosphatase
Mn^{2+}	arginase
Mo^{2+}	xanthine oxidase

5 효소와 기질의 결합방식

생체 내 반응은 효소와 기질이 결합하여 진행된다.

효소와 기질의 결합방식을 설명하는 이론에는 '자물쇠-열쇠 모델'과 '유도적합 모델'이 있다.

1) 자물쇠-열쇠 모델

자물쇠-열쇠 모델lock and key model은 자물쇠-효소, 열쇠-기질, 자물쇠 구멍-활성부위의 구조로 1890년에 피셔Emil Fischer가 제안하였으며, 부분적으로 효소의 특이성을 잘 설명해 주는 가설이다. 활성 부위와 기질이 상보적인 구조를 하고 있기 때문에 각 효소는 한 타입의 특정 기질과 결합한다. 효소는 활성 부위라는 특정 포켓pocket 혹은 자물쇠cleft를 가지고 있고 기질과 결합하여 효소기질 복합체를 형성한다(ES) 그림 3-2(a).

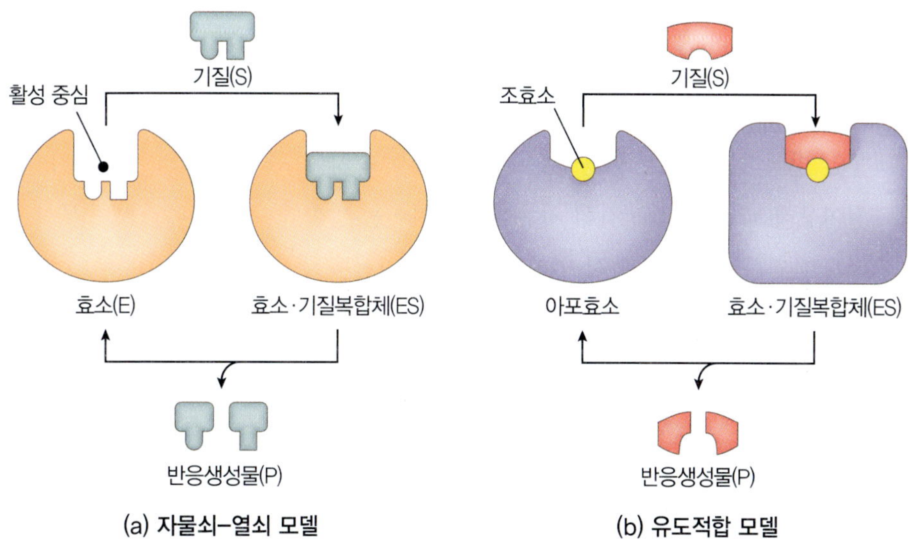

그림 3-2 효소와 기질의 결합방식

2) 유도적합 모델

유도적합 모델induced fit model은 손, 장갑 모델이라고도 하며 손-기질, 장갑-효소의 구조로, 코쉬랜드Daniel Koshland가 제안한 효소의 유연한 구조를 고려한 모형이다. 장갑에 손을 끼면 장갑의 형태가 손에 맞춰 변하는 것처럼 기질이 효소의 활성 부위로 접근하면 효소도 활성 부위의 구조가 변하여 효소·기질복합체로 전환되고, 궁극적으로 효소와 생성물로 분해된다 그림 3-2b.

6 효소의 작용

효소는 체내에서 촉매로 작용하여 화학반응을 조절한다. 특히 화학반응에 필요한 활성화 에너지를 감소시켜 반응속도를 촉진시킨다.

1) 활성화 에너지

모든 화학반응에는 반응물에서 생성물로 전환하는 과정에 에너지 장벽이 있다. 이를 활성화 에너지activation energy라고 한다. 이는 반응물이 생성물을 생성하는 동안 발생하는 고에너지 중간산물 간의 에너지 차이, 즉 반응물의 자유에너지와 전이상태transition state 간의 자유에너지 차이를 말한다. 전이상태는 반응물이 생성물로 전환되는 동안 생성되는 고에너지 중간산물의 상태를 말한다 그림 3-3.

화학반응에서 열이나 압력을 가하면 물질은 그 에너지를 얻어 쉽게 활성상태가 된다. 촉매가 없는 경우는 활성화 에너지가 크기 때문에 화학반응 속도가 늦다.

2) 반응속도

반응물이 전이상태의 에너지 장벽을 넘기 위해서는 반응분자들이 충분한 에너지를 가져야 한다. 효소가 없으면 일부 분자만이 전이상태에 도달할 수 있는 에너지를 가진다.

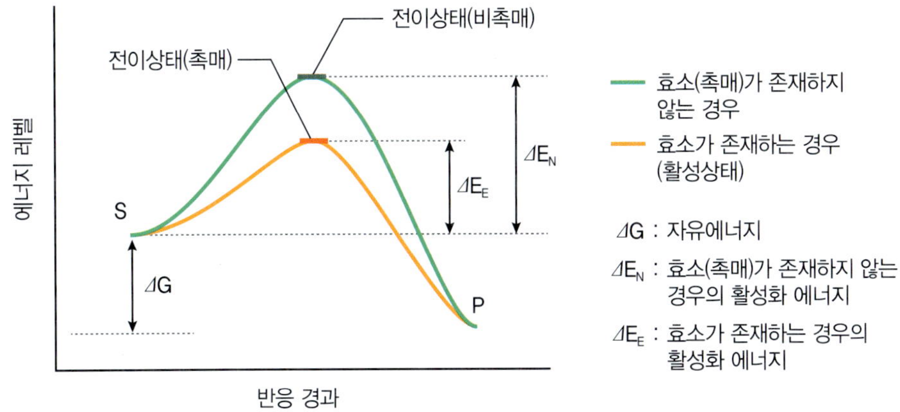

그림 3-3 효소의 반응과 활성화 에너지

반응속도는 에너지를 지닌 분자들의 수에 의해 결정된다. 일반적으로 활성화 에너지가 낮을수록 전이상태를 넘기에 충분한 에너지를 지닌 분자의 수가 많아지므로 반응속도는 더 빨라진다.

효소는 반응물이나 생성물의 자유에너지를 변화시키지 않으므로 반응의 평형은 변하지 않고 단지 평형에 도달하는 속도를 촉진시킨다.

7 효소활성 영향인자

효소는 온도, pH, 기질 농도, 효소 농도에 따라 다른 반응을 나타낸다.

1) 온도

효소는 단백질이므로 온도가 증가함에 따라 반응속도는 증가하지만 일정 수준 이상으로 온도가 상승하면 효소단백질이 열에 의해 변성되므로 활성효소가 줄어 반응속도가 감소한다.

일반적으로 40℃ 정도까지는 온도가 증가함에 따라 반응속도가 증가하며, 45℃ 이상에서는 단백질의 열변성이 시작되고, 55℃ 이상에서는 급격히 변성이 진행되

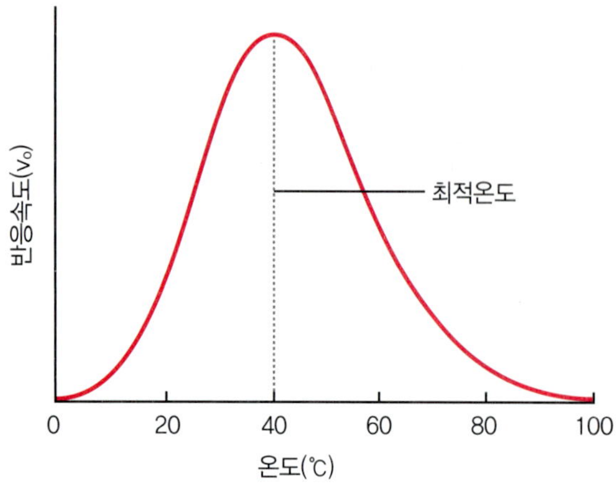

그림 3-4 온도와 반응속도

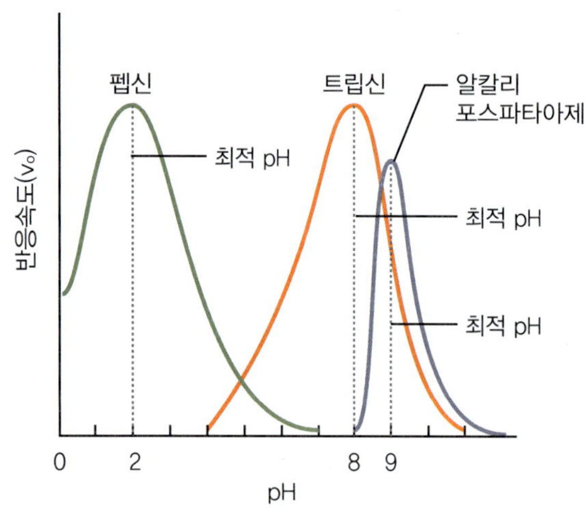

그림 3-5 pH와 반응속도

어 촉매능력이 없어진다.

효소는 각각 최대반응속도를 나타내는 온도가 있으며, 이를 최적온도optimum temperature라고 한다. 대부분 효소의 최적온도는 35~45℃이다 그림 3-4.

2) pH

온도의 경우와 마찬가지로 효소활성 부위의 특이한 단백질 입체구조는 pH에 따라 효소활성이 변하므로 효소는 일정 범위의 pH 내에서만 활성을 나타낸다. 효소의 반응속도가 최대가 되는 pH를 최적 pHoptimum pH라 하며, 효소의 종류에 따라 다르다. 위의 소화효소인 펩신의 최적 pH는 2이고, 췌장 소화효소인 트립신의 최적 pH는 8이다 그림 3-5.

3) 기질 농도

대부분의 효소는 일정한 환경조건(온도, pH 등)에서 효소의 양이 일정할 때 반응속도는 기질 농도를 증가시키면 전형적인 포물선 형태를 나타낸다 그림 3-6.

효소의 반응속도는 기질의 농도가 낮을 때에는 기질 농도에 비례해서 증가하나, 기질 농도가 일정 수준을 넘으면 이미 존재하는 효소의 모든 부위가 기질로 포화되어 반응속도는 일정하게 유지되며, 기질의 농도를 더 증가시켜도 반응속도는 변하지 않는다.

미카엘리스-멘텐Michaelis-Menten 동역학을 따르는 대부분의 효소는 미오글로

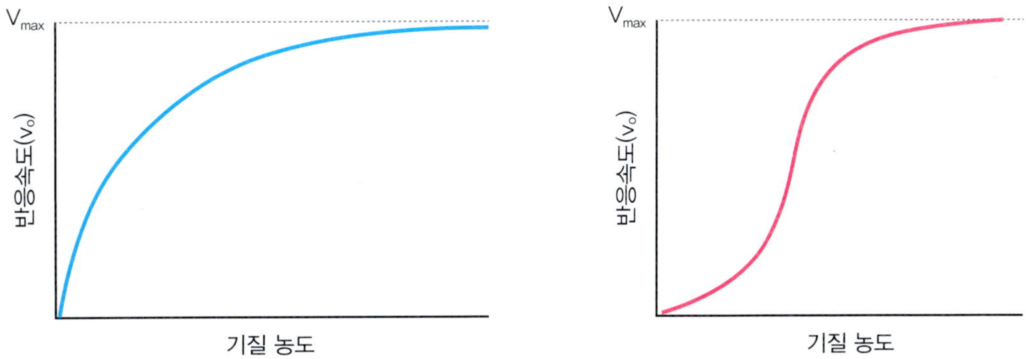

(a) 미카엘리스-멘텐 동역학을 따르는 효소 (b) 알로스테릭 효소(S자형)

그림 3-6 기질 농도와 반응속도

빈의 산소해리곡선과 비슷한 포물선을 나타내며, 미카엘리스-멘텐 동역학을 따르지 않는 알로스테릭 효소allosteric enzymes는 헤모글로빈의 산소해리곡선과 비슷한 S자를 나타낸다 그림 3-6.

4) 효소 농도

효소의 반응속도는 존재하는 효소 농도에 비례한다. 기질 농도가 충분할 때 효소 농도를 증가시키면 반응속도는 그에 따라 증가한다 그림 3-7.

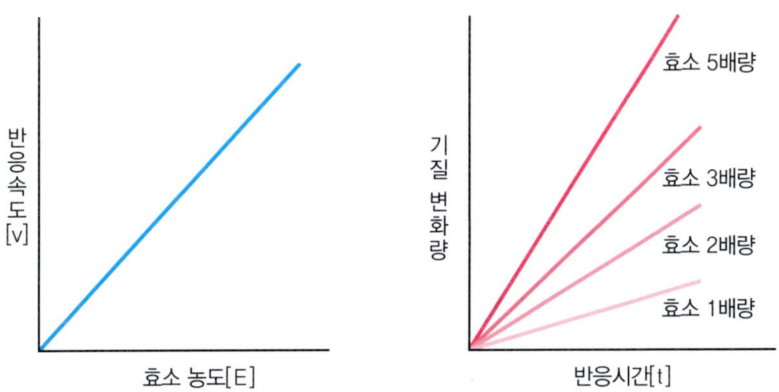

그림 3-7 효소 농도와 반응속도

8 효소의 동역학(Michaelis-Menten 동역학)

일정한 환경조건에서 일정량의 효소에 대한 기질 농도의 반응은 전형적인 포물선 형태를 나타낸다. 이러한 효소 촉매반응의 일반적인 특성을 설명하기 위하여 미카엘리스와 멘텐이 제안한 단순 모델인 미카엘리스-멘텐 동역학은 다음과 같다.

$$E + S \underset{k_2}{\overset{k_1}{\rightleftharpoons}} ES \overset{k_3}{\rightleftharpoons} E + P$$

S: 기질, E: 효소, ES: 효소기질복합체, P: 생성물, $k_1 \cdot k_2 \cdot k_3$: 속도상수

효소 E는 속도상수 k_1에 의해 기질 S와 결합하여 효소·기질복합체 ES를 형성하고, ES는 속도상수 k_2에 의해 E와 S로 해리되거나 속도상수 k_3에 의해 생성물 P를 생성하는 반응으로 진행한다.

이 모델에서 효소는 가역적으로 기질과 결합해서 효소·기질복합체를 형성하고 이어서 생성물과 자유효소를 형성한다.

1) 미카엘리스-멘텐 식

다음 '알아두기'의 과정식에서 도출된 미카엘리스-멘텐 식은 반응속도가 기질 농도에 따라 다르다는 것을 보여 준다.

$$v_0 = \frac{V_{max}[S]}{K_m + [S]}$$

v_0: 초기반응속도, V_{max}: 최대속도, K_m: 미카엘리스-멘텐 상수, [S]: 기질 농도

2) 미카엘리스-멘텐 상수(K_m)

미카엘리스-멘텐 동역학에 따르면 미카엘리스-멘텐 상수인 K_m은 효소의 반응속도가 $\frac{1}{2}V_{max}$에 해당하는 기질 농도이다 그림 3-8. 또한 K_m은 해당 기질에 대한 효소의 친화도를 반영하여 K_m이 작을수록 효소와의 친화도가 커서 $\frac{1}{2}V_{max}$에 도달하기 위해 필요한 기질 농도가 적음을 의미하며, 반대로 K_m이 클수록 효소에 대한 친

알아두기

미카엘리스-멘텐 식 도출과정

효소반응의 반응식은 식(1)과 같다.

$$E + S \underset{k_2}{\overset{k_1}{\rightleftharpoons}} ES \overset{k_3}{\rightleftharpoons} E + P \quad \cdots\cdots (1)$$

효소(E)는 반응속도 상수 k_1에 의해 기질(S)과 결합하여 효소·기질복합체(ES)를 만든다.

ES는 반응속도 상수 k_3에 의해 E와 반응생성물(P)이 되거나 반대로 반응속도 상수 k_2에 의해 E와 S로 해리한다.

일반적으로 반응속도는 그 반응에 관여하는 물질의 농도에 반응속도 상수를 곱한 것으로 ES의 생성속도와 ES의 해리속도는 다음의 식으로 나타낼 수 있다.

$$\text{ES의 생성속도} = k_1[E][S]$$

$$\text{ES의 해리속도} = (k_2 + k_3)[ES]$$

여기에서, ES의 생성과 해리의 속도가 같아지는 정상상태의 식(2)가 성립한다.

$$k_1[E][S] = (k_2 + k_3)[ES] \quad \cdots\cdots (2)$$

이 식 중에서 [E]는 알지 못하지만 반응액에 넣은 효소의 전량$[E_{total}]$은 알 수 있으므로 $[E] = [E_{total}] - [ES]$이다.

이를 식(2)에 대입하면

$$k_1([E_{total}]-[ES])[S] = (k_2 + k_3)[ES]$$

$$k_1[E_{total}][S] - k_1[ES][S] = (k_2 + k_3)[ES]$$

$$k_1[E_{total}][S] = (k_1[S] + k_2 + k_3)[ES]$$

$$[ES] = \frac{k_1[E_{total}][S]}{k_1[S] + k_2 + k_3} = \frac{[E_{total}][S]}{[S] + \frac{k_2 + k_3}{k_1}}$$

$(k_2 + k_3)/k_1 = K_m$이므로

$$[ES] = \frac{[E_{total}][S]}{[S] + K_m} \quad \cdots\cdots (3)$$

한편 $v_o = k_3[ES]$이므로

$$v_o = \frac{k_3[E_{total}][S]}{[S] + K_m} \quad \cdots\cdots (4)$$

기질 농도가 높은 경우 효소반응은 거의 [ES]가 되기 때문에 $[ES] = [E_{total}]$이고, 이때 $v_o = k_3[E_{total}] = V_{max}$가 된다.

식(4)를 정리하면

$$v_0 = \frac{V_{max}[S]}{[S] + K_m} \quad \cdots\cdots (5)$$

식(5)를 역수로 변형하면

$$\frac{1}{v} = \frac{K_m}{V_{max}}\frac{1}{[S]} + \frac{1}{V_{max}} \quad \cdots\cdots (6)$$

식(6)을 라인위버-버크의 식이라고 하며, 세로축은 1/v, 가로축은 1/[S]로 하여 표현하면 직선이 된다. 이때 y 절편은 V_{max}의 역수, x 절편은 K_m의 역이다.
실험상에서 기질 농도와 반응속도를 알면 그래프상에서 K_m과 V_{max}가 간단히 구해진다.

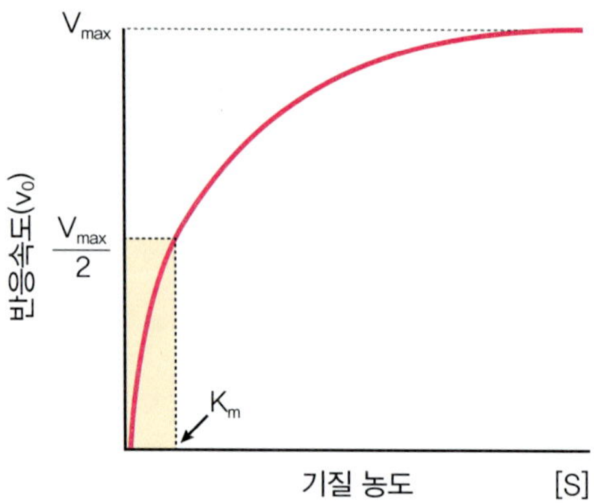

그림 3-8 효소촉매반응에서 기질 농도의 반응속도에 대한 효과

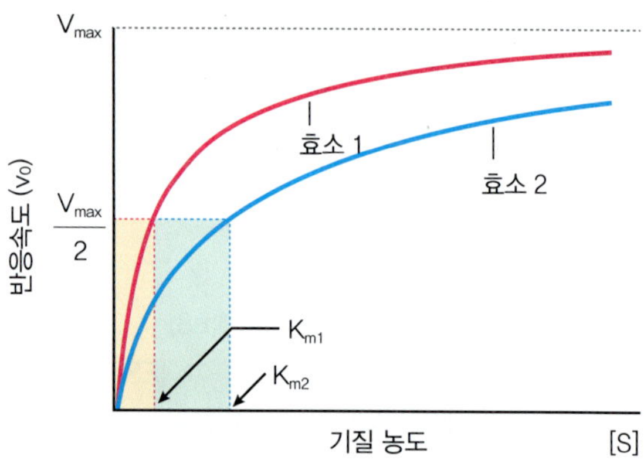

그림 3-9 반응속도가 다른 두 효소에 대한 기질 농도

화도가 작아서 ½V_{max}에 도달하기 위해서 많은 기질이 필요함을 의미한다 그림 3-9. 여러 단계로 진행하는 효소반응에서는 K_m 값이 가장 큰 단계의 반응이 전체 반응속도를 결정하며, K_m은 효소 농도에 따라 달라지지 않으므로 효소는 주어진 특정 조건에서 고유의 K_m 값을 가진다 표 3-4.

3) 라인위버-버크 식

초기 반응속도(v_0)와 기질 농도[S] 간의 그림 그림 3-9에서 고농도 기질의 V_{max} 값은 포물선의 곡선 기울기이므로 V_{max}에 도달했을 때 V_{max} 값을 정확하게 구하는 것이

표 3-4 효소의 K_m값

효소	기질	K_m
키모트립신(chymotrypsin)	acetyl-tryptophanamide	5×10^{-3} M
라이소자임(lysozyme)	hexa-*N*-acetylglucosamine	6×10^{-6} M
베타-글루코시다아제 (β-galactosidase)	lactose	4×10^{-3} M
트레오닌 탈아미노효소 (threonine deaminase)	threonine	5×10^{-3} M
탄산 무수화효소 (carbonic anhydrase)	CO_2	8×10^{-3} M
페니실린 분해효소 (penicillinase)	benzylpenicillin	5×10^{-5} M
피루브산 카복실라아제 (pyruvate carboxylase)	pyruvate	4×10^{-4} M
	HCO_3^-	1×10^{-3} M
	ATP	6×10^{-5} M
아르기닌-tRNA 합성효소 (arginine-tRNA synthetase)	arginine	3×10^{-6} M
	tRNA	4×10^{-7} M
	ATP	3×10^{-4} M

쉽지 않다. 그러나 v_0와 [S]의 관계를 역수인 $1/v_0$와 $1/[S]$ 간의 관계로 표현하면 직선이 된다.

$$\frac{1}{v_0} = \frac{K_m}{V_{max}[S]} + \frac{1}{V_{max}}$$

이 도식을 라인위버-버크Lineweaver-Burk 식, 혹은 이중역수 도식이라고 하며, K_m과 V_{max} 값을 계산하기 위해 사용될 수 있다 그림 3-10.

x 절편은 $-1/K_m$이며, y 절편은 $1/V_{max}$이다.

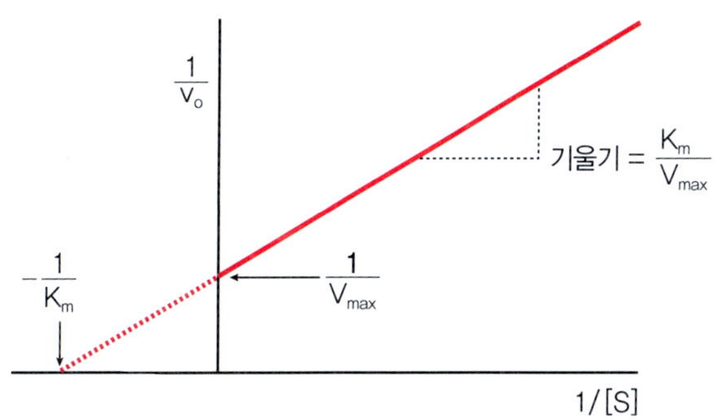

그림 3-10 라인위버-버크 식(이중역수 도식)

알아두기 **미카엘리스-멘텐 상수, K_m**

① 효소의 반응속도가 $\frac{1}{2}V_{max}$에 해당하는 기질 농도

② 해당 기질에 대한 효소의 친화도

- K_m이 작을수록 기질에 대한 친화도가 크다. 즉, $\frac{1}{2}V_{max}$에 도달하기 위해 필요한 기질 농도가 낮다.
- K_m이 클수록 기질에 대한 친화도가 작다. 즉, $\frac{1}{2}V_{max}$에 도달하기 위해 많은 기질이 필요하다.

③ 다단계 효소반응에서 가장 큰 K_m 값을 보이는 단계의 반응이 전체의 반응속도를 결정하는 단계이다.

④ 주어진 특정 조건에서 효소는 고유의 K_m 값을 가진다.

9 효소활성 저해

효소의 반응을 저해하는 물질을 저해제inhibitor라고 한다. 저해에는 비가역적 저해와 가역적 저해가 있다. 일반적으로 비가역적 저해제들은 공유결합을 통해 효소와 결합한다.

1) 비가역적 저해

비가역적 저해irreversible inhibition는 효소활성 중심의 특정 아미노산 잔기에 저해제가 비가역적으로 공유결합을 형성하여 기질이 결합할 수 없으므로 반응이 진행되지 않는다. 비가역적 저해에는 구리나 철을 함유하는 효소에 시안이온CN^-을 첨가하는 반응이 있다.

2) 가역적 저해

가역적인 저해제들은 비공유성 결합의 형태로 효소와 결합한다. 따라서 다량의 기질을 첨가하면 결합된 저해제가 가역적으로 해리되어 효소활성을 회복할 수 있다. 가역적 저해에는 경쟁적 저해와 비경쟁적 저해가 있다.

(1) 경쟁적 저해

경쟁적 저해는 기질의 구조와 비슷한 저해제가 효소활성 중심에 가역적으로 결합하여 같은 장소에 대해 기질과 경쟁할 때 발생한다. 경쟁적 제해제가 효소와 결합하면 반응속도나 K_m에 영향을 미치게 된다. 일반적으로 반응의 V_{max}는 변하지 않지만 K_m 값은 증가한다. 이는 경쟁적 저해제가 존재하면 $\frac{1}{2}V_{max}$에 도달하기 위해 더 많은 기질이 필요함을 의미하며, 기질 농도를 충분히 증가시키면 반응속도는 저해제가 없을 때의 V_{max}에 도달할 수 있다.

숙신산 탈수소효소succinate dehydrogenase에 대해 말론산malonate은 숙신산과 구조가 매우 비슷하여 전형적인 경쟁적 저해 반응을 일으킨다.

경쟁적 저해는 저해제가 있거나 없거나 V_{max}이 변하지 않으므로 라인위버-버크 식으로 표현하면 y 절편이 $1/V_{max}$이 된다. 그러나 경쟁적 저해제가 존재하면 K_m 값이 증가하므로 x 절편인 $-1/K_m$은 음의 값에서 0에 가까워진다 그림 3-11.

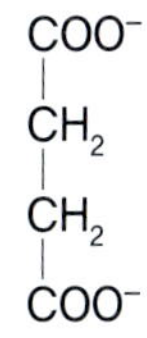
숙신산

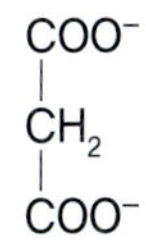
말론산

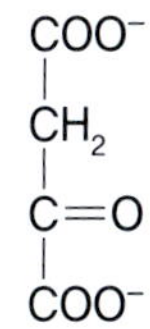
옥살로아세트산

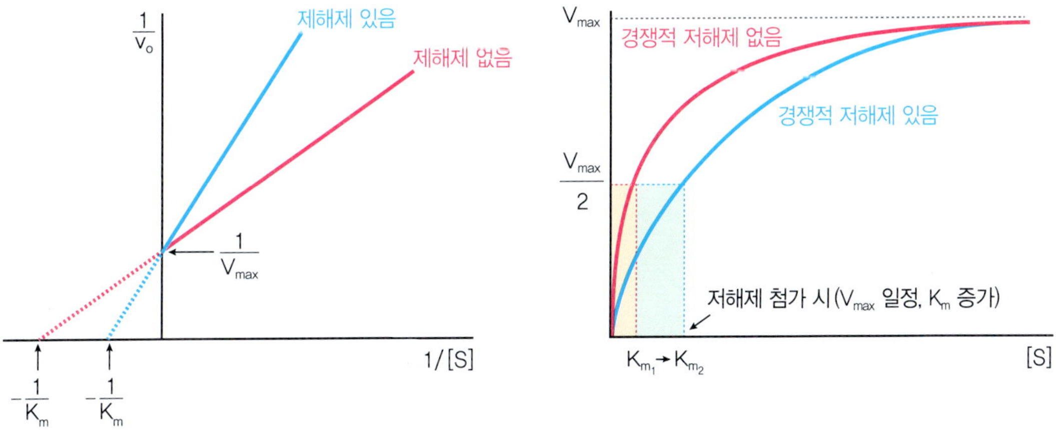

그림 3-11 경쟁적 저해

(2) 비경쟁적 저해

비경쟁적 저해는 저해제가 유리형의 효소 또는 효소·기질복합체 양쪽에 가역적으로 결합하여 저해작용을 나타낸다 그림 3-12. 비경쟁적 저해제는 효소활성 부위가

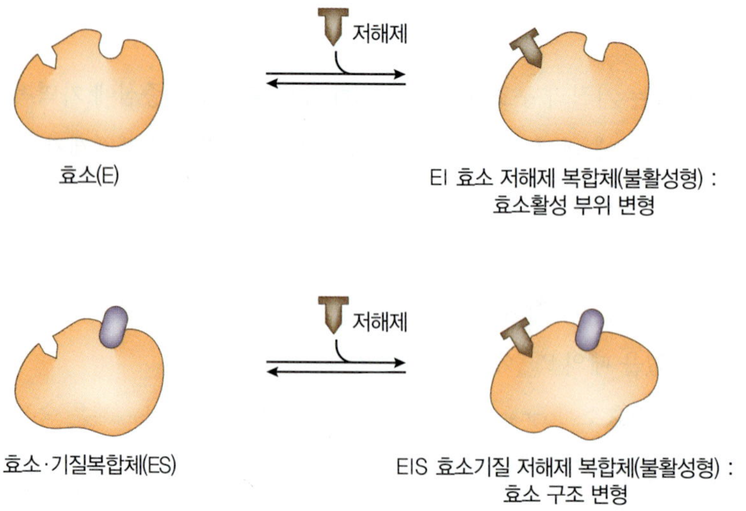

그림 3-12 효소와 효소·기질복합체(ES) 두 곳에 모두 결합하는 비경쟁적 저해제

아닌 다른 부위에 결합하여 효소분자의 구조적 변화를 초래하므로 기질 농도를 증가시켜도 기질과 반응할 수 없기 때문에 V_{max}는 감소한다. 그러나 기질이 효소에 결합하는 것을 방해하지 않으므로 효소들은 비경쟁적 저해제가 있건 없건 K_m은 같다.

$1/v_0$와 1/[S]의 관계 그림을 그려보면 비경쟁적 저해제가 있을 경우 V_{max}은 감소하는 반면 K_m은 변하지 않는다 그림 3-13.

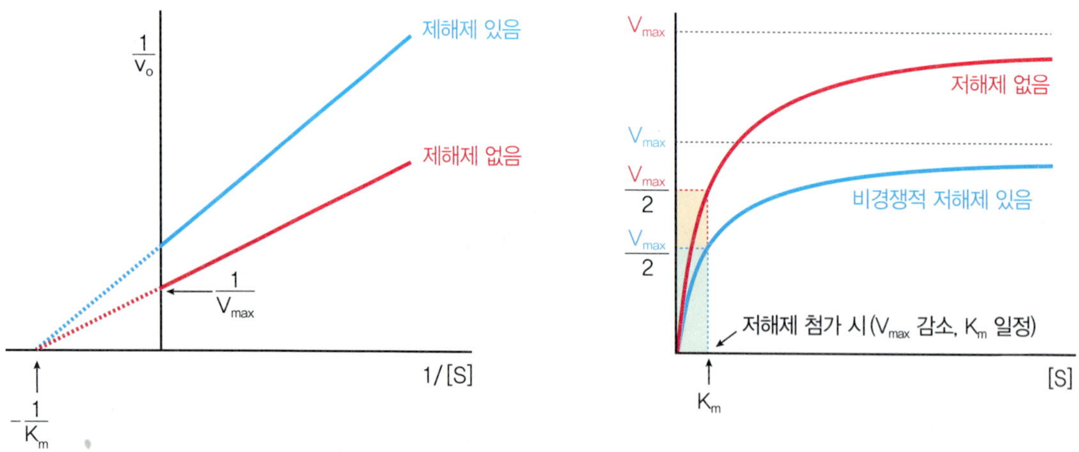

그림 3-13 비경쟁적 저해

10 효소활성의 조절

체내에서 진행되는 수많은 대사과정을 조절하기 위해서는 효소반응의 속도 조절이 반드시 필요하다. 대부분 효소는 기질 농도가 증가하면 반응속도를 신속하게 증가시켜 기질 농도를 정상으로 되돌린다. 특정 조절 기능을 지닌 일부 효소들은 알로스테릭 효과 인자allosteric effector에 반응하거나 공유결합성 변형을 진행한다. 또한 생리적인 조건이 변하게 되면 효소 합성 혹은 분해속도를 변경시킨다.

1) 되먹임 조절

생체 세포 내의 대사경로에는 하나의 효소가 반응하여 생긴 생성물이 곧바로 다음 효소의 기질이 되어 대사되는 경우가 있다.

세포 내 존재하는 화합물(A)이 최종생성물(G)로 변환하는 대사과정이 있다고 가정하고 E_1, E_2, E_3는 각 반응을 촉매하는 효소라고 하면, 이 대사과정에서 최종생성물(G)은 이 일련의 효소반응의 첫 번째 효소의 활성을 제어한다.

대부분의 경우 최종생성물이 초기 반응에 관여하는 E_1의 효소활성을 제어하기 때문에 이 효소가 대사 전 과정의 속도를 결정한다. 이와 같이 최종생성물이 반응속도 결정효소의 활성을 제어하는 것을 피드백 제어feedback control 혹은 되먹임 조절이라고 한다 그림 3-14.

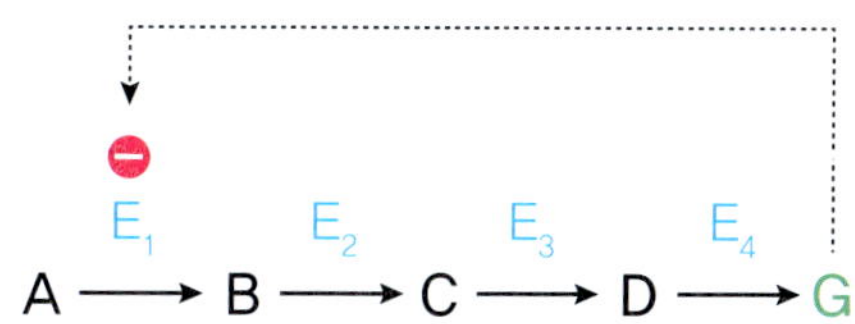

그림 3-14 대사경로의 피드백 제어

2) 알로스테릭 효소(다른자리입체성조절효소)

피드백 제어를 받는 알로스테릭 효소는 기질(S)과 결합하면 효소의 입체구조가 바뀐다. 알로스테릭 효소는 기질과 결합하는 촉매 부위와 효과인자가 결합하는 조절 부위 등 2개 부위가 존재한다. 알로스테릭 효소는 조절 부위와 비공유결합을 이루는 효과인자에 의해 조절된다.

알로스테릭 효과인자는 기질에 대한 친화도를 변경시키거나 효소의 최대 촉매활성을 변경시키거나 또는 둘 다 변경시킨다. 효소활성을 방해하는 효과인자를 음

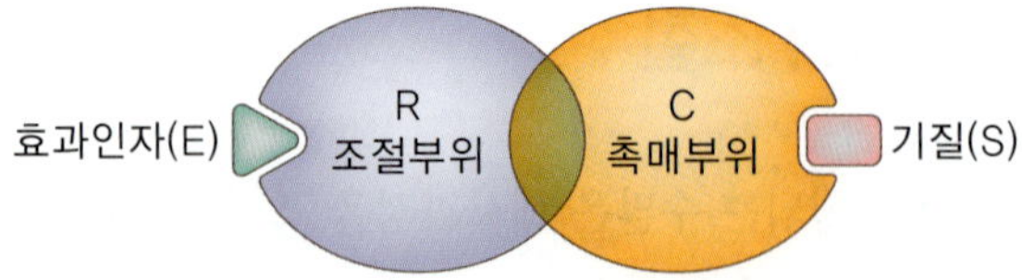

그림 3-15 알로스테릭 효소의 구조

negative의 효과인자라고 하고, 효소활성을 촉진하는 효과인자를 양positive의 효과인자라고 한다.

알로스테릭 효소는 반응속도(v_0)를 기질 농도[S]에 대해 그려보면 S자형 곡선을 나타낸다. S자형은 알로스테릭 효과에 의한 것으로 효소에 2개 이상의 결합 부위가 있다는 것을 의미한다.

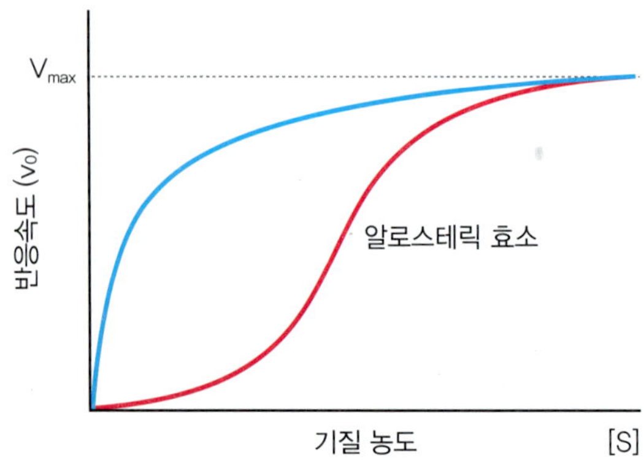

그림 3-16 알로스테릭 효소의 조절

3) 공유결합성 변형에 의한 조절

효소는 공유결합 변형에 의해 활성이 조절될 수 있다. 곁가지에 수산기를 가진 세린, 트레오닌, 티로신 등 특정 아미노산에 인산기가 첨가 혹은 제거(인산화 또는 탈인산화)되어 공유결합이 변형되면 효소의 구조에 변화가 생기면서 그 기능이 변하게 된다 그림 3-17.

예를 들면, 글리코겐 가인산분해효소glycogen phosphorylase의 활성은 세린 잔기의 인산화와 탈인산화에 의해 조절된다.

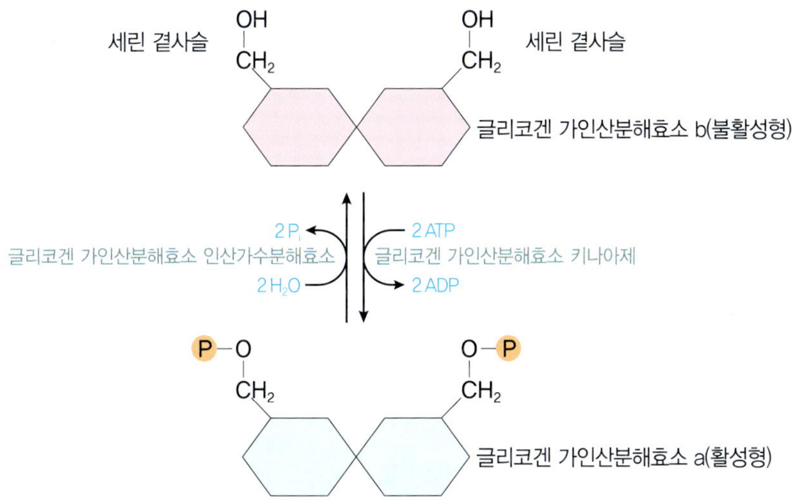

그림 3-17 인산기의 탈부착에 의한 공유결합성 변형

글리코겐 가인산분해효소 a는 2개의 소단위에 있는 세린 곁가지가 인산화된 활성형으로 글리코겐 가인산분해효소 인산가수분해효소glycogen phosphorylase phosphatase에 의해 인산기가 제거되면 불활성형의 글리코겐 가인산분해효소 b가 된다.

글리코겐 가인산분해효소 b는 ATP로부터 세린 곁가지에 인산화를 촉매하는 글리코겐 가인산분해효소 키나아제glycogen phospho-rylase kinase의 작용에 의해 활성형인 글리코겐 가인산분해효소 a가 된다.

4) 효소 합성의 유도와 억제

효소의 합성은 유전적인 통제에 의해 조절될 수 있다. 일반적으로 존재하는 효소의 양은 효소 분해속도의 변경 혹은 합성속도의 조절에 의해 결정된다. 그러나 효소 합성의 조절은 발달의 한 특정 시기나 특정 생리적 조건의 경우에만 필요해진다. 예를 들면, 유당 합성효소lactose synthetase는 두 개의 소단위로 구성되어 있다. 임신 중에 소단위 A는 합성이 증가하지만 소단위 B는 태반 호르몬인 프로게스테론progesterone에 의해 합성이 저해되었다가 출산 후에 합성이 급격히 증가되어 유당 합성에 관여한다 그림 3-18.

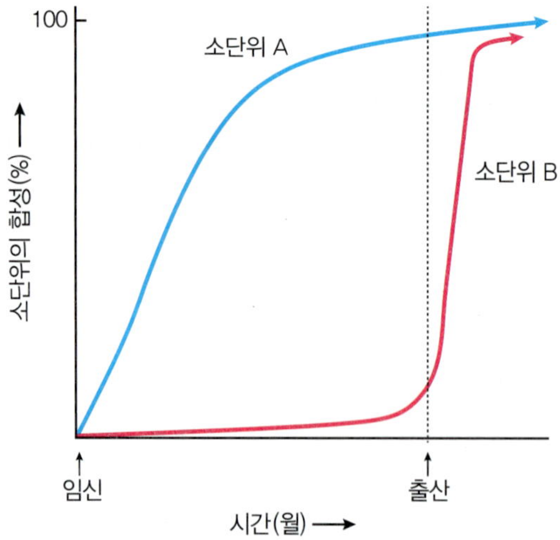

그림 3-18 유당 합성효소의 조절

5) 효소원의 활성화

일부 효소는 체내에서 불활성형태인 효소 전구체proenzyme 또는 효소원zymogen

알아두기 **이소자임(isozyme)**

이소자임은 각각의 효소가 같은 기질로부터 같은 생성물을 형성하지만 단백질의 구조가 서로 다른 효소이다. 한 생물체 내에서 같은 반응을 촉매하며, 단지 분자구조의 차이에 의해 따로따로 분리될 수 있는 효소여서 동위효소 또는 소중합체효소라고도 부른다. 아미노산 조성이 다르기 때문에 물리화학적 성질이 다르므로 전기영동이나 이온 크로마토그래피로 구분할 수 있다. 대표적인 예로 젖산 탈수소효소(lactate dehydrogenasem, LDH)가 있다. 이 효소는 H와 M의 2종류의 소단위(subunit)로 구성되며, H형은 심근에 많고, M형은 골격근이나 간에 많이 존재한다. 4개의 소단위가 하나의 기능을 가진 효소를 구성하며, $H_4(LDH_1)$, $H_3M(LDH_2)$, $H_2M_2(LDH_3)$, $HM_3(LDH_4)$, $M_4(LDH_5)$의 5종류가 존재한다.

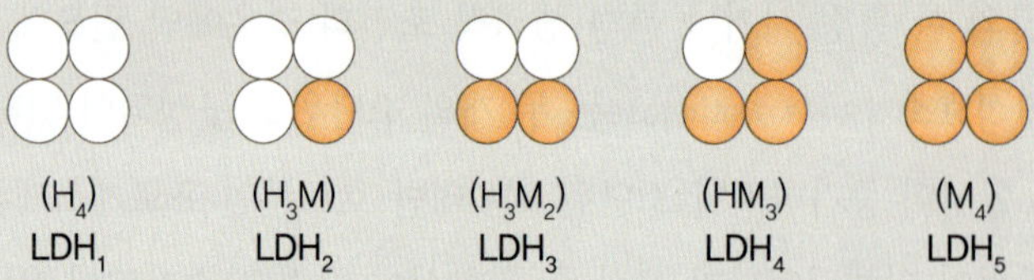

젖산 탈수소효소(LDH)의 이소자임

으로 저장되어 있다가 단백질 분해효소에 의해 하나 또는 그 이상의 펩티드가 떨어져 나가면서 활성화된 효소로 전환된다 그림 3-19. 예를 들면, 위에서 분비되는 불활성형의 단백질 분해효소인 펩시노겐pepsinogen은 위산에 의해 활성형인 펩신pepsin으로 전환되어 작용한다.

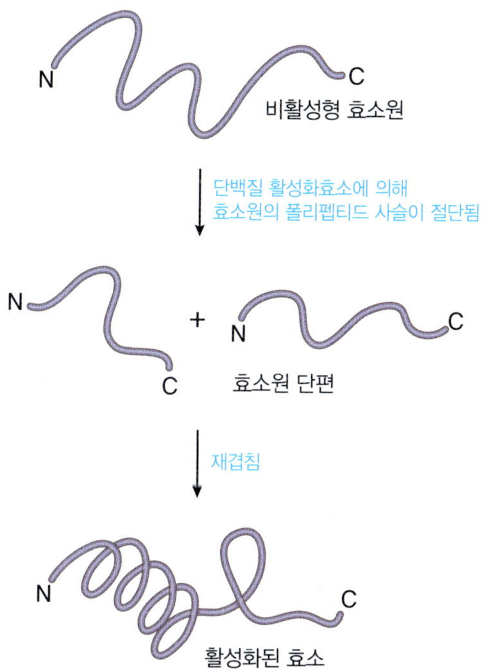

그림 3-19 효소원의 활성화

탄수화물

Chapter 4

1. 단당류
2. 소당류
3. 다당류

CHAPTER 4

탄수화물carbohydrate은 녹색식물이 햇빛을 받아 이산화탄소와 물을 광합성하여 생성되며, 동·식물의 대사에 중요한 성분이다. 탄수화물은 탄소, 수소, 산소로 이루어진 화합물이며 일반식 $C_m(H_2O)_n$으로 나타낼 수 있다.

탄수화물은 당류를 기본단위로 하며, 하나의 당으로 이루어진 단당류monosaccharides, 2~10개의 단당류로 이루어진 소당류oligosaccharides, 10개 이상의 단당류로 이루어진 다당류polysaccharides로 구분한다.

1 단당류

단당류는 분자 중 두 개 이상의 히드록실기-OH와 1개의 알데히드기-CHO나 케톤기 >CO를 가지고 있다. 알데히드기를 가진 당을 알도스aldose, 케톤기를 가진 당을 케토스ketose라고 한다 그림 4-1. 6탄당 중 포도당, 갈락토스, 만노스는 알도스이며, 과당은 케토스이다 그림 4-2, 4-3.

-OH기
hydroxyl group
= 히드록실기
= 알코올기

가장 간단한 알도스는 3탄당인 글리세르알데히드glyceraldehyde이며, 디히드록시아세톤dihydroxyacetone은 케토스이다. 또한 단당류는 탄소의 수에 따라 3, 4, 5, 6탄당으로 구분한다.

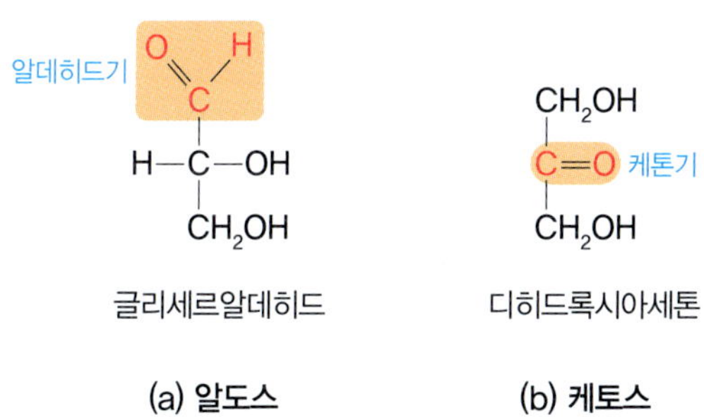

그림 4-1 알도스와 케토스

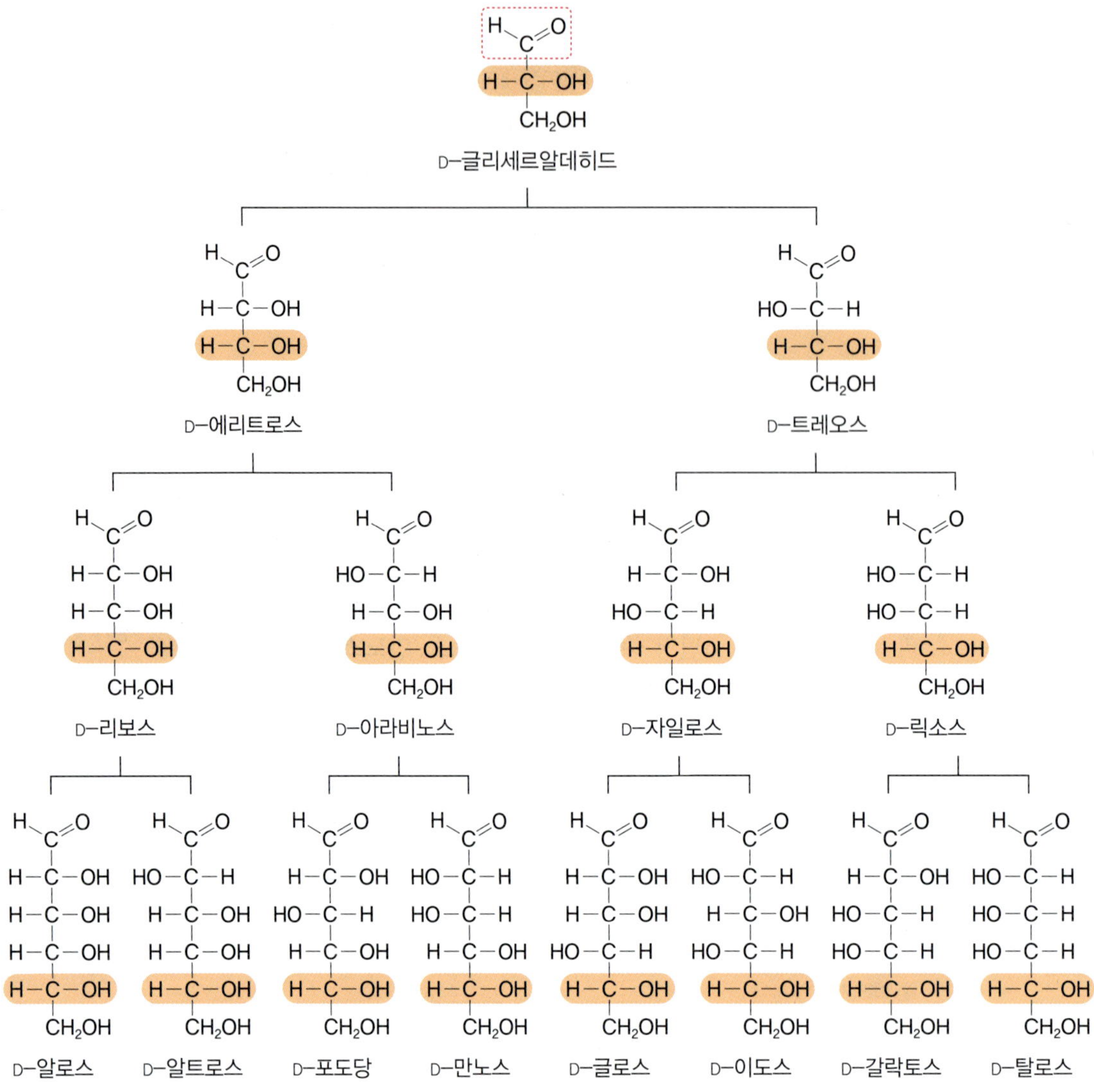

그림 4-2 D형 알도스 계열의 당의 구조

1) 단당류의 입체이성체

부제탄소 원자 (asymmetric carbon atom)
4개의 서로 다른 원자나 원자단이 결합된 탄소 원자

자연계에 존재하는 포도당, 과당, 만노스, 갈락토스의 단당류들은 $C_6H_{12}O_6$로 화학식은 같으나 구조가 다른 광학이성체optical isomer의 관계에 있으며, 자연계의 단당류들은 하나 이상의 부제탄소를 가지고 있다. 분자 중에 부제탄소가 n개 있으

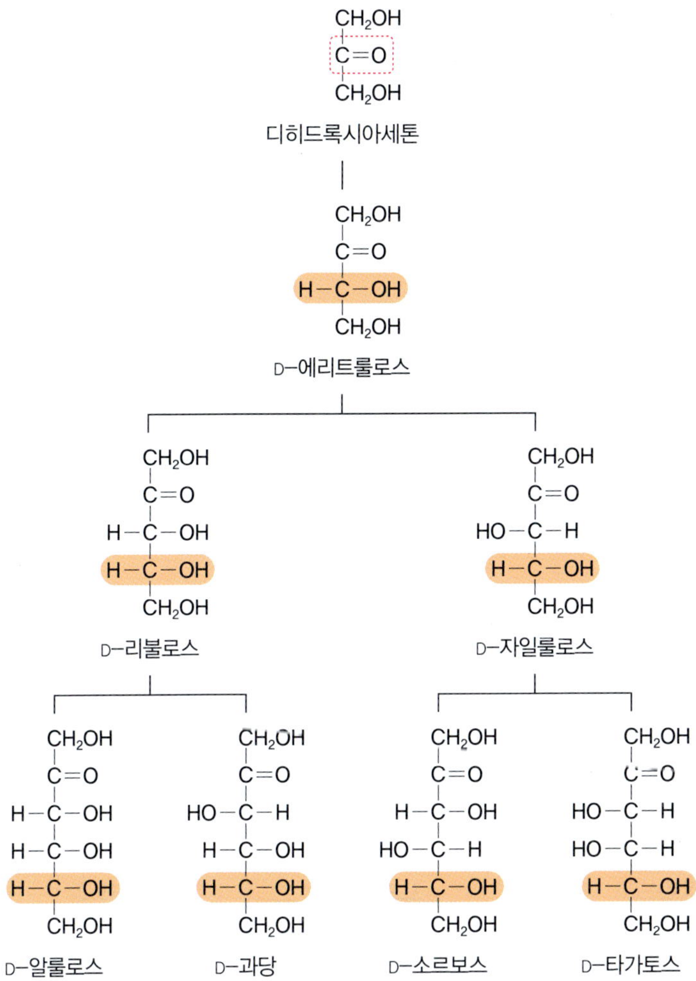

그림 4-3 D형 케토스 계열의 당의 구조

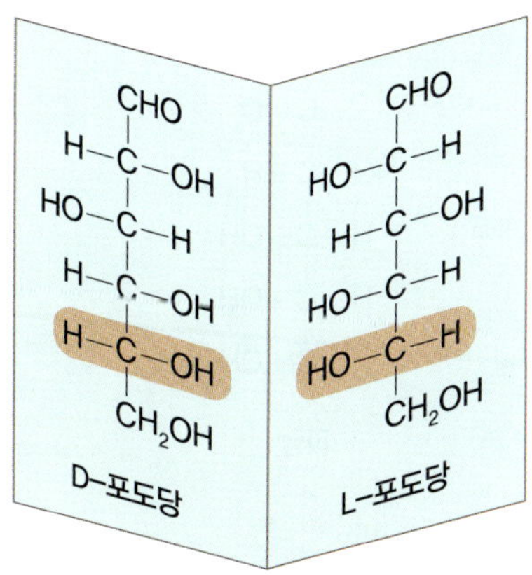

그림 4-4 포도당의 거울상 이성질체

면, 2^n개의 입체이성체가 가능하다.

당의 D형이나 L형은 알데히드기나 케톤기에서 가장 멀리 떨어진 부제탄소에 결합한 -OH기의 위치가 오른쪽인 것을 D형, 왼쪽인 것을 L형이라 한다. 이 D와 L의 관계를 광학적 대장체 또는 거울상 이성질체enantiomers, mirror images라고 하는데 그림 4-4 자연계의 당은 대부분이 D형으로 존재한다.

2) 단당류의 화학구조

C1~C6
첫 번째 탄소~여섯 번째 탄소

같은 화학식을 가지지만 서로 다른 배열(구조)을 하는 화합물을 이성질체isomer라고 한다. 포도당은 자연계에 있는 대표적인 알도헥소스로 C2, C3, C4, C5의 4개의 탄소원자가 부제탄소 원자이므로 2^4=16개의 입체이성체가 있다. D-과당은 C3, C4, C5의 3개 탄소원자가 부제탄소 원자이므로 2^3=8개의 입체이성체가 있다.

부제탄소에 의해 생기는 입체이성체 중에서 포도당과 갈락토스처럼 4번째 탄소에서, 또는 포도당과 만노스처럼 2번 탄소에서 수소와 히드록실기의 위치만 서로 다르게 배치된 이성질체를 에피머epimer라고 한다 그림 4-5.

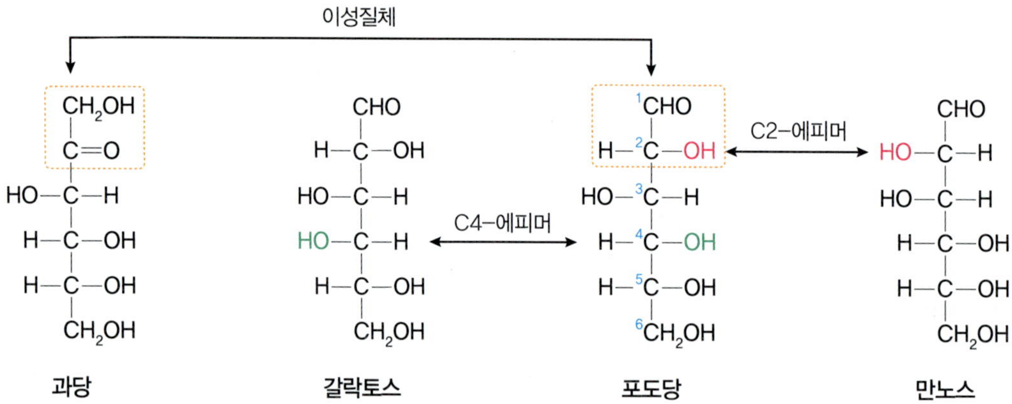

그림 4-5 D-포도당의 이성질체와 C2, C4 에피머

3) 단당류의 환상 구조

단당류는 사슬 구조와 환상(고리) 구조로 표시되는데, 수용액에서는 사슬 구조와 환상 구조가 평형상태로 존재한다. 5개 이상의 탄소를 가진 알도스와 6개 이상의 탄소를 갖는 케토스는 분자 내에 있는 카보닐 탄소가 히드록실기와 반응하여 헤미아세탈hemiacetal이나 헤미케탈hemiketal의 환상 구조를 이룬다 그림 4-6.

단당류가 고리 구조가 되면 알데히드기나 케톤기는 새로운 히드록실기를 형성하며, 이러한 히드록실기를 헤미아세탈성 히드록실기나 헤미케탈성 히드록실기 또는 글리코시드glycoside성 히드록실기라고 하고 반응성이 크다. 이 글루코시드성

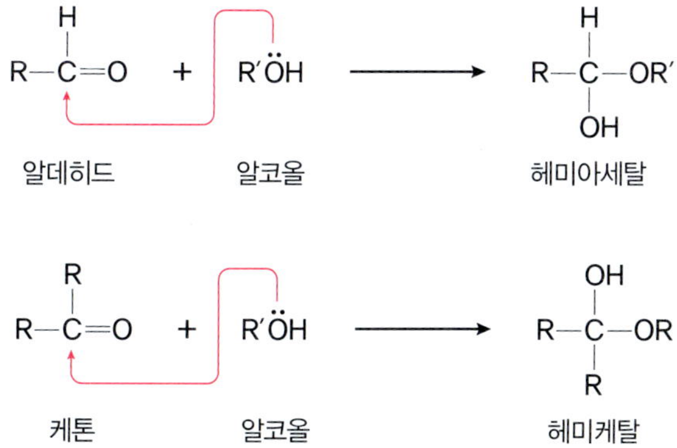

그림 4-6 헤미아세탈과 헤미케탈 형성과정

히드록실기의 입체 배치에 따라 α형과 β형의 입체이성체가 생성되며, 이 둘의 관계를 아노머anomer라고 한다 그림 4-7.

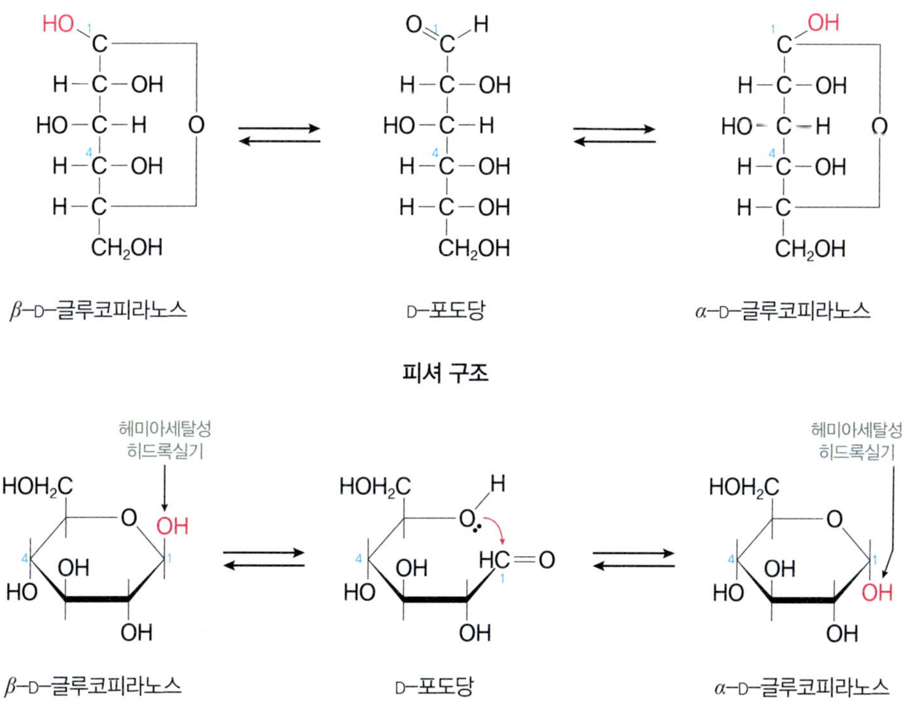

그림 4-7 D-포도당의 피셔 구조와 하워스 구조

4) 중요한 단당류

(1) 포도당

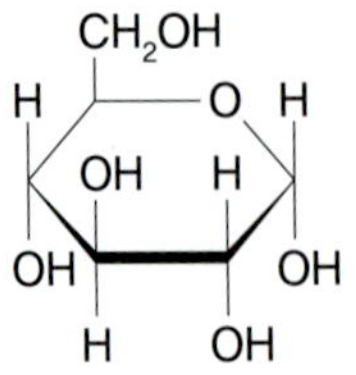

포도당

알도스인 포도당glucose은 우선성이며, 미토콘드리아가 거의 또는 전혀 없는 뇌 세포와 적혈구세포의 에너지 공급원으로 사용되고, 안구처럼 산소 공급이 제한된 세포에 에너지를 공급한다.

(2) 과당

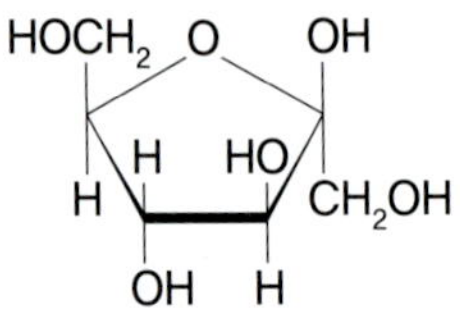

과당

과당fructose은 케토스로서 과일, 꿀, 식물 등에 존재하고, 천연의 당류 중에서 감미도가 최고이다.

(3) 갈락토스

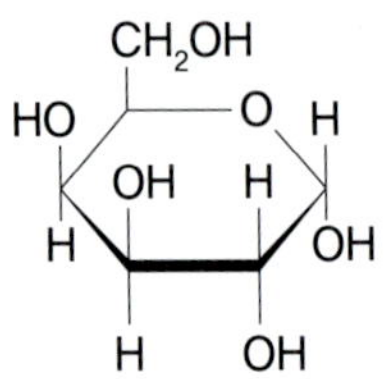

갈락토스

갈락토스galactose는 유당의 구성성분으로 포도당 4번 탄소의 에피머이다. 포도당과 함께 모세혈관 안으로 흡수되며, 포도당 1-인산glucose-1-phosphate에 의해 합성되므로 유당 섭취가 충분하지 못해도 감소하지 않는다.

5) 단당류의 유도체

당은 산화, 환원, 아미노기의 결합에 의해 유도체를 형성한다.

(1) 당알코올

단당류의 카보닐기-CHO, >CO가 알코올기 $-CH_2OH$로 환원된 화합물로, 저칼로리 감미료에 주로 이용된다.

포도당이 환원된 소르비톨sorbitol 그림 4-8, 리보스가 환원된 리비톨ribitol, 자일로스가 환원된 자일리톨xylitol 등이 있으며, 고리 구조인 이노시톨inositol은 동물의 근육 등에 존재하므로 근육당이라고도 한다 그림 4-9.

xylose
자일로스=크실로스

xylitol
자일리톨=크실리톨

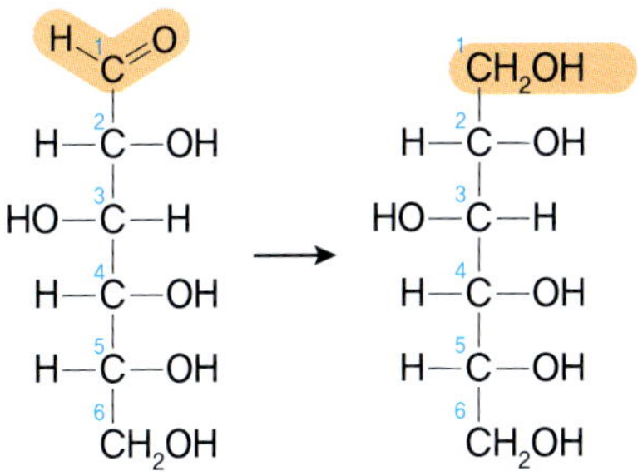

D-포도당 D-소르비톨

그림 4-8 당의 알코올로의 환원

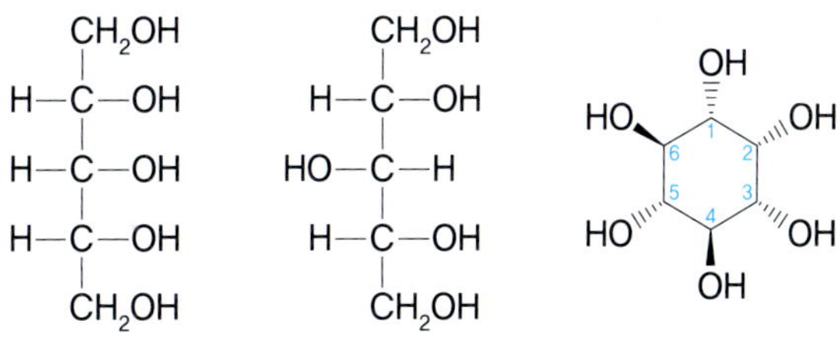

리비톨 자일리톨 이노시톨

그림 4-9 당알코올의 구조

(2) 당의 산화 생성물

단당류의 말단에 있는 카보닐기나 알코올기가 산화되어 카복실기 –COOH로 바뀐 당으로 알돈산, 우론산, 당산이 있다.

① 알돈산

알돈산aldonic acid은 단당류 C1의 알데히드기-CHO가 산화되어 카복실기로 된 것이다. 포도당D-glucose은 산화되어 글루콘산D-gluconic acid이 된다 그림 4-10.

② 우론산

우론산uronic acid은 단당류 C6의 제1급 알코올기가 산화되어 카복실기로 된 것으로 환원성이 있다.

포도당이 산화된 글루쿠론산은 식물계에서는 목재 등의 구조다당류의 성분, 동물계의 헤파린, 콘드로이틴황산, 히알루론산 등의 성분이다 그림 4-10. 갈락투론산은 펙틴을 구성하는 성분, 만누론산은 갈조류의 다당류인 알긴산alginic acid의 구성 성분으로 존재한다.

③ 당산

당산saccharic acid은 단당류 C1의 알데히드기와 C6의 제1급 알코올기 양쪽이 다 같이 산화되어 카복실기로 된 것으로 포도당이 산화되면 포도당산glucaric acid이 된다 그림 4-10.

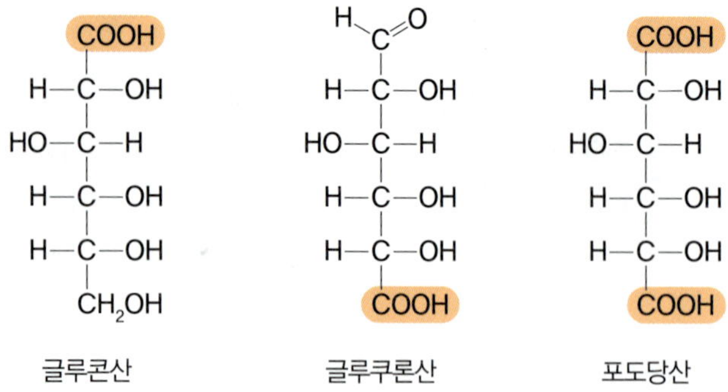

그림 4-10 포도당의 산화 생성물

(3) 데옥시당

데옥시당deoxysugar은 당의 히드록실기가 수소로 환원된 화합물이다.

데옥시리보스deoxyribose는 리보스ribose의 두 번째 탄소(C2)에서 산소가 제거된 것으로 DNA의 구성성분이다. 갈락토스의 여섯 번째 탄소(C6)에서 산소가 제거된 L-푸코스L-fucose는 적혈구 표면의 당단백질의 구성성분이다.

(4) 치환 생성물

아미노당은 단당류의 두 번째 탄소(C2)의 히드록실기가 아미노기 $-NH_2$로 치환된 것이다. 글루코사민glucosamine인 키토사민chitosamine은 갑각류의 껍질에 있는 키틴chitin의 구성단위이다. 글루코사민에 아세틸기가 치환되면 *N*-아세틸-*α*-D-글루코사민glucosamine이 된다. *N*-아세틸-*α*-D-글루코사민에 피루브산이 축합되면 *N*-아세틸뉴라민산N-acethylneuraminic acid, NeuNac이 되고, 이는 동물의 세포막이나 분비액의 당단백질과 당지질 또는 세균 세포벽 등의 구성당이다.

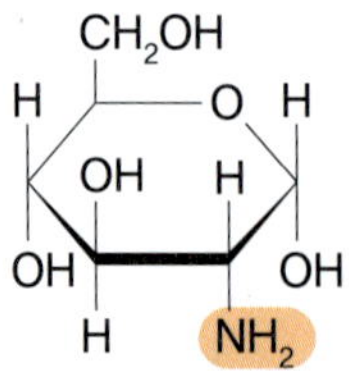

글루코사민

갈락토사민galactosamine인 콘드로사민chondrosamine은 연골이나 건의 당단백질 중 황산콘드로이틴chondroitin sulfate의 구성당이다.

2 소당류

소당류는 2~10개의 단당류가 결합한 당으로 구성하는 당류의 수에 따라 이당류, 삼당류, 사당류 등으로 나뉜다.

1) 이당류

단당류 두 분자가 글리코시드 결합을 한 것으로 결합방식에 따라 환원당과 비환원당으로 구분한다.

환원당은 2개의 단당류가 결합하여서 한 단당류의 글리코시드성 −OH기가 남아 있어 환원성을 나타내는 당으로 맥아당, 유당, 셀로비오스, 젠티오비오스 등이 있다.

비환원당은 2개의 단당류의 글리코시드성 −OH기끼리 결합하여 글리코시드성 −OH기가 없어져 환원성을 나타내지 않은 것으로 자당sucrose 등이 있다.

베네딕트 반응이나 페엘링 실험에 의해 적색 침전이 나타나는 것이 환원당이다.

글리코시드성 −OH (glycosidic OH) =헤미아세탈성 −OH (hemiacetal OH)

(1) 비환원당

① 자당

자당(설탕)은 포도당α-D-glucose과 과당β-D-fructose이 α-1,2 결합된 이당류로 비환원당이다.

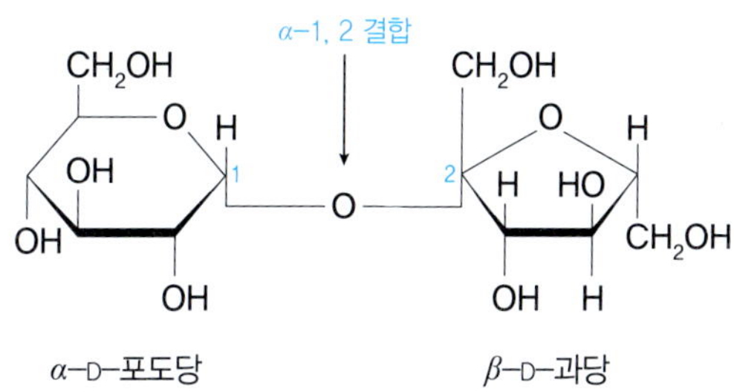

(2) 환원당

① 맥아당

맥아당maltose은 엿당이라고도 하며 2분자의 포도당이 α-1,4 결합된 이당류로 환원당이다. 전분이 가수분해되어 생성된다.

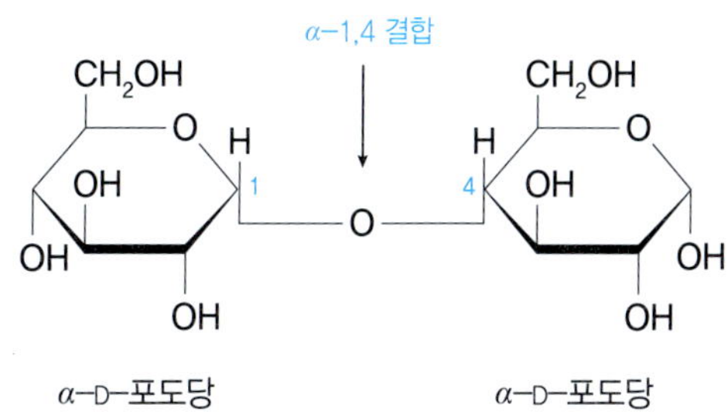

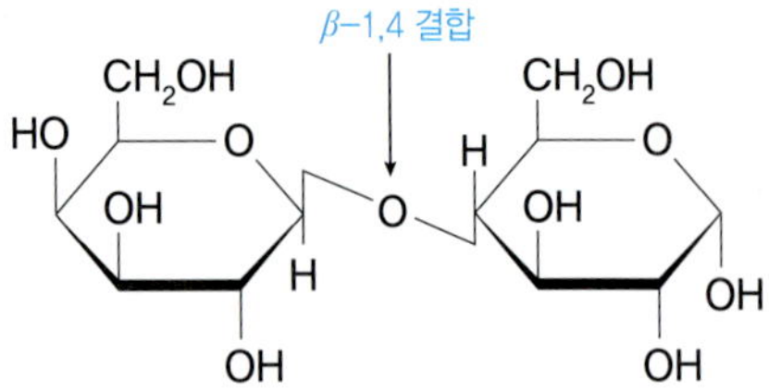

β-갈락토스 α-포도당

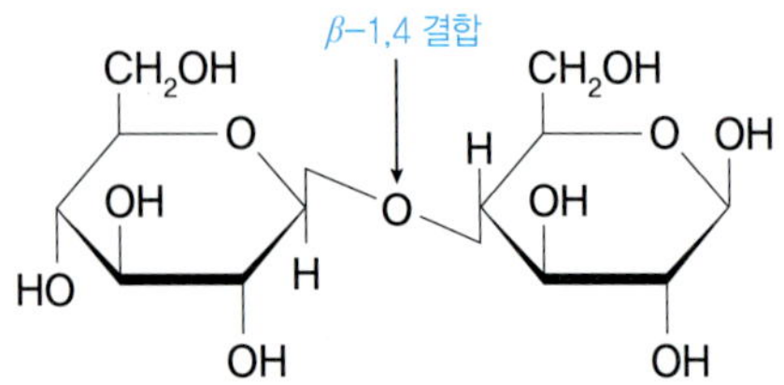

β-포도당 β-포도당

② 유당

유당lactose은 갈락토스와 포도당이 β-1,4 결합을 하고 있는 환원당이다. 유당 분해효소lactase가 부족하여 β-글리코시드 결합을 분해하지 못하는 것을 유당불내증lactose intolerance이라고 한다.

③ 셀로비오스

셀로비오스cellobiose는 2분자의 포도당이 β-1,4 결합한 환원당으로 섬유소 등의 구성단위로서만 존재한다.

2) 기타 소당류

당이 2~10개 정도 결합한 당을 소당류(올리고당oligosaccharide)라고 하며, 구성하는 당의 수에 따라 삼당류, 사당류 등으로 구분한다. 소당류는 물에 잘 녹고, 인체에서 분해가 잘되지 않으며 일부 세균에 의해 분해된다.

(1) 라피노스

라피노스raffinose는 갈락토스, 포도당, 과당으로 이루어진 삼당류로 콩 등에 함유되어 있다.

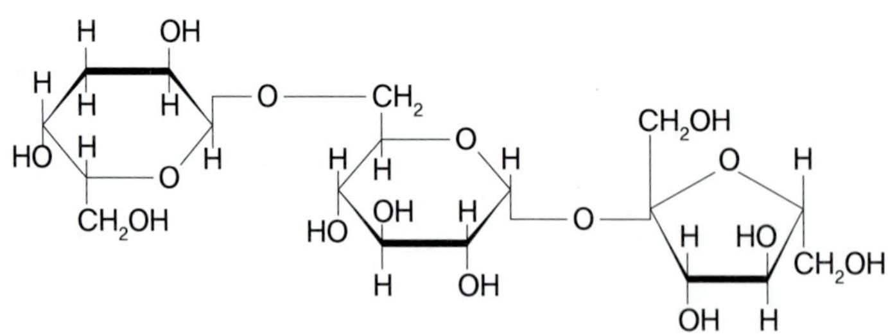

갈락토스 포도당 과당

(2) 스타키오스

스타키오스stachyose는 갈락토스 2분자, 포도당, 과당이 결합한 사당류로 콩류에 많으며, 장내 비피더스균의 활성을 증가시킨다.

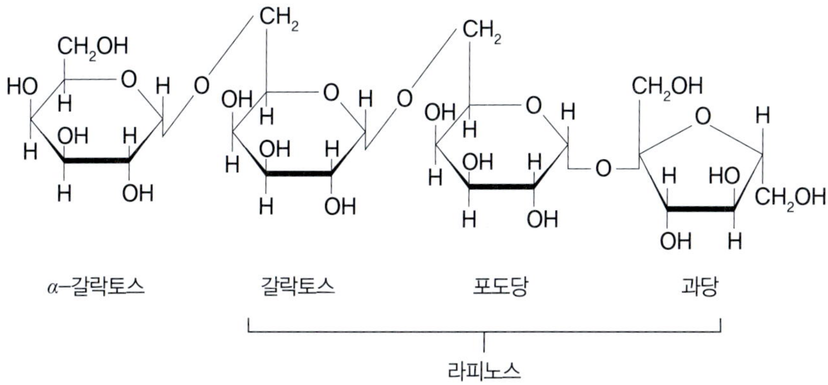

3 다당류

다당류는 여러 개의 단당류나 그 유도체가 글리코시드 결합을 한 것이다. 다당류 중에서 같은 종류의 단당류만으로 구성된 동질 다당류와 다른 종류의 단당류로 이루어진 이질 다당류로 구분한다.

1) 동질 다당류

(1) 전분

전분starch은 포도당이 수백~수천 개가 중합된 대표적인 식물 저장 탄수화물이다.

전분분자의 구조식은 $(C_6H_{10}O_5)_n$이며, 아밀로스와 아밀로펙틴으로 구성되어 있다.

① 아밀로스

아밀로스amylose는 포도당이 α-1,4 결합으로 연결된 것으로 6분자마다 한 번씩 감으면서 200~3,000개의 포도당 분자가 길게 이어져 α-나선을 형성한다.

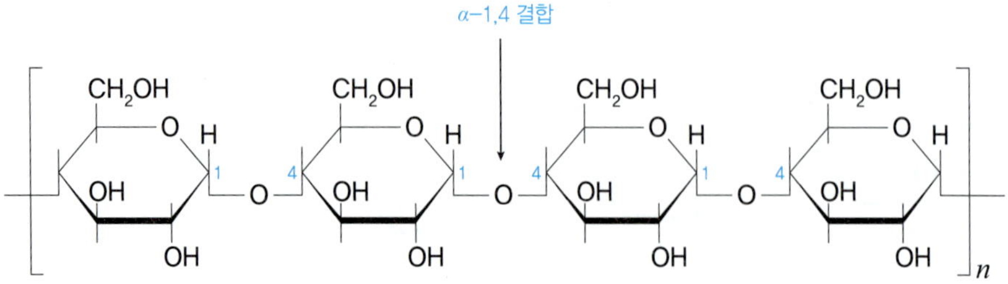

② 아밀로펙틴

아밀로펙틴amylopectin은 포도당의 α-1,4 결합에 군데군데 α-1,6 결합의 가지를 친 구조이다. 18~27개 정도의 포도당마다 가지를 치고 있으며, 6,000~37,000개의 포도당이 결합하고 있다.

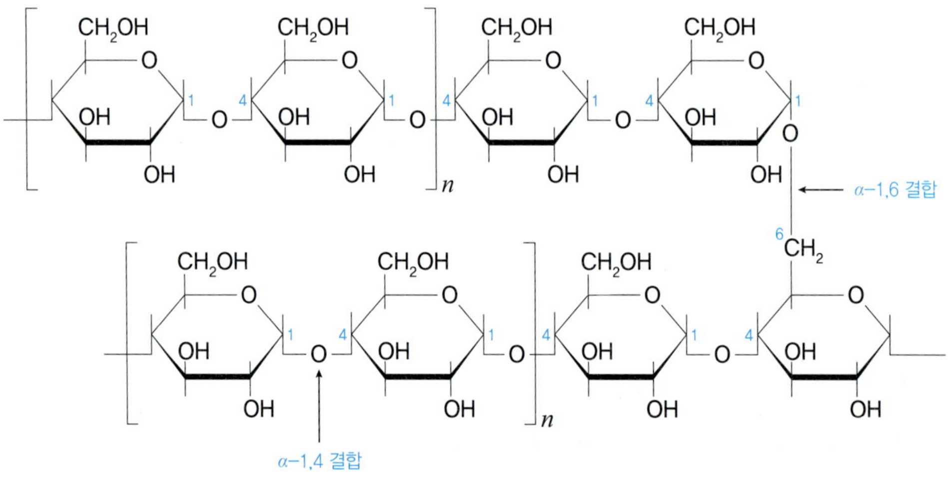

(2) 글리코겐

글리코겐glycogen은 포도당의 α-1,4 결합에 α-1,6 결합을 하고 있으며, 아밀로펙틴보다 가지가 많고 사슬의 길이가 짧다 그림 4-11.

글리코겐은 동물성 저장다당류로 간에 간 총 무게의 약 10%, 골격근에 골격근 총 무게의 1~2%를 저장하고 있다. 글리코겐을 함유한 비율은 간이 높지만 신체의 구성함량으로 보면 골격근이 간보다 훨씬 많으므로 근육에 총량이 더 많다. 간에 저장된 글리코겐은 혈당을 공급하고, 근육에 저장된 글리코겐은 근육 수축을 위한 에너지 공급원으로 사용된다.

글리코겐은 한 개의 환원성 말단과 여러 개의 비환원성 말단이 있으므로, 글리코겐 가인산분해효소glycogen phosphorylase에 의해 비환원성 말단부터 포도당을 공급할 수 있다.

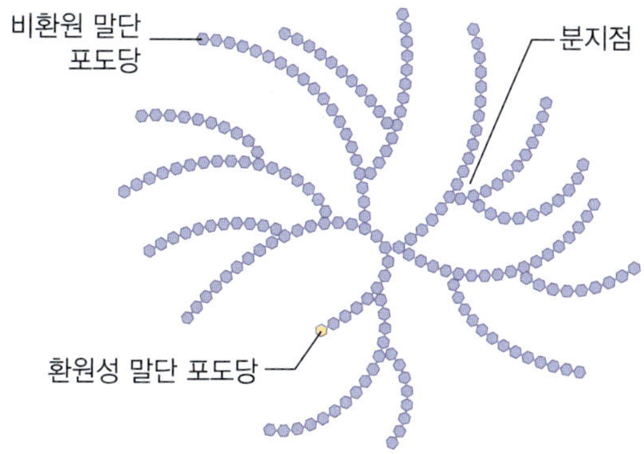

그림 4-11 글리코겐의 구조

(3) 셀룰로스

셀룰로스cellulose는 고등식물 세포막의 주요 구성성분으로 자연계에 널리 분포한다. 셀룰로스는 포도당이 β-1,4 결합을 하며, 인체 내에서는 섬유소를 분해하는 셀룰라아제cellulase가 없어 소화가 되지 않으므로 저열량 식품의 원료로 사용된다. 적당량의 섬유소는 장의 운동을 자극하여 배변이 잘되게 하거나 콜레스테롤을 낮추기도 한다.

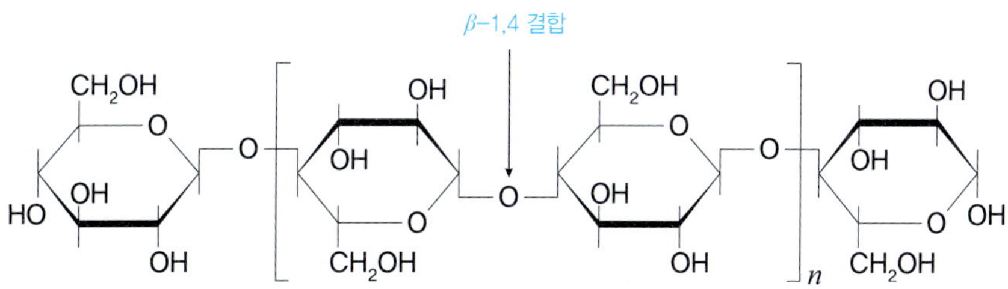

(4) 이눌린

이눌린inulin은 과당의 β-1,2 중합체인 프락탄fructan으로 우엉이나 돼지감자 등에 들어 있으며, 사람에게는 이눌린을 분해하는 효소가 없다.

(5) 키틴

키틴chitin은 *N*-아세틸글루코사민N-actyl glucosamine이 β-1,4 결합으로 연결된 다당류로 새우, 게 등의 갑각류 껍질에 있다.

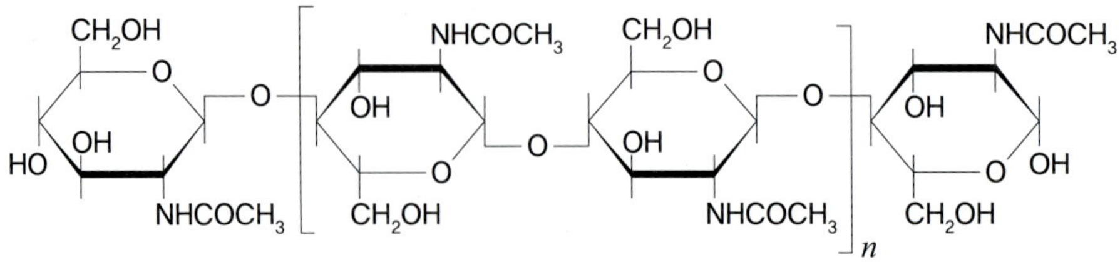

2) 이질 다당류

이질 다당류는 두 가지 이상의 단당류를 함유하는 탄수화물 중합체로서 글리코사미노글리칸glycosaminoglycan과 펩티도글리칸peptidoglycan, 뮤레인murein, 헤미셀룰로스hemicellulose 등이 있다.

(1) 글리코사미노글리칸

글리코사미노글리칸은 여러 기능에 작용하는 D-글루코사민과 D-갈락토사민의 *N*-아세틸형의 아미노산에 음전하를 띤 황산기나 카복실기를 함유하는 것으로 세포에 점성과 탄력성을 제공한다.

눈의 초자체와 관절의 윤활액, 연골과 병원성 세균을 둘러싸는 피막 등의 성분인 히알루론산, 혈액응고 인자들을 억제하여 항혈액응고제로 작용하는 헤파린, 그리고 힘줄, 연골, 기타 결합조직의 주요 구성성분인 콘드로이틴황산염 등이 있다.

(2) 펩티도글리칸(뮤레인)

펩티도글리칸은 뮤레인이라고도 하며, 세균의 세포벽을 구성하는 다당류와 아미노산의 중합체인 이질다당류이다. 펩티도글리칸의 다당류는 β-1,4 글리코시드 결합을 통해 연결된 *N*-아세틸글루코사민N-acetylglucosamine과 *N*-아세틸뮤람산

N-acetylmuramic acid이 결합되어 있다. 세균의 세포벽의 견고한 구성성분이며, 세균에 의한 질병 치료에 사용된다.

(3) 헤미셀룰로스

헤미셀룰로스는 식물의 세포벽 성분 중 섬유소를 제외한 복합다당류로 6탄당, 5탄당, 우론산 등이 결합한 복합다당류로 식이섬유 성분이다. 분자량은 10,000~40,000 정도로 섬유소의 절반 정도이다.

표 4-1 탄수화물 요약

분류		종류	특징
단당류	3탄당	글리세르알데히드	알도스[1]
		디히드록시아세톤	케토스[2]
	4탄당	에리트로스	알도스
		트레스	알도스
	5탄당	리보스	알도스
		데옥시리보스	알도스
		자일로스	알도스
		아라비노스	L형 알도스
	6탄당	포도당	알도스
		과당	케토스
		갈락토스	알도스, 포도당의 C4 에피머
		만노스	알도스, 포도당의 C2 에피머
소당류	2당류	자당(설탕)	포도당 + 과당, 비환원당
		맥아당	포도당 + 포도당, α-1,4 결합
		유당	포도당 + 갈락토스
		겐티오비오스	포도당 + 포도당 , β-1,6 결합
		트레할로스	포도당 + 포도당, α-1,1 결합, 비환원당
		셀로비오스	포도당 + 포도당, β-1,4 결합
	3당류	라피노스	포도당 + 과당 + 갈락토스
		겐티아노스	포도당 + 포도당 + 과당
	4당류	스타키오스	포도당 + 과당 + 2 갈락토스
다당류	동질다당류	전분	아밀로스: 포도당의 α-1,4 결합
			아밀로펙틴: 포도당의 α-1,4 + α-1,6 결합
		셀룰로스	포도당의 β-1,4 결합
		글리코겐	포도당의 α-1,4와 α-1,6 결합, 동물성 다당류
		이눌린	과당의 중합체
	이질다당류	글리코사미노글리칸	포도당 + *N*-아세틸글루코사민
		펩티도글리칸	*N*-아세틸글루코사민 + *N*-아세틸뮤람산
		헤미셀룰로스	5탄당 + 6탄당 + 우론산

1) 알도스(aldose) : 알데히드(-CHO)를 갖는 당
2) 케토스(ketose) : 케톤(>CO)을 갖는 당

Chapter 5 탄수화물의 대사

CHAPTER 5

1 개요

1) 포도당과 글리코겐

사람에게서 음식으로 생성되는 단당류는 주로 포도당, 과당, 갈락토스이며 그중 포도당이 가장 많이 생성된다 그림 5-1. 그러나 설탕의 섭취가 많으면 과당도 중요하고, 유당이 주된 공급원이면 갈락토스도 중요하지만, 과당과 갈락토스는 간에서 쉽게 포도당으로 전환되어 이용되므로 포도당 대사가 가장 중요하다.

포도당은 대사과정에 필요한 에너지를 공급하기 위한 연료로 산화되어 사용되며, 남은 포도당은 글리코겐으로 간(약 100 g)과 근육(약 200 g)에 저장되었다가 다

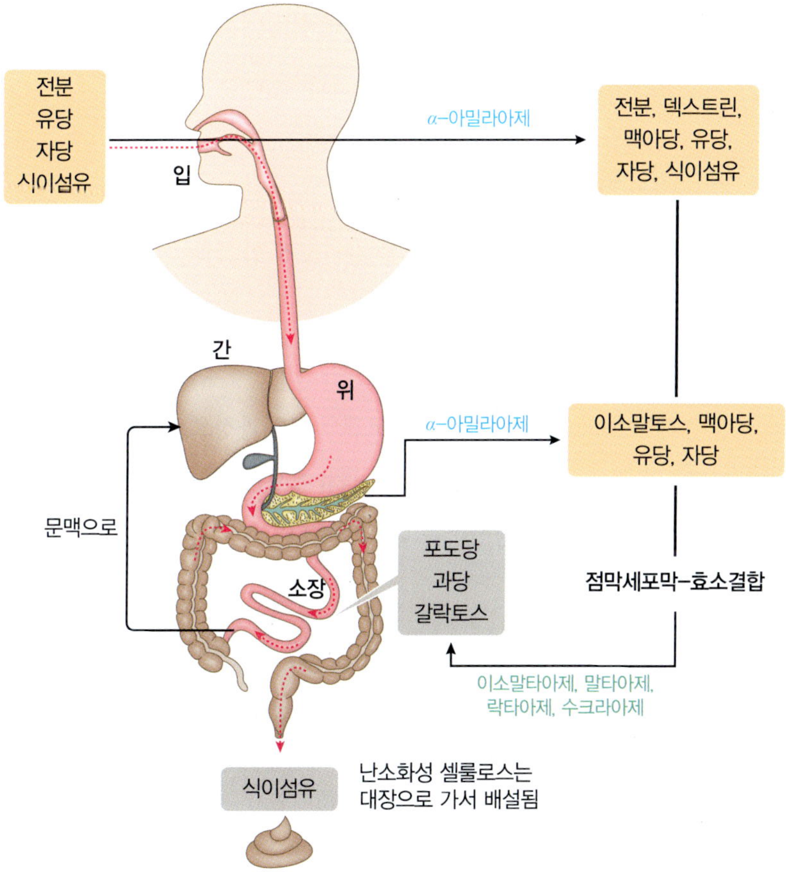

그림 5-1 탄수화물의 소화

른 형태의 당질로 전환되거나 일부는 지방질이나 아미노산의 합성에 사용된다.

2) 탄수화물 대사의 개요

(1) 해당과정

포도당
= 글루코스(glucose)

해당과정glycolysis은 포도당 또는 글리코겐 1분자가 혐기적 조건에서 2분자의 피루브산pyruvate이나 젖산lactate이 되는 반응으로 엠덴-마이어호프Embden-Meyerhof 대사라고도 한다. 이 반응은 세포질cytosol에서 일어난다.

(2) 당신생과정

당신생과정gluconeogenesis은 탄수화물이 아닌 물질에서 포도당이나 글리코겐을 형성하는 과정을 말한다.

(3) 글리코겐 합성작용

포도당에서 글리코겐을 합성하는 반응을 글리코겐 합성glycogenesis이라고 한다.

(4) 글리코겐 분해작용

글리코겐 분해작용glycogenolysis은 글리코겐의 분해과정으로 간에서는 글리코겐을 포도당으로 분해하여 혈당을 조절하고, 근육에서는 글리코겐을 피루브산이나 젖산으로 전환하여 에너지를 생산하는 데 사용된다.

(5) 5탄당 인산경로

5탄당 인산경로HMP shunt, pentose phosphate pathway는 해당과정이나 구연산회로와는 관계없이 포도당이 완전 산화되는 대사로 NADPH와 리보스와 같은 중간생성물의 합성에 의의가 있다.

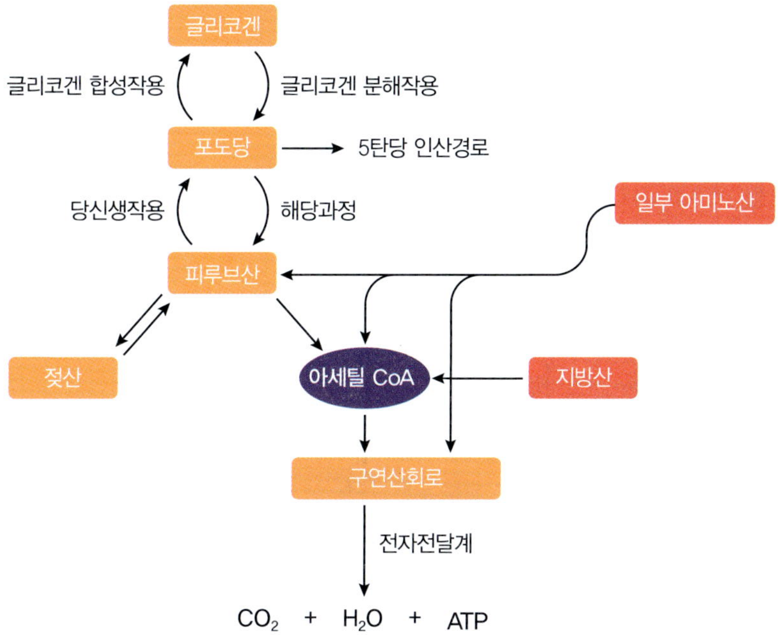

그림 5-2 탄수화물 대사의 개요

(6) 구연산회로

구연산회로TCA cycle, Krebs cycle는 탄수화물, 지질, 단백질의 일반적인 최종 산화 대사과정으로 아세틸 CoAacetyl CoA가 완전히 산화되어 물과 이산화탄소로 되는 과정이다.

2 해당과정

1) 해당과정의 개요

해당과정은 탄수화물 대사의 중요한 과정으로 6탄당인 포도당이 2개의 피루브산(호기적 조건)이나 젖산(혐기적 조건)으로 전환되면서 ATP와 NADH 등의 형태로 에너지를 생산하는 과정이다 그림 5-3.

포도당에서 2분자의 젖산을 생산하는 혐기적 해당과정은 세포질에서 일어난다.

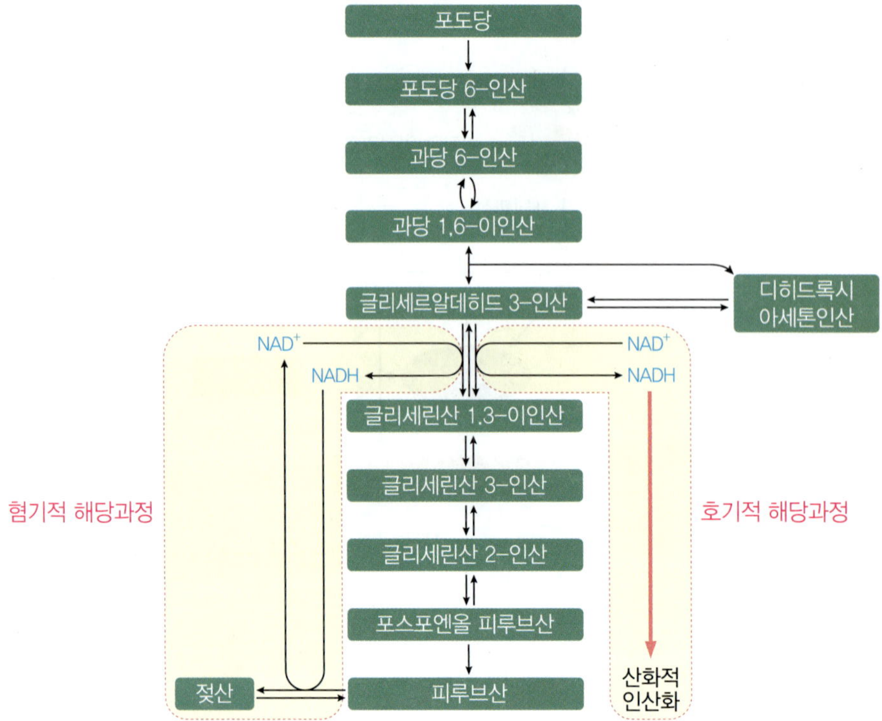

그림 5-3 호기적 해당과정과 혐기적 해당과정

이때 포도당 1분자당 2분자의 피루브산과 2개의 ATP, 2개의 NADH를 생산한다. 적혈구나 뇌세포 등 미토콘드리아가 없는 세포에서 산소 공급이 충분하지 않거나 격심한 운동으로 근육조직에 산소가 충분하지 않을 때, 구연산회로의 효소가 활성화되기 이전에는 해당과정에서 만들어진 NADH가 피루브산을 젖산으로 환원시키는 데 사용된다. 이 과정은 산소가 사용되지 않으므로 혐기적 해당과정이라고 한다. 또한 미토콘드리아가 있는 세포에서도 위급한 상황에 빠르게 에너지를 공급하기 위해 혐기적 해당과정이 일어난다. 혐기적 해당과정은 포도당 1분자당 2 ATP를 생산하여 에너지 생성면에서는 비효율적이지만, 산소를 필요로 하지 않는 유일한 에너지 생성 반응으로 심한 운동 등 일시적으로 산소가 부족할 때 근육 수축을 위한 ATP를 공급하고, ATP와 NADH에 에너지를 일시적으로 저장하는 중요한 과정이다.

이 반응의 대부분은 가역적으로 당신생과정에도 사용되고, 지질의 글리세롤뿐만 아니라 비필수 아미노산의 합성을 위한 탄소 골격의 제공에도 사용된다.

또한 효모와 일부 세균에서는 피루브산에서 알코올 발효를 일으키기도 한다.

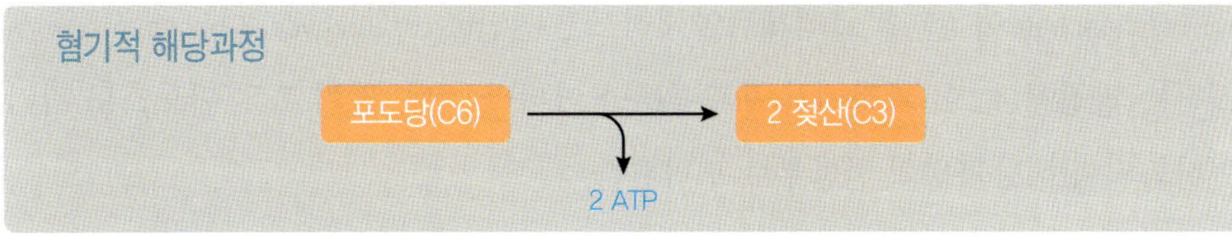

미토콘드리아가 있는 세포에서 산소가 충분히 공급될 경우 포도당이 피루브산으로 되며, 글리세르알데히드 3-인산이 생성된 NADH가 재산화될 때 산소가 사용되므로 호기적 해당과정이라고 한다.

호기적 해당과정에서 생산된 피루브산은 아세틸 CoA가 되어 구연산회로를 거쳐 이산화탄소와 물로 완전히 산화된다. 이때 포도당 1분자당 30개 또는 32개의 ATP를 생성하여 혐기적 해당과정보다 약 15배 이상의 ATP를 생성하는 효율적인 에너지 생산의 기초단계이다.

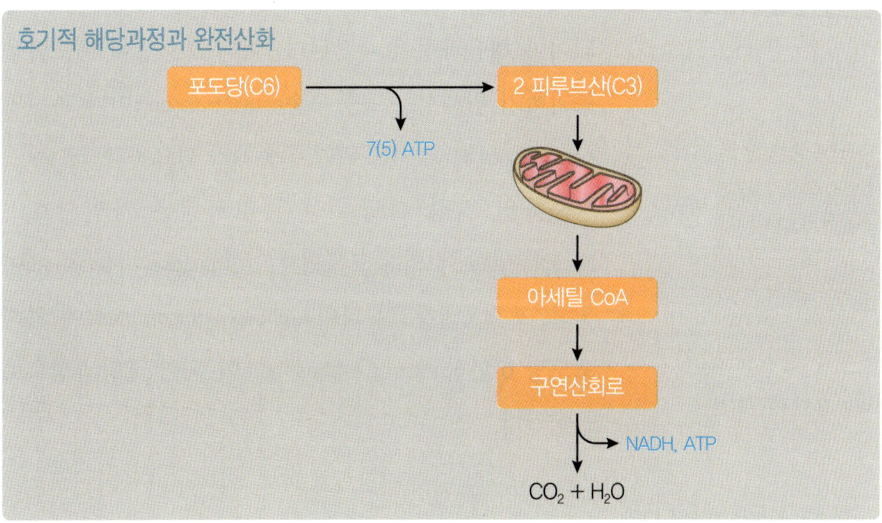

2) 해당과정의 경로

포도당(C6)이 2개의 피루브산(C3)으로 되는 해당과정의 전반부는 2분자의 ATP를 사용하여 두 번의 인산화 작용을 거쳐 포도당이 과당 1,6-이인산fructose 1,6-bisphosphate이 된 후 글리세르알데히드 3-인산glyceraldehyde-3-phosphate을 생성하는 과정이다. 이 과정에서 포도당뿐만 아니라 과당, 갈락토스, 만노스도 각각 인산화되어 해당과정의 전반부로 도입된다.

해당과정의 후반부는 글리세르알데히드 3-인산이 2분자의 피루브산으로 전환되며, 이때 4개의 ATP가 생성되지만 전반부에 2분자의 ATP가 사용되었으므로, 결과적으로 해당과정에서는 포도당 1분자에서 2분자의 ATP와 2분자의 NADH가 생성된다.

(1) 포도당의 세포 안으로 운반

음식으로 섭취한 전분과 글리코겐은 포도당으로 이루어져 있다. 이 포도당은 소화과정을 거쳐 소장 점막세포를 통해 혈액으로 운반되고, 혈액에서 세포 안으로 운반되어야 해당과정이 시작된다. 이때 포도당이 세포막을 통과하기 위해서는 능동수송active transport이나 촉진확산facilitated diffusion을 위한 수송체가 필요하다 그림 5-4.

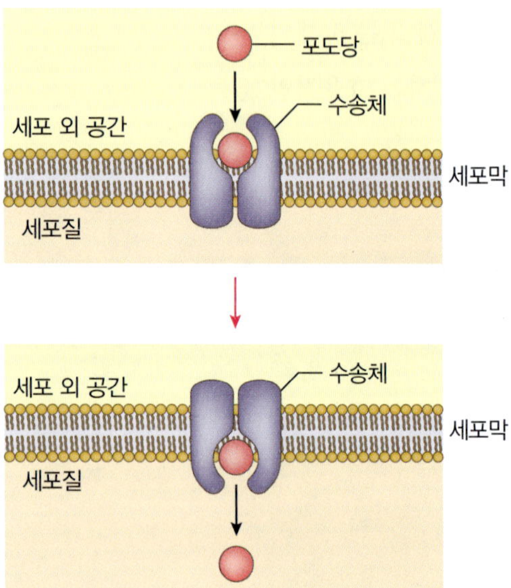

그림 5-4 포도당의 세포막을 통한 촉진확산

동물의 저장 다당류인 글리코겐은 가인산효소phosphorylase에 의해 포도당 1-인산glucose 1-phosphate이 되고, 포스포글루코뮤타아제phosphoglucomutase에 의해 포도당 6-인산glucose 6-phosphate이 되어 해당과정으로 들어간다.

(2) 해당과정의 10단계

1분자의 포도당이 2개의 피루브산이 되는 해당과정은 그림 5-5와 같이 10개의 효소가 작용한다.

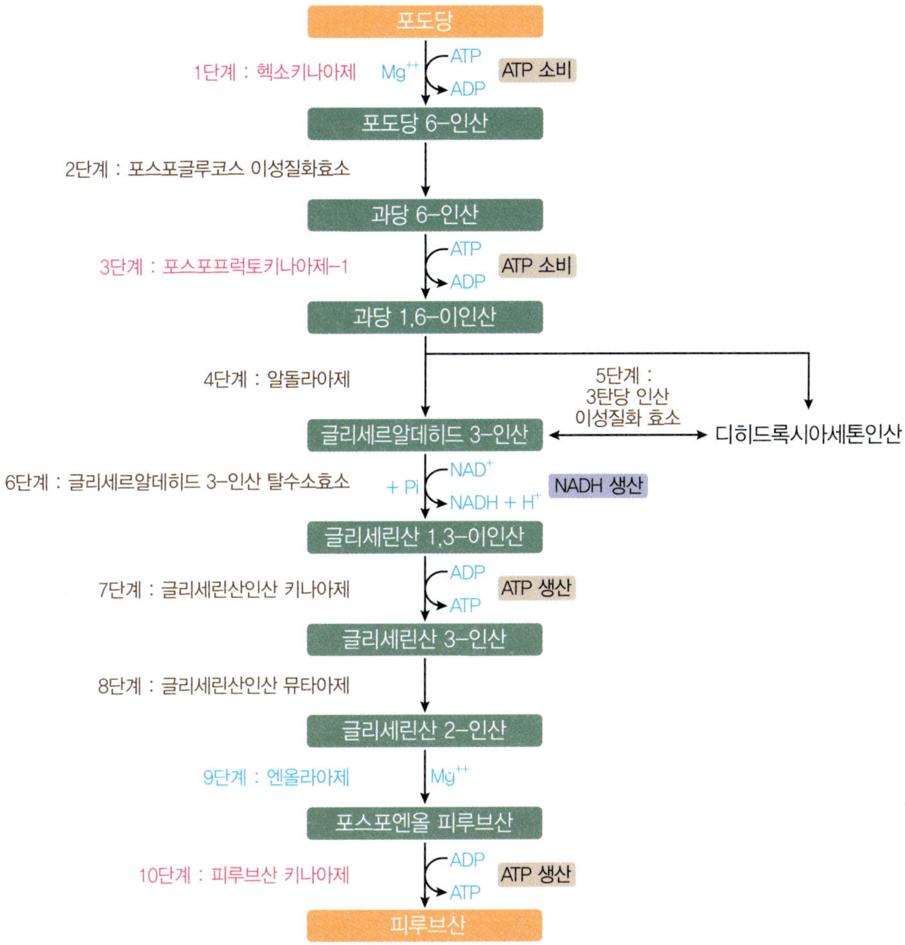

그림 5-5 해당과정 경로

① 1단계 : 헥소키나아제

$$\text{포도당} + \text{ATP} \xrightarrow{Mg^{2+}} \text{포도당 6-인산(G6P)} + \text{ADP}$$

포도당이 세포질 안으로 운반되면 헥소키나아제hexokinase에 의해 인산화된 후 포도당 6-인산이 되어 유리 포도당으로 되돌아갈 수 없게 되며, 헥소키나아제는 해당과정의 첫 번째 조절효소이다 그림 5-6.

> **hexokinase**
> 헥소키나아제
> =헥소스 인산화효소

헥소키나아제는 간이나 근육 및 모든 세포에 존재하는 인산화효소로 포도당뿐

해당과정
glycolysis
= Embden-Meyerhof pathway

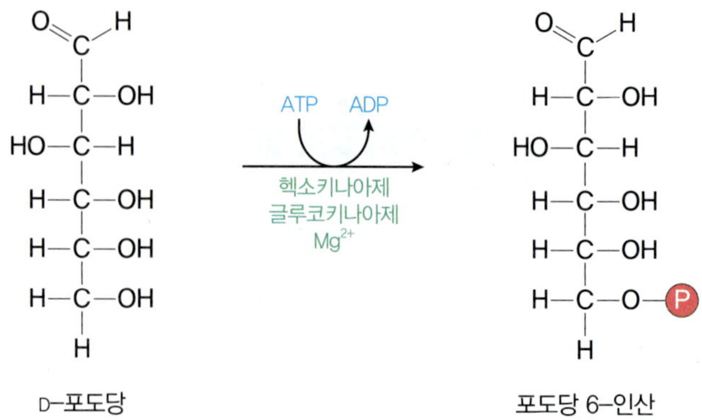

그림 5-6 포도당의 인산화: 에너지 투자

만 아니라 다른 6탄당도 인산화할 수 있는 기질특이성이 낮은 효소로 반응생성물인 포도당 6-인산에 의해 비경쟁적 저해를 받는다.

반면, 간에 있는 글루코키나아제glucokinase는 포도당에 대한 친화력이 낮아(K_m이 높아) 포도당이 많을 때만 작용한다 그림 5-7.

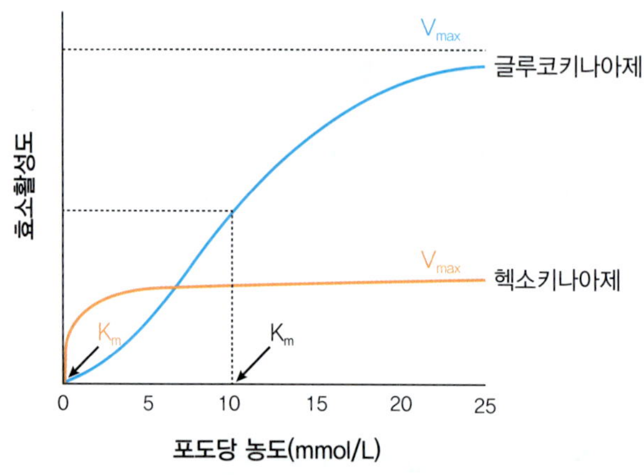

그림 5-7 포도당 농도에 따른 헥소키나아제와 글루코키나아제의 효소활성도

② 2단계 : 포스포글루코스 이성질화효소

포도당 6-인산(G6P) ⟷ 과당 6-인산(F6P)

포도당 6-인산이 포스포글루코스 이성질화효소phospho-glucose isomerase에 의해 과당 6-인산fructose 6-phosphate으로 되는 과정으로, 알도스형의 포도당이 케토스 형인 과당으로 이성질화되는 것이다 그림 5-8.

phosphoglucose isomerase = glucose phosphoisomerase 포스포글루코스 이성질화효소 = 포도당 인산 이성화효소

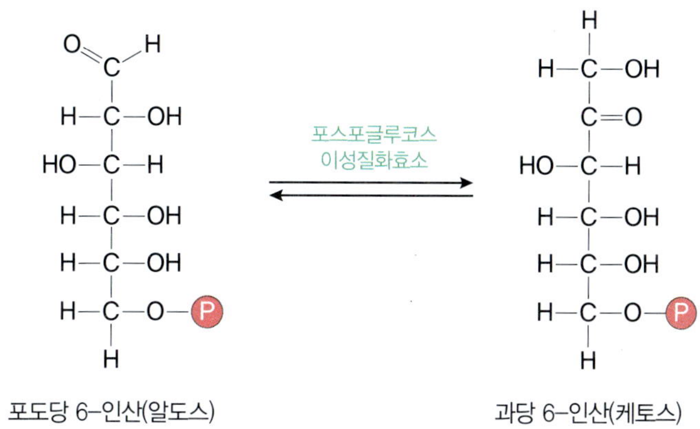

그림 5-8 포도당 6-인산의 과당 6-인산으로의 알도스-케토스 이성질화

③ 3단계 : 포스포프럭토키나아제-1(PFK-1), 전체 해당과정의 속도조절 단계

과당 6-인산(F6P) + ATP → 과당 1,6-이인산(F1,6BP) + ADP

포스포프럭토키나아제-1phosphofructokinase, PFK-1에 의해 과당 6-인산의 1번 탄소에 인산기를 더 첨가하는 반응을 촉매하여 과당 1,6-이인산을 생성하는 단계로 ATP 분자를 사용하는 비가역적인 단계이다 그림 5-9.

포스포프럭토키나아제는 ATP, 구연산citrate에 의해 저해되고, AMP와 과당 2,6-이인산fructose 2,6-bisphosphate, F2,6BP에 의해 촉진된다. PFK-1은 해당과정의 두 번째 조절효소이며, 해당과정 전체의 속도를 조절하는 속도조절효소이다.

한편, 간에서는 과당 6-인산에 ATP를 사용하여 과당 2,6-이인산효소, 포스포프럭토키나아제-2fructose 2,6-bisphosphatase, PFK-2에 의해 과당 2,6-이인산이 되는데, 이는 간에 포도당의 함량이 많다는 지표indicator로서 PFK-1의 활성을 촉진함으로써 해당과정이 촉진된다.

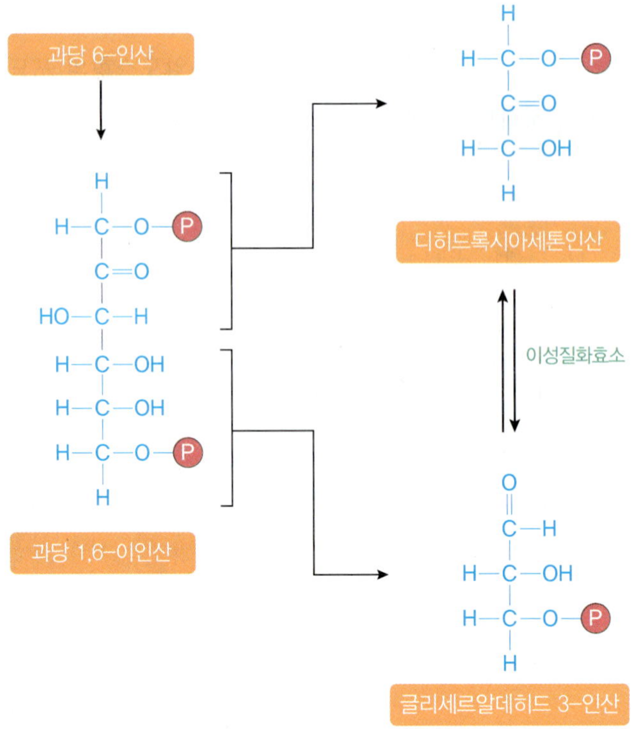

그림 5-9 과당 6-인산의 3탄당 인산으로의 전환: 에너지 투자

④ 4단계 : 알돌라아제

과당 1,6-이인산(F1,6BP)
⟷ 디히드록시아세톤인산(DHAP) + 글리세르알데히드 3-인산(G3P)

과당 1,6-이인산이 알돌라아제aldolase에 의해 알도스인 글리세르알데히드 3-인산glyceraldehyde 3-phosphate과 케토스인 디히드록시아세톤인산dihydroxyacetone-phophate으로 분해된다 그림 5-9.

⑤ 5단계 : 삼탄당 인산 이성질화효소

디히드록시아세톤인산(DHAP) ⟷ 글리세르알데히드 3-인산(G3P)

디히드록시아세톤인산과 글리세르알데히드 3-인산 중에서 글리세르알데히드 3-인산만 해당과정의 기질이 되므로 해당과정의 전반부에서는 3탄당 인산 이성질화효소triose phosphate isomerase에 의해 2개의 글리세르알데히드 3-인산이 생성되어 해당과정의 후반부로 진행된다.

> **triose phosphate isomerase**
> = 3탄당 인산 이성질화 효소
> = 트리오스 인산 이성화 효소

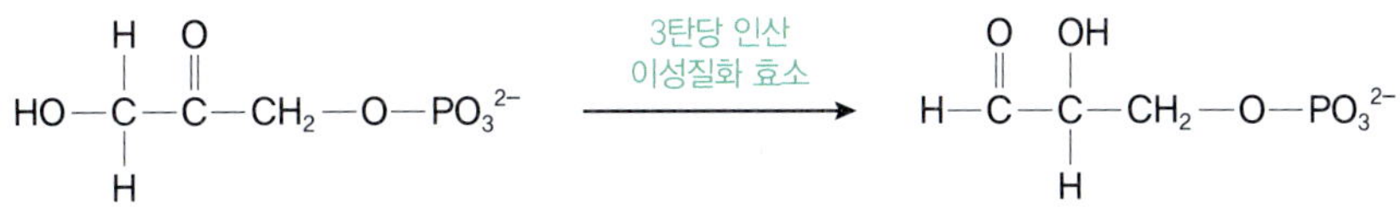

디히드록시아세톤인산　　　　글리세르알데히드 3-인산

⑥ 6단계 : 글리세르알데히드 3-인산 탈수소효소

글리세르알데히드 3-인산(G3P) + NAD^+ + P_i
⟷ 글리세린산 1,3-이인산(BPG) + NADH(세포질의 NAD 재생) + H^+

글리세르알데히드 3-인산 탈수소효소glycerdladehyde 3-phosphate dehydrogenase에 의해 글리세르알데히드 3-인산의 1번 위치 알데히드기가 카복실기로 산화되면서 카복실기에 인산P_i이 결합하여 글리세린산 1,3-이인산1,3-bisphospho-glycerate이 된다 그림 5-10. 글리세르알데히드 3-인산에서 전자가 떨어져 나가 산화되며, 이때 NAD^+는 기질로부터 전자를 받아들이는 산화제로 작용하고 NADH로 환원됨으로써 세포질의 NAD를 재생한다. 글리세린산 1,3-이인산은 고에너지 인산기의 공여체로 다음 단계에서 ATP 분자의 생성을 돕는다. 이 단계는 무기인산에 의한 인산화반응과 동시에 일어나는 산화반응으로 해당과정에서 중요한 단계이다.

> **1,3-bisphospho-glycerate**
> = glycerate 1,3-bisphosphate
> 글리세린산 1,3-이인산
> = 글리세레이트 1,3-이인산
>
> **phosphoglycerate kinase**
> 글리세린산인산 키나아제
> = 포스포글리세린산 인산화효소

⑦ 7단계 : 글리세린산인산 키나아제

글리세린산 1,3-이인산(BPG) + ADP ⟷ 글리세린산 3-인산(3PG) + ATP[기질 수준 인산화]

글리세린산인산 키나아제phosphoglycerate kinase가 글리세린산 1,3-이인산의 1번 탄소에 있는 인산을 ADP로 이동시켜 글리세린산 3-인산3-phosphoglycerate과 ATP를 생성하는 반응이다 그림 5-10. 이 반응은 해당과정에서 ATP를 생산하는 첫 번째 반응이다. 이 과정에서 고에너지화합물인 ADP를 ATP로 만들기 때문에 이 반응을 기질 수준 인산화substrate level phosphorylation라고 한다.

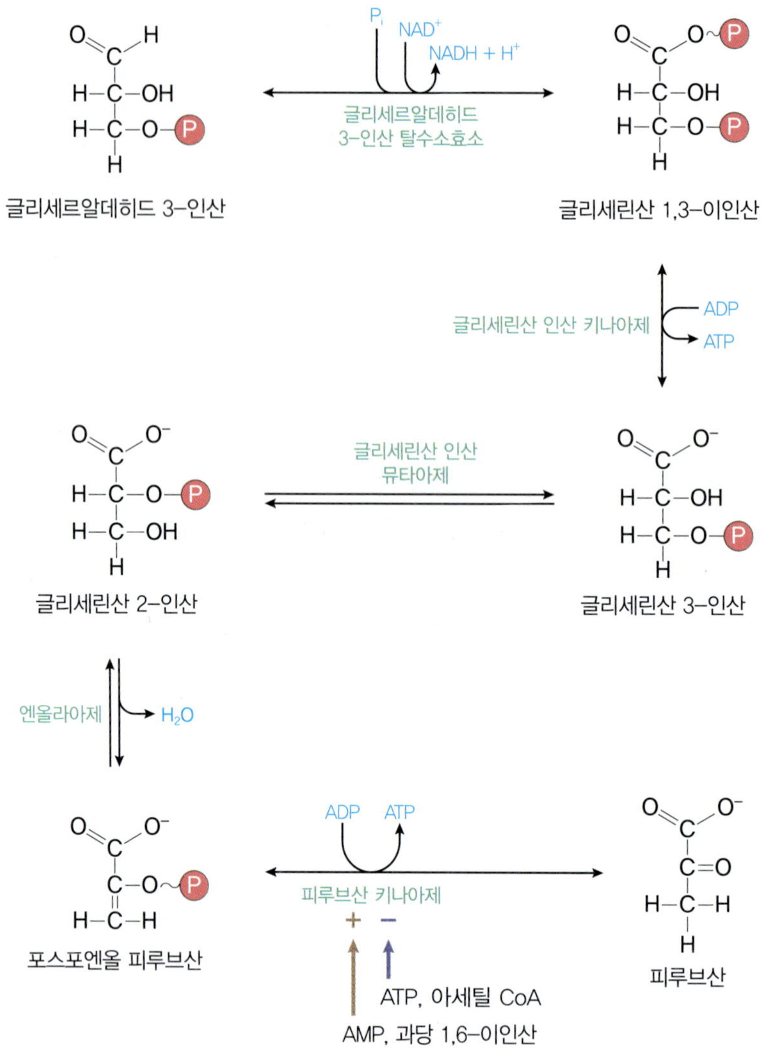

그림 5-10 글리세르알데히드 3-인산의 피루브산으로 전환: 에너지 생산

phosphoglycerate mutase
글리세린산인산 뮤타아제
=포스포글리세린산 뮤타아제

3-phosphoglycerate
=glycerate 3-phosphate
3-포스포글리세린산
=글리세린산 3-인산

2-phosphoglycerate
=glycerate 2-phosphate
2-포스포글리세린산
=글리세린산 2-인산

⑧ 8단계 : 글리세린산인산 뮤타아제

글리세린산 3-인산(3PG) ⟷ 글리세린산 2-인산(2PG)

이성화효소인 글리세린산인산 뮤타아제phosphoglycerate mutase에 의해 글리세린산 3-인산의 3번 탄소에 있는 인산기를 2번 탄소로 이동하여 글리세린산 2-인산2-phosphoglycerate으로 가역적으로 전환한다 그림 5-10.

⑨ 9단계 : 엔올라아제

글리세린산 2-인산(2PG) ⟷ 포스포엔올피루브산(PEP)

엔올라아제enolase에 의해 에너지 수준이 낮은 글리세린산 2-인산을 탈수시켜 에너지 수준이 높은 포스포엔올피루브산phosphoenolpyruvate으로 전환시킨다 그림 5-10.

⑩ 10단계 : 피루브산 키나아제

포스포엔올피루브산(PEP) + ADP ⟶ 피루브산 + ATP[기질 수준 인산화]

피루브산 키나아제pyruvate kinase는 포스포엔올피루브산으로부터 피루브산을 만들며, ADP에 인산의 전달을 촉매한다. 이 효소는 해당과정의 세 번째 조절효소이며, 이 반응은 두 번째의 ATP 생성단계로 기질 수준 인산화반응이다 그림 5-10. 이 효소는 ATP와 아세틸 CoA에 의해 억제되고, AMP와 과당 1,6-이인산에 의해 촉진된다.

해당과정은 이러한 10단계의 과정을 거치며, 해당과정에서 생성된 NADH는 미토콘드리아로 이동하여 전자전달계에서 산화적 인산화에 의해 2.5 또는 1.5분자의 ATP를 생성한다. 미토콘드리아에서는 포도당이 2개의 피루브산으로 되는 동안 2 ATP와 2 NADH에 의해 생성된 5(3) ATP를 더해 총 7(5) ATP의 에너지를 생산한다.

> **phosphoenolpyruvate**
> 포스포엔올피루브산
> =포스포엔올 피루베이트
>
> **pyruvate kinase**
> 피루브산 키나아제
> = 피루브산 인산화효소

3) 혐기적 및 호기적 조건에서의 피루브산의 역할

(1) 혐기적 조건

① 젖산발효 : 젖산 탈수소효소(NADH의 재산화)

피루브산 + NADH ⟶ 젖산 + NAD^+

젖산 탈수소효소lactate dehydrogenase, LDH는 피루브산을 환원하여 L-젖산을 형성하며, 이때 NADH가 NAD^+로 산화된다. 해당과정 6단계에서 글리세르알데히드

3-인산 탈수소효소에 의해 사용되었던 NAD$^+$ 분자가 젖산발효 단계에서 젖산 탈수소효소에 의해 재생산되므로 해당과정에서 전체적인 NAD$^+$나 NADH의 생산이나 소비는 없다 그림 5-11. 이 단계에서 생성된 젖산은 심한 운동을 할 때 생성되며, 근육의 피로와 통증의 원인이 된다.

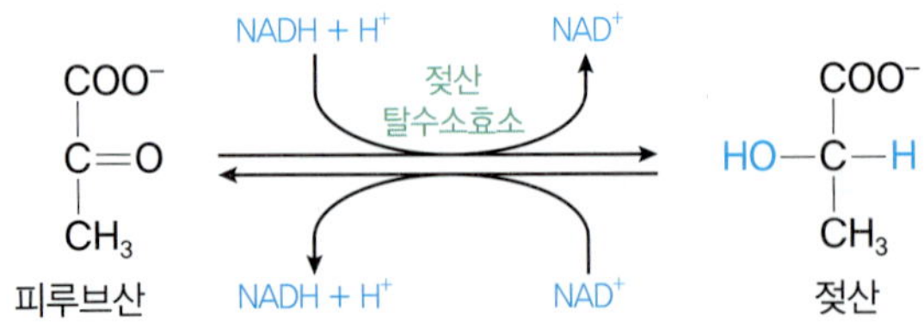

그림 5-11 피루브산과 젖산의 상호 전환

② 알코올 발효 : 피루브산 탈수소효소, 알코올 탈수소효소

피루브산 + NADH ⟶ 아세트알데히드 + CO_2 + NAD$^+$ ⟶ 에틸알코올 + CO_2

피루브산은 피루브산 탈수소효소pyruvate dehydrogenase에 의해 아세트알데히드로 되고, 알코올 탈수소효소alcohol dehydrogenase에 의해 에틸알코올로 된다. 효모와 같은 미생물은 알코올 발효를 하며, 포도당이 두 분자의 아세트알데히드를 거쳐 알코올과 이산화탄소가 되는 과정이다. 맥주, 포도주 등에서 알코올을 생산하는 데 이용된다.

(2) 호기적 조건 : 피루브산 탈수소효소 복합체

피루브산 + CoA SH + NAD$^+$ ⟶ 아세틸 CoA + CO_2 + NADH

호기적 해당과정을 위해 피루브산은 미토콘드리아로 들어가서 피루브산 탈수소효소 복합체pyruvate dehydrogenase complex에 의해 아세틸 CoA로 된 후 구연산회로로 들어간다. 피루브산 탈수소효소는 조효소로 NAD$^+$, FAD, TPPthiamine pyrophosphate, lipoic acid, CoA를 필요로 한다.

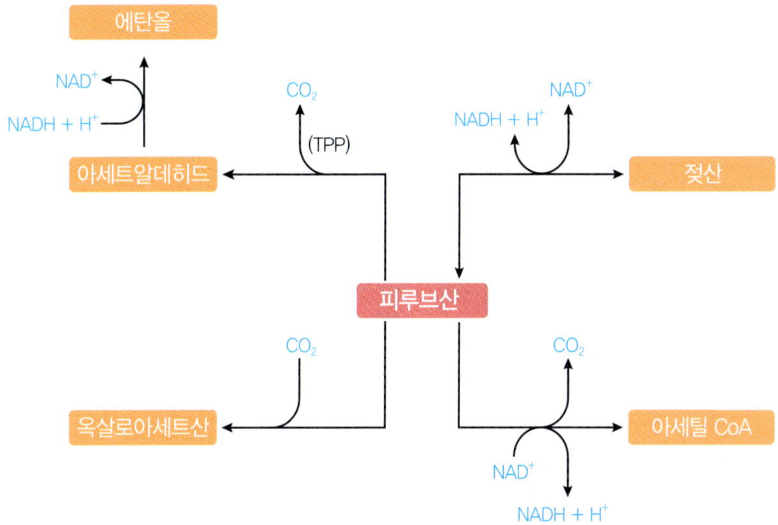

그림 5-12 피루브산의 분해

4) 해당과정의 조절

(1) 효소에 의한 조절

해당과정은 다른자리입체성 효소allosteric enzyme들에 의해 조절된다.

해당과정에는 헥소키나아제, 포스포프럭토키나아제PFK-1, 피루브산 키나아제가 주요한 조절효소인데, 특히 포스포프럭토키나아제가 해당과정의 전체적인 속도를 조절하는 가장 중요한 효소이다. 이외에 체내 저장 글리코겐을 포도당으로 전환하는 글리코겐 가인산효소glycogen phosphorylase와 AMP, ADP, ATP에 따라 다른자리입체성에 의해 조절된다 그림 5-13 표 5-1.

> glycogen-phosphorylase
> 글리코겐 가인산효소
> = 글리코겐 포스포릴라아제

이 중 헥소키나아제는 포도당 6-인산과 ATP에 의해 억제된다.

가장 중요한 속도 조절효소인 PFK-1는 과당 2,6-이인산과 AMP, ADP에 의해 활성화되고 구연산과 ATP, 과당 1,6-이인산에 의해 억제된다.

피루브산 키나아제는 과당 1,6-이인산과 AMP, ADP에 의해 활성화되고 아세틸 CoA와 ATP에 의해 억제된다.

즉 에너지 측면에서 보면 대체로 ATP가 많아 에너지가 충분할 경우에는 해당과정이 억제되며, 에너지가 소비되어 AMP와 ADP가 많을 때는 해당과정이 촉진된다.

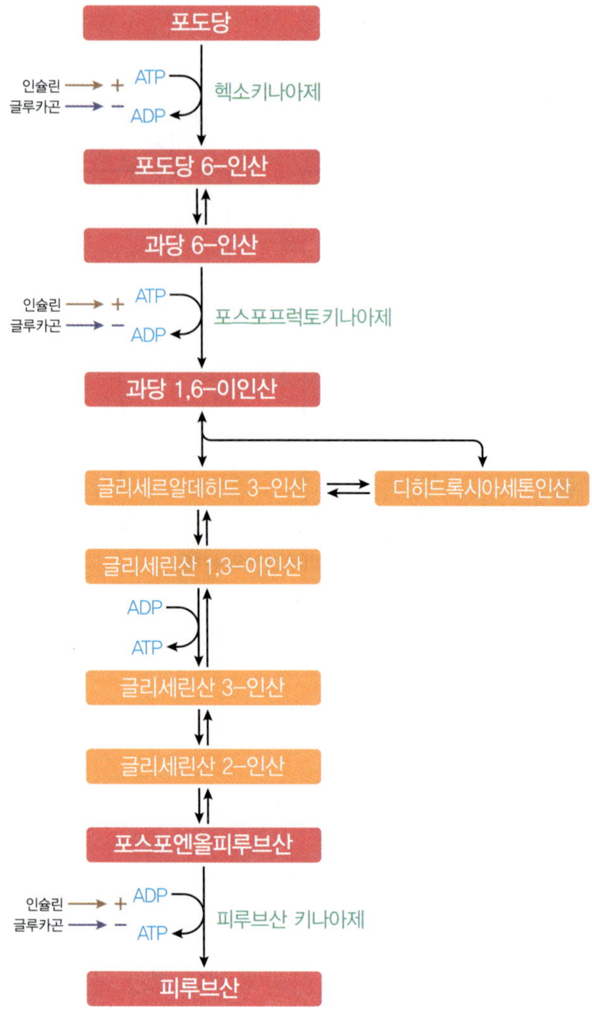

그림 5-13 인슐린과 글루카곤이 간에서 해당과정에 관여하는 효과

표 5-1 해당과정의 다른자리입체성 조절

효소	활성물질	억제물질
헥소키나아제		G6P, ATP
포스포프럭토키나아제(PFK-1)	F2,6BP, AMP, ADP	구연산, ATP, F1,6BP
피루브산 키나아제	F1,6BP, AMP, ADP	아세틸 CoA, ATP

(2) 호르몬에 의한 조절

체내 포도당 농도가 높으면 인슐린에 의해 포도당이 피루브산으로 되는 해당과정이 촉진되는데, 이는 인슐린이 과당 2,6-이인산의 합성을 증가시켜 해당과정을 활발하게 함으로써 혈당을 낮추는 것이다 그림 5-14.

반면, 체내의 포도당 농도가 낮으면 글리코겐 가인산분해효소에 의해 글리코겐의 분해가 촉진되어 포도당이 증가하여 혈당을 높인다. 또한 피루브산에서 포도당을 생성하는 당신생과정은 글루카곤과 글루코코르티코이드에 의해 증가되고 인슐린에 의해 억제되는데, 이때 글루카곤은 과당 2,6-이인산의 합성을 낮추어 해당과정을 적게 하고 당신생을 증가시킴으로써 혈당을 높이는 것이다.

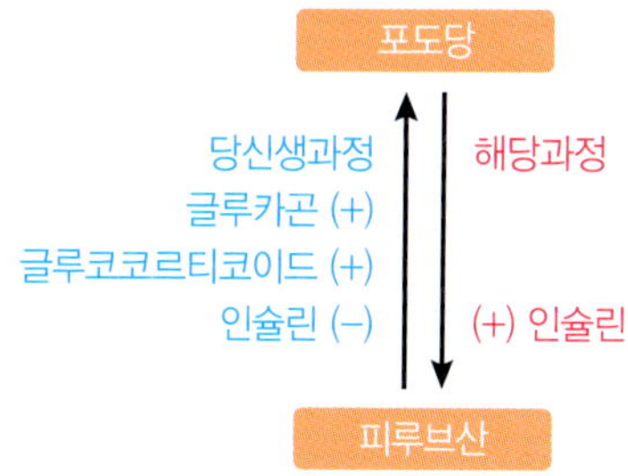

그림 5-14 당신생과정의 호르몬 조절

3 당신생과정

당 이외의 물질에서 포도당을 합성하는 반응을 당신생과정이라고 하는데, 주로 간에서 일어나며 신장과 소장에서도 조금 일어난다. 당신생과정은 대부분 세포질 내에서 일어난다.

포도당은 생물의 일반적인 에너지원이며, 특히 사람의 뇌와 신경계, 적혈구, 신장수질, 정소 등은 포도당이 유일한 에너지원으로 사용된다. 이렇듯 포도당의 공급이 생명 유지에 중요한데, 탄수화물의 공급이 부족하면 체내 글리코겐을 분해하여 포도당을 사용할 수 있다. 그러나 글리코겐이 다 사용되면 혈당 유지를 위해 당신생과정이 이용된다.

당신생과정은 해당과정과 모두 가역반응은 아니며 헥소키나아제, 포스포프럭토키나아제, 피루브산 키나아제의 세 단계는 비가역적이다 그림 5-15.

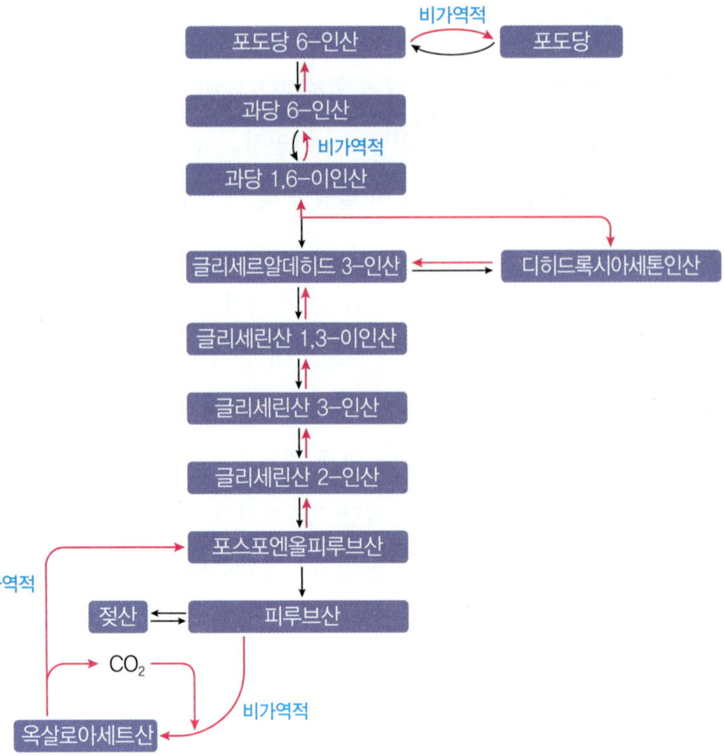

그림 5-15 해당과정과 당신생과정의 비가역 부분

1) 당신생과정의 비가역 부분

(1) 피루브산 → 포스포엔올피루브산

pyruvate carboxylase
피루브산 카복실화효소
=피루브산 카복실라아제

해당과정의 최종 생성물인 피루브산이 포스포엔올피루브산PEP으로 전환되기 위해서는 피루브산 카복실화효소pyruvate carboxylase에 의해 옥살로아세트산oxalcacetate, OAA이 된 후, PEP 카복시키나아제PEP carboxykinase에 의해 포스포엔올피루브산으로 전환되는 두 가지 반응을 거쳐야 한다 그림 5-16.

① 피루브산 카복실화효소

세포질에 있던 피루브산이 미토콘드리아로 운반된 후 비오틴을 조효소로 하여 피루브산 카복실화효소에 의해 옥살로아세트산으로 전환된다. 이때 ATP는 이산화탄소를 피루브산의 메틸기에 부착하는 데 사용된다.

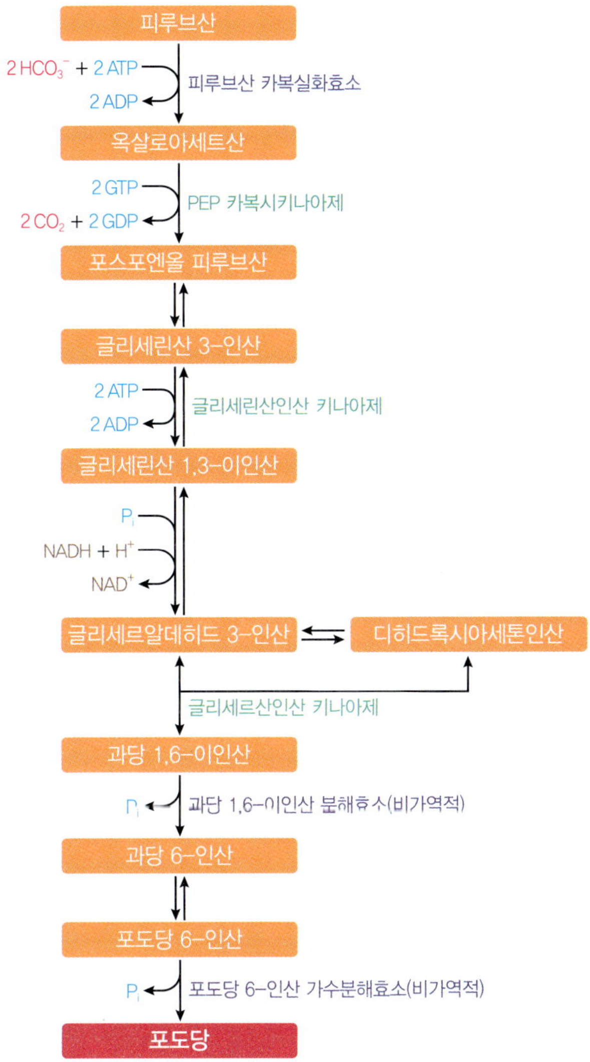

그림 5-16 당신생과정

$$\text{피루브산} + HCO_3^- + ATP \xrightarrow{\text{비오틴}} \text{옥살로아세트산} + ADP + P_i$$

미토콘드리아에 있던 옥살로아세트산은 말산 탈수소효소malate dehydrogenase에 의해 말산malate으로 환원된 후 미토콘드리아에서 나와 세포질로 이동한다. 세포질에서 말산은 다시 옥살로아세트산으로 산화된다 그림 5-17.

malate dehydrogenase
말산 탈수소효소
=말산 디히드로게나아제

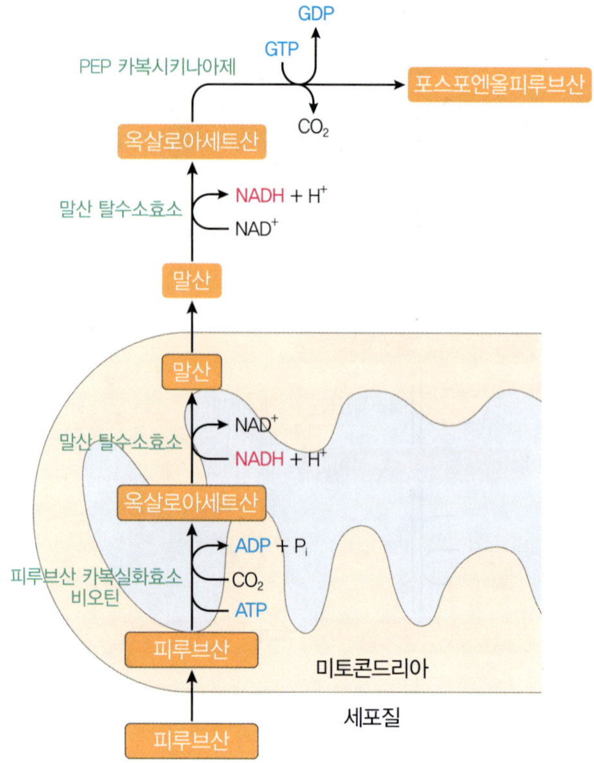

그림 5-17 피루브산에서 포스포엔올피루브산이 되는 과정

② PEP 카복시키나아제

PEP carboxykinase
PEP 카복시키나아제
= 포스포엔올피루브산 카복시인산화효소

세포질에 있는 옥살로아세트산은 PEP 카복시키나아제PEP carboxykinase에 의해 포스포엔올피루브산PEP으로 전환된다.

이 효소는 옥살로아세트산을 인산화하기 위해 고에너지 인산기 공여체로 GTP guanosine triphosphate를 사용하고, 옥살로아세트산에서 CO_2를 제거하는 탈탄산반

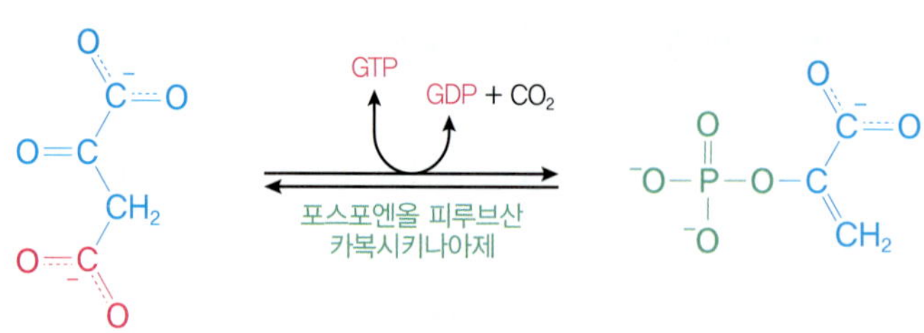

옥살로아세트산 포스포엔올피루브산(PEP)

응을 수반한다.

(2) 과당 1,6-이인산 분해효소

과당 1,6-이인산 분해효소fructose 1,6-bisphospahtase가 작용하는 반응은 해당과정에서 PFK-1에 의해 과당 6-인산이 과당 1,6-이인산으로 되는 역반응이다. 그러나 해당과정에서는 과당 6-인산에서 과당 1,6-이인산으로 될 때 ATP를 소모하지만 당신생 반응에서는 무기인산P_i을 방출할 뿐 ATP를 생산하지 못한다는 차이가 있다.

fructose 1,6-bisphospahtase
과당 1,6-이인산 분해효소 = 과당 1,6-비스포스파타아제

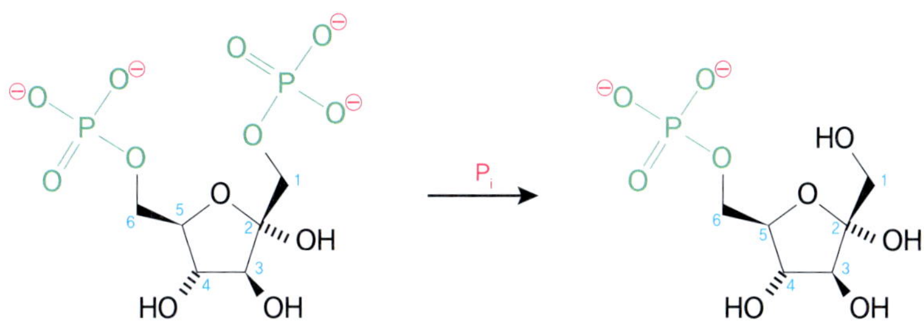

과당 1,6-이인산　　　과당 6-인산

(3) 포도당 6-인산 분해효소

포도당 6-인산이 무기인산을 방출하며 포도당으로 된다. 포도당 6-인산 분해효소glucose 6-phosphatase는 간과 신장에만 있으며, 당신생과정과 글리코겐 분해의 마지막 단계를 촉매하여 포도당을 혈액으로 방출하게 한다.

glucose 6-phosphatase
포도당 6-인산 분해효소 = 포도당 6-포스파타아제

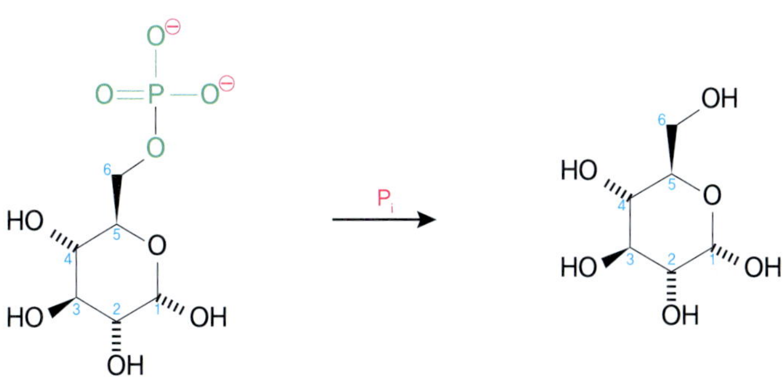

포도당 6-인산　　　포도당

그러나 근육에는 이 효소가 없으므로 근육의 글리코겐은 혈당을 공급하는 데 사용되지 못한다. 새로 만들어진 포도당은 간세포에서 배출되어 혈당을 유지하거나 글리코겐이 된다.

2) 당신생과정의 에너지 출입

당신생과정 동안 피루브산이 포스포엔올피루브산으로 되는데 1 ATP와 1 GTP가 사용되고, 글리세린산 3-인산이 글리세린산 1,3-이인산으로 되는데 1 ATP가 사용되므로 피루브산 한 분자당 3 ATP가 사용되고, 1개의 NADH가 사용되어 피루브산으로부터 포도당을 사용하기 위해 6 ATP(4 ATP + 2 GTP)와 2개의 NADH가 필요하다. 그러므로 포도당이 해당과정에 의해 피루브산이 될 때까지 2 ATP와 2 NADH가 생산되는 것에 비해 당신생과정은 에너지 소모가 더 많은 어려운 과정이다.

3) 당신생과정의 기질

탄수화물, 단백질, 지질의 대사물 중에서 해당과정의 중간대사물이 되거나 구연산회로를 통해 옥살로아세트산을 공급할 수 있는 물질들이 당신생과정의 기질로 사용된다.

(1) 젖산

미토콘드리아가 없는 적혈구세포, 낮은 산소 농도의 세포, 운동을 시작한 직후 또는 심한 운동 중의 골격근에 산소가 부족하면 해당과정에서 생성되는 젖산을 혈액으로 방출하고, 이 젖산은 간으로 이동하여 젖산 탈수소효소lactate dehydrogenase에 의해 피루브산이 되어 당신생과정의 기질이 됨과 동시에 근육의 노폐물을 제거하는 역할을 한다. 이러한 골격근의 해당과정과 간의 당신생과정을 연결하는 회로를 코리 회로Cori cycle라고 한다 그림 5-18.

(2) 글리세롤

글리세롤이 지방조직에서 간으로 이동하여 글리세롤 인산화효소glycerol kinase

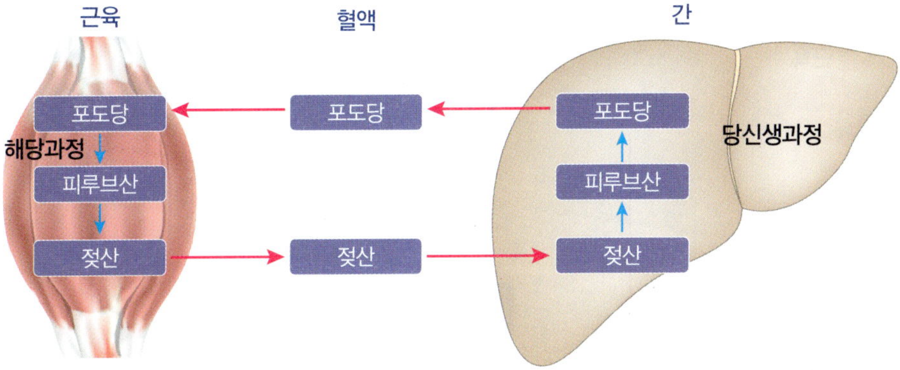

그림 5-18 코리 회로(Cori cycle)

에 의해 ATP를 사용하여 글리세롤 3-인산glycerol 3-phosphate과 ADP로 전환된다. 글리세롤 3-인산은 글리세롤인산 탈수소효소glycerolphosphate dehydrogenase의 작용으로 NAD^+를 환원하여 NADH, H^+와 디히드록시아세톤인산dihydroxyacetone phosphate, DHAP으로 되고, 디히드록시아세톤인산은 당신생과정의 기질이 된다.

(3) 아미노산

일부 아미노산들은 피루브산이나 옥살로아세트산을 생성하여 당신생과정의 기질로 되어 혈당을 유지하는 데 사용된다.

또한 아미노산 중에 알라닌alanine도 당신생에서 중요하다. 알라닌은 골격근에서 단백질 분해산물을 간으로 옮겨 처리하는 알라닌 회로alanine cycle를 사용한다 그림 5-19. 격렬한 운동을 할 때 루신leucine, 이소루신isoleucine, 발린valine 등 곁가지 아미노산을 분해한 탄소골격이 구연산회로에서 에너지를 생산할 수 있다. 근육운동으로 인한 아미노산에서 제거된 아미노기가 해당과정에서 생성된 피루브산과 결합하여 알라닌을 형성한 후 혈액을 통해 간으로 이동한다.

간에서 알라닌은 다시 아미노기와 피루브산으로 분해된다. 피루브산은 당신생과정에 의해 포도당이 되며, 아미노기는 무독성의 요소가 되어 소변으로 배설된다.

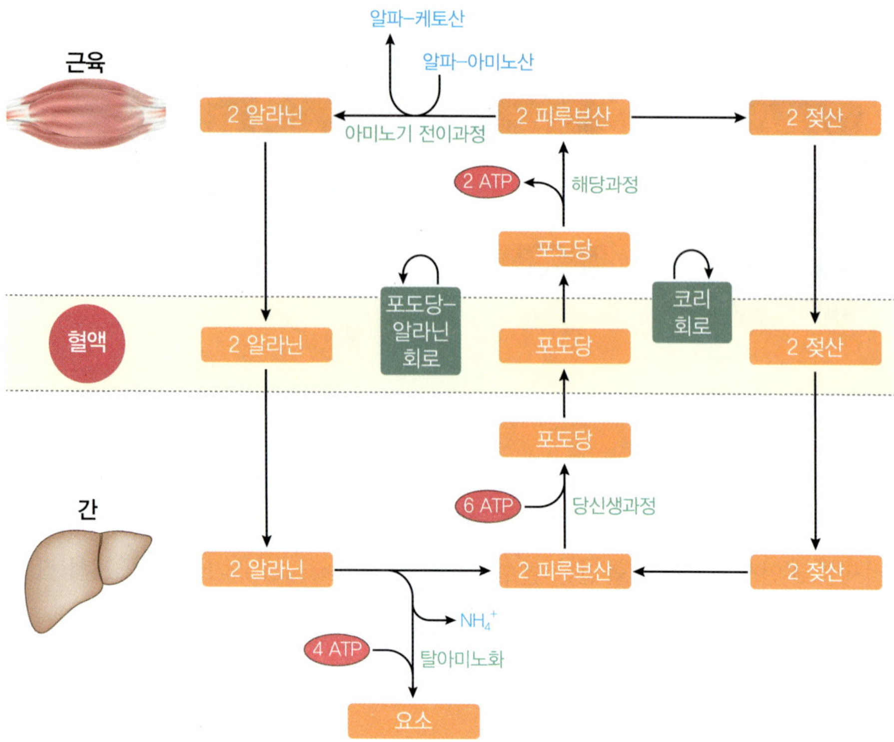

그림 5-19 코리 회로와 알라닌 회로

4) 당신생과정의 조절

당신생과정의 조절은 기질 농도, 다른자리입체성 조절인자, 호르몬에 의해 이루어진다.

당신생과정의 조절효소는 피루브산 카복실라아제, PEP 카복시키나아제, 과당 1,6-이인산 분해효소, 포도당 6-인산 분해효소가 있다.

당신생과정은 고지방식, 기아 및 장시간의 단식에 의해 젖산, 글리세롤, 아미노산 등의 기질 농도가 높을 때 촉진된다.

또한 피루브산 카복실라아제는 공복 시 증가하는 아세틸 CoA에 의해 활성화되어 당신생과정을 촉진하고, 아세틸 CoA의 농도가 낮아지는 식후에는 저해된다.

AMP는 과당 1,6-이인산 분해효소를 저해하여 당신생과정을 억제하고, ATP에 의해 활성화된다. 호르몬은 다른자리입체성 효과물질의 농도를 변화시켜 당신생과정에 영향을 준다. 글루카곤은 당신생과정을 촉진하고, 인슐린은 당신생과정을 억제한다.

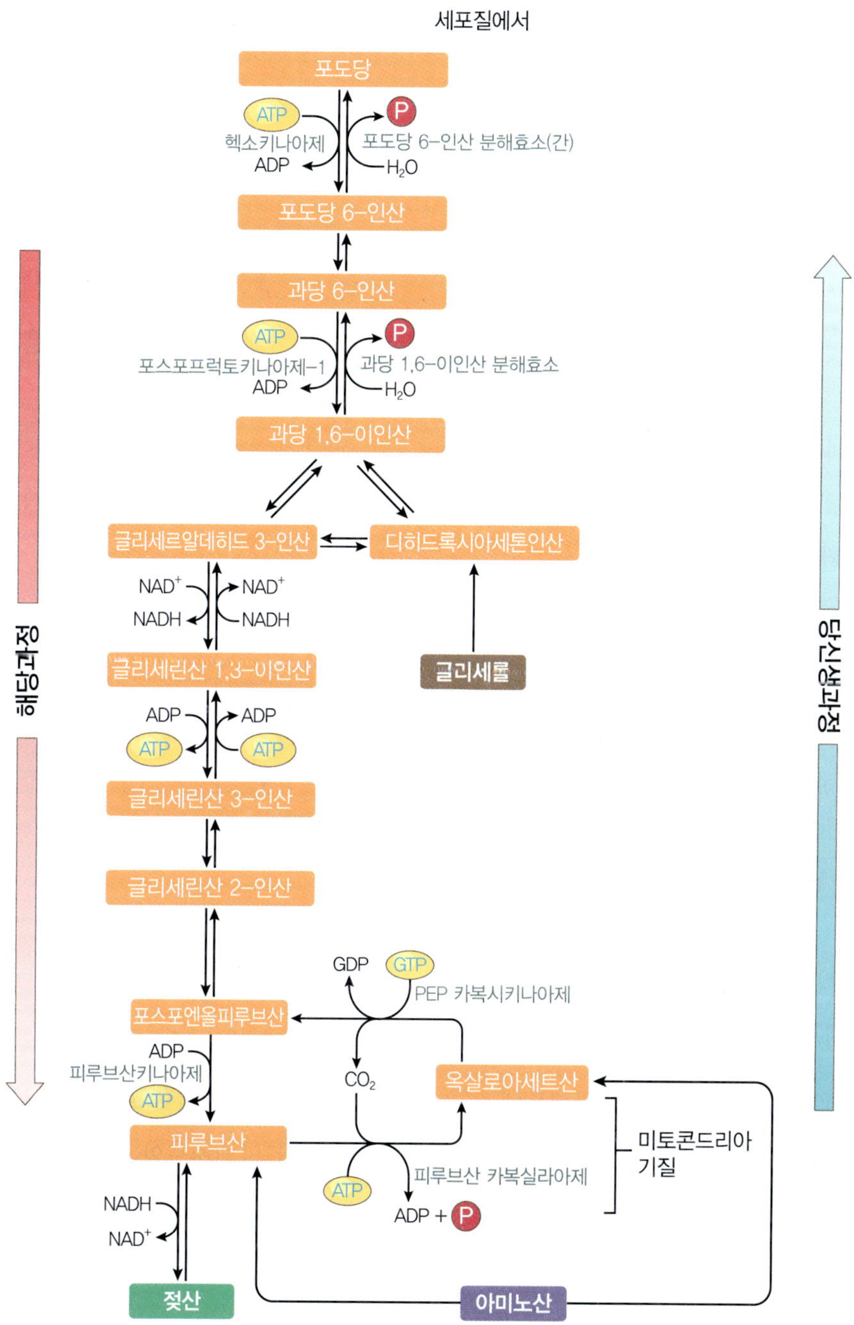

그림 5-20 해당과정과 당신생과정

4 다른 단당류의 대사

포도당 외에 과당과 갈락토스도 중요한 역할을 하는 단당류이다. 만노스는 만노스 6-인산을 거쳐 과당 6-인산으로 들어가나 섭취 빈도가 적으므로 생략한다.

1) 과당

과일, 꿀, 설탕을 섭취하면 과당이 중요한 당 공급원이 된다. 과당은 인산화가 된 후 해당과정이나 당신생과정에 의해 대사된다. 과당은 포도당과 다른 수용체에 의해 세포 안으로 들어오며, 이때 인슐린이 필요하지 않아 과당을 함유한 식품은 단맛은 강하나 혈당지수glycemic index, GI는 높지 않은 특징이 있다.

과당이 해당과정의 중간대사물이 되는 경우, 과당은 포도당과 다르게 PFK-1의 작용을 거치지 않으므로 해당과정이나 당신생과정에 의해 포도당보다 빠르게 대사된다.

알아두기 **혈당지수(glycemic index, GI)**

음식을 섭취하여 체내의 소화·흡수과정에서 혈당을 얼마나 빠르고, 높게 올리는가에 따라 결정되는 수치이다. 즉 공복 상태에서 포도당 50 g을 섭취하였을 때 두 시간 동안의 혈당 변화를 100으로 정하고, 다른 탄수화물 식품 50 g을 섭취했을 때의 혈당 변화를 지수로 만든 것이다. 식후에 탄수화물의 흡수속도를 반영하기 위하여 제안된 것으로 70 이상이면 혈당지수가 높은 식품, 56~69는 중간, 55 이하이면 혈당지수가 낮은 식품으로 분류한다.

(1) 간에서의 대사

과당은 주로 간에서 대사되는데 프럭토키나아제fructokinase에 의해 ATP를 사용하여 과당 1-인산이 된 후 알돌라아제에 의해 글리세르알데히드와 디히드록시아세톤인산DHAP으로 분해된다 그림 5-21. DHAP는 글리세르알데히드 3-인산이 된 후 해당과정으로 진입하거나 ATP를 사용하여 과당 1,6-이인산이 된 후 당신생과정에 진입한다.

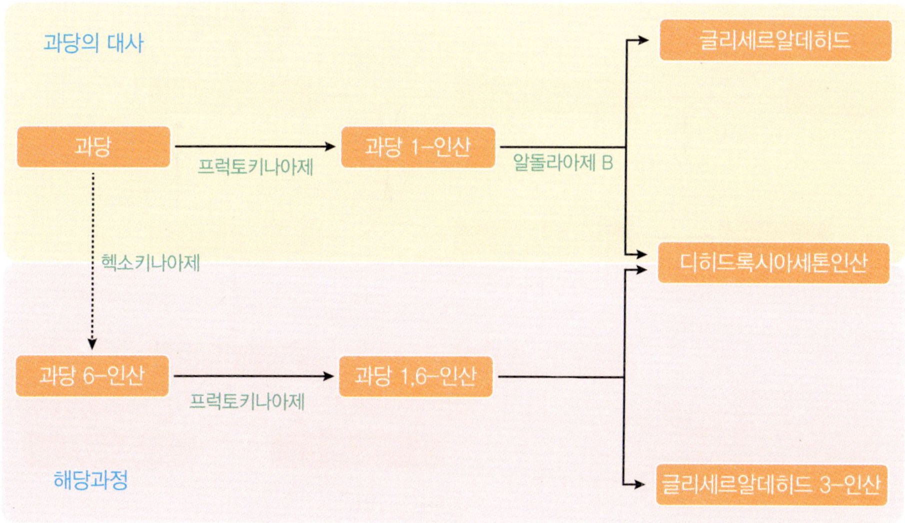

그림 5-21 과당과 그 분해산물의 인산화산물

(2) 근육과 지방조직에서의 대사

섭취한 과당의 일부는 근육과 지방조직에서 헥소키나아제에 의해 ATP를 사용하여 과당 6-인산으로 되어 해당과정이나 당신생합성 경로로 진입한다. 그러나 과당에 대한 헥소키나아제의 K_m이 높아 많은 양을 섭취하지 않으면 별로 중요하지 않다.

2) 갈락토스

우유 및 유제품을 섭취할 경우 대사된 유당은 포도당의 4번 탄소의 에피머인 갈락토스의 주요 급원이다. 갈락토스도 세포 안으로 들어올 때 인슐린의 영향을 받지 않는다.

갈락토스는 갈락토키나아제galactokinae가 ATP를 사용하여 갈락토스 1-인산galactose 1-phosphate이 되고, 갈락토스 1-인산 유리딜전이효소galactose 1-phosphate uridyltrasferase가 UTP를 사용하여 UDP-갈락토스와 무기이인산PP_i으로 된 후, UDP 갈락토스 4-에피머라아제UDP galactose 4-epimerase에 의해 UDP-포도당UDP-glucose이 되어 글리코겐을 합성하거나 해당과정으로 들어간다 그림 5-22.

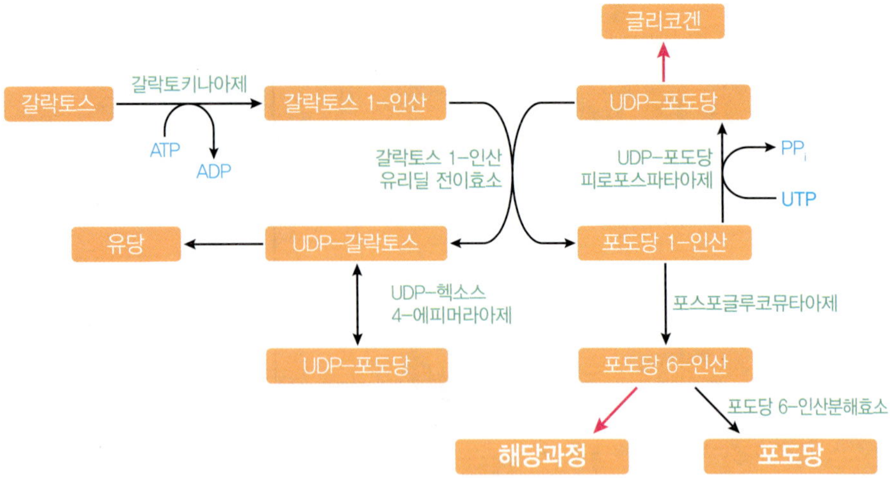

그림 5-22 갈락토스 대사

갈락토스 1-인산 유리딜 전이효소에 결함이 있어 갈락토스 1-인산이 대사되지 못하는 것을 갈락토세미아galactosemia라고 한다.

5 글리코겐 대사

탄수화물을 많이 섭취하면 혈액의 포도당 농도를 일정하게 유지하기 위해 포도당을 글리코겐으로 합성하여 간과 근육에 저장한다. 저장된 글리코겐은 체내 혈당이 낮아지면 글루카곤의 작용으로 간의 글리코겐이 분해되어 혈당을 유지하고, 근육의 글리코겐은 고강도 운동을 하거나 운동 시작단계에서 에피네프린의 작용을 받아 근육에 에너지를 제공하는 데 사용된다 그림 5-23.

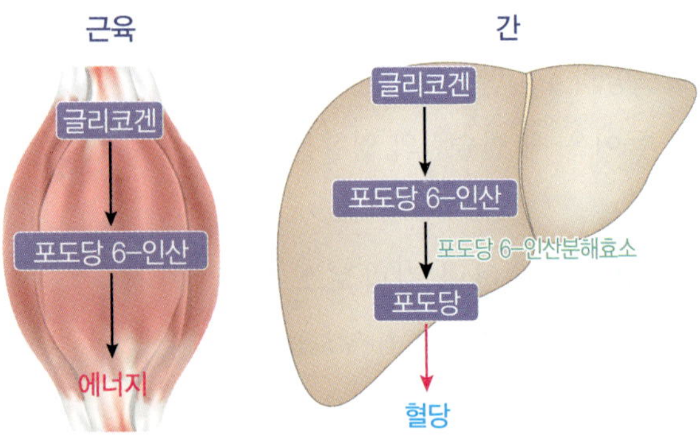

그림 5-23 근육과 간에서의 글리코겐의 기능

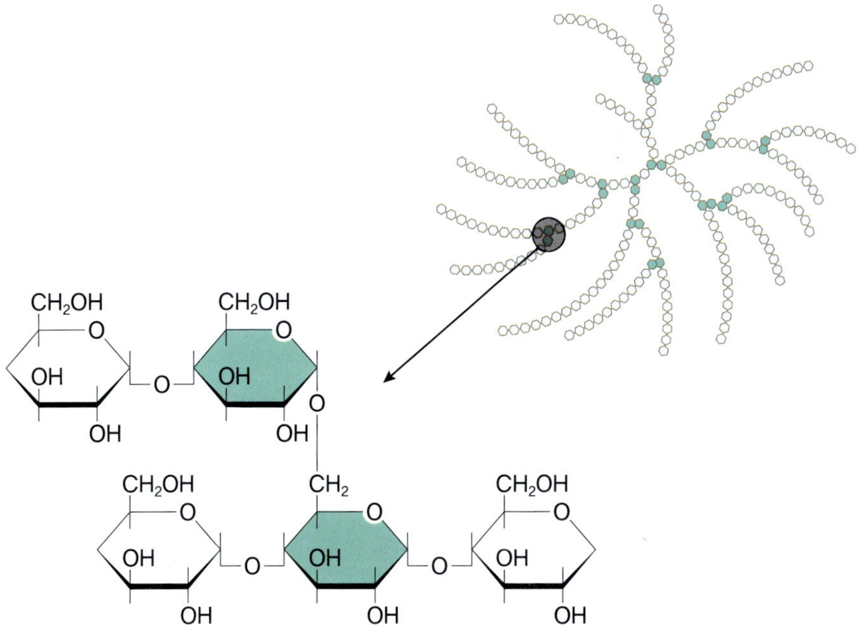

그림 5-24 글리코겐의 가지 구조

1) 글리코겐의 합성

식사 후 혈당량이 높을 때 생체의 모든 조직 특히 간과 근육에서 글리코겐을 합성glycogenesis하여 혈당을 조절한다 그림 5-25.

$$\text{포도당} + \text{ATP},\quad \text{Mg} + H_2O \longrightarrow \text{포도당 6-인산} + \text{ADP} + P_i$$

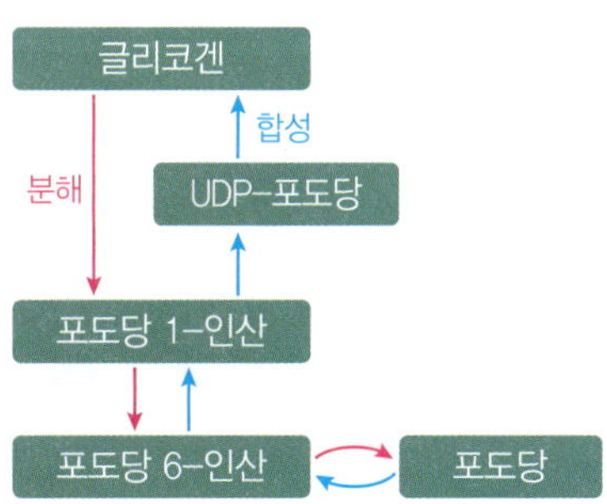

그림 5-25 글리코겐의 합성과 분해 개요

글리코겐을 합성하기 위해서는 우선 포도당을 글루코키나아제에 의해 포도당 6-인산으로 인산화하여야 한다.

포도당 6-인산은 포스포글루코뮤타아제phosphoglucomutase에 의해 포도당 1-인산으로 전환된다.

포도당 6-인산 ⟷ 포도당 1-인산

포도당 1-인산은 UTP-포도당 피로포스포릴라아제UTP-glucose pyrophosphorylase의 작용으로 UTP와 결합시켜 UDP-포도당을 형성하여 글리코겐의 합성을 시작한다. 그러므로 UDP-포도당을 글리코겐 합성의 시작물질primer이라고 한다.

포도당 1-인산 + UTP ⟶ UDP-포도당 + PP_i

글리코겐 합성효소glycogen synthase에 의해 UDP-포도당을 글리코겐의 비환원성 말단에 부착시켜 직선상의 α-1,4 결합을 형성한다.

이 효소의 작용으로 글리코겐의 α-1,4 결합이 길어지면 말단의 5~8개의 포도당 잔기를 분해하여 분지효소branching enzyme에 의해 α-1,6 결합의 새로운 가지를 형성하여 글리코겐이 된다.

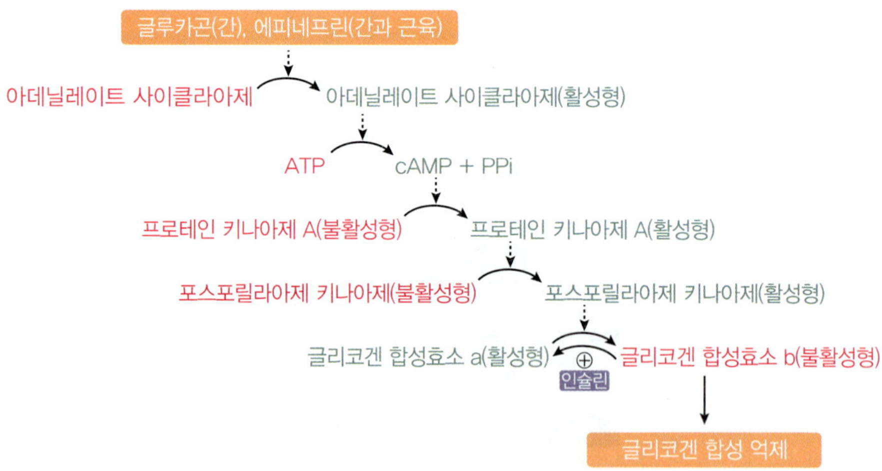

그림 5-26 글리코겐 합성의 조절 모식도

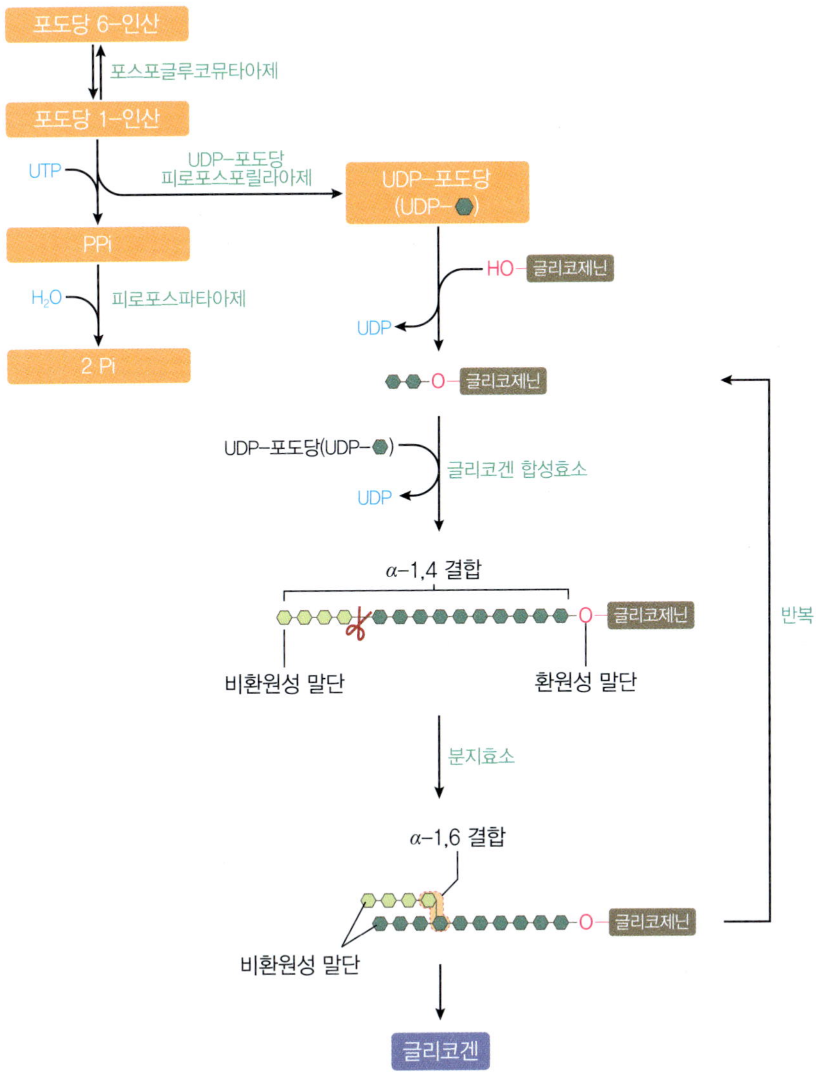

그림 5-27 글리코겐 합성

2) 글리코겐의 분해

글리코겐의 분해glycogenolysis는 글리코겐에서 포도당을 제거한 후 글리코겐의 가지를 제거하여 포도당이 된다.

우선 글리코겐 가인산분해효소glycogen phosphorylase가 피리독살인산pyridoxal phosphate을 조효소로 하여 글리코겐의 비환원성 말단으로부터 α-1,4 결합을 끊어 포도

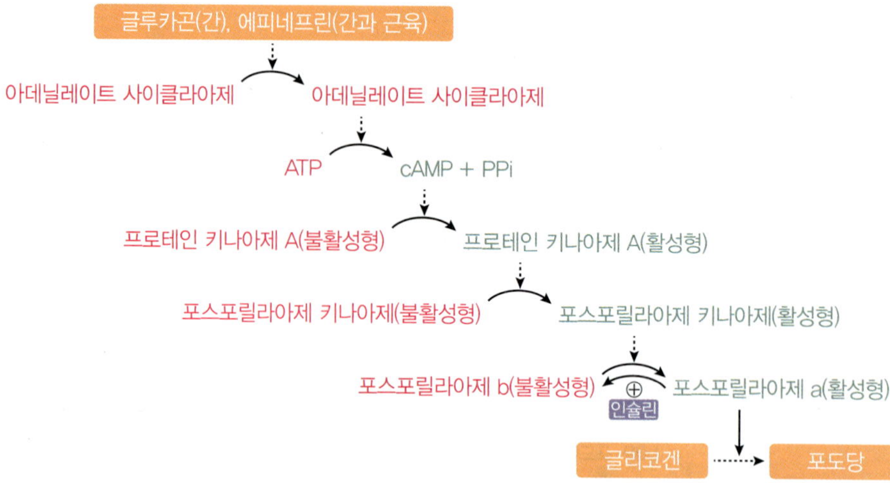

그림 5-28 글리코겐 분해의 모식도

당 잔기를 제거한 후 인산화하여 포도당 1-인산을 생성한다. 동물은 놀라거나 스트레스를 받으면 부신수질에서 에피네프린epinephrine을 분비하여 글리코겐에서 글루코스 1-인산을 생성한다. 이 글리코겐 가인산분해효소는 α-1,4 결합은 가수분해하나 α-1,6 결합은 가수분해하지 못한다. 따라서 탈분지효소debranching enzyme로 글리코겐을 분해하여 포도당 1-인산을 생성한다. 생성된 포도당 1-인산은 포도당 6-인산을 거쳐 해당과정으로 직접 들어가거나 포도당-6-인산분해효소glucose-6-phosphatase에 의해 유리 포도당이 될 수 있다 그림 5-29.

근육의 글리코겐은 필요에 따라 가수분해되어 포도당 1-인산, 포도당 6-인산을 거쳐 해당반응에서 에너지를 생산하고, 간의 글리코겐은 에너지 생산에 이용되지 않고 포도당으로 가수분해되어 혈중에 방출되어 혈당을 유지한다.

3) 글리코겐 대사의 조절 및 영향을 주는 요인

글리코겐 대사는 글루카곤, 에피네프린, 인슐린에 의해 영향을 받는다 그림 5-31.

인슐린은 글리코겐의 합성은 촉진하고 분해를 억제하며, 글루카곤이나 에피네프린은 글리코겐의 합성은 억제하고 분해는 촉진한다.

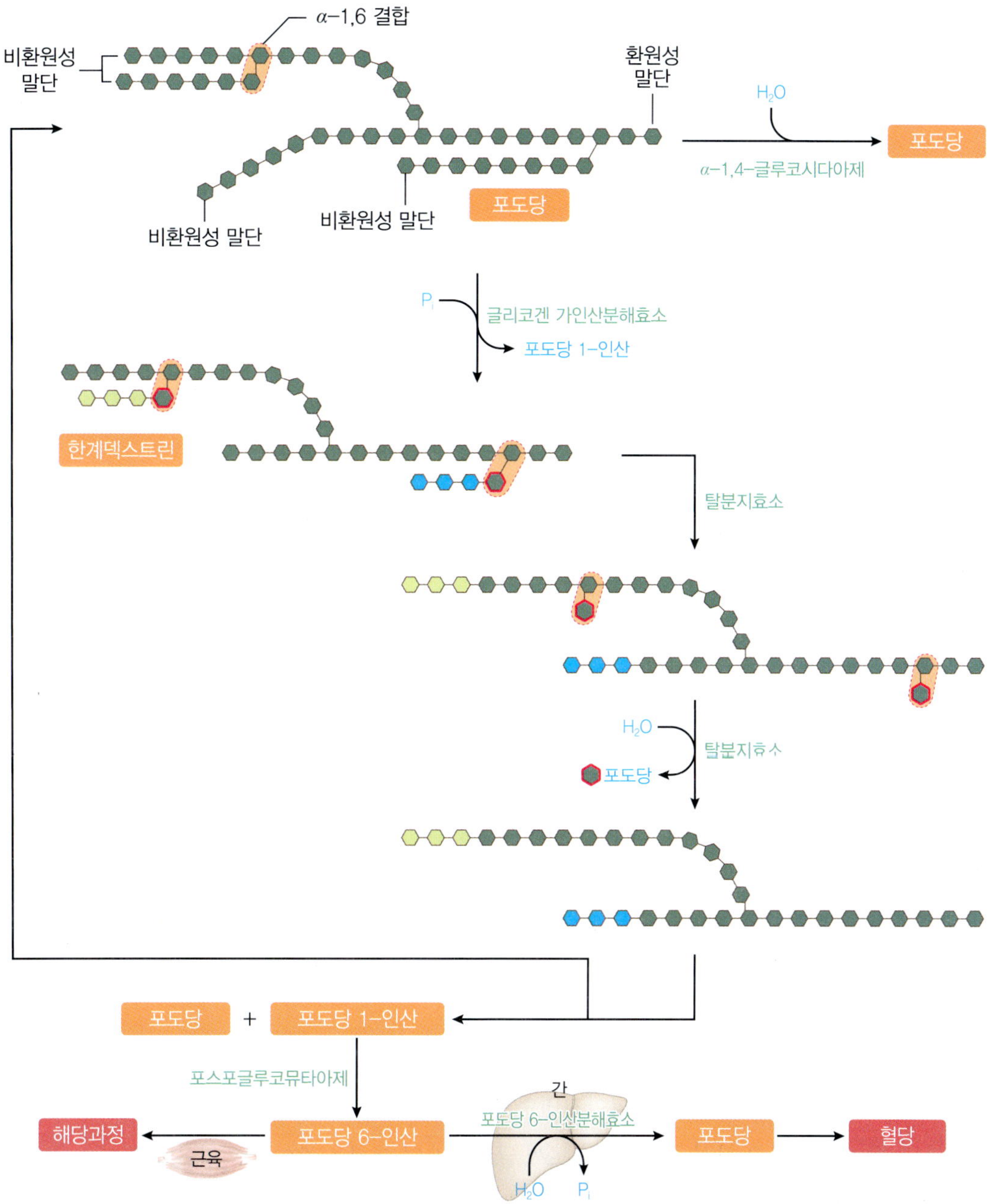

그림 5-29 글리코겐 분해

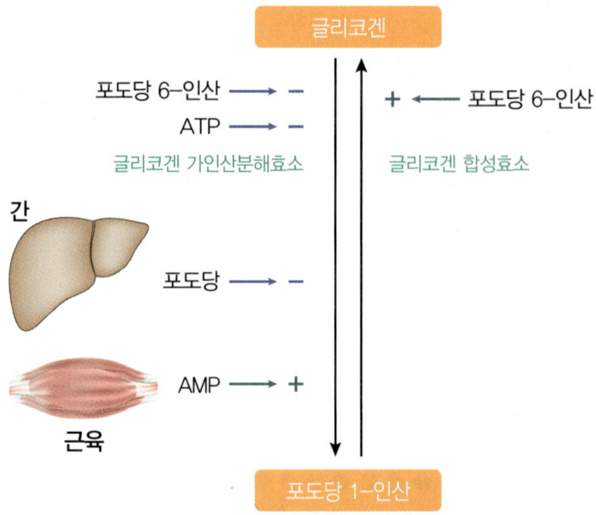

그림 5-30 글리코겐 합성과 분해의 알로스테릭 조절

그림 5-31 글리코겐의 합성과 분해와 호르몬에 의한 조절

(1) 글루카곤

공복 시 혈당이 낮아지면 췌장에서 글루카곤이 분비되어 글리코겐의 분해를 촉진하고 합성을 억제함으로써 글리코겐의 생성을 줄이고 혈당을 높인다.

(2) 에피네프린

운동이나 스트레스를 받으면 부신수질에서 에피네프린이 분비되어 간과 근육에서 글리코겐 합성을 억제하고 혈액에 포도당을 공급함으로써 스트레스를 완화시킬 수 있도록 에너지를 공급한다.

(3) 인슐린

식후 혈당이 높아지면 인슐린이 c-AMP의 합성을 억제하고, 간과 근육에서 인산단백질 인산분해효소phosphoprotein phosphatase를 활성화시켜 글리코겐의 분해를 억제하고 합성을 촉진함으로써 글루카곤과 에피네프린과는 반대로 글리코겐대사를 조절하여 포도당이 세포 안으로 들어가게 한다 그림 5-32. 그러나 인슐린은 간이나 근육 외에는 작용하지 않는다.

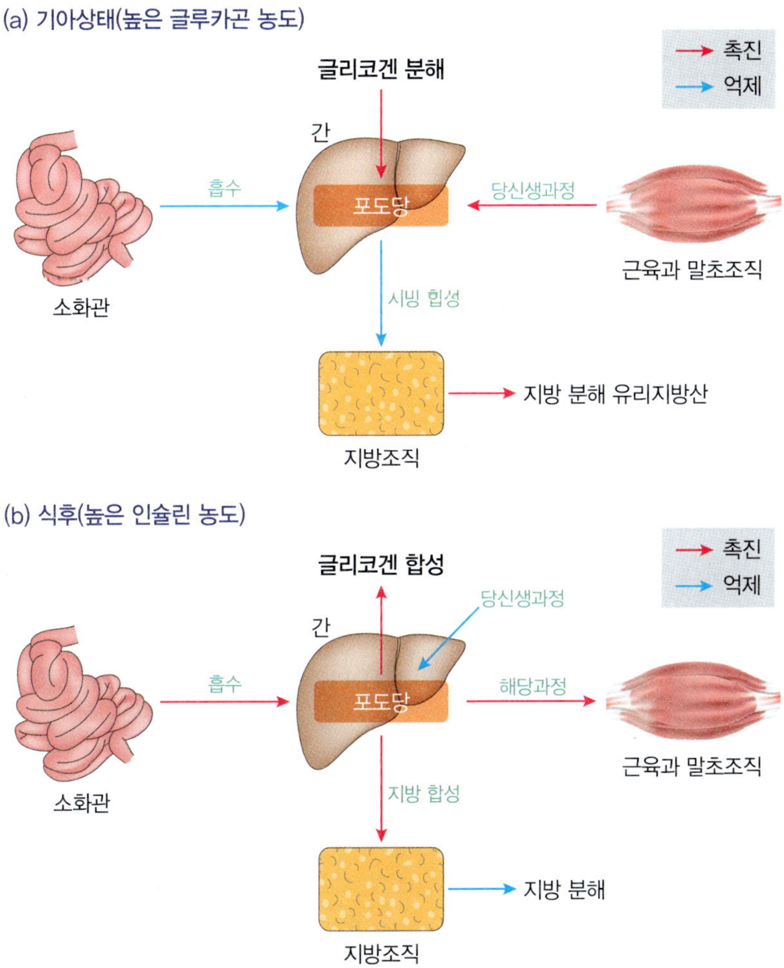

그림 5-32 혈액 포도당의 조절

6 5탄당 인산경로

5탄당 인산경로pentose phosphate pathway; hexose monophosphate shunt는 포도당의 또 다른 분해과정으로 해당과정과 달리 ATP를 생성하지 않으며 세포질에서 일어난다. 이 과정은 지방조직, 부신피질, 유선과 간, 적혈구에서 활발히 일어나며 해당과정에 부수적으로 발생한다.

5탄당 인산경로는 지방산, 스테로이드 합성 등 여러 가지 생합성에 필요한 NADPH를 생산하고, DNA, RNA 같은 뉴클레오티드 합성 등에 필요한 리보스 5-인산ribose 5-phosphate을 생성하며, 해당과정과 당신생과정의 중간체를 생성한다.

1) 5탄당 인산경로의 산화적 단계

5탄당 인산경로의 전반부인 산화적 단계에서는 NADPH의 요구량이 많은 적혈구나 간세포에서 활발하게 일어난다 그림 5-33.

포도당 6-인산이 포도당 6-인산 탈수소효소glucose 6-phosphate dehydrogenase의 작용으로 6-포스포글루코노락톤6-phosphogluconolactone으로 산화되는데, 이때 NADPH를 1개 생산한다.

6-포스포글루코노락톤은 6-포스포글루코노락톤 가수분해효소6-phosphogluconolacton hydrolase에 의해 6-포스포글루콘산6-phosphogluconate으로 된다. 6-포스포글루콘산은 6-포스포글루콘산 탈수소효소6-phosphogluconate dehydrogenase에 의해 리불로스 5-인산ribulose 5-phosphate과 이산화탄소, 두 번째의 NADPH를 생산한다. 결국 5탄당 인산경로의 산화적 단계에서는 5탄당인 리불로스 5-인산과 2분자의 NADPH를 생산한다. 이때 생산된 NADPH는 지방산과 스테로이드를 합성하는 데 사용된다.

2) 5탄당 인산경로의 비산화적 단계

5탄당 인산경로의 비산화적 단계는 지방을 거의 만들지 않는 세포의 근육에서

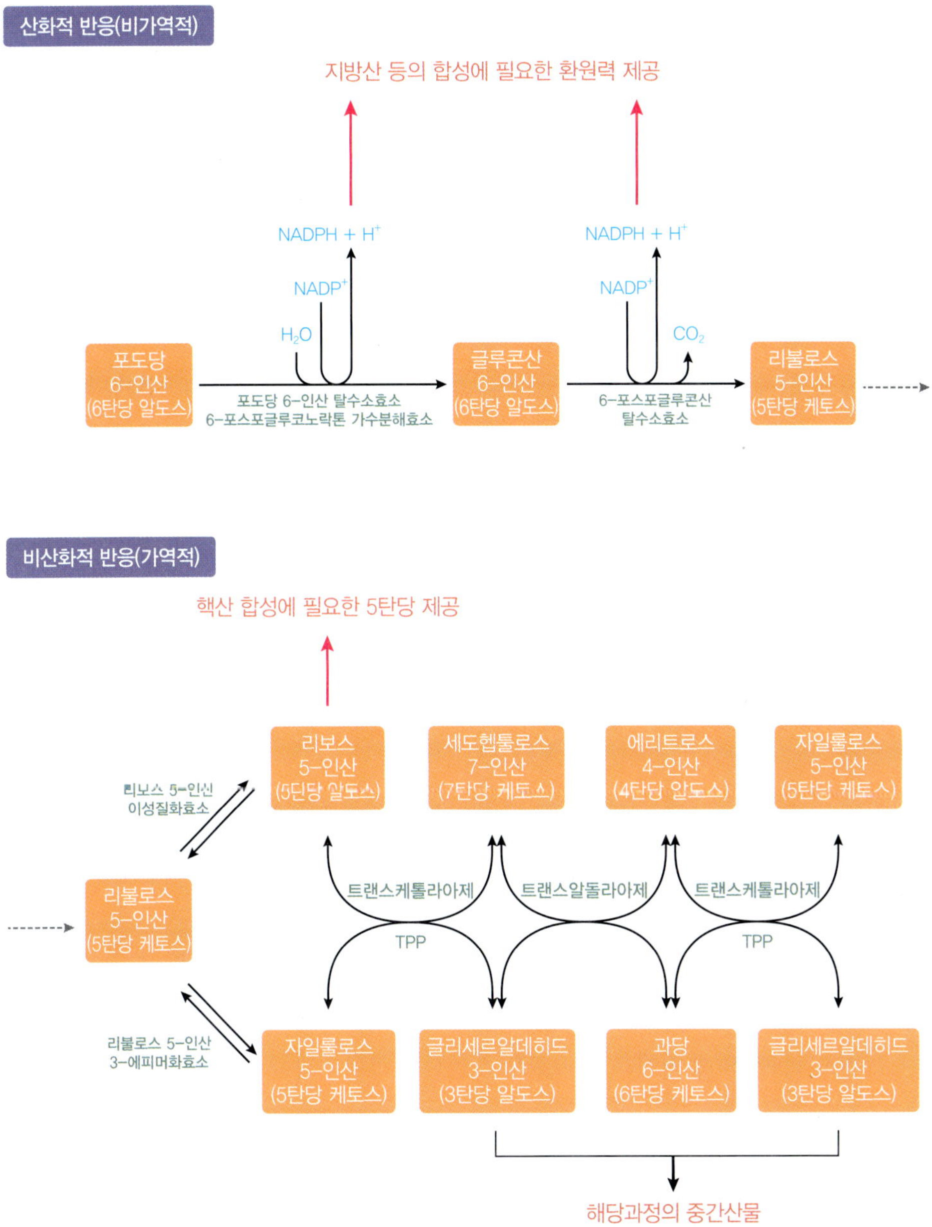

그림 5-33 5탄당 인산경로 반응

는 일어나지 않는다. 리불로스 5-인산은 리보스 5-인산 이성질화효소ribose 5-phosphate isomerase에 의해, 리보스 5-인산은 리불로스 5-인산 3-에피머화효소ribulose 5-phosphate

xylusose
자일룰로스
= 크실룰로스

3-epimerase에 의해 자일룰로스 5-인산xylulose 5-phosphate으로 전환된다. 이 중 리보스 5-인산은 DNA, RNA 같은 핵산 생합성의 5탄당을 제공하는 의의가 있다.

탄소 5개의 리보스 5-인산과 자일룰로스 5-인산은 트랜스케톨라아제transketolase에 의해 탄소 7개의 세도헵툴로스 7-인산sedoheptulose 7-phosphate과 탄소 3개의 글리세르 알데히드 3-인산glyceraldehyde 3-phosphate으로 전환된다. 세도헵툴로스 7-인산과 글리세르 알데히드 3-인산은 트랜스알돌라아제transaldolase에 의해 탄소 4개의 에리트로스 4-인산erythrose 4-phosphate과 과당 6-인산으로 된다. 이 경로의 마지막 단계에서는 자일룰로스 5-인산의 케토스를 트랜스케톨라아제에 의해 알도오스인 에리트로스 4-인산으로 전환한 후 탄소 두 개를 전이시켜 과당 6-인산fructose 6-phosphate과 글리세르알데히드 3-인산을 생성한다. 이로써 5탄당 인산경로에서 생산된 글리세르알데히드 3-인산과 과당 6-인산은 해당과정의 중간대사물이 되어 해당과정으로 들어갈 수 있다.

트랜스케톨라아제에 의해 3, 4, 5, 6, 7탄당의 상호 전환이 촉매되며, 이 트랜스케톨라아제는 케토스에서 2개의 탄소 단위를 알도스로 전이시키는 데 티아민피로인산thiamine pyrophophate, TPP을 필요로 한다.

3) 5탄당 인산경로의 조절

포도당 6-인산 탈수소효소glucose 6-phosphate dehydrogenase는 5탄당 인산경로를 조절하는 효소로, 포도당 6-인산을 6-포스포글루코노락톤으로 전환한다. 이 효소는 NADPH에 의해 억제되고, 포도당 6-인산과 고탄수화물 식이에 의해 촉진된다.

구연산회로

Chapter 6

1. 개요
2. 피루브산에서 아세틸 CoA의 생성
3. 구연산회로 과정
4. 구연산회로에 의한 ATP 생성
5. 구연산회로의 조절
6. 구연산회로의 생합성 및 보충적 의미

CHAPTER 6

앞에서 해당과정을 통해 포도당이 피루브산으로 전환되어 일부 ATP가 생성되었으나, 피루브산이 물과 이산화탄소로 완전 산화되면 더 많은 에너지를 생성할 수 있음을 알았다. 생명체는 이와 같은 세포호흡cellular respiration을 통해 ATP의 90% 이상을 얻고 있다. 세포호흡은 구연산회로tricarboxylic acid cycle, TCA cycle와 산화적 인산화oxidative phosphorylation로 나뉘며, 두 과정을 통해 에너지가 효율적으로 생산되고, 이렇게 얻은 에너지는 세포의 여러 생명활동에 사용된다.

구연산회로는 해당과정을 거친 탄수화물, 지방, 아미노산 등의 대사생성물을 산화시켜 아데노신삼인산ATP에 그 에너지를 일부 저장하고, 나머지를 NAD^+, FAD 등의 중간체의 형태로 전자전달계에 넘겨주는 과정이다. 구연산회로라는 명칭은 최초로 회로를 돌기 시작하는 탄소 화합물이 카복실기 3개인 구연산citric acid인 데서 비롯되었으며, 시트르산 회로citric acid cycle 혹은 발견자의 이름을 따 크렙스 회로Krebs cycle라고도 부른다.

1 개요

구연산회로는 최종 전자를 받아 줄 물질로서 산소가 필요하기 때문에 산소 경로이다. 따라서 대부분 체내 분해대사의 경로는 구연산회로를 거치게 된다. 구연산회로는 아세틸 CoA(2 탄소분자)를 받아들인다. 아세틸 CoA는 옥살로아세트산(4 탄소분자)과 결합하여 구연산회로에 들어오게 된다. 구연산회로가 진행되면서 2 탄소분자는 2분자의 CO_2로 산화되고, 남은 옥살로아세트산은 또 다른 아세틸 CoA를 받아들인다. 이러한 순환반응으로 인해 효율적인 대사가 이루어진다. 또한 구연산회로에서 추출되는 전자를 조효소인 NAD^+, FAD가 받아들여 NADH와 $FADH_2$로 환원되어 에너지를 저장한다. 이로써 구연산회로를 거치는 동안 3분자의 NADH와 1분자의 $FADH_2$가 생성된다. 이들 전자는 다시 최종적으로 산소에 전달되는 전자전달계와 산화적 인산화과정oxidative phosphorylation을 통해 ATP를 생성하게 된다. 이외에 구연산회로에서는 기질 수준의 인산화과정substrate-level phosphorylation을 통해 1 GTP가 생성된다 그림 6-1.

산화적 인산화과정
전자전달 중에 만들어진 에너지를 이용하여 ADP에서 ATP를 합성

기질 수준의 인산화과정
반응성이 강한 인산 결합 물질로부터 인산기가 직접 ADP로 전달되어 ATP를 합성하며, 효소 반응에 의해 이루어짐

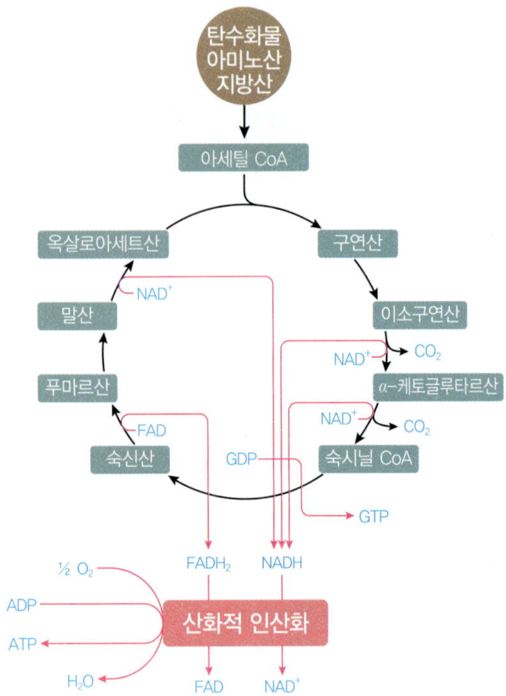

그림 6-1 구연산회로의 기능

구연산회로의 기능

- 아세틸 CoA가 CO_2와 H_2O로 완전 산화되는 것
- 아세틸 CoA의 유리 에너지 일부를 생물학적으로 유용한 형태($NADH$ 또는 $FADH_2$)로 회수하는 것

해당과정에서 생성된 피루브산은 혐기적 조건(산소가 없는 환경)에서는 젖산이나 에탄올로 전환된다. 그러나 호기성 조건(산소가 있는 환경)에서는 아세틸 CoA로 전환되어 구연산회로로 들어가 산화가 이루어진다. 해당과정과 구연산회로의 연결 및 구연산회로 전 과정은 그림 6-2에 나타내었고, 요약하면 다음과 같다.

1) 해당과정과 구연산회로의 연결

피루브산은 피루브산 탈수소효소 복합체pyruvate dehydrogenase complex와 조효소 Acoenzyme A, CoA가 작용하여 아세틸 CoA로 전환된다.

2) 구연산회로

(1) 아세틸 CoA와 옥살로아세트산의 축합

아세틸 CoA는 구연산 합성효소citrate synthase에 의해 회로 내 옥살로아세트산과 결합하여 구연산을 생성함으로써 회로가 시작된다.

(2) 구연산의 이성질화

구연산에 아코니타아제aconitase를 가하면 이소구연산 isocitrate으로 변한다.

(3) 이소구연산의 탈카복실화

이소구연산은 NAD^+에 두 개의 수소이온과 두 개의 전자를 넘겨 주어 NAD^+는 NADH가 되고, 이산화탄소 한 분자를 방출하고 α-케토글루타르산α-ketoglutarate이 된다.

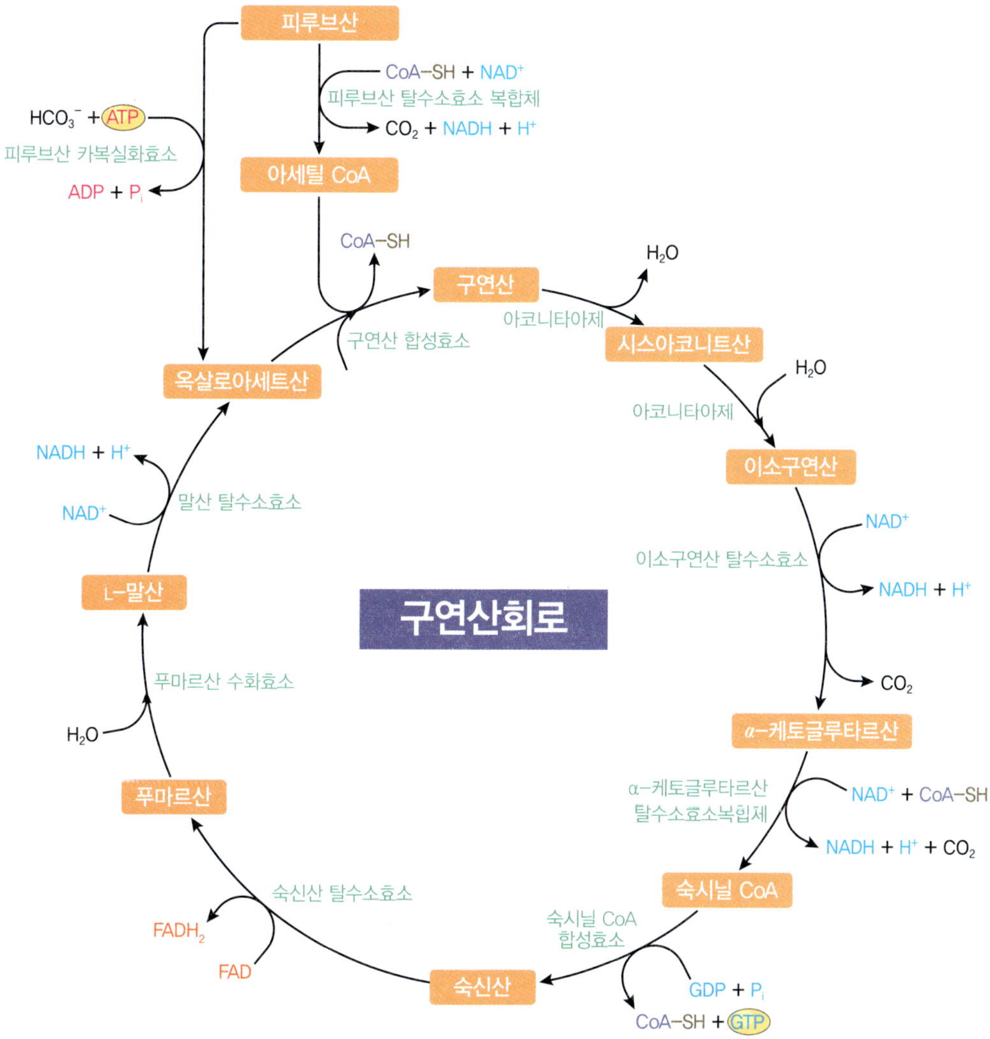

그림 6-2 해당과정과 구연산회로의 연결 및 구연산회로 요약

아세틸 CoA + $3NAD^+$ + FAD + GDP + H_3PO_4 + $2H_2O \rightarrow 2CO_2$ + 3NADH + $3H^+$ + $FADH_2$ + CoA-SH + GTP

(4) α-케토글루타르산의 탈카복실화

α-케토글루타르산은 또 한 분자의 이산화탄소를 방출하고 NAD^+에 두 개의 수소이온과 두 개의 전자를 넘겨주어 NADH가 되고, 동시에 CoA와 결합하여 숙시닐 CoAsuccinyl CoA가 된다.

(5) 숙시닐 CoA의 고에너지 인산 결합 형성

숙시닐 CoA는 다시 CoA와 떨어지고, GDP와 인산에 에너지를 공급하여 GTP를 생성하고 숙신산succinate이 된다.

(6) 숙신산의 산화

숙신산은 FAD에 두 개의 수소이온과 두 개의 전자를 넘겨주어 $FADH_2$를 만들고 푸마르산fumarate이 된다.

(7) 푸마르산의 수화

푸마르산에 푸마르산 수화효소fumarate hydratase와 물분자를 첨가하여 말산malate을 만든다.

(8) 말산의 산화

말산은 NAD^+에 두 개의 수소이온과 두 개의 전자를 넘겨주어 NADH를 만들면 구연산회로의 처음 물질인 옥살로아세트산이 된다.

따라서 구연산회로의 최종 반응은 다음과 같다.

$$\text{아세틸 CoA} + 3NAD^+ + FAD + GDP + P_i + 2H_2O \longrightarrow 2CO_2 + 3NADH + 3H^+ + FADH_2 + CoA\text{-}SH + GTP$$

구연산회로 과정을 살펴볼 때 유의사항은 다음과 같다.

① 구연산회로 중간물질의 탄소골격 변화가 어떠한가?

② CO_2가 생성되는 과정은 어디인가?

③ NADH(또는 $FADH_2$)가 생산되는 과정은 어디인가?

2 피루브산에서 아세틸 CoA의 생성

1) 피루브산의 미토콘드리아 내로의 이동

포도당 및 당류의 분해과정인 해당과정은 세포질에서 일어나지만, 구연산회로는 미토콘드리아에서 일어난다. 그러므로 피루브산은 미토콘드리아 안으로 들어가야 한다. 포도당뿐만 아니라 지방이나 아미노산 등도 산화되기 위해서는 미토콘드리아로 들어와 구연산회로에 이어 전자전달계와 산화적 인산화를 통해 ATP를 생성하게 된다 그림 6-3.

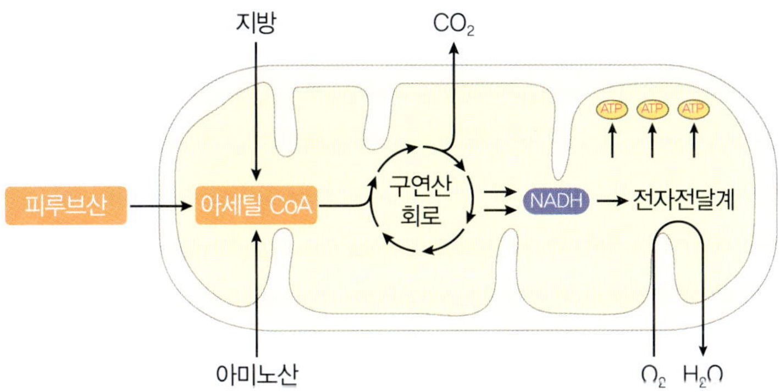

그림 6-3 피루브산의 미토콘드리아 내로의 이동 및 산화

2) 피루브산 탈수소효소 복합체에 의한 아세틸 CoA 생성

미토콘드리아에 들어온 피루브산은 피루브산 탈수소효소 복합체에 의해 아세틸

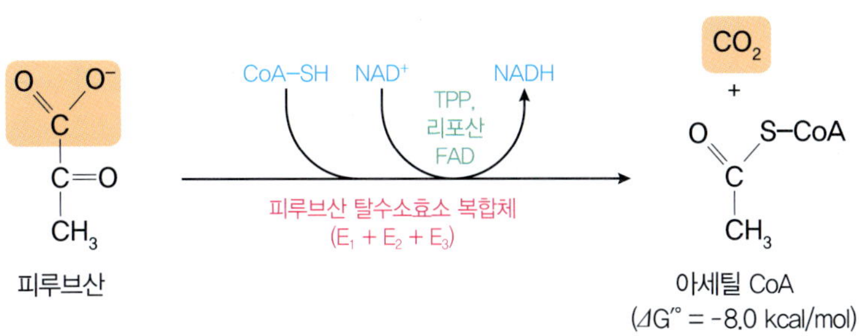

그림 6-4 피루브산으로부터 아세틸 CoA의 생성

CoA와 CO_2로 산화된다. 이들 반응은 다음과 같이 이루어지며, 비가역적인 반응이다 그림 6-4.

피루브산 탈수소효소 복합체는 3가지 효소가 결합된 지름이 약 30 nm인 다각형의 큰 복합체로서, 생리적으로는 해당과정에서 생기는 피루브산에서 아세틸 CoA를 생산하고 구연산회로로 이어지는 단계로서 매우 중요하다. 피루브산 탈수소효소 복합체의 활성을 위해서는 이 3가지 효소와 5가지 조효소가 필요하다 그림 6-5. 이 효소 복합체와 매우 유사한 형태로는 α-케토글루타르산 탈수소효소 복합체가 있다.

(1) 3가지 효소

① 피루브산 탈수소효소(E_1) : 티아민 피로인산TPP을 조효소로 하며, 피루브산의 산화적 탈탄산반응(탈카복실화decarboxlylation)을 촉매한다.

② 디히드로리포일 아세틸 전달효소(E_2)dihydrolipoyl transacetylase : 리포산, 조효소 A를 조효소로 하며 아세틸기를 CoA로 전달하는 반응을 촉매한다.

③ 디히드로리포일 탈수소효소(E_3)dihydrolipoyl dehydrogenase : FAD, NAD^+를 조효소로 하며 리포산의 재산화를 촉매한다.

(2) 5가지 조효소

① 티아민 피로인산TPP : 티아민(비타민 B_1)의 조효소 형태로 탈탄산에 관여한다.

② 조효소 ACoA : 판토텐산은 조효소 A와 아실기 운반단백질의 구성성분으로서 아세틸기와 아실기 전이작용에 관여한다.

③ NAD^+ : 나이아신은 NAD^+의 구성성분이며, 탈수소효소의 조효소로 작용한다.

④ FAD : 리보플라빈(비타민 B_2)은 FAD의 구성성분으로서 탈수소의 조효소로 작용한다.

⑤ 리포산lipoic acid : 미토콘드리아 호흡을 돕는 중간길이 지방산으로서 아세틸기 전이에 관여한다.

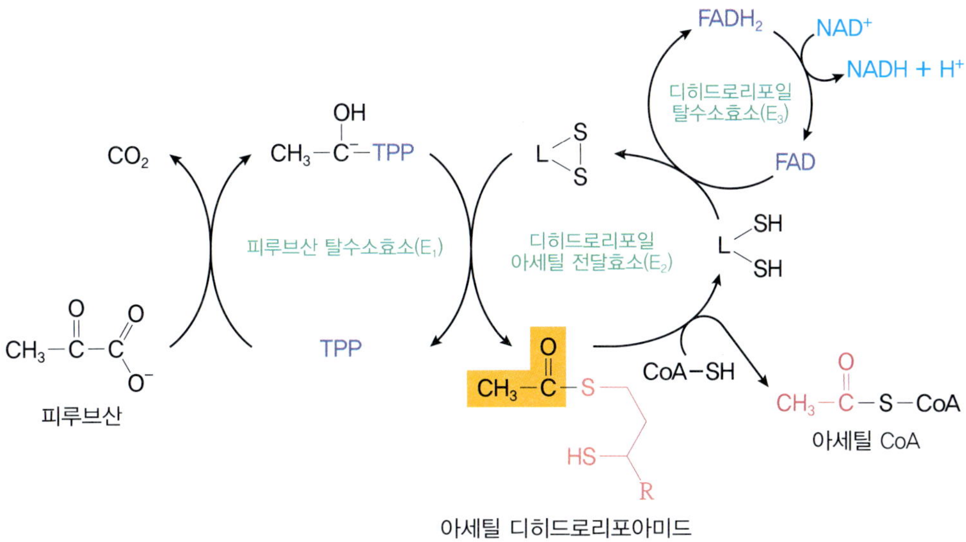

그림 6-5 **피루브산 탈수소효소 복합체 작용 기전**
TPP=티아민 피로인산 ; L=리포산

3) 피루브산 탈수소효소 복합체의 조절

피루브신 탈수소효소 복합체에 의해 아세틸 CoA를 생성하는 반응은 피루브산 탈수소효소 복합체의 인산화 여부에 의한 공유결합 변형을 통해 조절된다. 피루브산 탈수소효소 복합체가 피루브산 탈수소효소 키나아제에 의해 인산화(불활성형)되며, 피루브산 탈수소효소 인산 분해효소에 의한 탈인산화(활성형)된다. ATP와 아세틸 CoA, NADH가 축적되면 피루브산 탈수소효소 복합체는 인산화되어 아세틸 CoA 생성이 감소한다. 반면에 ADP 수준이 높고 피루브산이 많을 때 효소 복합체의 작용이 활발해지며, 근육이 수축하면서 유리되는 Ca^{2+}이 증가하면 효소 복합체의 활성이 자극되어 아세틸 CoA 생성을 증가시킴으로써 궁극적으로 ATP 합성을 촉진하게 된다 그림 6-6.

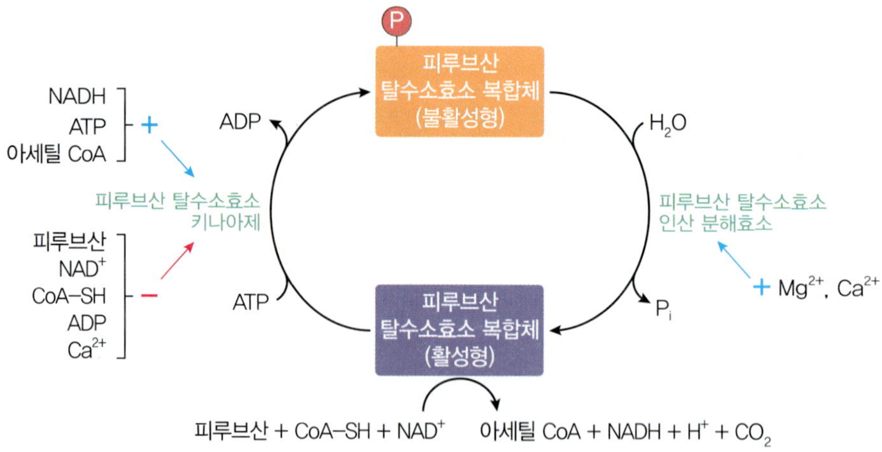

그림 6-6 피루브산 탈수소효소 복합체의 공유결합 변형에 의한 조절

3 구연산회로 과정

탄수화물이나 지방과 아미노산들이 분해되어 ATP로 전환되는 과정에서 구연산회로는 어떤 역할을 할까? 이들 영양소는 탄소 화합물이며, 우선적으로 아세틸 CoA로 전환된 후 진행되는 구연산회로는 여러 산화·환원반응들이 진행되는 과정으로서 높은 에너지를 가진 전자들을 형성하게 된다. 이때 구연산회로 과정에서는 직접 많은 에너지가 생성되거나 산소를 필요로 하지 않는다. 따라서 구연산회로의 중요한 기능은 탄소 연료로부터 높은 에너지 전자를 추출하고 이를 이용하여 NADH와 $FADH_2$를 생성하는 데 있으며, 이들을 이용하여 전자전달계와 산화적 인산화 과정을 통해 ATP를 합성하게 된다.

구연산회로는 총 8단계를 거친다. 전반부는 아세틸 CoA(2 탄소분자)가 옥살로아세트산(4 탄소분자)과 축합하여 구연산(6 탄소분자)을 생성하면서 회로가 시작되고, 연이어 2분자의 CO_2로 산화되고 숙시닐 CoA까지 전환되는 4개 과정이다 그림 6-7. 후반부는 남아 있는 4 탄소분자인 숙시닐 CoA가 옥살로아세트산으로 재생되는 4개 과정이며, 옥살로아세트산은 다시 아세틸 CoA를 받아들여 연속적으로 회로가 진행된다 그림 6-8.

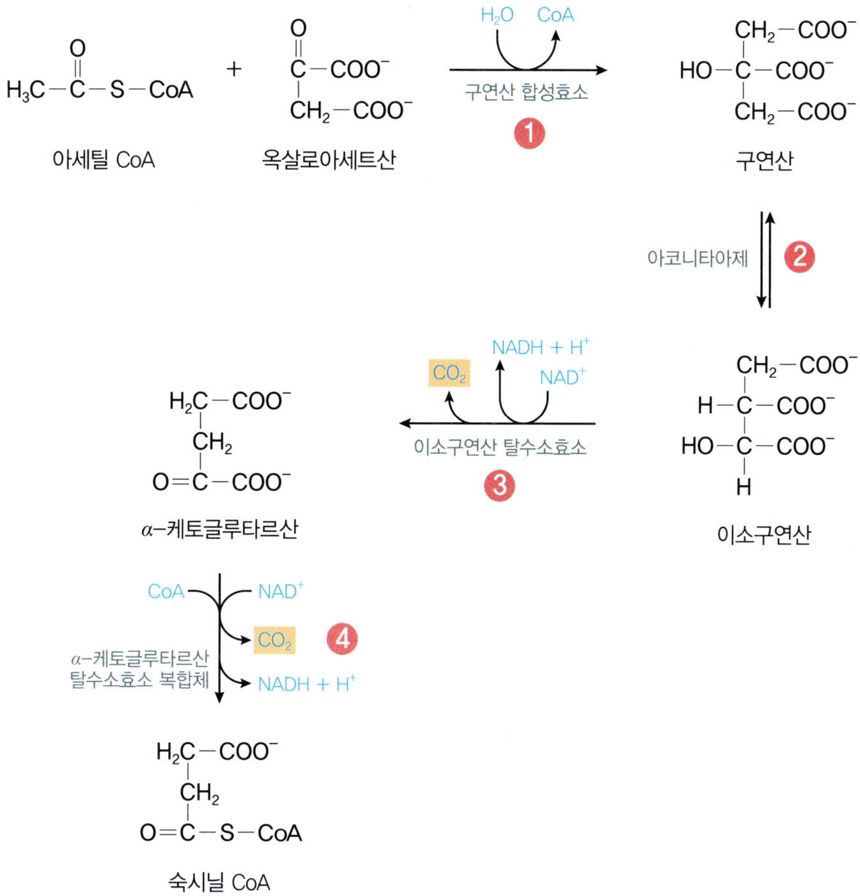

그림 6-7 구연산회로 전반부 : 아세틸 CoA와 옥살로아세트산으로부터 숙시닐 CoA의 생성

1) 구연산회로의 전반부

(1) 1단계 : 아세틸 CoA와 옥살로아세트산의 축합

구연산회로의 시작은 아세틸 CoA(2 탄소분자)와 옥살로아세트산(4 탄소분자)이 축합하여 구연산(6 탄소분자)이 생성되는 반응으로서 구연산 합성효소citrate synthase에 의해 일어난다. 합성효소synthase는 ATP의 도움 없이 두 분자를 결합시키는 합성반응을 촉매하는 효소이다.

구연이란 시트론citron(유자)의 한자명이며, 시트론을 비롯하여 레몬이나 덜 익은 감귤 등 감귤류의 과일에 특히 많이 함유되어 있는 데서 연유한다. 영어명인 citric acid의 citric도 감귤류를 뜻하는 그리스어인 *citrus*에서 유래한 것이다. 구연산회로의 첫 생성물인 구연산은 고등동물의 물질대사에서 중요한 구실을 하며, 체내의 칼슘 흡수를 촉진시키는 작용을 한다. 또한 구연산은 혈액응고에 필요한 칼슘이온과 결합하는 특성이 있어 혈액응고 저지제로도 사용된다.

(2) 2단계 : 구연산의 이성질화

구연산회로의 목적인 탄소 산화반응을 위해 구연산은 먼저 적절한 구조로 바뀌어야 한다. 따라서 구연산의 −H기와 −OH기가 분자 내에서 상호 교환되어 이소구연산으로 이성질화되는 과정을 거치게 된다. 이 반응은 아코니타아제aconitase에 의해 촉매된다 그림 6-8.

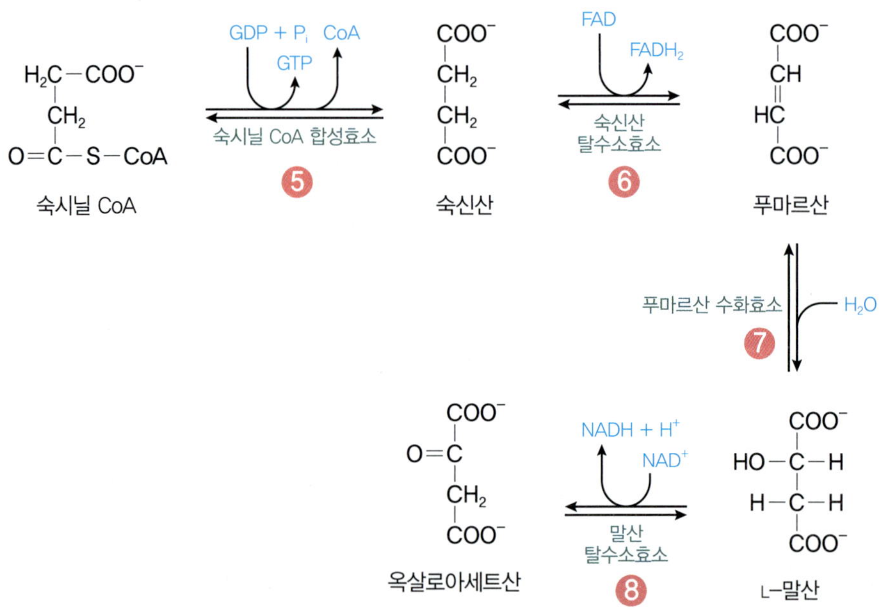

그림 6-8 구연산회로 후반부 : 숙시닐 CoA로부터 옥살로아세트산의 생성

(3) 3단계 : 이소구연산의 탈카복실화

이소구연산의 산화적 탈카복실화 반응으로 이소구연산 탈수소효소isocitate dehydrogenase가 촉매하며, 첫 번째로 CO_2를 잃는 반응이다 그림 6-7. 이 산화반응으로 이소구연산은 NAD^+에 두 개의 수소이온과 두 개의 전자를 넘겨주어 NAD^+는 NADH로 되고, α-케토글루타르산으로 전환된다.

(4) 4단계 : α-케토글루타르산의 탈카복실화

α-케토글루타르산의 산화적 탈카복실화 반응으로 α-케토글루타르산 탈수소효소 복합체α-ketoglutarate dehydrogenase complex가 촉매하며, 두 번째로 CO_2를 잃는 반응이다 그림 6-7. 이 산화반응으로 생성된 에너지는 숙시닐 CoA의 티오에스테르 결합을 형성하며, α-케토글루타르산은 NAD^+에 두 개의 수소이온과 두 개의 전자를 넘겨주어 NAD^+는 NADH로 전환된다. 촉매효소인 α-케토글루타르산 탈수소효소 복합체는 피루브산 탈수소효소 복합체와 마찬가지로 3가지 효소(5 조효소)로 구성되며 작용도 유사하다.

2) 구연산회로의 후반부

(1) 5단계 : 숙시닐 CoA의 높은 에너지 인산결합 형성

숙시닐 CoA는 에너지가 풍부한 티오에스테르 결합을 갖고 있는데, 숙신산으로 산화되면서 구아노신 이인산guanosine diphosphate, GDP과 연결되어 구아노신 삼인산guanosine triphosphate, GTP을 생성한다 그림 6-8. 이 반응은 숙시닐 CoA 합성효소succinyl CoA synthetase에 의해 촉매된다. 이렇게 생성된 GTP는 뉴클레오시드 인산키나아제dinucleoside diphosphate kinase의 작용에 의해 ADP를 인산화함으로써 ATP로 전환된다.

$$\text{GTP} + \text{ADP} \longrightarrow \text{GDP} + \text{ATP}$$

이처럼 반응성이 강한 인산결합 물질로부터 인산기가 직접 ADP로 전달되어 ATP를 합성하는 반응을 기질 수준의 인산화과정이라고 하며, 효소반응에 의해 이루어진다. 반면 산화적 인산화과정은 NADH와 $FADH_2$와 같은 환원물질이 전자전달계를 통해 산화되는 중에 방출되는 에너지를 이용하여 ADP에서 ATP를 합성하는 과정이다.

(2) 6단계 : 숙신산의 산화

숙신산은 산화되어 푸마르산으로 전환되며, 숙신산 탈수소효소succinate dehydrogenase에 의해 촉매된다 그림 6-8. 숙신산은 두 개의 수소이온과 두 개의 전자를 넘겨받아 주어 FAD는 $FADH_2$로 전환된다. 이때 말론산malonate은 숙신산과 구조가 비슷하여 숙신산 탈수소효소의 경쟁적 저해제로 작용한다. 즉 말론산이 숙신산 대신 효소의 활성 부위에 결합하면 아무 일도 일어나지 않아 구연산회로의 속도가 감소하거나 중단될 수 있다.

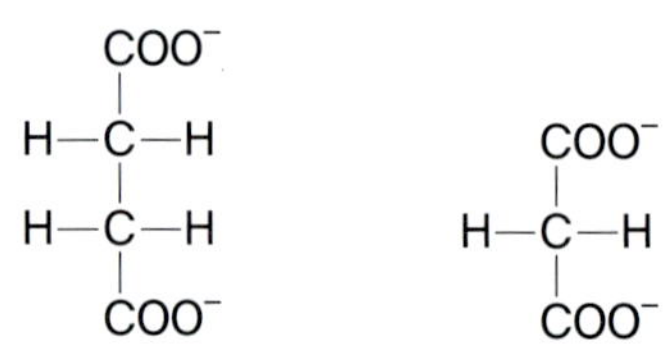

그림 6-9 숙신산과 말론산의 구조

(3) 7단계 : 푸마르산의 수화

푸마르산은 푸마르산 수화효소fumarate hydratase에 의해 L-말산으로 전환된다 그림 6-8.

(4) 8단계 : 말산의 산화

구연산회로의 마지막 반응으로서 말산은 말산 탈수소효소malate dehydrogenase에 의해 구연산회로의 처음 물질인 옥살로아세트산으로 다시 산화된다 그림 6-8. 수소 수용체는 NAD^+로서 두 개의 수소이온과 두 개의 전자를 넘겨받아 NADH로 전환된다.

4 구연산회로에 의한 ATP 생성

구연산회로의 산화·환원반응을 통해 1쌍의 전자는 NAD^+ 또는 FAD로 전달되어 NADH 또는 $FADH_2$ 형태로 환원시키기 위해 사용된다. 구연산회로의 1회 순환으로 3개의 NADH, 1개의 $FADH_2$, 1개의 GTP가 생성된다. 이들 환원형은 전자전달계와 산화적 인산화과정을 거치면서 다시 재산화가 이루어지는데, 1개의 NADH가 산화되어 NAD^+가 될 때 약 2.5 ATP가 생성되고, 1개의 $FADH_2$가 산화되어 FAD가 될 때 약 1.5 ATP가 생성된다. 또한 피루브산의 아세틸 CoA로의 산화 시 1개의 NADH가 생성되므로 2.5 ATP를 생성할 수 있다. 이로써 1개의 피루브산이 호기적 산화과정을 거치면 최종적으로 12.5 ATP를 생성하게 된다 표 6-1.

① 포도당 + 2 NAD^+ + 2 ADP + 2 P_i
$\longrightarrow$ 2 피루브산 + 2 NADH + 2 H^+ + 2 ATP + 2 H_2O

② 2 피루브산 + 2 CoA−SH + 2 NAD^+
$\longrightarrow$ 2 아세틸 CoA + 2 NADH + 2 H^+ + 2 CO_2

③ 2 아세틸 CoA + 6 NAD^+ + 2 FAD + 2 GDP + 2 P_i + 4 H_2O
$\longrightarrow$ 4 CO_2 + 6 NADH + 6 H^+ +2 $FADH_2$ + 2 CoA−SH + 2 GTP

표 6-1 1개의 피루브산으로부터 생성되는 총 ATP 수

	에너지 생성 반응	생성된 ATP 수
피루브산에서 아세틸 CoA 생성 시	NADH → NAD^+	2.5 2.5 ATP / 피루브산 산화
구연산회로 시	3 NADH → 3 NAD^+ $FADH_2$ → FAD GTP	7.5 1.5 1 10 ATP / 아세틸 CoA 산화
		총 12.5 ATP

따라서 1개의 포도당이 해당과정을 거치면 2개의 피루브산으로 전환되므로 호기적 산화과정을 통해 총 30 ATP 또는 32 ATP가 생성된다(7장의 표 7-1 참조).

5 구연산회로의 조절

구연산회로는 호기성 산화를 위해 공통적으로 거치는 경로이다. 따라서 이 과정의 대사 속도는 필요없는 산화가 발생하지 않도록 관련 효소들에 의해 필요에 따라 세밀하게 조절된다. 산화과정의 최종 목적은 에너지를 생성하는 것이므로 에너지가 높은 상태에서는 효소 활성을 저해하여 더 이상 에너지가 생성되지 않도록 해야 하며, 반대로 에너지가 낮은 상태이면 관련 효소들을 촉진하여 에너지가 생성되도록 해야 한다.

즉 효소들의 활성은 음성 조절인자(주로 에너지가 높은 물질)에 의해 활성이 저해되거나, 양성 조절인자(주로 에너지가 낮은 물질)에 의해 활성이 촉진된다.

- 에너지 상태가 높은 물질 : ATP, NADH, 고에너지 티오에스테르 화합물(아세틸 CoA, 숙시닐 CoA)
- 에너지 상태가 낮은 물질 : AMP, NAD^+, CoA–SH

구연산회로는 4가지 효소에 의해 조절된다. 즉 피루브산 탈수소효소 복합체 그림 6-6와 구연산회로의 구연산 합성효소, 이소구연산 탈수소효소, α-케토글루타르산 탈수소효소 복합체이다 그림 6-10.

1) 피루브산 탈수소효소 복합체

먼저 아세틸 CoA로부터 구연산회로가 시작되므로 피루브산을 아세틸 CoA로 전환시키는 피루브산 탈수소효소 복합체는 구연산회로를 조절하는 데 중요하다 그림 6-10. 이 효소 복합체는 고에너지 화합물인 아세틸 CoA와 구연산회로의 최종 생성

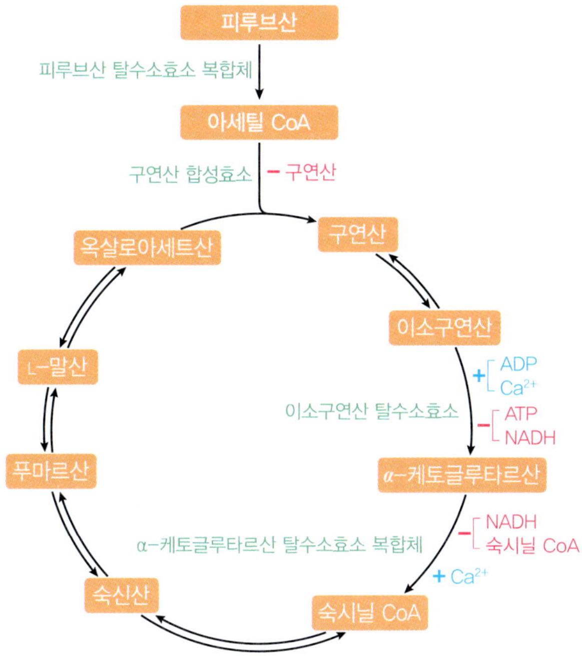

그림 6-10 구연산회로의 조절

물이자 에너지 상태가 높은 NADH, ATP에 의해 활성이 저해되고, 반면 에너지 상태가 낮은 AMP, NAD^+와 Ca^{2+}이온에 의해 활성이 촉진된다.

2) 구연산 합성효소

구연산 합성효소는 에너지 상태가 높은 NADH, ATP와 고에너지 화합물인 숙시닐 CoA가 많으면 더 이상 구연산회로가 진행되지 않도록 함으로써 구연산회로 작용을 저해시키고, 생성물인 구연산에 의해서도 구연산회로 작용이 저해된다.

3) 이소구연산 탈수소효소

이소구연산 탈수소효소는 NADH, ATP에 의해 저해되고, ADP와 Ca^{2+}이온에 의해 촉진된다.

4) α-케토글루타르산 탈수소효소 복합체

α-케토글루타르산 탈수소효소 복합체는 NADH이나 효소반응의 생성물이자 고에너지 티오에스테르 화합물인 숙시닐 CoA에 의해 저해되고, Ca^{2+}이온에 의해 촉진된다.

6 구연산회로의 생합성 및 보충적 의미

구연산회로는 ATP 생성을 위한 분해과정이나, 다른 한편으로는 우리 체내에서 필요한 여러 물질을 생합성할 수 있는 과정으로서 중요하다. 헤모글로빈의 헴heme의 전구물질인 포피린porphyrin은 숙시닐 CoA로부터 전환된 물질이며, α-케토글루타르산과 옥살로아세트산에서 여러 아미노산과 퓨린, 피리미딘도 합성된다. 구연산은 지방산과 스테롤 합성에 사용된다 그림 6-11.

이처럼 구연산회로 중간물질이 다른 물질의 생합성에 사용됨에 따라 구연산회로가 계속 진행되려면 동시에 구연산회로의 중간물질들도 계속 채워져야 한다. 특

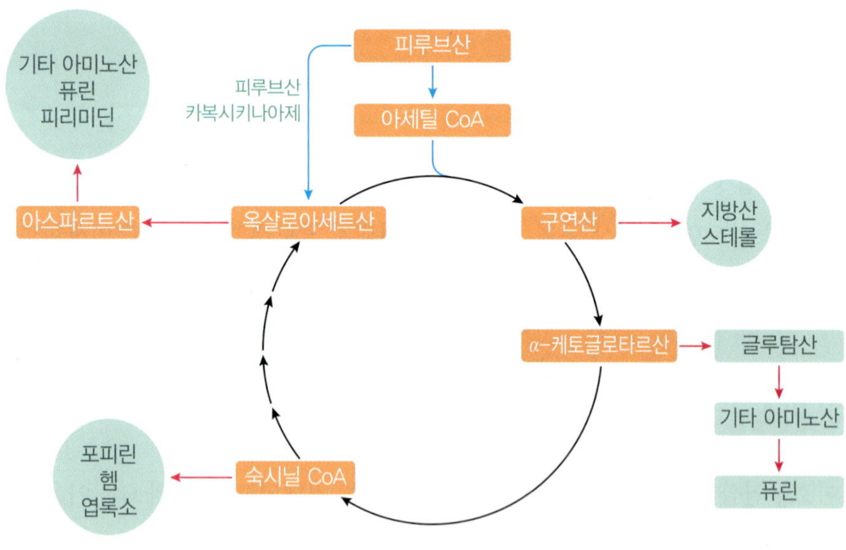

그림 6-11 구연산회로 중간물질로부터의 생합성

히 구연산회로가 시작되려면 옥살로아세트산은 필수적으로 존재해야 한다. 이때 옥살로아세트산은 해당과정의 마지막 생성물인 피루브산이 피루브산 카복시키나아제에 의하여 생성되어 보충될 수 있는데, 이러한 반응을 보충반응anaplerotic reaction이라고 한다.

$$\text{피루브산} + CO_2 + ATP \xrightarrow{\text{비오틴}} \text{옥살로아세트산} + ADP + P_i$$

전자전달계와 산화적 인산화

Chapter 7

1. 생체에너지론
2. 전자전달계
3. 산화적 인산화
4. 세포질 NADH의 미토콘드리아로 이동 및 전자전달계로 합류
5. 전자전달계 및 산화적 인산화의 저해제

CHAPTER

7

생물은 생명현상을 유지하기 위하여 환경으로부터 섭취한 영양소의 화학에너지를 적절한 형태로 전환하여 이용하는 시스템을 갖고 있다. 살아 있는 세포는 물질의 분해대사와 합성대사가 동시에 발생함으로써 영양소의 분해로부터 얻어지는 에너지를 생명에 필요한 성분의 합성에 이용한다. 에너지대사는 어떤 화합물이 효소반응으로 분해됨으로써 생성되는 고에너지 화합물을 여러 가지 목적으로 이용하는 과정이며, 에너지대사의 중심이 되는 ATP는 대사과정에서 유리되는 에너지를 저장하는 고에너지 화합물 형태로서 ADP로부터 합성된다. ATP 형태로 저장된 에너지는 다시 ADP로 분해될 때 유리되어 생체물질의 합성, 근육 수축, 물질의 능동수송, 신경자극 전달과 같은 일을 위해 소비된다. 따라서 ATP는 에너지 생성과정과 소비과정 사이에서 에너지 운반체 역할을 한다.

해당과정과 구연산회로 및 지방산 산화과정을 거치면서 NADH와 $FADH_2$ 형태로 모아진 전자들은 산소로 전달되는 산화·환원반응을 거치게 된다. 이 산화·환원반응은 전자전달계electron transport chain라고 불리는 미토콘드리아 내막에 존재하는 플라빈, 철-황 중심, 시토크롬과 같은 전자운반체들을 통해 발생한다. 이 과정에서 전자는 단계적으로 전위를 잃어버리면서 자유에너지가 감소하고, 이때 방출되는 자유에너지는 ATP의 합성에 쓰인다. 따라서 환원 전위가 높은 전자들의 생성, 전자전달계를 통한 전달, 이와 동시에 이루어지는 ATP 합성까지의 전반적 과정을 세포호흡cellular respiration이라고 한다.

본 장에서는 먼저 열역학의 기본적인 개념인 생체에너지론, 즉 생체 내에서의 에너지 전달과 이용, 특히 자유에너지 개념에 대해 알아본 후 전자전달계와 산화적 인산화 반응에 대해 살펴본다.

1 생체에너지론

화학적 혹은 물리적 변화에서 에너지 변화를 다루는 분야가 열역학이며, 생화학에서 에너지 변화를 이해하기 위해서는 열역학의 기초적인 개념을 파악하는 것이 필요하다. 세포는 영양소가 산화될 때 유리되는 에너지를 ATP 형태의 화학에너지로 전환, 저장하였다가 여러 가지 일을 하는 데 사용한다. 즉 생체에서는 한 형태의 에너지가 다른 형태의 에너지로 전환되며, 생체 내의 에너지 전환도 열역학적 법칙을 따르게 된다. 열역학은 반응이 어떤 방향으로 일어날 것인가를 예측하게 하고 반응에 동반되는 에너지 변화를 정량적으로 다룰 수 있게 하므로 매우 유용하다.

1) 자유에너지

생체 열역학의 원리를 이해하기 위해서는 먼저 유용한 에너지의 척도가 되는 자유에너지free energy의 개념을 알아야 한다. 자유에너지는 일정한 온도와 압력에서 일을 할 수 있는 능력으로 정의된다. 예를 들어, 무거운 물건을 바닥에서 위로 들어올리기 위해서는 자유에너지가 필요하다. 또한 자유에너지는 화학결합을 만들거나 파괴할 때도 필요하다.

이런 반응이 일어날 때, A가 B로 전환되면서 화학결합이 파괴되는 경우 열에너지가 방출되거나 결합을 파괴하는 데 에너지가 필요할 수 있다. 물질 A가 갖는 총 에너지는 이용 가능한 에너지(화학적 일 수행에 사용)와 이용 불가능한 에너지(폐열로 주위로 잃음)를 합한 값이다. 이 중 이용 가능한 에너지를 자유에너지라 하고 G로 나타낸다. A에서 B로 분해되는 과정에서 주위의 무질서를 증가시키는데 무질서의 총량을 엔트로피entropy라고 한다.

2) 자유에너지 변화량

A(반응물)가 B(생성물)로 되는 반응에서 어느 정도의 에너지를 유용한 일에 사용할 수 있는지를 측정하고 이를 자유에너지 변화(ΔG)라고 정의한다. 즉 자유에너지 변화는 일정한 온도와 압력에서 반응물과 생성물 사이의 에너지 함량 차이를 의미한다.

자유에너지는 엔탈피enthalpy(H, 반응물과 생성물의 열함량)와 엔트로피entropy(S, 반응물과 생성물의 무질서도) 및 온도를 이용하여 정의하는 열역학적 함수이다.

$$\Delta G = \Delta H - T\Delta S$$

ΔG: 자유에너지 변화량
ΔH: 엔탈피 변화량
T: 온도
ΔS: 엔트로피 변화량

그림 7-1 자유에너지(G), 엔탈피(ΔH), 엔트로피(ΔS)의 변화 사이의 관계

일정한 온도와 압력에 놓인 계에서 자유에너지 변화 ΔG는 계와 주위의 전체 엔트로피 변화에 의해 결정된다 그림 7-1.

자유에너지 변화량은 ΔG와 ΔG° 두 가지 형태로 나타낸다. ΔG는 일정한 온도와 압력하에서의 반응물과 생성물에서 자유에너지 변화량과 그에 따른 반응의 방향을 예측할 수 있기 때문에 보다 보편적으로 사용된다. 이에 비해 ΔG°는 표준상태에 있는 반응물이 표준상태에 있는 생성물로 바뀔 때 생기는 자유에너지의 변화량으로서, 특정한 온도 보통 25℃이며 반응물과 생성물의 농도가 1 mol/L일 때의 에너지 변화량이다.

(1) ΔG값의 부호로 반응하는 방향을 예측할 수 있다

반응의 자유에너지 변화량 ΔG는 반응이 자발적 혹은 비자발적으로 일어날 것인지를 결정하고, ΔG값의 부호는 반응이 자발적으로 일어날 수 있는지 여부를 알려준다. '$\Delta G<0$' 이면, 반응은 자발적이며, '$\Delta G>0$' 이면 반응은 비자발적이고, '$\Delta G=0$' 이면 반응 혼합물은 평형상태에 있음을 나타낸다.

$$\underset{(G_A)}{\text{A(반응물)}} \longrightarrow \underset{(G_B)}{\text{B(생성물)}}$$

$$\Delta G = G_B - G_A$$

① ΔG 값이 양(+)일 때 : 반응은 자발적으로 일어날 수 없다. 이러한 반응을 추진하기 위해서는 자유에너지의 투입이 필요하다. 반응이 일어나면 반응계가 열을 흡수하므로 주변과 반응계의 온도가 내려간다. 이러한 반응을 자유에너지 증가반응endergonic reaction 또는 흡열반응, 비자발적 반응이라고 한다

(예: 물이 얼음이 되는 반응. 물에 퍼져 있는 잉크가 다시 한 점으로 모이는 현상).

② ΔG 값이 음(−)일 때 : 반응은 자발적으로 일어날 수 있다. 열역학적인 면에서 반응이 자발적으로 일어난다는 것은 에너지의 투입 없이 일어난다는 것을 의미한다. 또 실제로 반응과정으로 계가 열을 방출함으로써 주변과 반응계의 온도가 올라가고 무질서도가 증가하는 과정이다. 이러한 반응들을 자유에너지 감소반응exergonic reaction 또는 발열반응, 자발적 반응이라고 한다 (예: 연소반응, 물이 든 비커에 잉크를 떨어뜨리면 퍼지는 현상).

③ ΔG 값이 0일 때 : 반응물은 평형상태여서 생성물과 반응물의 농도에서의 총 변화가 없는 상태이다.

(2) ΔG는 반응물과 생성물의 농도에 의존한다

반응물과 생성물의 농도에 의해 'A→B'로 진행하는 ΔG가 결정된다. 온도와 압력이 일정한 상태에서 다음의 관계식이 나온다.

$$\Delta G = \Delta G^{\circ} + RT \ln \frac{[B]}{[A]}$$

ΔG° : 표준자유에너지 변화량
R : 기체상수(1.987 cal/mol)×온도
T : 절대온도(K)
[A], [B] : 반응물과 생성물의 실제 농도값
ln : 자연로그값

ΔG°값이 양일 때, 반응물의 농도[A]가 생성물의 농도[B]에 비해 매우 낮다면([B]/[A] 값 작음) RT ln([B]/[A]) 값이 크고 음(−)이 되므로, ΔG°가 양이더라도 결국 ΔG는 음(−)이 되어 정반응으로 진행할 수 있게 된다.

(3) 표준자유에너지 변화량, ΔG°와 $\Delta G^{\circ\prime}$

ΔG°는 표준조건, 즉 반응물과 생성물의 농도가 1 mol/L일 때의 표준자유에너지 변화량이다. 따라서 이 조건에서 다음과 같은 반응식이 형성된다.

$$\Delta G = \Delta G^{\circ} + 0$$

ΔG°는 표준조건에서만 반응이 진행되는 방향을 예측할 수 있게 해준다. 이는 ΔG값이 ΔG°값과 동일하기 때문이다. 그러나 생리적 환경에서는 방향을 예측할 수 없는데 이는 반응물과 생성물의 농도가 고정되어 있고, 나머지 변수들은 절대상수(R, T, K_{eq})로 구성되어 있기 때문이다. 생화학에서는 생체 내 생리적 상태가 pH 7일 때를 고려하여 변형된 표준자유에너지 변화량을 사용하고 $\Delta G^{\circ\prime}$로 표시한다.

(4) 반응의 합산

ΔG°는 연속되는 두 반응에서 합산이 가능하다. 표준자유에너지 변화량(ΔG°)은 자유에너지 변화량(ΔG)과 동일하게 연속되는 반응에서도 합산하면 된다. 예를 들면 다음 반응식이 성립한다.

포도당 + ATP → 포도당 6-인산 + ADP	ΔG°= −4.0 kcal/mol
포도당 6-인산 → 과당 6-인산	ΔG°= +0.4 kcal/mol
포도당 + ATP → 과당 6-인산 + ADP	ΔG°= −3.6 kcal/mol

자유에너지 변화량이 위와 같은 합산이 가능하므로 생체 내에서의 반응이 특정 방향으로 진행해야 생화학적 경로가 제대로 진행되게 할 수 있다(예: A→B→C→D→……→P). 생화학 과정 중 전체 반응의 자유에너지를 합한 값이 음이라면, 중간 과정의 일부 개별 반응의 표준자유에너지 변화량이 양의 값일지라도 전체 대사경로는 순서대로 진행할 수 있게 된다.

3) 고에너지 화합물

(1) 고에너지 인산 결합으로 에너지를 저장 또는 방출

세포는 대사작용을 통해 에너지를 얻고, 세포를 구성하는 고분자물질을 합성하게 된다. 즉 세포는 이화작용catabolism으로 에너지와 환원력을 얻고, 이를 이용하여 새로운 물질을 합성하는 동화작용anabolism을 하게 된다. 이때 에너지를 저장하고 방출하는 핵심적인 물질은 아데노신 삼인산adenosine triphosphate, ATP이고, 환원력은 NADHnicotinamide adenine dinucleotide와 NADPHnicotinamide adenine dinucleotide phosphate를 통해 저장하게 된다. 그러나 대부분의 생화학적 반응에서 NADH와 NADPH의 역할은 차이가 있다. 즉 NADH는 전자전달계를 통해 산화되면서 ATP를 생성하지만, NADPH는 환원력을 필요로 하는 생합성(예: 지방산 생합성)에서 전자를 제공하는 역할을 한다.

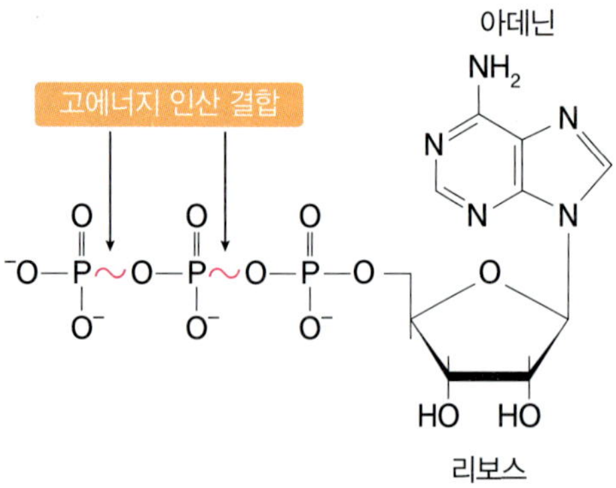

그림 7-2 아데노신 삼인산(ATP)

생체 내 에너지는 고에너지 인산 결합high energy phosphate bond을 갖는 ATP에 의해 저장되어 전달된다. ATP는 아데노신(아데닌+리보스)에 삼인산(3개의 인산기)이 부착한 형태인 뉴클레오티드이다. ATP는 삼인산 단위 내에 두 개의 인산 무수물질을 함유하고 있기 때문에 고에너지 분자가 된다. 즉 ATP가 1개의 인산기를 떼어내어 ADPadenosine diphosphate와 무기인산P_i으로 가수분해될 때, 또는 ADP가 AMP와 무기인산으로 가수분해될 때 1 mol당 각각 7.3 kcal의 표준자유에너지가 방출되는데, 매우 큰 음의 값으로 인해 고에너지 인산화합물이라고 부른다 그림 7-2.

$$ATP + H_2O \rightleftarrows ADP + P_i + H^+ \quad \Delta G^\circ = -7.3\ kcal/mol$$
$$ADP + H_2O \rightleftarrows AMP + P_i + H^+ \quad \Delta G^\circ = -7.3\ kcal/mol$$
$$ATP + H_2O \rightleftarrows AMP + PP_i + H^+ \quad \Delta G^\circ = -8.6\ kcal/mol$$

고에너지 인산 결합은 그들이 가수분해될 때 많은 에너지를 방출한다는 의미이며, ATP의 가수분해에서 방출되는 많은 에너지는 근육의 수축운동이나 생합성 등에 이용된다. ATP와 유사한 분자인 GTPguanosin triphosphate, UTPuridine triphosphate, CTPcytidine triphosphate 역시 고에너지 인산 결합을 저장 또는 전달한다. 또한 해당과정에서 분자 내에 고에너지 인산 결합(~P)이 들어 있는 포스포엔올 피루브산phosphoenol pyruvate, PEP과 글리세린산 1,3-이인산1,3-bisphosphoglycerate도 그 에너지를 ADP 분자에 전달하여 ATP 분자를 생성한다.

생체 내에서 에너지와 더불어 중요한 작용을 하는 것이 환원력reducing power이다. 환원력을 발생시키는 수소원자들은 주로 뉴클레오티드 유도체들에 의해 운반되는데, 유도체에는 NAD^+nicotinamide adenine dinucleotide와 $NADP^+$nicotinamide adenine dinucleotide phosphate가 있다. 수소와 결합된 형태인 NADH는 생체 내에서 환원력 공급과 ATP 생성의 두 가지 역할을 한다. NADH에 의해 운반되는 전자(또는 수소원자)는 전자전달계 내의 몇 개의 중간 화합물들을 차례로 거쳐 최종적으로 산소에 전달된다. 이러한 전자전달로 방출되는 에너지에 의해 최고 3개의 ATP분자가 생성된다.

2 전자전달계

탄수화물, 지방산, 단백질 등의 고분자물질은 산화되어 최종적으로 이산화탄소와 물을 생성한다. 이 반응 동안 대사 중간체들은 보조효소인 NAD^+와 FAD에게 전자를 제공하여 고에너지의 환원형물질인 NADH나 $FADH_2$를 생성한다. 이어 전자전날계에서는 NADH나 $FADH_2$(전자공여체)로부터 방출된 전자들이 전자운반체를 통해 여러 단계를 거쳐 전자수용체인 산소분자로 전달된다. 전자전달계는 미토콘드리아 내막에 존재하며, 플라빈, 철-황 단백질, 시토크롬과 같은 전자운반체들을 통해 전자가 이동하게 된다. 전자공여체는 큰 음의 전위를 가지고 있고, 전자수용체는 큰 양의 전위를 가지고 있으며, 이 과정에서 전자는 단계적으로 전위를 잃어버리면서 자유에너지가 감소하게 되고, 감소된 자유에너지는 ATP의 합성에 쓰인다. 이 과정을 산화적 인산화oxidative phosphorylation라고 한다.

1) 미토콘드리아

미토콘드리아는 이중막 구조로서 구연산회로와 전자전달계 및 산화적 인산화의 효소군이 있으며, 호기 조건에서 에너지 생산의 장場으로서 ATP 합성이 일어나는 장소이다 그림 7-3.

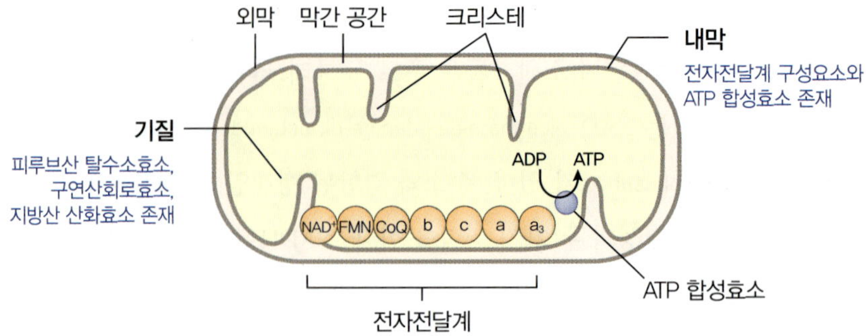

그림 7-3 미토콘드리아의 전자전달계와 ATP 합성효소 도식화 구조

(1) 미토콘드리아 막

미토콘드리아 외막은 대부분의 이온들과 작은 분자들이 투과할 수 있는 막인 데 비해 내막을 통하여 이온이나 분자들이 이동할 때에는 특별한 운반체들이 필요하다. 미토콘드리아 내막은 심한 굴곡이 형성되어 주름처럼 보이는데 이를 크리스테 cristae라고 한다. 크리스테들은 내막의 표면적을 증대시키는데, 내막의 표면에는 전자전달에 관여하는 여러 효소와 산화적 인산화에 관여하는 ATP 합성효소가 묻혀 있다. 이들 효소는 물질의 산화·분해로 생성되는 에너지를 ATP에 저장시킴으로써 세포 내의 모든 에너지 대사가 이루어지도록 한다.

(2) 미토콘드리아 기질

미토콘드리아 내막의 안쪽을 기질matrix이라고 하며, 내부는 젤gel과 같은 물질로 되어 있다. 구연산회로와 지방산 분해 등이 일어나는 장소로서 이에 관여하는 효소들이 존재한다. 산화과정에서 생기는 최종산물은 CO_2와 NADH로서, CO_2는 세포로부터 방출되고 NADH는 전자의 주된 공급원이 된다.

(3) 미토콘드리아 막간 공간

미토콘드리아 내막과 외막 사이의 공간을 막간 공간intermembrane space이라고 하며, 전자전달계에서 능동수송을 통해 수소이온을 내막을 경계로 하여 기질에서 막간 공간으로 퍼내기 때문에 막간 공간의 수소이온 농도가 높아져서 막간 공간과 기질 사이에 양성자 구배H^+ proton gradient가 발생하게 되고, 이로 인해 ATP 합성이 가능해진다.

2) 전자전달계 특징 및 구성요소

미토콘드리아의 내막에 있는 전자전달계는 최종적으로 전자가 산소와 양성자와 결합하여 물을 형성하는 과정으로서, 다음과 같이 4개의 복합체로 구성되어 있다 그림 7-4. 각각의 복합체 사이의 전자전달은 조효소 Q(CoQ, 유비퀴논ubiquinone)나 시토크롬 c가 하게 된다. 즉 복합체 I~III과 II~III 간의 전자전달은 지용성인 조효소 Q로, 복합체 III~IV는 막 사이에 있는 수용성인 시토크롬 c가 기능적으로 연결되어있다. 조효소 Q를 제외한 나머지 성분은 모두 단백질이다.

전자전달계를 이루는 4개의 복합체

① 복합체 I(NADH 탈수소효소 복합체NADH dehydrogenase complex)
② 복합체 II(숙신산 탈수소효소 복합체succinate dehydrogenase complex)
③ 복합체 III(시토크롬 bc1 복합체cytochrome bc1 complex)
④ 복합체 IV(시토크롬 c 산화효소cytochrome c oxidase)

3) 전자전달계의 반응

전자전달계의 4개 복합체를 구성하는 전자운반체들은 전자 친화력이 낮은 것에서 높은 것으로 전자를 전달하며, 이 과정에서 산화·환원반응이 연쇄적으로 일어난다. 최종적으로 전자는 H^+과 함께 산소에 전달되어 물분자가 합성된다. 산소는 전자 친화력이 높아 전자전달계에서 최종 전자수용체로 작용하며, 산소가 없으면 전자의 전달이 진행되지 않는다.

(1) NADH의 생성

해당과정, 구연산회로 등의 산화과정 중 탈수소효소에 의하여 NAD^+로부터 NADH와 H^+(양성자)가 생성된다.

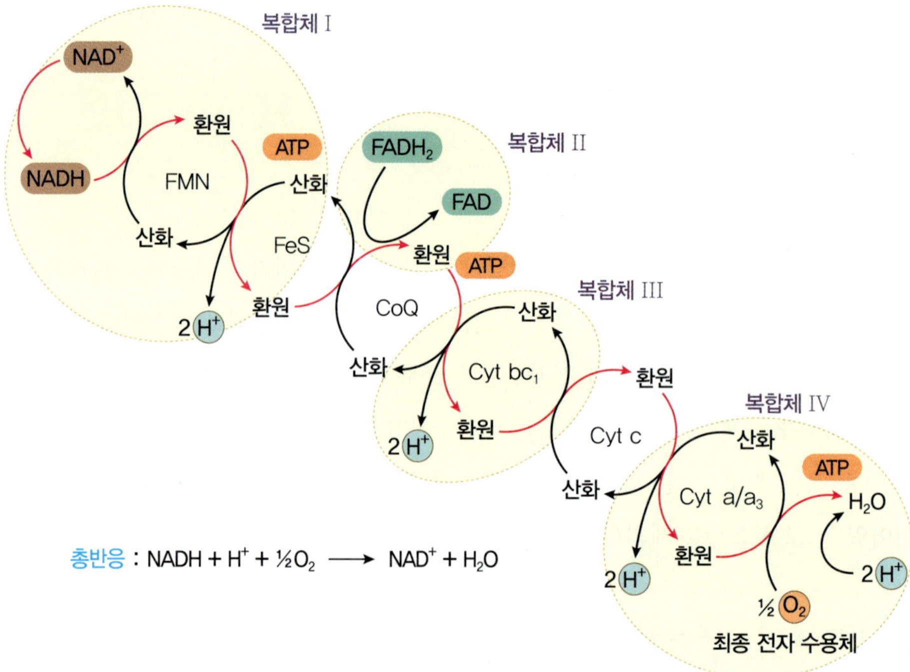

그림 7-4 전자전달계

(2) 복합체 I, NADH 탈수소효소 복합체

NADH 탈수소효소는 약 46개의 폴리펩티드 사슬과 FMNflavin mononucleotide, 철-황 중심iron-sulfur center(황원자와 짝을 이룬 여러 개의 철원자를 포함한 부분 그림 7-5)으로 이루어진 거대 효소이다. NADH에서 전자가 다음과 같이 빠져나오고,

$$NADH + H^+ \longrightarrow NAD^+ + 2H^+(\text{양성자}) + 2e^-(\text{전자})$$

이 전자들은 NADH로부터 FMN으로 전달되어 $FMNH_2$를 형성하고, 다음으로 철-황 중심, 그 다음으로 조효소 Q로 전달되어 QH_2로 환원된다. 이와 같이 전자를 NADH로부터 조효소 Q(유비퀴논)까지 수송하므로 NADH-유비퀴논 산화환원효소라로도 부른다. 전자전달과 동반하여 양성자가 기질에서 막간 공간으로 펌프질되어 나간다.

(3) 복합체 II, 숙신산 탈수소효소 복합체

이 복합체에 있는 전자운반체는 FAD, 철-황 중심, 조효소 Q이다. $FADH_2$의 전자들이 다음과 같이 빠져나와 철-황 중심으로 전달되고, 전자전달계로 들어가기 위해 조효소 Q로 전달되어 QH_2로 환원된다.

$$FADH_2 \longrightarrow FAD + 2H^+(\text{양성자}) + 2e^-(\text{전자})$$

숙신산 탈수소효소 복합체는 NADH 탈수소효소 복합체와 달리 양성자를 운반하지 못한다. 따라서 $FADH_2$의 산화는 NADH보다 ATP가 적게 생성된다.

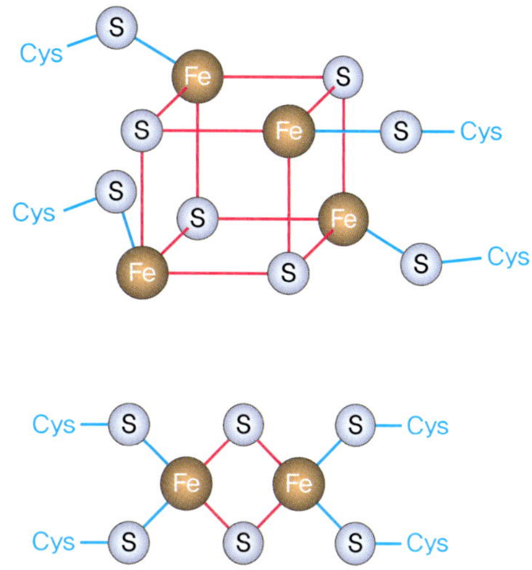

철–황 중심

그림 7–5 복합체 I 의 철–황 중심

(4) 복합체 III, 시토크롬 bc1 복합체

전자전달계의 시토크롬은 헴기를 함유하며, 모든 유형의 세포 내 미토콘드리아에 존재한다. 시토크롬은 헴기당 전자 1개를 교환할 수 있어 산화형인 3가형 철ferric, Fe^{3+} 형태와 환원형인 2가형 철ferrous, Fe^{2+} 형태로 가역적으로 산화·환원을 할 수 있다. 이 복합체에도 철-황 중심을 포함하고 있으며, 2개의 시토크롬 소단위체 내에 3개의 헴을 포함하고 있다. 시토크롬 b에 있는 헴 bL(L은 낮은 친화력을 의미)과 헴 bH(H는 높은 친화력을 의미) 및 시토크롬 c_1에 또 한 개의 헴이 있으므로 이 효소를 시토크롬 bc_1이라고 한다.

시토크롬 bc_1 복합체는 전자들을 NADH 탈수소효소 복합체와 숙신산 탈수소효소 복합체에 의해 생성된 QH_2로부터 수용성 단백질인 산화된 시토크롬 c Cyt c로 전달되는 것을 촉매한다. 이 때문에 이 효소를 유비퀴논-시토크롬 c 산화환원효소라고도 부른다. 전자의 전달과 동반하여 양성자가 기질에서 막간 공간으로 펌프질되어 나간다.

(5) 복합체 Ⅳ, 시토크롬 c 산화효소

조효소 Q로부터 시토크롬 bc_1(복합체 III)로 전달된 전자는 연이어 시토크롬 c, $a+a_3$(복합체 IV) 등을 차례대로 통과한다. 이 시토크롬 복합체는 시토크롬 c부터 산소까지 전자를 전달하므로 시토크롬 c 산화효소 또는 시토크롬 aa_3 복합체라고 불린다.

3 산화적 인산화

산화적 인산화oxidative phosphorylation란 고에너지 전자가 전자전달계를 따라 이동하는 과정에서 단계적으로 방출된 에너지를 이용하여 ADP와 무기인산으로부터 ATP를 생성하는 반응을 말한다. 산화적 인산화는 전자전달계를 통한 전자의 이동과 이로 인해 미토콘드리아 내막을 경계로 형성된 H^+ 농도 구배에 의해 ATP가 합성되는 과정인 화학삼투로 이루어진다. 전자전달계와 화학삼투를 통해 NADH 1분자로부터 약 2.5 ATP가, $FADH_2$ 1분자로부터 약 1.5 ATP가 생성된다.

1) 전자전달에서 일어나는 자유에너지의 방출

NADH와 $FADH_2$로부터 전자전달계를 따라 전자쌍이 전달되는 동안 자유에너지 방출이 일어난다 그림 7-6. NADH와 $FADH_2$ 산화는 자유에너지 변화량이 음성으로 큰 값을 갖기 때문에 두 반응은 자발적으로 진행되며, 이 방출되는 자유에너지는 ATP 합성에 이용될 정도로 크다.

$$NADH + H^+ + 1/2\ O_2 \longrightarrow NAD^+ + H_2O\ (\Delta G^{\circ\prime} = -54.7\ kcal/mol)$$
$$FADH_2 + 1/2\ O_2 \longrightarrow FAD + H_2O\ (\Delta G^{\circ\prime} = -35.8\ kcal/mol)$$

ADP가 ATP로 인산화될 때 표준자유에너지 변화량은 +7.3 kcal/mol이다. 따라서 NADH로부터 전자전달계를 통해 산소로 전자쌍이 이동할 때 3분자의 ATP를 생성

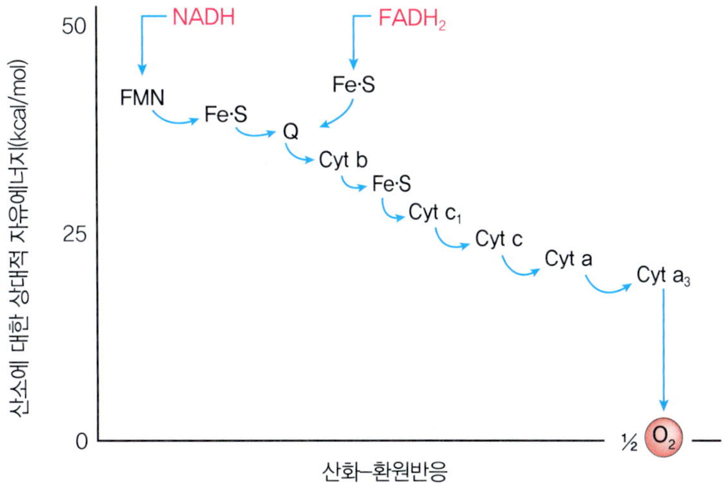

그림 7-6 전자전달계 반응들의 자유에너지 변화량(산소에 대한 상대적인 값)

하는 데 필요한 에너지양보다 훨씬 크다. 1분자의 NADH는 약 2.5분자의 ATP를 합성할 수 있으며, 나머지는 열로 방출한다. 1분자의 $FADH_2$는 약 1.5분자의 ATP를 합성할 수 있다. 따라서 기질적 인산화와 구별하여 산화적 인산화라고 한다.

2) 화학삼투설

영국의 미첼Mitchell, P.D.은 미토콘드리아의 내막에서 전자전달과 ATP 합성이 모두 일어난다는 화학삼투설chemiosmotic hypothesis을 주장하였으며, 이 공로로 1978년 노벨 화학상을 수상하였다. NADH와 $FADH_2$의 고에너지 전자가 방출한 에너지에 의해 미토콘드리아 내막을 경계로 H^+ 농도 구배가 형성되고, 미토콘드리아 내막의 ATP 합성효소는 H^+(양성자) 농도 구배로 인한 H^+의 확산에 의해 ATP를 합성한다. 즉, 화학삼투는 기질과 막간 공간의 농도 차이에서 비롯되고, 여기에 사용되는 기질은 H^+이 된다. 이 과정을 순서대로 설명하면 다음과 같다 그림 7-7.

(1) 미토콘드리아 기질에서 막간 공간으로 양성자 H^+의 이동

전자전달계에서 NADH와 $FADH_2$의 고에너지 전자가 전달되면서 방출하는 에너

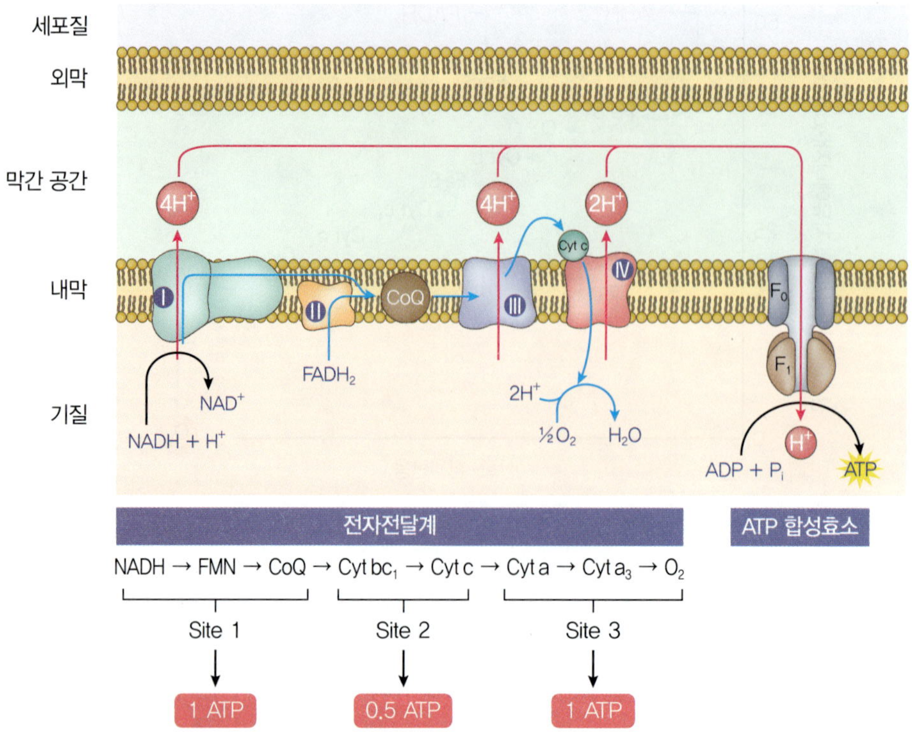

그림 7-7 양성자(H^+)의 운송과 전자전달계 및 산화적 인산화

지를 이용하여 H^+가 미토콘드리아 기질에서 막간 공간(미토콘드리아 내막과 외막 사이의 공간)으로 능동수송 된다.

(2) H^+의 농도 구배 형성

미토콘드리아 내막을 경계로 막간 공간은 미토콘드리아 기질보다 H^+ 농도가 높아지고(pH 낮음, 화학적 구배), 고농도의 양전하(전기적 구배)를 가져 양성자 동력 proton-motive force을 생성한다.

(3) ATP 합성

H^+ 농도 구배에 의해 막간 공간의 H^+가 ATP 합성효소를 통해 미토콘드리아 기질로 확산되어 들어올 때 ATP가 합성된다.

3) ATP 합성효소

전자전달계에 의해 생성된 양성자 구배를 이용하여 ATP를 합성한다. ATP 합성 과정, 즉 ADP의 인산화를 촉매하는 과정은 ATP 합성효소에 의하며 다음과 같이 구성된다 그림 7-7.

(1) F_0 도메인

미토콘드리아 내막에 묻혀 있는 막단백질로서 수소이온이 내막을 통과할 수 있는 통로를 갖고 있다.

(2) F_1 도메인

미토콘드리아 기질 쪽에 위치하며 ATP를 합성하는 부위이다.

내막의 인지질 이중층은 이온을 띤 물질들은 잘 통과시키지 않기 때문에 막간 공간의 H^+들은 내막을 통과할 수가 없으므로, H^+들은 이 F_1/F_0 복합체를 통해서만 기질로 나갈 수 있다. 이 F_1/F_0 복합체를 지나면서 H^+는 에너지를 방출하고, 이 에너지를 이용해 ADP와 P_i로부터 ATP를 합성하게 된다.

4 세포질 NADH의 미토콘드리아로 이동 및 전자전달계로 합류

세포질에서 일어나는 해당과정에서 생성된 NADH는 미토콘드리아로 들어가 전자전달계를 통해 완전 산화가 일어나야 한다. 그러나 NADH는 미토콘드리아막을 통과하지 못하므로 글리세롤인산 셔틀glycerol phosphate shuttle이나 말산-아스파르트산 셔틀malate-aspartate shuttle을 이용하여 전자전달계로 전달되어 간접적으로 재산화된다 그림 7-8.

뇌·근육·기타 조직은 글리세롤인산 셔틀로, 간·신장·심장은 말산-아스파르트산 셔틀로 NADH를 세포질에서 미토콘드리아로 이동시키는데, 이 과정은 이 방

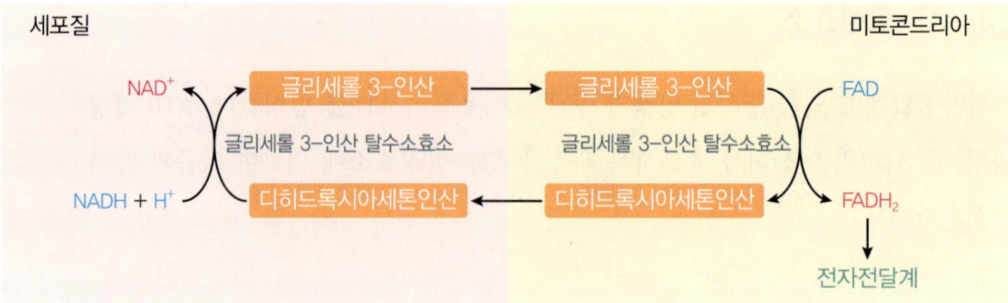

(a) 글리세롤 인산 셔틀

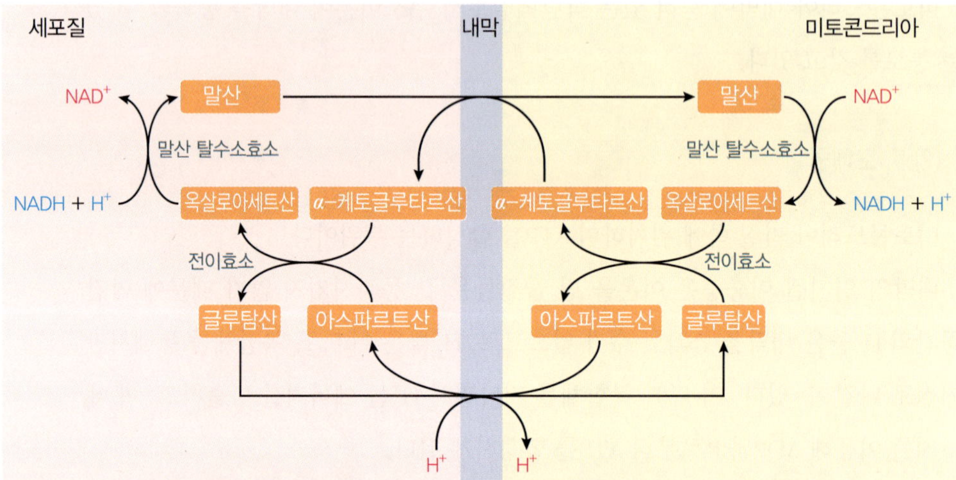

(b) 말산-아스파르트산 셔틀

그림 7-8 미토드리아 내막을 출입하는 두 가지 셔틀 시스템

향으로만 일방적으로 일어나고 역방향으로는 일어나지 않는 비가역적 반응이다.

글리세롤인산 셔틀은 세포질의 NADH의 환원력이 미토콘드리아에서 $FADH_2$ 형태로 되어 전자전달계의 복합체 III에 전달되므로 결국 1.5 ATP가 생성된다. 반면 말산-아스파르트산 셔틀은 세포질의 NADH의 환원력이 미토콘드리아에서 그대로 NADH 형태로 되어 전자전달계의 복합체 I에 전달되므로 2.5 ATP가 생성된다.

따라서 포도당 한 분자의 완전 산화 후 생성되는 ATP는 해당과정을 통해 생성된 NADH가 미토콘드리아로 이동할 때 어떤 셔틀 시스템을 이용하는가에 따라 달라지며 30 ATP 혹은 32 ATP를 생성하게 된다 표 7-1.

표 7-1 포도당 1 분자의 완전 산화로 생성되는 ATP 수

포도당 1분자의 완전 산화과정	에너지 생성 반응	생성된 ATP 수	
		뇌, 골격근	간, 심장, 신장
해당과정	2 NADH(세포질) 2 ATP	3 2	5 2
2×(피루브산에서 아세틸 CoA 생성 시)	2 NADH(미토콘드리아)	5	5
2×(구연산회로 시)	6NADH(미토콘드리아) 2 $FADH_2$ 2 GTP	15 3 2	15 3 2
총 ATP		30	32

5 전자전달계 및 산화적 인산화의 저해제

저해제는 물질의 합성 및 저장과 운반에 필요한 에너지원인 ATP의 활성을 방해한다. 저해제는 세포(산소)호흡과정이 진행되는 미토콘드리아에 치명적이어서 호흡을 억제하기에 이른다. 해당작용, 구연산회로, 전자전달계의 단계를 거치며 ATP를 얻는 순환과정에 장애를 가져오는 것이다. 생명 유지에 필요한 에너지는 호흡의 결과로 만들어진 ATP로부터 얻어진다. 에너지의 획득을 위해선 끊임없는 물질교환이 이루어져야 하지만, 저해제와 같은 물질이 가해지면 이러한 능동수송은 일어날 수 없게 된다.

1) 전자전달계의 저해제

전자전달계의 저해제는 전자전달계의 복합체나 성분들과 결합하여 전자의 전달을 방해함으로써 산화·환원반응을 막는다 그림 7-9. 다음은 전자전달계 저해제들이다.

- 로테논rotenone, 아미탈amytal : NADH 탈수소효소 복합체에서 조효소 Q(유비퀴논)의 전자 전달을 저해한다. 그 결과 NADH의 전자 전달이 멈추게 된다.
- 안티마이신 Aantimycin A : 시토크롬 b에서 시토크롬 c_1으로 전자의 이동을 방

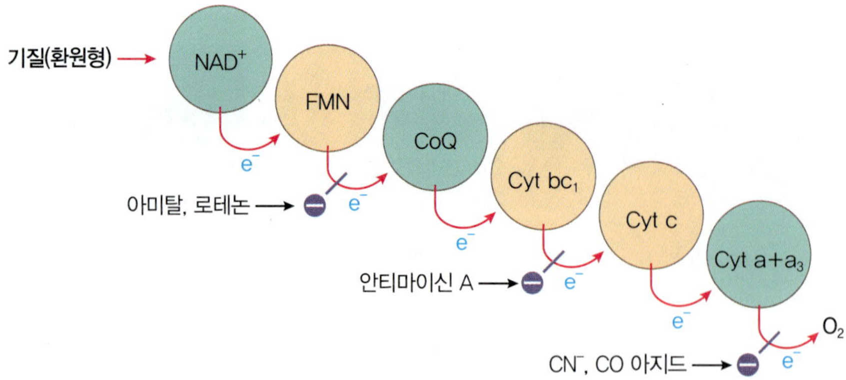

그림 7-9 전자전달계 저해제의 작용 부위

해한다.

- 일산화탄소CO, 시안화물cyanide, CN^- : 전자전달계 마지막 과정에서 전자가 산소로 전달되는 과정을 방해한다. 그 결과 H^+ 농도 구배가 형성되지 않으며 따라서 ATP 역시 생성되지 않는다.

이들 저해제들은 전자전달을 방해함으로써 ATP 합성을 모두 저해한다. 결국 ATP가 없기 때문에 세포 기능이 저하되고, 세포의 미토콘드리아에는 NAD^+가 제한적으로 존재하게 되어 구연산회로가 중단되며, 이로써 세포의 에너지 요구량을 충족시킬 수 없어 세포에 치명적인 영향을 미치게 된다.

2) ATP 합성효소의 저해제

올리고마이신oligomycin은 ATP 합성효소의 F_0 통로를 차단하여 H^+가 흐르는 것을 방해한다. 올리고마이신은 곰팡이를 치료하는 약으로 사용된다.

3) 짝풀림 화학물질

2,4-디니트로페놀dinitrophenol, DNP를 처리하면, 막간으로 이동한 H^+가 미토콘드리아의 내막을 통과하여 기질로 되돌아가게 하여 미토콘드리아의 내막의 H^+ 농도

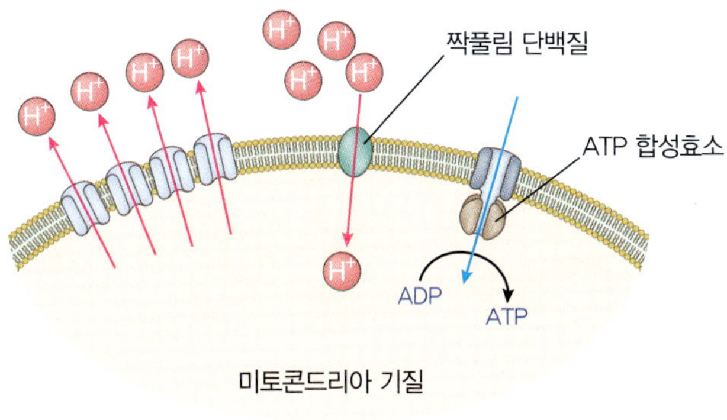

그림 7-10 2,4-디니트로페놀에 의한 H^+의 미토콘드리아 기질 내 이동

구배 형성을 방해한다 그림 7-10. 이때 전자는 정상적으로 이동하므로 호흡은 지속적으로 진행되나 ATP의 합성에 쓰이지 못하고 열발생만 있게 된다. 이들을 짝풀림 화학물질uncoupler이라고 부른다. 이러한 짝풀림은 에너지 소모량을 증가시키므로 비만 치료 시 응용되어 약리적으로 사용될 수 있다.

지질

Chapter 8

CHAPTER 8

지질lipid은 탄소, 수소, 산소로 이루어진 유기화합물로서, 유기용매에는 녹지만 물에는 거의 녹지 않는 물질이다. 식품과 인체 내에 있는 지질은 중성지방이 대부분이며 소량의 인지질, 콜레스테롤, 지용성 비타민, 왁스 등이 포함된다. 지질의 종류는 다음과 같이 분류할 수 있다.

- 지방산
- 단순지질 : 중성지방, 왁스
- 복합지질 : 인지질, 스핑고지질, 당지질
- 유도지질 : 스테로이드, 터핀, 에이코사노이드

1 지방산

지방산fatty acid은 카복실기-COOH를 가진 탄화수소hydrocarbon 사슬이다. 지방산은 중성지방, 인지질 등 여러 지질의 중요한 구성성분이 된다.

1) 지방산의 포화도

탄소와 탄소 간 단일결합만으로 이루어진 지방산을 포화지방산saturated fatty acid, 탄소와 탄소 간 이중결합을 가지고 있는 지방산을 불포화지방산unsaturated fatty acid이라고 한다. 또한 한 개의 이중결합을 가진 지방산을 단일불포화지방산monounsaturated fatty acid, MUFA, 두 개 이상의 이중결합을 가진 지방산을 다가불포화지방산polyunsaturated fatty acid, PUFA이라고 한다.

포화지방산은 지방산 사슬이 일자형straight form 구조를 가지고 있어 지방산이 촘촘히 모여 밀집된 구조를 형성하므로 녹는점이 높고 실온에서 고체 상태로 존재하게 된다. 반면 자연계에 존재하는 대부분의 불포화지방산은 시스*cis*형 이중결합을 가지고 있어 지방산 사슬의 꺾임구조를 만들며, 이러한 구조적 특성으로 포화지방산에 비해 밀집화되지 못하고 지방산 사이의 인력을 깨뜨리는 데 에너지가 덜 소모된다 그림 8-1. 따라서 불포화지방산은 포화지방산에 비해 녹는점이 낮고 실온

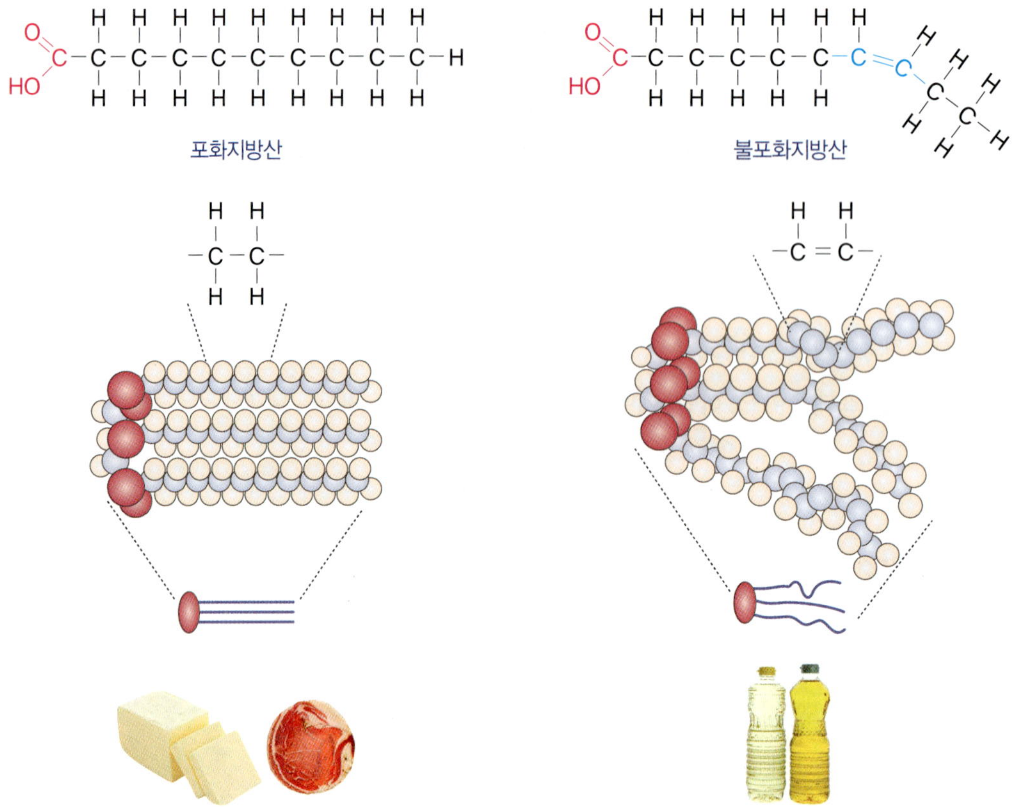

그림 8-1 포화지방산과 불포화지방산의 구조

알아두기

지방산의 포화도와 지방의 성질

지방산의 포화도가 지방산의 성질을 결정한다. 이중결합은 불안정하므로 지방산에 이중결합이 많을수록 산화가 잘 일어나는 반면, 구조에 이중결합이 없는 포화지방산은 잘 산화되지 않는다. 따라서 다가불포화지방산이 많이 함유된 콩기름, 들기름, 생선기름 등은 산패가 잘 일어나고, 포화지방산이 많이 함유된 버터, 베이컨 등은 잘 산패되지 않는 것을 볼 수 있다.

또한 다가불포화지방산이 많이 함유된 식물성 기름은 녹는점이 낮아 실온에서 액체 상태로 존재하고, 포화지방산이 많이 함유된 동물성 지방은 녹는점이 높아 실온에서 고체 상태로 존재한다. 구조에 이중결합을 하나 가지고 있는 단일불포화지방산을 많이 함유한 올리브유는 따뜻한 계절에는 액체 상태이나 추운 겨울에는 살짝 어는 것처럼 보이는 이유도 이것이다.

에서 액체 상태로 존재한다. 반면 트랜스*trans*형 이중결합을 가지고 있는 불포화지방산(트랜스지방산)은 포화지방산과 유사한 일자형의 구조를 가져 포화지방산과 유사한 성질을 나타낸다.

2) 지방산의 탄소수

지방산은 다양한 길이의 탄소 사슬(보통 12~24개 탄소)을 가지고 있으며, 자연계에 존재하는 대부분 지방산은 짝수의 탄소를 가지고 있다. 지방산의 탄소수에 따라 단쇄, 중쇄, 장쇄 지방산으로 구분하며, 탄소수가 많아질수록 녹는점이 높아진다. 일반적으로 중성지방을 구성하는 지방산은 탄소 16개 이상을 가지고 있으며, 4~10개 정도의 탄소를 가진 지방산은 유즙에 많이 존재한다.

3) 지방산의 표기와 명명

지방산을 약자로 표기할 때 콜론 왼쪽의 숫자는 탄소의 수이고, 오른쪽의 숫자는 이중결합의 수이다. 어깨글자는 이중결합의 위치를 말한다. 예를 들어, 올레산 oleic acid 18:1(Δ^9)는 탄소 18개, 이중결합 1개, 이중결합의 위치는 카복실기로부터 9번째 탄소라는 뜻이다. 이중결합이 메틸기-CH_3로부터 몇 번째 탄소에 처음 위치하는지에 따라 ω-3, ω-6, ω-9 등으로 구분하기도 한다. 예를 들어, α-리놀렌산 α-linolenic acid은 메틸기로부터 3번째 탄소에서 처음 이중결합을 형성하고 있으므로 ω-3 지방산으로 그림 8-2, 리놀레산linoleic acid은 메틸기로부터 6번째 탄소에서 처음 이중결합이 나타나므로 ω-6 지방산으로 구분한다.

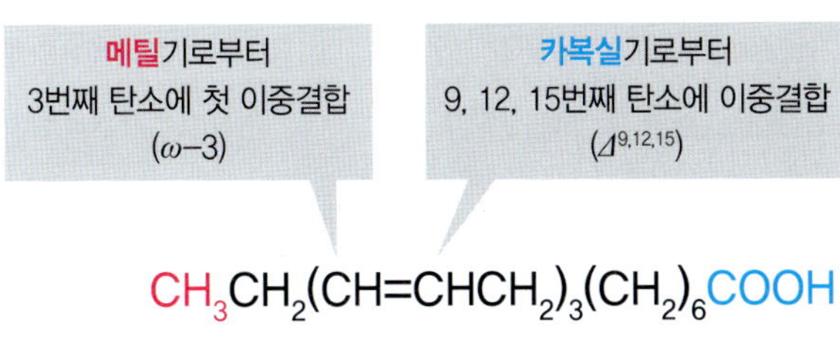

그림 8-2 지방산의 이중결합 위치에 따른 표시의 예(α-리놀렌산)

표 8-1 지방산의 구분

기준	구분	종류		지방산의 예
이중결합	없음	포화지방산		스테아르산
	1개	단일불포화지방산		올레산
	2개 이상	다가불포화지방산	ω-3 지방산	α-리놀렌산, EPA, DHA
			ω-6 지방산	리놀레산, 아라키돈산
탄소 수	C6 미만	짧은사슬(단쇄) 지방산		프로피온산(C3), 부티르산(C4)
	C6~C12	중간사슬(중쇄) 지방산		라우르산(C12)
	C12 이상	긴사슬(장쇄) 지방산		팔미트산(C16)
체내 합성 여부	불가능	필수지방산		리놀레산, α-리놀렌산
	가능	비필수지방산		필수지방산 이외의 지방산

표 8-2 지방산의 종류 및 구조

이름	표기	구조
	포화지방산	
프로피온산(propionic acid)	3:0	$CH_3(CH_2)COOH$
부티르산(butyric acid)	4:0	$CH_3(CH_2)_2COOH$
팔미트산(palmitic acid)	16:0	$CH_3(CH_2)_{14}COOH$
스테아르산(stearic acid)	18:0	$CH_3(CH_2)_{16}COOH$
아라키드산(arachidic acid)	20:0	$CH_3(CH_2)_{18}COOH$
리그노세르산(lignoceric acid)	24:0	$CH_3(CH_2)_{22}COOH$
	불포화지방산	
팔미톨레산(palmitoleic acid)	16:1(Δ^{9})	$CH_3(CH_2)_5CH{=}CH(CH_2)_7COOH$
올레산(oleic acid)	18:1(Δ^{9})	$CH_3(CH_2)_7CH{=}CH(CH_2)_7COOH$
리놀레산(linoleic acid)	18:2($\Delta^{9,12}$)	$CH_3(CH_2)_4(CH{=}CHCH_2)_2(CH_2)_6COOH$
알파-리놀렌산(α-linolenic acid)	18:3($\Delta^{9,12,15}$)	$CH_3CH_2(CH{=}CHCH_2)_3(CH_2)_6COOH$
감마-리놀렌산(γ-linolenic acid)	18:3($\Delta^{6,9,12}$)	$CH_3(CH_2)_4(CH{=}CHCH_2)_3(CH_2)_3COOH$
아라키돈산(arachidonic acid)	20:4($\Delta^{5,8,11,14}$)	$CH_3(CH_2)_4(CH{=}CHCH_2)_4(CH_2)_2COOH$
EPA(eicosapentaenoic acid)	20:5($\Delta^{5,8,11,14,17}$)	$CH_3CH_2(CH{=}CHCH_2)_5(CH_2)_2COOH$
DHA(docosahexaenoic acid)	22:6($\Delta^{4,7,10,13,16,19}$)	$CH_3CH_2(CH{=}CHCH_2)_6CH_2COOH$

4) 필수지방산

식물과 박테리아는 필요한 지방산을 모두 합성할 수 있으나, 포유동물은 대부분의 지방산을 섭취하며 필요한 일부 지방산을 생합성하거나 섭취한 지방산으로부터 만들어낼 수 있다. 신체 내에서 합성할 수 있는 지방산을 비필수지방산non-essential fatty acid, 합성에 필요한 효소가 없어 섭취해야 하는 지방산을 필수지방산essential fatty acid이라고 한다. 포유동물에게는 리놀레산과 α-리놀렌산이 필수지방산으로 식물성 기름을 통해 섭취할 수 있다. 필수지방산은 세포막의 구조와 에이코사노이드의 전구체가 되며, 신체의 정상적인 성장과 발달, 피부 건강을 위해 필요하다.

2 중성지방

자연계에 존재하는 지질의 95%가 중성지방이다. 식사를 통해 섭취하고, 인체 내에 저장되는 에너지의 형태 대부뷰은 중성지방이다.

1) 중성지방의 구조

중성지방은 글리세롤glycerol에 지방산 3분자가 결합한 트리아실글리세롤triacylglycerol로 트리글리세리드triglyceride, TG라고도 한다. 지방산의 카복실기가 글리세롤의 히드록실기hydroxyl, -OH와 반응하여 에스테르 결합을 형성하며, 그 결과 전하를 띠지 않게 되므로 중성지방neutral fat으로 부른다. 중성지방은 그 구조에 있어 비극성 부분만을 가지게 되기 때문에 물에 녹지 않는다 그림 8-3.

1개의 지방산을 갖는 글리세리드glyceride를 모노글리세리드monoglyceride, MG(또는 모노아실글리세롤monoaylglycerol), 2개의 지방산을 갖는 글리세리드를 디글리세리드diglyceride, DG(또는 디아실글리세롤diaylglycerol)라고 한다.

중성지방 내 3분자의 지방산은 같은 지방산이 결합될 수도 있고, 서로 다른 지방산이 결합될 수도 있는데, 자연계의 존재하는 중성지방은 대부분 2가지 이상의 다

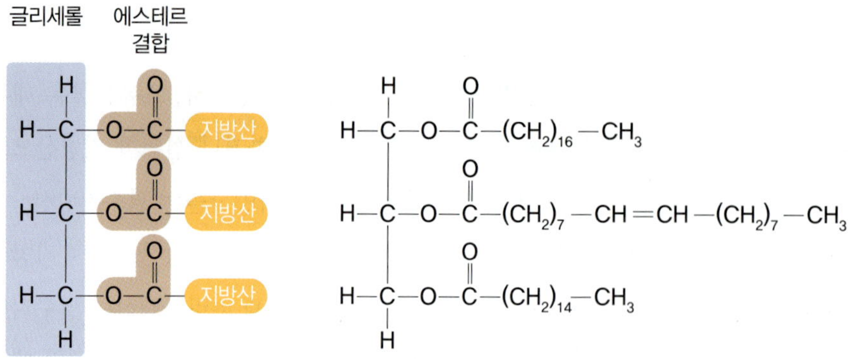

그림 8-3 중성지방의 일반 구조(왼쪽)와 중성지방의 구조의 예
오른쪽; 글리세롤에 스테아르산, 올레산, 팔미트산이 결합되어 있다.

른 지방산이 결합된 혼합 중성지방이다. 중성지방을 형성하는 지방산의 조성에 따라 녹는점, 산패 정도, 실온에서의 상태 등 지방의 물리적 성질이 달라진다. 즉 포화지방산이 많이 결합되어 있을수록 녹는점이 높아 실온에서 고체 상태인 굳기름(지방fat)을 형성하고, 불포화지방산이 많이 결합되어 있을수록 녹는점이 낮아 실온에서 액체상태인 기름oil이 된다.

2) 중성지방의 기능

중성지방은 체내 에너지의 주요 저장원이며 운반체가 된다. 지방으로 저장되는 에너지는 주로 지방세포 내에 중성지방 형태로 저장되며 지방조직은 주로 피하층과 복강 내에 분포한다. 인체 내에 저장된 중성지방은 평균 80,000 kcal 정도이나 저장될 수 있는 양은 제한이 없다. 중성지방은 소수성이기 때문에 물과 결합하는 글리코겐에 비해 적은 공간에 더 치밀하게 에너지를 저장할 수 있으며, 탄수화물보다 덜 산화되어 있기 때문에 더 많은 에너지를 생성하는 효율적인 에너지원이 된다(탄수화물이 1 g당 4 kcal를 방출하는 반면, 지방은 1 g당 9 kcal를 방출한다). 또한 체지방으로서 중성지방은 좋은 절연체 역할을 한다. 지방조직은 특히 피하지방으로 몸 전체에 분포하여 체내 열 손실을 막는 역할을 한다.

3 복합지질

복합지질은 지방산 외에 인, 질소, 황, 당 등 다른 화합물을 가진 지질로, 골격구조가 글리세롤인 지질을 글리세롤지질, 골격구조가 스핑고신인 지질을 스핑고지질로 분류한다. 주요 글리세롤지질에는 일반적으로 인지질을 지칭하는 글리세롤인지질(포스포글리세리드)이 있고, 스핑고지질에는 스핑고미엘린과 당지질이 있다. 인지질과 스핑고지질은 막 구조의 주요한 구성성분이 된다.

1) 인지질

(1) 인지질의 구조

인지질phospholipid은 인P을 가진 지질로, 일반적으로 인지질은 글리세롤, 지방산, 인산, 알코올로 구성되는 포스포글리세리드phosphoglyceride를 지칭한다. 인지질은 중성지방과 구조가 비슷하나, 지방산 3분자 중 한 분자가 인산으로 대체되어 있다. 즉 글리세롤의 1번과 2번 탄소에 지방산이 결합되어 있고, 3번 탄소에는 인산과 알코올이 결합되어 있다 그림 8-4.

인지질은 구조 내에 친수성 부분과 소수성 부분을 모두 가지고 있어 양극성amphipathic 또는 양친매성amphiphilic 성질을 나타낸다. 즉 친수성 머리hydrophilic

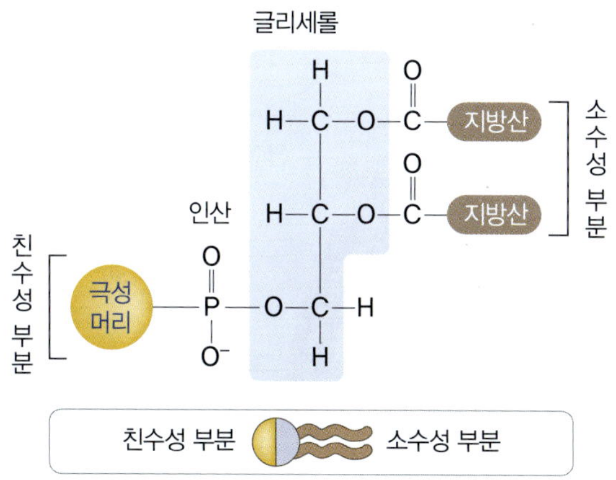

그림 8-4 인지질의 일반 구조

head 부분은 인산과 기타 극성을 나타내는 알코올로 구성되고, 소수성 꼬리 hydrophobic tail는 2개의 지방산 탄화수소 사슬로 구성되어 있다 그림 8-4.

(2) 인지질의 기능

인지질은 생체막의 주된 구성성분이며, 유화제emulsifying agent 또는 표면활성제 surface active agent로 작용한다. 인지질의 이러한 역할은 인지질의 양극성 성질에 기인한다. 즉 인지질이 수용액 환경에 있으면 인지질의 친수성 머리 부분은 물쪽을 향하여 배열되고 소수성 꼬리 부분은 물을 배제시키며 안쪽으로 묻히면서, 미셀micell 또는 지질 이중층lipid bilayer을 형성하게 된다 그림 8-5. 특히 인지질은 소수성 꼬리 부분이 공간을 많이 차지하기 때문에 내부 공간이 작은 미셀보다는 소수성 꼬리 부분이 서로 마주보고 있는 이중층을 형성하기 쉬운데 이것이 생체막이 인지질 이중층으로 형성되어 있는 이유이다 그림 8-6. 또

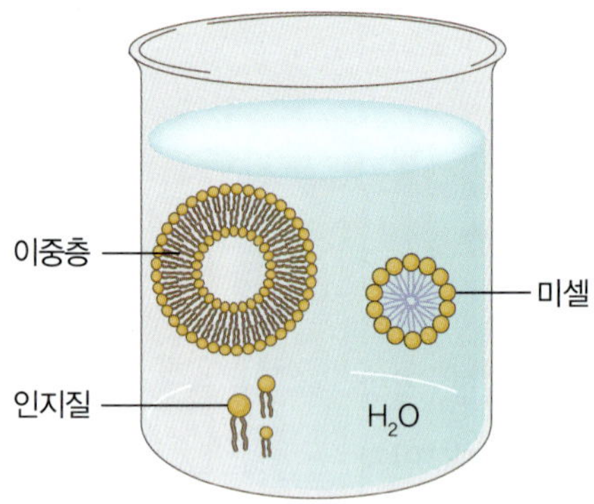

그림 8-5 수용액 속의 인지질

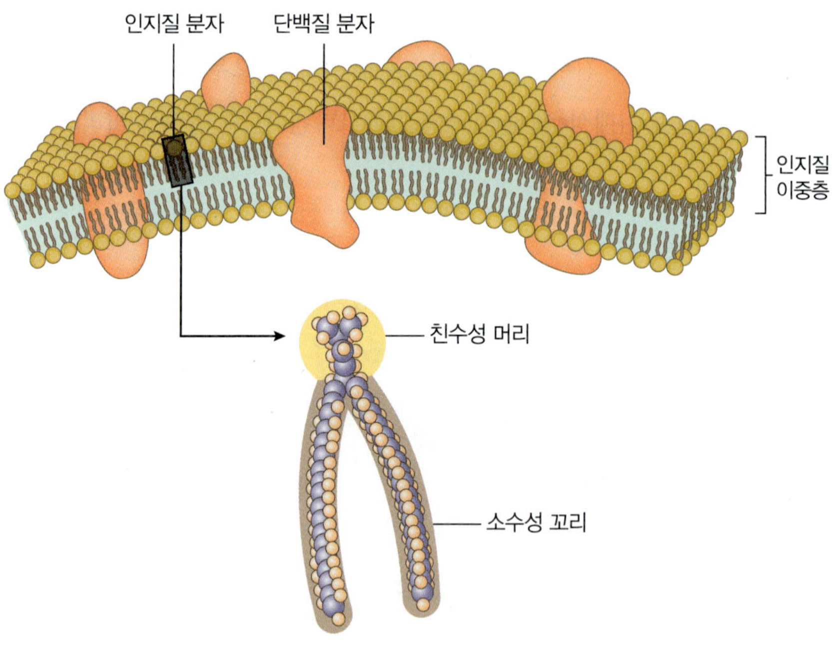

그림 8-6 생체막 구조

한 인지질은 인체에서 폐의 표면활성제와 담즙의 성분으로 작용한다.

(3) 인지질의 종류

가장 간단한 인지질인 포스파티드산phospatidic acid은 디글리세리드(글리세롤에 2분자의 지방산이 결합)에 인산이 결합한 것으로, 다른 인지질의 전구물질이 된다. 포스파티드산의 인산에 알코올을 포함하는 분자가 결합하여 다른 인지질들이 형성되며, 결합하는 알코올의 종류에 따라 인지질의 종류가 달라진다 그림 8-7. 예를 들어, 결합하는 알코올이 콜린choline이면 포스파티딜콜린phosphatidylcholine이 된다. 인지질의 대부분은 포스파티딜콜린이며 레시틴lecithine이라고도 부른다.

- 포스파티드산 + 콜린choline → 포스파티딜콜린(레시틴)
- 포스파티드산 + 세린serine → 포스파티딜세린phosphatidylserine
- 포스파티드산 + 에탄올아민ethanolamine → 포스파티딜에탄올아민phosphatidylethanolamine
- 포스파티드산 + 이노시톨inositol → 포스파티딜이노시톨phosphatidylinositol
- 포스파티드산 + 글리세롤glycerol → 포스파티딜글리세롤phosphatidylglycerol

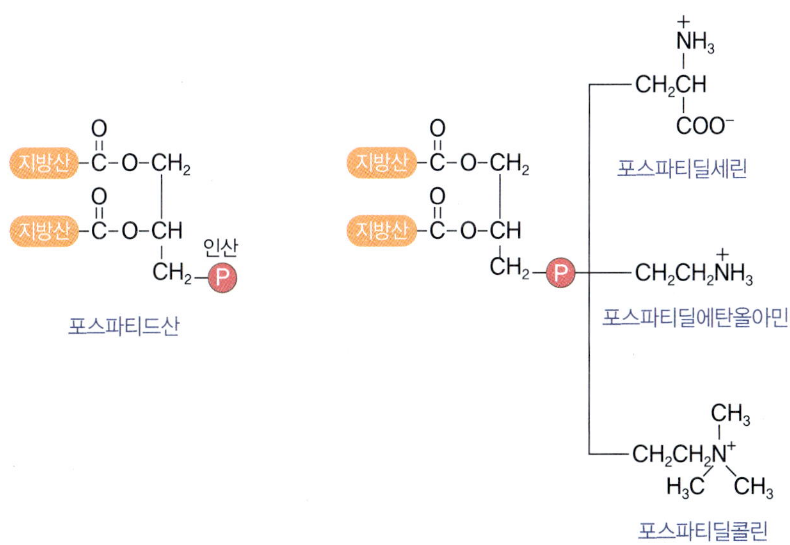

그림 8-7 포스파티드산(왼쪽) 및 인지질(오른쪽)의 구조

2) 스핑고지질

(1) 스핑고지질의 구조

스핑고지질sphingolipid은 글리세롤 대신 스핑고신sphingosine을 가지고 있다는 것이 포스포글리세리드와 다르다. 스핑고신은 지방산이 결합된 아미노알코올이며, 스핑고신의 2번 탄소에 있는 아미노기-NH_2에 긴사슬 지방산이 결합하여 스핑고지질의 핵core 부분인 세라미드ceramide(N-아실스핑고신)를 형성한다 그림 8-8. 스핑고지질은 세라미드의 1번 탄소에 알코올(콜린 등) 또는 당이 결합되어 있다. 세라미드의 1번 탄소에 결합되어 있는 머리 부분의 구조에 따라 스핑고지질의 종류가 결정된다. 예를 들어, 세라미드에 인산콜린phosphorylcholine이 결합하여 스핑고미엘린sphingomyelin이, 세라미드에 당이 결합하여 당지질glycolipid이 형성된다.

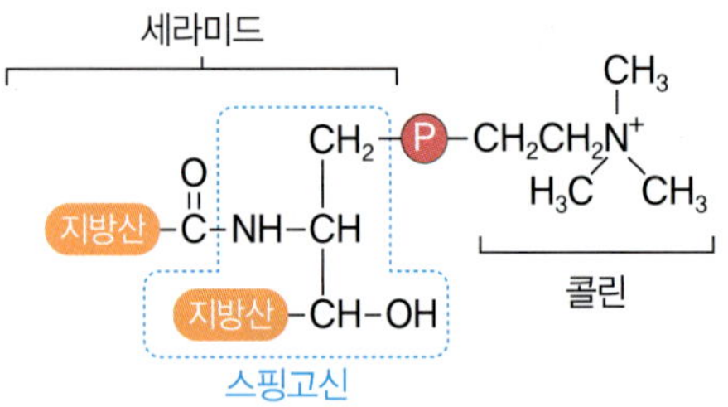

그림 8-8 스핑고미엘린의 구조

① 스핑고미엘린

세라미드의 1번 탄소의 히드록실기-OH에 인산콜린의 인산기가 결합하여 스핑고미엘린을 형성한다 그림 8-8. 스핑고미엘린은 구조 내에 인을 함유하고 있으므로 인지질로도 분류되며, 인체에 존재하는 유일한 스핑고인지질sphingphospholipid이다.

② 당지질

당지질은 당을 함유하고 있는 지질이다. 당지질은 세라미드에 단당류, 또는 이당류, 올리고당류가 글리코시드 결합glycosidic bond을 한 구조로 글리코스핑고지질glycosphingolipid이라고도 한다. 중요한 당지질에는 세레브로시드cerebroside, 술파티드sulfatide, 강글리오시드ganglioside가 있다 그림 8-9.

- 세레브로시드 : 세라미드에 단당류가 결합된 것이다. 세라미드에 갈락토스가 결합되어 갈락토세레브로시드가 형성되고, 세라미드에 포도당이 결합되어 글루코세레브로시드가 형성된다.

- 술파티드 : 세레브로시드의 갈락토스에 황이 결합된 것이다.
- 강글리오시드 : 한 개 이상의 시알산sialic acid(N-acetylnueraminic acid, NANA)을 가진 스핑고지질이다. 가장 복잡한 스핑고지질로 올리고당을 함유하고 있으며, 60여 종 이상의 강글리오시드가 존재한다.

(2) 스핑고지질의 기능

스핑고지질은 막의 중요한 구성성분이 된다. 스핑고미엘린은 대부분의 동물세포막에서 발견되며, 이름에서 알 수 있듯이 특히 신경세포의 수초myelin sheath에 가장 많이 함유되어 있다. 수초는 신경세포 축삭axon 주위를 둘러싸서 절연시키는 작용으로 신경전달 속도를 촉진한다.

당지질의 역할은 아직까지 명확하지 않으나 세레브로시드는 주로 뇌세포와 말초신경 세포에서 발견되며, 특히 수초에 많이 함유되어 있다. 갈락토세레브로시드는 주로 뇌의 신경세포막에 존재하고, 글루코세레브로시드는 다른 조직들의 막에 존재한다. 세레브로시드는 미엘린 수초를 구성하는 지질의 약 15%를 구성한다. 술파티드는 주로 신경조직과 신장에서 발견되며, 강글리오시드는 주로 중추신경계의 신경절세포gaglion cell에서 발견되는데, 특히 신경세포의 말단에 많이 존재하면서 신경자극 전달에 중요한 역할을 하는 것으로 알려졌다. 일부 당지질은 박테리아 독소를 박테리아 세포와 동물의 세포막에 결합시키는 역할도 한다. 예를 들어, 콜레라, 파상풍, 보툴리누스 중독을 일으키는 독소는 세포막의 당지질 수용체와 결합한다.

알아두기 **스핑고지질저장병**

유전적인 결함에 의한 스핑고지질이 축적되는 질환이 나타날 수 있다. 가장 흔한 스핑고지질저장병(sphingolipid storage disease)은 테이삭스(Tay-Sachs)병으로 이는 강글리오시드 GM2를 분해하는 효소인 β-hexosaminidase의 결핍에 의해 GM2가 축적되어 세포가 팽창하는 병으로 보통 3세 이전에 사망한다. 스핑고지질저장병은 치료할 수 없기 때문에 치명적이다.

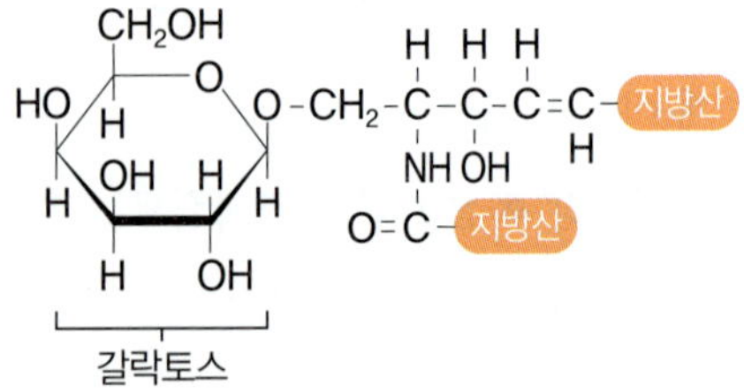

(a) 갈락토세레브로시드

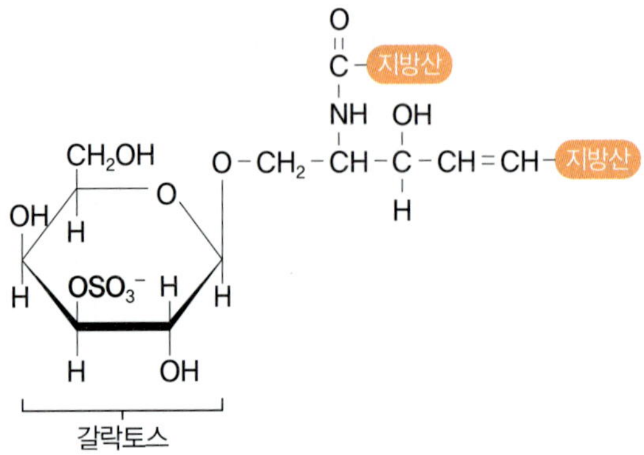

(b) 술파티드

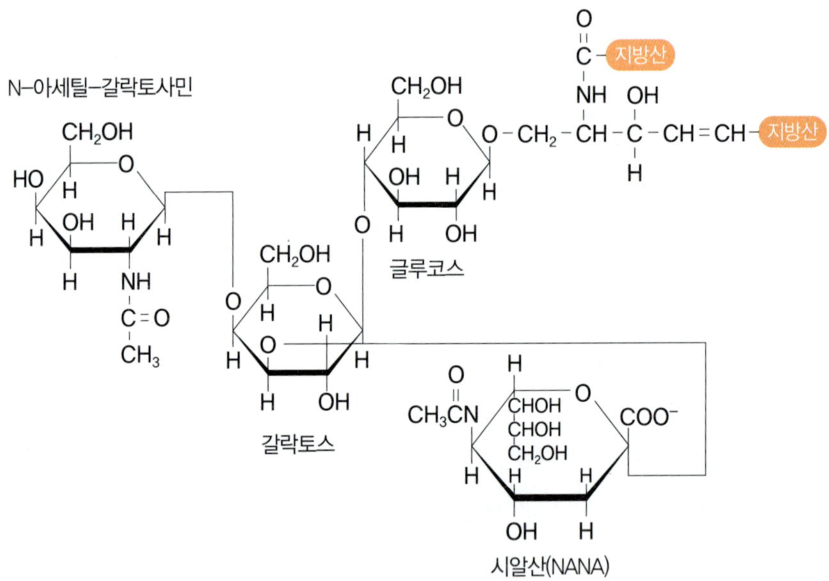

(c) 강글리오시드(GM2)

그림 8-9 당지질의 구조

4 터핀

터핀terpene은 2개 이상의 이소프렌isoprene이 결합되어 이루어진 지질이다. 이소프렌 단위isoprene unit 2개가 결합되면 탄소 10개의 모노터핀monoterpene이 되고, 이소프렌 단위 3개인 경우 세스퀴터핀sesquiterpene, 4개인 경우에는 디터핀diterpene을 만들게 된다 표 8-3.

터핀은 향수나 의약품으로 사용되는 식물의 정유essential oil에 풍부하게 들어있다. 모노터핀으로는 리모넨limonene, 멘톨menthol 등이 있고, 디터핀에는 식물성 알코올인 피톨phytol이, 트리터핀triterpene에는 상어의 간유에 풍부한 스쿠알렌squalene과 라노스테롤lanosterol이 있으며, 이들은 콜레스테롤 생합성의 전구물질이 된다. 테트라터핀에는 대부분의 식물에 존재하는 오렌지색 색소인 카로티노이드carotenoid가 있으며, 카로티노이드의 일종인 베타카로틴은 비타민 A의 전구물질이고, 라이코펜lycopene은 토마토에서 발견되는 색소이다.

잔토필xanthophyll은 카로틴의 산화유도체이다. 폴리터핀은 수백~수천 개의 이소프렌 단위로 구성된 고분자 물질로 천연고무는 3,000~6,000개의 이소프렌 단위로 구성된다 표 8-3.

일부 중요한 생체분자는 비터핀 성분이 혼합된 혼성 터핀mixed terpene이다. 비타민 E(α-토코페롤), 비타민 K, 유비퀴논ubiquinone, 일부 사이토키닌cytokinin 등이 여기에 포함된다.

5 스테로이드

1) 스테로이드와 스테롤의 구조

스테로이드steroid는 트리터핀의 복잡한 유도체이다. 스테로이드는 4개의 탄화수소 고리(6개의 탄소 고리 3개와 5개의 탄소 고리 1개)가 융합되어 구성된다. 스테로이드 중에서 D고리에 있는 17번째 탄소에 8~10개의 탄화수소 곁사슬이 있고, A고리에 있는 3번째 탄소에 히드록실기-OH를 가진 것을 스테롤sterol로 분류한다.

표 8-3 이소프렌의 구조와 터핀의 종류 및 구조

터핀 종류	이소프렌 단위 수	예	
이소프렌 (isoprene)		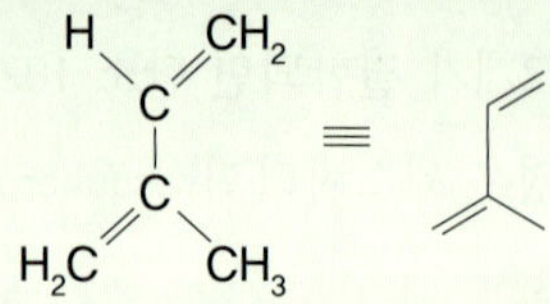	
모노터핀 (monoterpene)	2	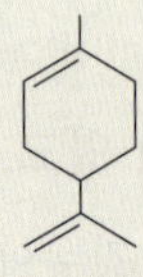 리모넨	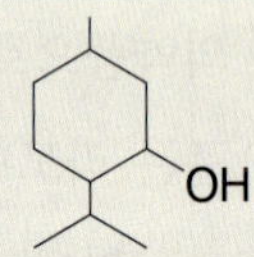 멘톨
디터핀 (diterpene)	4	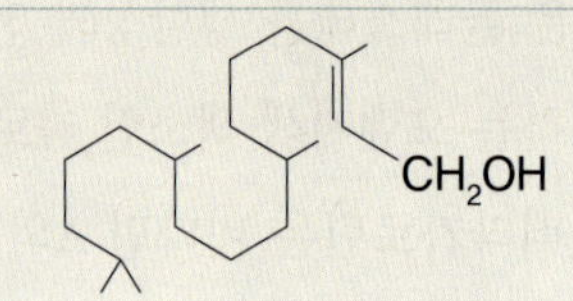 피톨	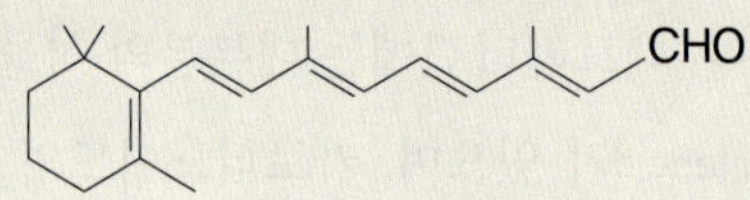 all-*trans*-레티날
트리터핀 (triterpene)	6	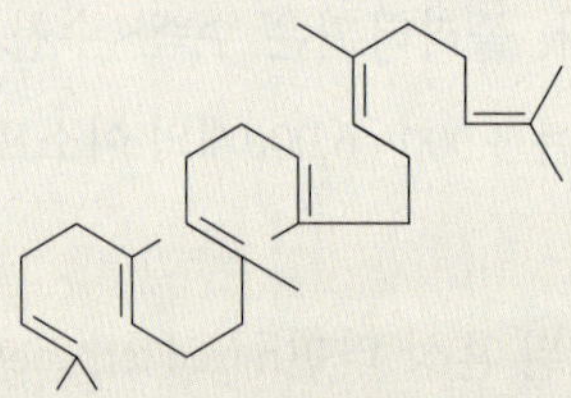 스쿠알렌	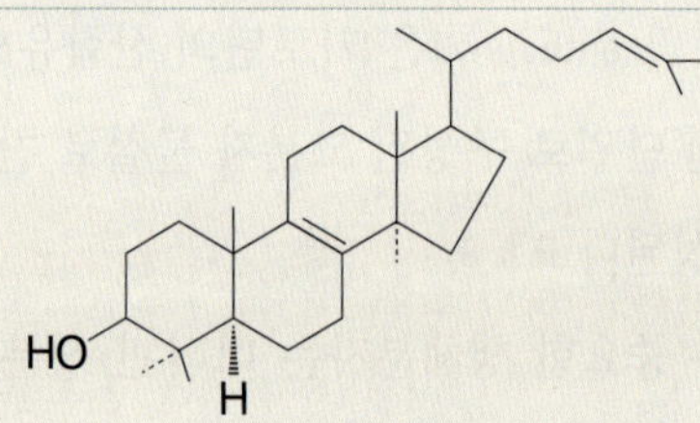 라노스테롤
테트라터핀 (tertraterpene)	8	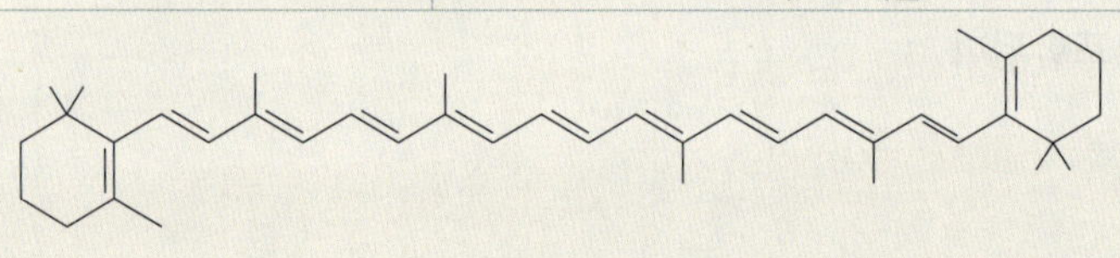 β-카로틴	
		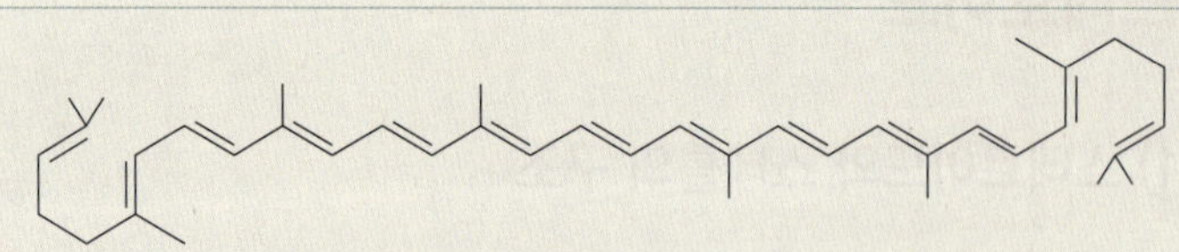 라이코펜	
폴리터핀 (polyterpene)	수천 개	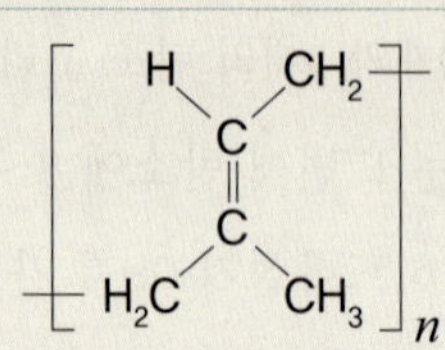 고무	

2) 콜레스테롤과 동물 스테로이드

스테로이드의 대표적인 예인 콜레스테롤은 D고리에 곁사슬이 있고, A고리에 히드록실기를 가지고 있기 때문에 스테롤로 분류된다. 콜레스테롤은 동물조직에서만 발견되는 주요한 스테롤로 유리 형태로 존재하기도 하나, 보통 지방산과 결합한 콜레스테롤 에스테르 형태로 (지단백질을 통해) 혈액으로 운반되거나 세포에 저장된다 그림 8-10.

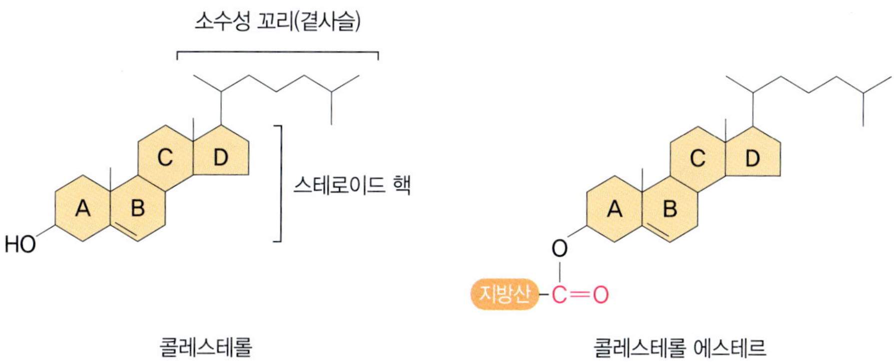

그림 8-10 **콜레스테롤과 콜레스테롤 에스테르**

콜레스테롤은 인체에 꼭 필요한 물질이다. 콜레스테롤은 동물세포막의 필수 주요 구성성분이 될 뿐 아니라 비타민 D와 스테로이드 호르몬, 담즙산의 전구물질이 된다. 콜레스테롤은 고리구조와 곁사슬의 탄화수소 부분이 비극성을 나타내고, 한편 3번째 탄소의 히드록실기로 인해 약한 극성을 가지게 되어 세포막에 존재하면서 막의 물리적 성질에 영향을 준다.

콜레스테롤로부터 만들어지는 스테로이드는 테스토스테론testosterone · 에스트라디올estradiol · 프로게스테론progesterone과 같은 성호르몬sex hormone, 코티졸cortisol과 같은 글루코코티코이드glucocorticoid, 알도스테론aldosterone과 같은 미네랄로코티코이드mineralocorticoid 등의 호르몬과 담즙산(콜산cholic acid과 데옥시콜산deoxycholic acid) 등이다 그림 8-11.

또한 콜레스테롤은 혈액 내의 지단백질의 구성성분으로, 혈중 농도가 높아지면

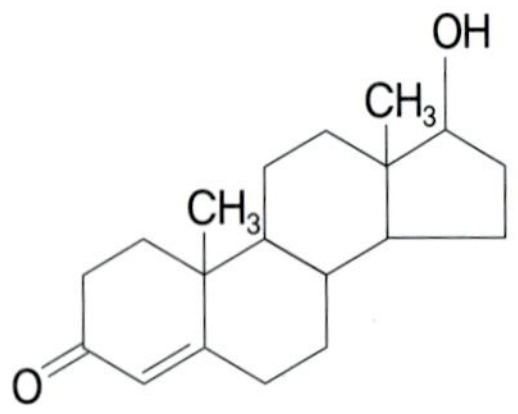

테스토스테론

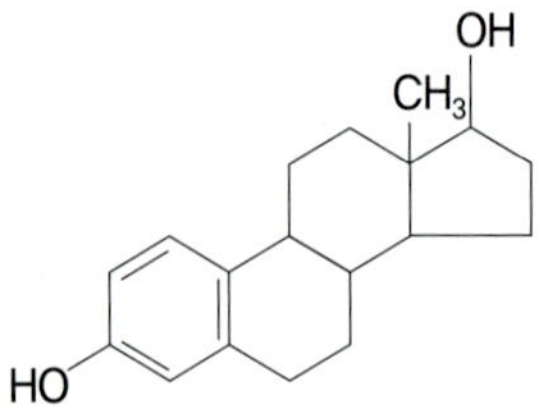

17-β-에스트라디올

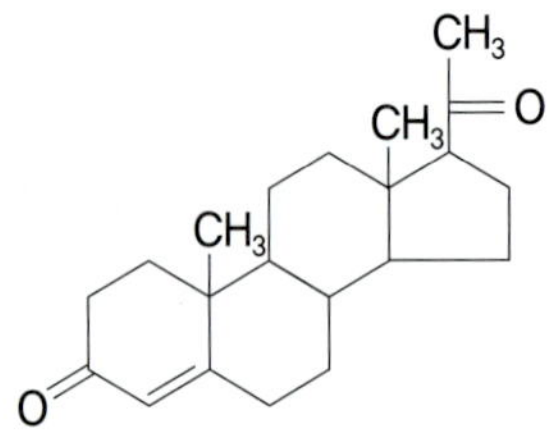

프로게스테론

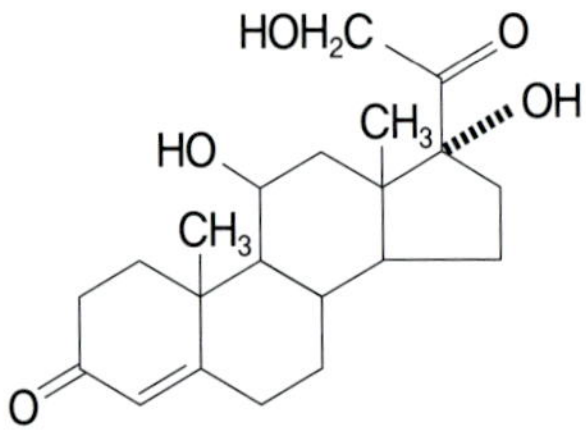

코티졸

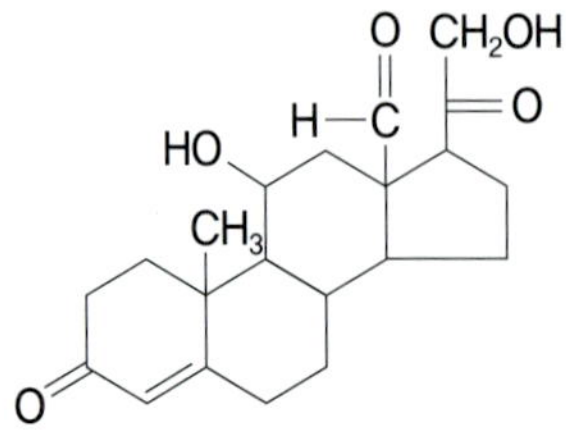

알도스테론

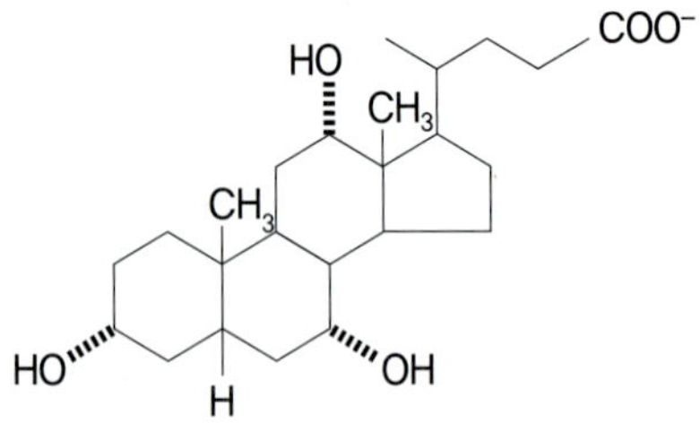

콜산

그림 8-11 동물 스테로이드

동맥벽에 침전물plaque을 형성하여 동맥경화를 유발하는 원인이 되기도 한다.

3) 식물 스테로이드

식물의 스테로이드는 스테롤의 형태를 가지고 있다. 식물 스테롤은 세포막을 안정화시키는 등 막의 구조와 기능에 중요한 역할을 하는 것으로 알려졌다. 식물 스테롤에는 β-시토스테롤, 스타그마스테롤, 에르고스테롤 등이 있다 그림 8-12.

알아두기 **식물성 스테롤과 콜레스테롤**

식물성 스테롤은 소장의 점막세포에서 흡수가 잘 안 되며, 콜레스테롤과 매우 유사한 구조를 가지고 있기 때문에 소장에서 콜레스테롤과 경쟁하여 콜레스테롤의 흡수를 차단하는 효과가 있는 것으로 알려졌다. 따라서 식물성 스테롤을 혈중 콜레스테롤을 낮추는 용도의 식사요법이나 기능성 소재 또는 약물로 활용할 수 있다.

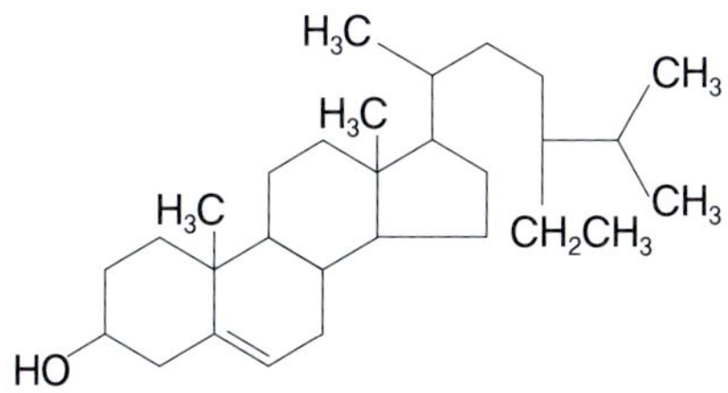

β-시토스테롤

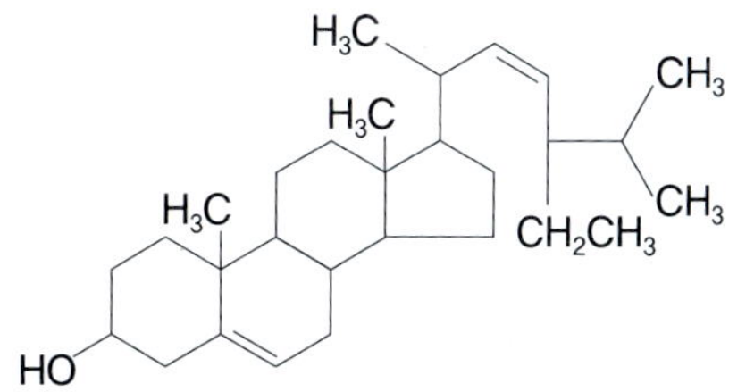

스티그마스테롤

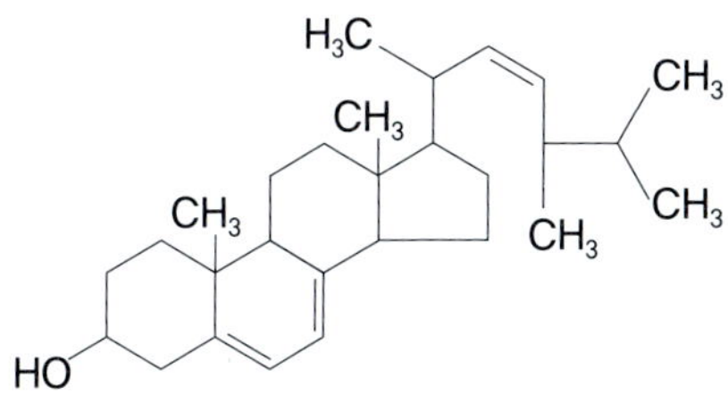

에르고스테롤

그림 8-12 식물 스테로이드

알아두기 생체막을 구성하는 지질

생체막의 주요 성분은 지질과 단백질로 지질 이중층에 단백질이 끼어 있는 구조로 되어 있다. 지질 중에서도 양극성을 가지고 있는 인지질이나 스핑고지질(스핑고미엘린, 당지질), 그리고 콜레스테롤이 세포막을 구성하고 있다. 이 중 인지질은 세포막을 구성하는 주된 지질로 세포막에서 인지질의 소수성 부분은 다른 막의 성분들, 즉 당지질, 콜레스테롤, 단백질과 연결되어 있다 그림 8-13. 인지질의 친수성인 극성 머리 부분은 밖으로 향하여 세포 내 또는 세포 외의 수용액 환경과 상호작용을 한다. 세포막에서 인지질과 당지질은 세포 내에서 신호를 전달하는 메신저 역할이나 특정 단백질을 인식하거나 결합하는 닻anchor과 같은 역할을 하기도 한다.

막의 유동성은 인지질분자 내 지방산의 조성에 의해 주로 결정된다. 지방산의 길이와 포화도에 따라 지방산의 밀집도와 녹는점이 달라지게 되어 유동성이 달라진다. 불포화지방산은 포화지방산에 비해 밀집도가 떨어지고 녹는점이 낮기 때문에 막에 불포화지방산의 함량이 높으면 막의 유동성이 증가한다. 생체막의 지방산 조성은 식사, 환경, 생물학적 필요성의 영향을 받는다. 예를 들어, 물고기가 생활하는 수온에서 막의 유동성을 유지하기 위해서는 녹는점이 낮은 다가불포화지방산이 많이 함유될 필요가 있기 때문에 생선에는 다가불포화지방산 함량이 높다. 사람도 음식을 통해 섭취하는 지방산 조성에 따라 세포막의 유동성이 달라질 수 있다.

콜레스테롤은 막의 안정성을 적절하게 조절한다. 콜레스테롤은 고리 구조가 지방산의 움직임을 방해하여 유동성을 저하시킬 수도 있고, 한편으로는 지방산들이 빽빽하게 포개지는 것을 방해하여 유동성을 유지시키기도 한다.

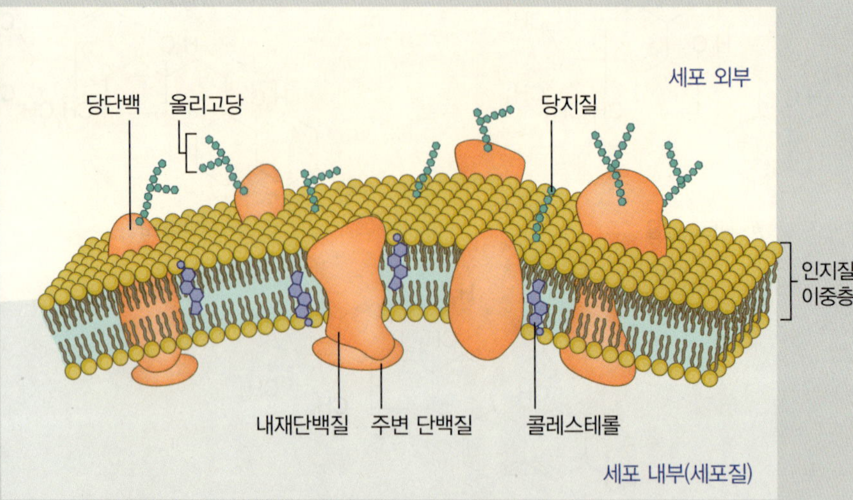

그림 8-13 생체막의 구조

6 에이코사노이드

에이코사노이드eicosanoid는 포유류 조직에서 생성되는 강력한 호르몬과 같은 기능을 가진 물질로, 대부분의 에이코사노이드는 탄소 20개 지방산인 아라키돈산이 산화되어 생성된다(20을 의미하는 eico-를 접두어로 사용하여 명명하였다). 식품을 통해 섭취한 필수지방산인 리놀레산〔18:2($\Delta^{9,12}$), ω-6 지방산〕이 체내에서 아라키돈산〔20:4($\Delta^{5,8,11,14}$), ω-6 지방산〕으로 전환되어 에이코사노이드의 전구체가 된다.

에이코사노이드는 낮은 농도로도 매우 다양한 생리적 기능을 조절한다. 에이코사노이드는 염증 반응과 혈압 조절에 관여하며, 위장 및 신장 기능을 유지하고 평활근(특히 소장과 자궁) 수축 및 혈관 내경, 혈소판 응집 등을 조절한다. 또한 통증과 발열 반응에도 관여한다.

에이코사노이드는 기능상 호르몬과 유사하지만, 특정 관을 통해 분비된 후 다른 곳으로 이동하여 작용하는 호르몬과는 달리 대부분의 조직에서 매우 소량 생성되어 지엽적으로 작용한다.

에이코사노이드는 프로스타글란딘, 트롬복산, 루코트리엔 등이 포함된다 그림 8-14.

- 프로스타글란딘prostaglandin, PG : C11과 C15에 히드록실기가 있는 사이클로펜탄cyclopentane 고리를 가지고 있는 아라키돈산 유도체이다. 여러 종류의 프로스타글란딘이 있으며 프로스타글란딘의 종류와 작용하는 기관에 따라 염증 촉진, 혈관의 수축·이완, 혈소판 응집 억제, 평활근의 수축·이완, 자궁 수축 촉진, 위액 분비 저해, 수면 조절 등 광범위한 조절 기능을 나타내며 때로는 상반된 효과를 나타내기도 한다.
- 트롬복산thromboxane, TX : 구조상 환상 에테르cyclic ether를 가지고 있는 점에서 다른 에이코사노이드와는 다르다. 트롬복산 중 가장 두드러진 트롬복산

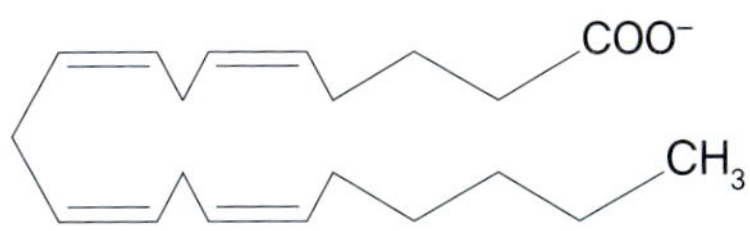

아라키돈산

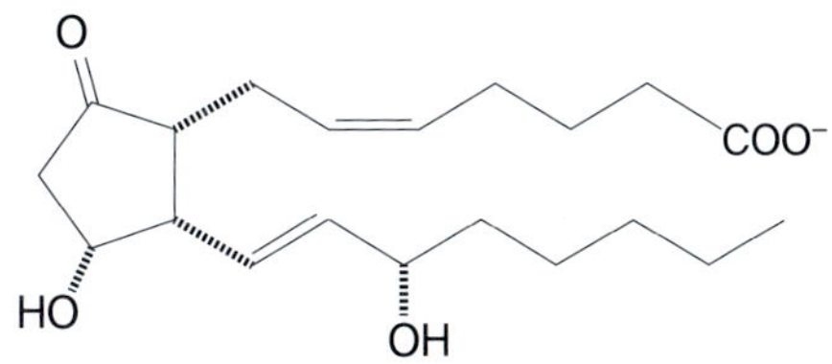

프로스타글란딘 E_2(PGE_2)

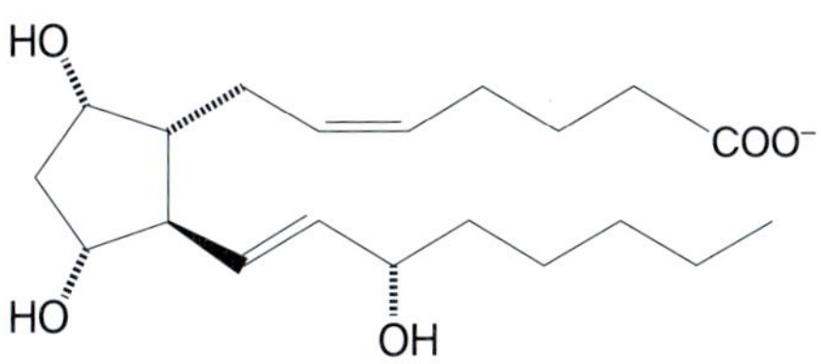

프로스타글란딘 $F_{2\alpha}$($PGF_{2\alpha}$)

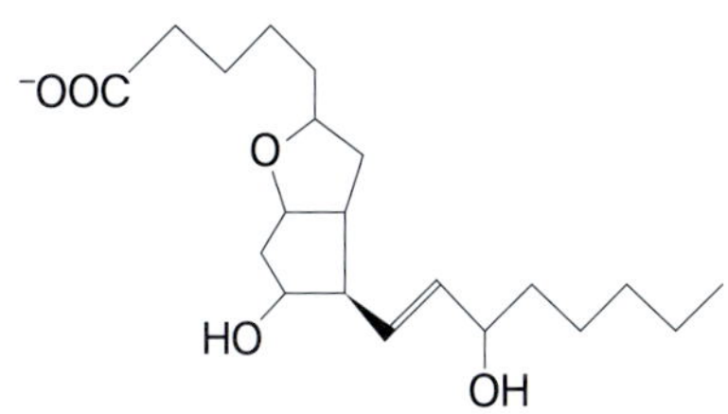

프로스타글란딘 I_2(PGI_2, 프로스타사이클린)

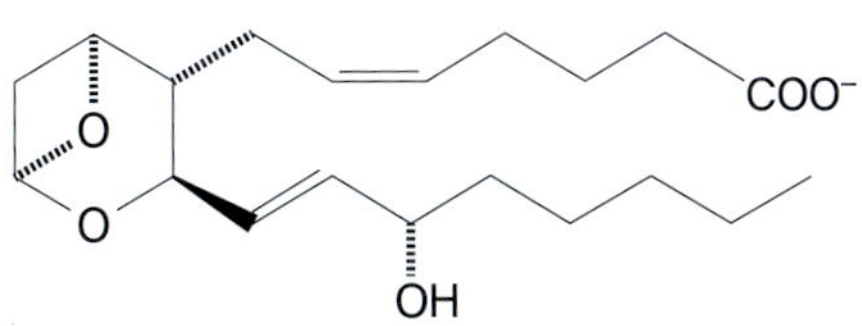

트롬복산 A_2(TXA_2)

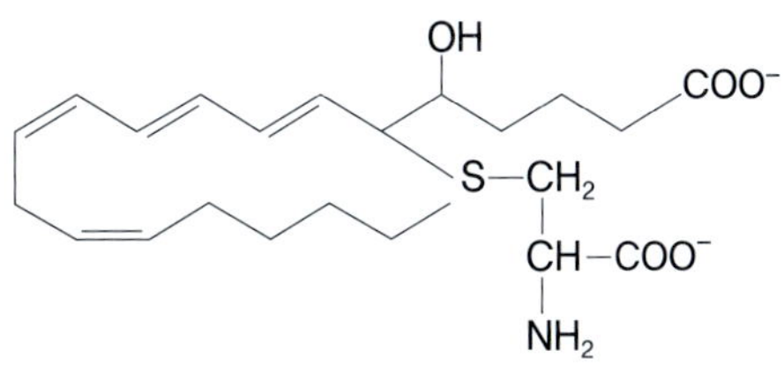

루코트리엔 E_4(LTE_4)

그림 8-14 아라키돈산과 에이코사노이드의 구조

A_2(TXA_2)는 혈소판에 의해 생성되어 혈소판의 부착과 응집을 촉진하고, 혈관 평활근 수축을 촉진하여 혈전blood clot 형성을 촉진한다. 프로스타글란딘 PGI_2는 TXA_2와 반대로 혈소판 응집을 억제하고 혈관 확장을 촉진하여 혈전 형성을 방해하는 기능을 갖는다.

• 루코트리엔leukotriene, LT : 과산화 반응peroxidation에 의해 생성되는 아라키돈산의 선형linear 유도체이다. 루코트리엔이란 명칭은 이 물질이 처음 발견된 곳이 백혈구leukocyte이기 때문에 leuko와 구조 중의 3개의 이중결합을 의미하는 triene을 합해 이름 붙였다. 루코트리엔은 주로 염증 반응에 관여한다. 루코트리엔 C_4, 루코트리엔 D_4, 루코트리엔 E_4는 특이적인 심한 알레르기 반응인 과민증anaphylaxis을 둔화시키며, 루코트리엔 B_4는 백혈구를 손상된 조직으로 유인하여 혈관 내피세포에 백혈구가 부착되도록 한다. 루코트리엔의 또 다른 중요한 특성은 폐에서의 평활근 수축(기관지 수축)이다. 꽃가루 등에 대한 알레르기 반응에 의해 루코트리엔 C의 합성이 촉진되어, 그 결과 기관지가 수축됨으로써 천식이 유발되기 때문에, 현재 천식 치료에는 루코트리엔 C의 합성을 저해하는 약물이 사용되고 있다. 루코트리엔은 염증을 일으키는 성질이 있어 류머티스성 관절염에도 관여하는 것으로 알려졌다.

7 왁스

왁스wax는 긴사슬 지방산과 긴사슬 알코올이 에스테르 결합으로 형성된 지질이다. 왁스에 결합되어 있는 지방산은 대부분 포화지방산이며, 알코올은 포화되어 있거나 불포화되어 있을 수도 있고 콜레스테롤과 같은 스테롤을 가지고 있기도 하다.

왁스는 긴 소수성 꼬리(지방산 탄화수소 사슬)를 가지고 있는 반면, 머리 부분(에스테르 결합)의 극성은 매우 약하기 때문에 물에 녹지 않는다. 이러한 불용성 성질로 인해 왁스는 식물의 잎과 줄기, 과일의 껍질, 그리고 동물의 피부와 모피, 새의 깃털 등을 코팅하여 보호하는 방수 기능을 가지고 있다.

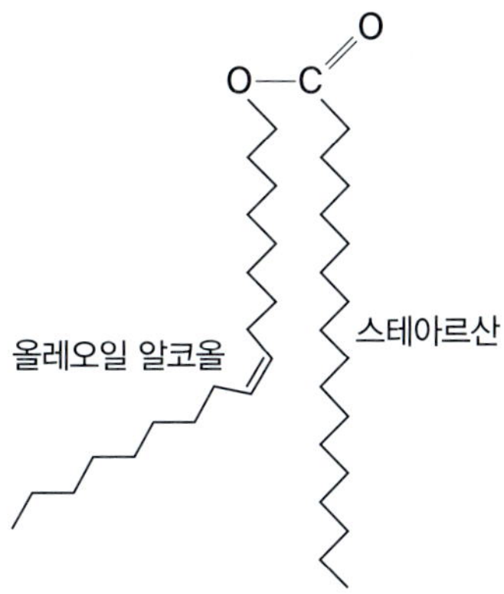

그림 8-15 왁스 구조의 예
올레오일 알코올은 스테아르산과 에스테르 결합으로 연결되어 있다.

지질 대사

Chapter 9

1. 지질의 소화, 흡수, 이동, 저장
2. 중성지방과 지방산의 분해
3. 지방산의 생합성과 중성지방 합성
4. 복합지질 대사
5. 콜레스테롤과 스테로이드 대사
6. 에이코사노이드 대사

CHAPTER 9

1 지질의 소화, 흡수, 이동, 저장

식사를 통해 섭취하는 지질의 대부분(90% 이상)은 중성지방이며, 나머지는 주로 콜레스테롤, 콜레스테롤 에스테르, 인지질, 유리지방산 등이다. 섭취한 지질이 소화, 흡수, 이동되는 과정을 요약하면 다음과 같다 그림 9-1.

① 유화 : 섭취한 지질은 십이지장에서 담즙산염bile salt과 혼합되어 유화된다.

② 분해 : 췌장에서 분비되는 소화효소에 의해 분해된다.

③ 흡수 : 분해된 지질 분자들은 소장의 장세포enterocyte의 막을 통해 장세포 안으로 흡수된다.

④ 재합성 : 흡수된 지질 분자들은 장세포에서 다시 중성지방 등으로 재합성된다.

⑤ 이동 : 장세포에서 중성지방과 콜레스테롤, 인지질과 단백질을 결합하여 카일로마이크론chylomicron을 형성한다. 림프로 분비된 카일로마이크론은 혈액으로 들어간다.

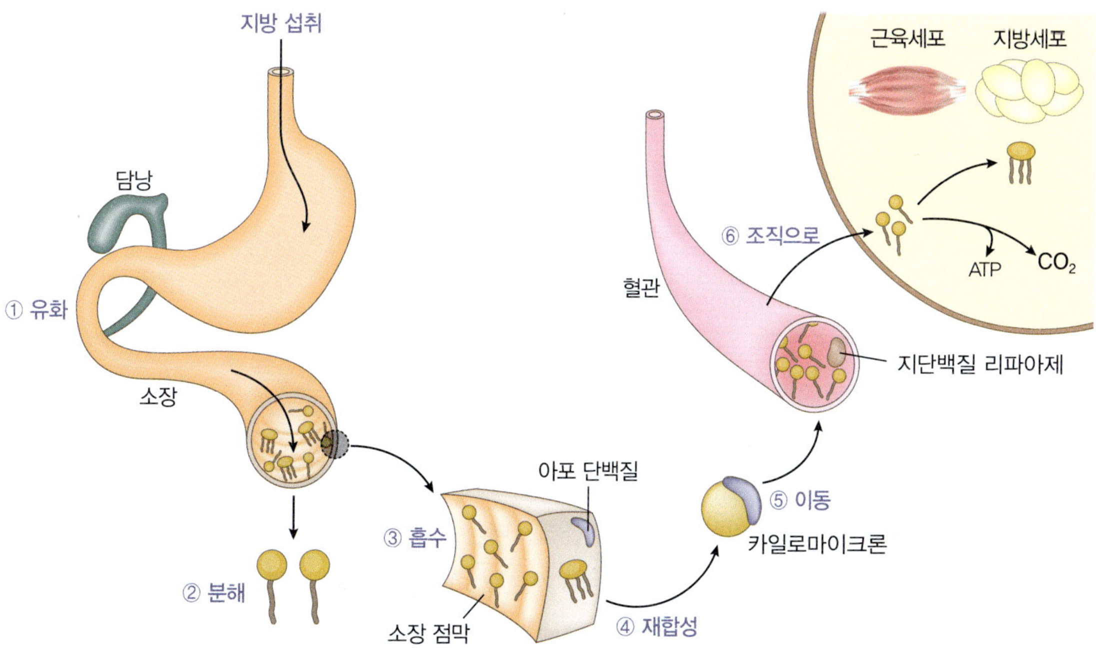

그림 9-1 섭취한 지질의 소화와 흡수, 이동

⑥ 조직에서의 이용 : 카일로마이크론은 혈액을 통해 이동하면서 대부분 지방조직을 비롯하여 근육, 간 등의 조직으로 지질을 운반하고 혈액에서 제거된다.

1) 지질의 소화

(1) 유화

섭취한 지질의 유화작용은 십이지장에서 일어난다. 섭취한 지질이 십이지장으로 들어오면 담낭에서 담즙이 분비되고, 양극성 분자인 담즙산염이 기름방울lipid droplet 형태의 지질을 유화액emulsion 상태로 만들어 준다. 이러한 유화작용은 지질을 미셀micell 형태의 작은 입자로 만들어 지질의 표면적을 증가시킴으로써 소화효소가 효과적으로 작용할 수 있게 해준다.

(2) 분해

췌장에서 분비되는 소화효소들이 지질의 소화에 관여한다 그림 9-2.

① 중성지방

중성지방, 즉 지방산 3분자가 결합되어 있는 트리아실글리세롤triacylglycerol, TG은 소장 융모villi의 점막세포mucosal cell로 흡수되어 들어가기에는 너무 크다. 따라서 에스테라아제esterase인 췌장 리파아제pancreatic lipase가 중성지방의 1번과 3번 탄소의 에스테르 결합을 가수분해하여 지방산을 제거한다. 췌장 리파아제의 작용으로 중성지방은 주로 2번 탄소에 지방산이 결합되어 있는 모노아실글리세롤monoacylglycerol, MG과 유리지방산으로 분해된다.

② 콜레스테롤

식사로 섭취한 대부분의 콜레스테롤은 지방산과 결합하지 않은 유리 콜레스테롤 형태로 존재하며, 10~15% 정도는 지방산과 결합한 콜레스테롤 에스테르 형태이다. 콜레스테롤 에스테라아제cholesteryl esterase가 콜레스테롤 에스테르의 에스테르 결합을 가수분해하여 유리 콜레스테롤과 지방산으로 분해한다.

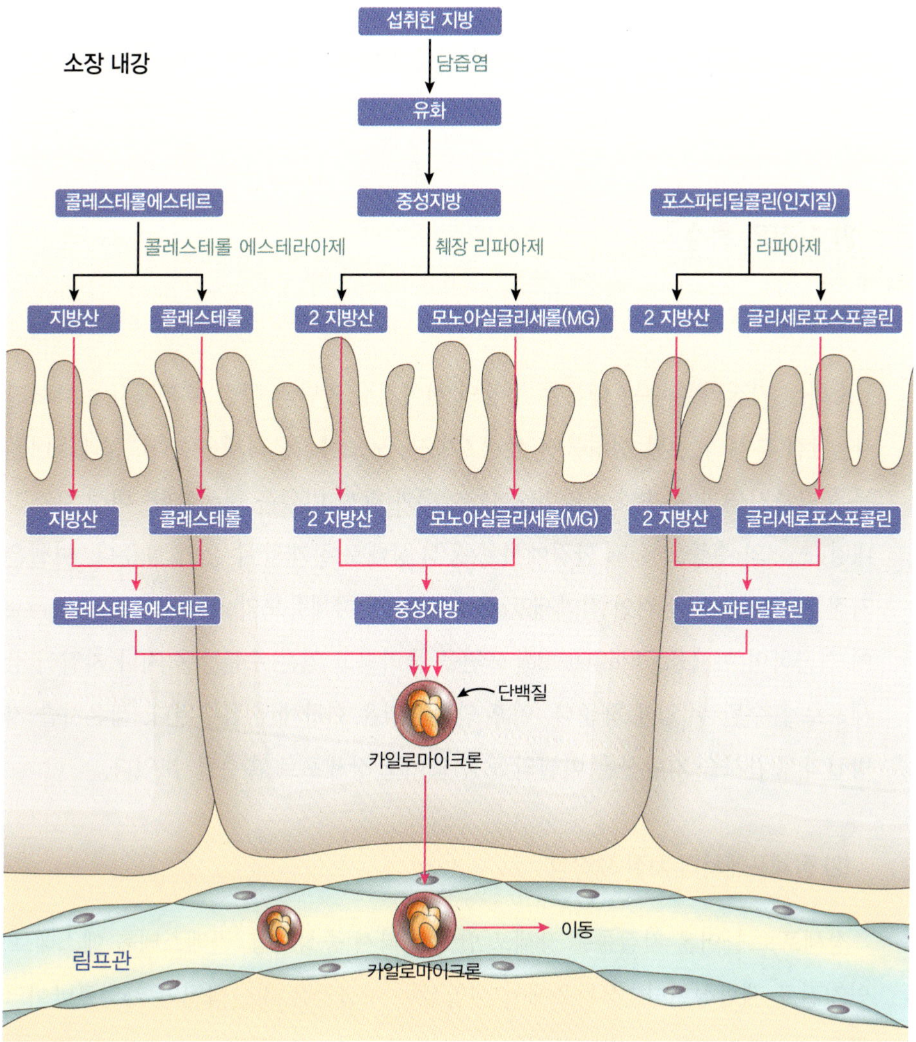

그림 9-2 소장에서 지질의 소화와 흡수

③ 인지질

췌장에서 분비된 포스포리파아제 A2가 인지질의 2번 탄소에 결합된 지방산을 제거해서 리소인지질lysophospholipid을 만든다. 예를 들어, 섭취하는 인지질 중 주요 형태인 포스파티딜콜린phosphatilylcholine은 리소포스파티딜콜린lyso-phosphatilylcholine이 된다. 1번 탄소에 남아 있는 지방산은 리소포스포리파아제

lysophospholipase가 제거하여 글리세릴포스포릴 염기glycerylphophoryl base를 만든다. 예를 들어, 리소포스파티딜콜린의 지방산이 제거되어 글리세릴포스포릴콜린glycerylphophorylcholine이 된다.

2) 지질의 흡수

(1) 분해된 지질의 장세포로의 흡수

소화된 지질의 흡수는 대부분 소장의 십이지장 말단과 공장 부분에서 이루어진다. 지질 분해의 주된 생성물인 유리지방산, 모노아실글리세롤(MG), 콜레스테롤 등은 담즙산염과 지용성 비타민(A, D, E, K)과 함께 미셀을 형성한다. 미셀은 소장 내강lumen의 수중aqueous 환경에서 수용성 상태로 존재할 수 있게 해준다. 미셀은 지질 흡수의 주요 부위인 점막세포mucosal cell의 미세융모막brush border membrane에 접근하여 미세융모brush border 표면을 둘러싸고 있는 수분층을 지나 지질이 장세포로 흡수될 수 있게 해준다. 이후 담즙산염은 회장에서 흡수된다. 짧은사슬 지방산과 중간사슬 지방산은 미셀의 도움 없이도 장세포로 흡수될 수 있다.

(2) 장세포에서의 지질 재합성

장세포로 들어온 지질들은 장세포 안에서 다시 중성지방, 콜레스테롤 에스테르, 인지질로 재합성된다. 장세포에서 재합성된 지질들은 지단백질인 카일로마이크론을 형성한다 그림 9-2.

3) 지질의 이동

(1) 장세포로부터 지질의 이동

장세포에서 재합성된 중성지방과 콜레스테롤 에스테르는 매우 소수성이기 때문에 수중 환경에서 운반될 수 없으며 지질의 이동을 위해서는 지질을 친수성 물질로 둘러싸서 수중 환경(체액)에서 수용성을 증가시키고 안정화시켜야 한다. 따라서 장세포에서는 소수성 지질을 인지질과 단백질로 둘러싸서 지단백질인 카일로마이크론을 만들고, 장세포로부터 림프관(소장에 연결된 유미관lacteals)으로 분비한다. 카일로마이크론은 림프계를 따라 흉관thoracic duct을 통해 혈액으로 들어간다 그림 9-2.

(2) 조직에서의 지질의 이용

혈액을 통해 순환하던 카일로마이크론은 대부분 주요 지질 저장소인 지방조직과 근육 등의 조직으로 지질을 이동시킨다. 즉 조직에서 합성되는 지단백질 리파아제lipoprotein lipase, LPL가 모세혈관의 내피세포 표면에서 카일로마이크론에 있는 중성지방을 지방산과 글리세롤로 분해하고, 분해된 지방산과 글리세롤은 조직으로 들어가 에너지를 생성하거나 중성지방으로 저장된다. 카일로마이크론은 간, 심장, 폐, 신장, 유선 등의 조직으로도 지질을 운반한다. VLDL에 있는 중성지방도 지단백질 리파아제에 의해 분해된다.

① 지방산

지단백질 리파아제에 의해 중성지방의 가수분해로 생성된 유리지방산은 대부분 가까이 근접해 있는 근육이나 지방조직으로 들어가거나 혈액에서 알부민과 결합하여 운반되어 다른 세포로 들어간다. 대부분의 조직에서 유리지방산은 산화되어 에너지를 생성하는 데 사용된다. 지방조직에서는 또한 유리지방산을 다시 중성지방으로 합성하여 인체에서 에너지가 필요할 때까지 저장한다.

② 글리세롤

중성지방 분해로 유리된 글리세롤은 거의 대부분 간으로 들어가서 글리세롤-3-인산glycerol-3-phosphate으로 전환된다. 글리세롤-3-인산은 중성지방이나 인지질 합성 또는 당신생이나 해당과정에 사용된다.

2 중성지방과 지방산의 분해

인체는 주요 에너지 저장 형태인 중성지방으로 지방조직에 에너지를 비축해 두었다가 에너지가 부족해지면 지방을 분해하여 에너지를 공급한다. 지질분해 lipolysis는 공복 또는 격렬한 운동, 스트레스 상태에서 일어난다. 혈당이 낮아졌을 때 분비되는 글루카곤이나 스트레스 상황에서 분비되는 에피네프린 등의 호르몬이 지방조직으로부터 중성지방 분해를 촉진하여 지방산의 유리를 증가시킨다. 유리지방산은 조직으로 운반되어 세포로 들어가 미토콘드리아 내에서 탄소 2개 단위로 분해되는 β-산화oxidation를 통해 아세틸 CoA를 생성하고, 이후 TCA 회로와 전자전달계에 의해 완전히 산화되면 많은 양의 에너지가 방출된다 그림 9-4.

1) 중성지방의 분해

지방세포에 저장되어 있던 중성지방이 분해되어 유리지방산과 글리세롤이 유리

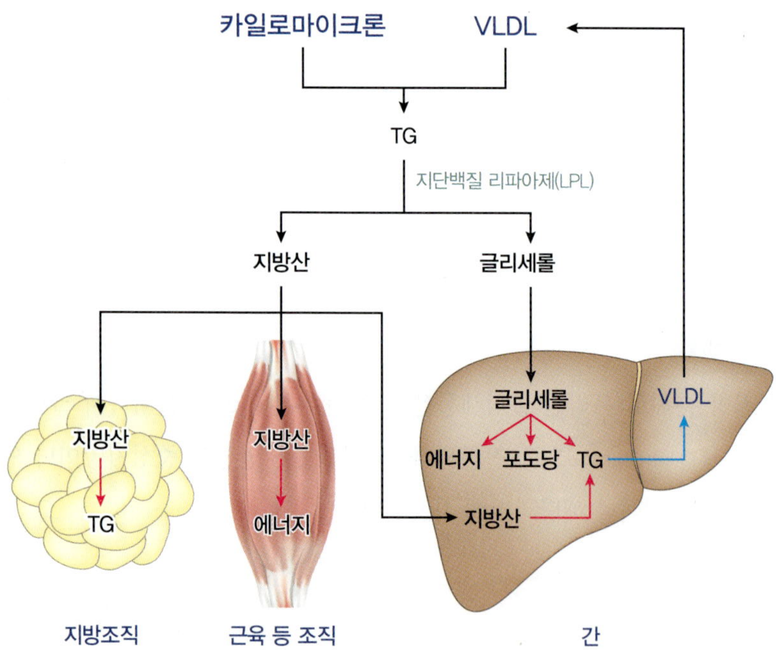

그림 9-3 중성지방의 조직에서의 이용

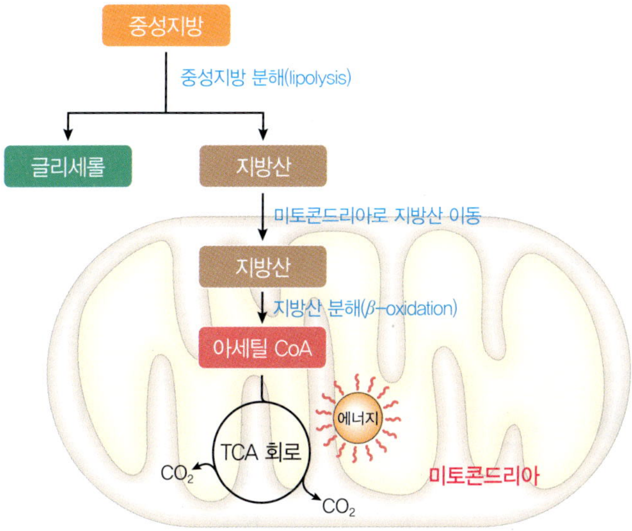

그림 9-4 중성지방의 분해(완전산화) 과정의 개요

되어 나온다. 이 과정은 호르몬 민감성 리파아제hormone sensitive lipase, HSL에 의해 시작되는데, 이 효소는 중성지방의 1번 또는 3번 탄소의 지방산을 가수분해하여 유리지방산으로 떨어져 나오게 한다. 기타 다른 리파아제가 DG 또는 MG의 나머지 지방산을 유리시킨다. 이후 유리지방산은 혈액을 통해 이동하다가 세포 내로 들어가 산화된다.

(1) 호르몬 민감성 리파아제의 활성화

중성지방에서 지방산이 유리되는 것은 호르몬의 영향을 받는다. 에피네프린이나 글루카곤이 지방세포막의 수용체와 결합하면 지방세포 내의 cAMP의 농도를 증가시켜 단백질 키나아제를 활성화시키고, 이 단백질 키나아제의 작용에 의해 호르몬 민감성 리파아제가 활성형인 인산화 형태로 바뀌게 된다. 활성화된 HSL의 작용으로 중성지방이 지방산과 글리세롤로 분해되어 혈액으로 방출된다 그림 9-5.

(2) 지방산의 이용

중성지방의 분해로 유리된 지방산은 지방세포에서 나와 혈액에서 알부민과 결

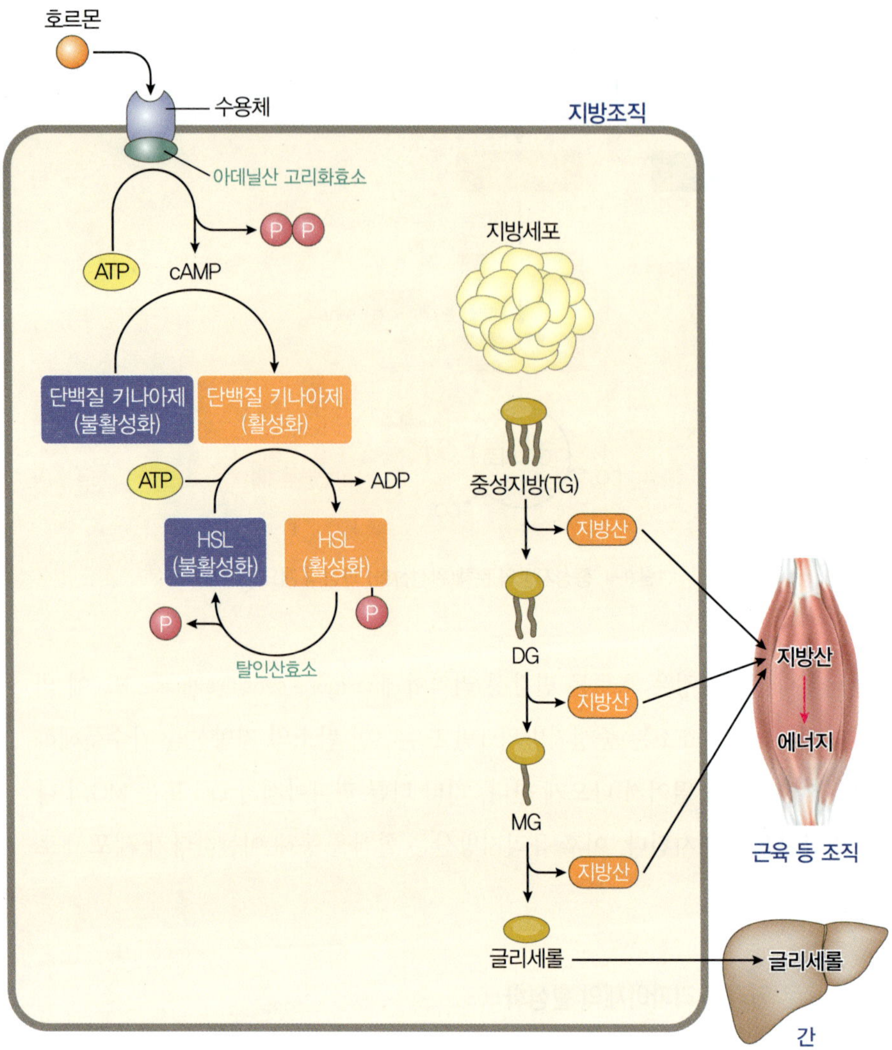

그림 9-5 중성지방의 분해
지방세포에서 호르몬 민감성 리파아제(HSL)에 의한 중성지방의 분해와 유리된 지방산 및 글리세롤의 이용

합하여 이동하게 된다. 지방산을 에너지원으로 사용하는 조직, 특히 근육으로 운반되어 세포로 들어가서 산화되어 에너지를 생성하는 데 사용된다 그림 9-5. 적혈구와 뇌에서는 지방산을 에너지원으로 사용하지 않는다.

(3) 글리세롤의 이용

중성지방의 분해로 생긴 글리세롤은 지방세포에서 사용하지 않고 혈액을 통해 간으로 운반된다 그림 9-5. 간에서 글리세롤은 인산화되어 글리세롤-3-인산으로 전환되고, 이는 중성지방을 형성하거나 디히드록시인산dihydroxyacetone phosphate, DHAP으로 전환되어 당신생이나 해당작용에 사용된다.

2) 지방산의 분해

세포 내로 들어온 지방산은 산화되어 아세틸 CoA로 분해된다. β-산화라고 부르는 이 분해과정은 주로 미토콘드리아에서 일어나며, 지방산 사슬의 카복실 말단carboxyl end에서부터 탄소 2개가 아세틸 CoA 형태로 떨어져 나가고, 이 과정에서 $FADH_2$와 NADH가 생성된다. β-산화는 퍼옥시좀peroxisome에서도 일어나는 것으로 알려져 있다.

(1) 지방산의 활성화 및 미토콘드리아 내로 운반

① 지방산의 활성화

지방산의 분해는 지방산의 활성화로부터 시작한다. 세포 내로 들어온 지방산(탄소 10개 이상의 긴사슬 지방산)은 β-산화가 시작되기 전에 세포질에서 조효소 ACoA와 결합하여 아실 CoA 형태의 활성화된 지방산이 된다. 이 반응은 아실 CoA 합성효소acyl CoA synthetase에 의해 촉매되며, 반응의 결과, 지방산의 카복실기 –COOH와 CoA의 티올기 –SH 사이에 티오에스테르thioester결합이 형성된다. 이 반응에서는 지방산 활성화에 필요한 에너지가 제공되어야 하는데, ATP가 사용되어 AMP와 PP_i로 전환되면서 2개의 인산결합이 분해된다(이는 ATP 2개를 사용한 것과 마찬가지이다).

② 활성화된 지방산의 미토콘드리아 내로의 운반

지방산의 β-산화는 미토콘드리아의 기질에서 일어나기 때문에 지방산의 산화

과정이 진행되려면 세포질에서 활성화된 지방산이 미토콘드리아 내로 운반되어야 한다. CoA는 미토콘드리아 내막을 통과할 수 없기 때문에 긴사슬 지방산 CoA를 세포질에서 미토콘드리아 기질로 운반해 줄 특별한 운반체가 필요한데, 이 운반체 역할을 하는 것이 카니틴carnitine이다. 지방산이 미토콘드리아 기질 내로 이동되는 과정은 다음과 같다 그림 9-6.

카니틴 아실기 전이효소
= carnitine acyltransferase (CAT)
= carnitine palmitoyltransferase (CPT)

- 아실 CoA → 아실 카니틴 : 아실 그룹(지방산)을 CoA에서 카니틴으로 전달한다. 즉 CoA에 결합되어 있던 지방산이 카니틴과 결합하여 아실 카니틴이 형성되고, CoA가 떨어져 나간다. 이 반응은 미토콘드리아 외막에 있는 카니틴 아실기 전이효소 ICPT I에 의해 촉매된다.
- 아실 카니틴 이동 : 아실 카니틴이 미토콘드리아 내막을 통과하여 기질 내로 운반된다.
- 아실 카니틴 → 아실 CoA : 아실 그룹을 카니틴에서 CoA로 전달한다. 즉 다시 아실 CoA로 전환되고, 카니틴은 떨어져 나간다. 이 반응은 미토콘드리아 내막에 있는 카니틴 아실기 전이효소 IICPT II에 의해 촉매된다.
- 카니틴은 다시 미토콘드리아 내막과 외막 사이의 공간으로 이동한다.

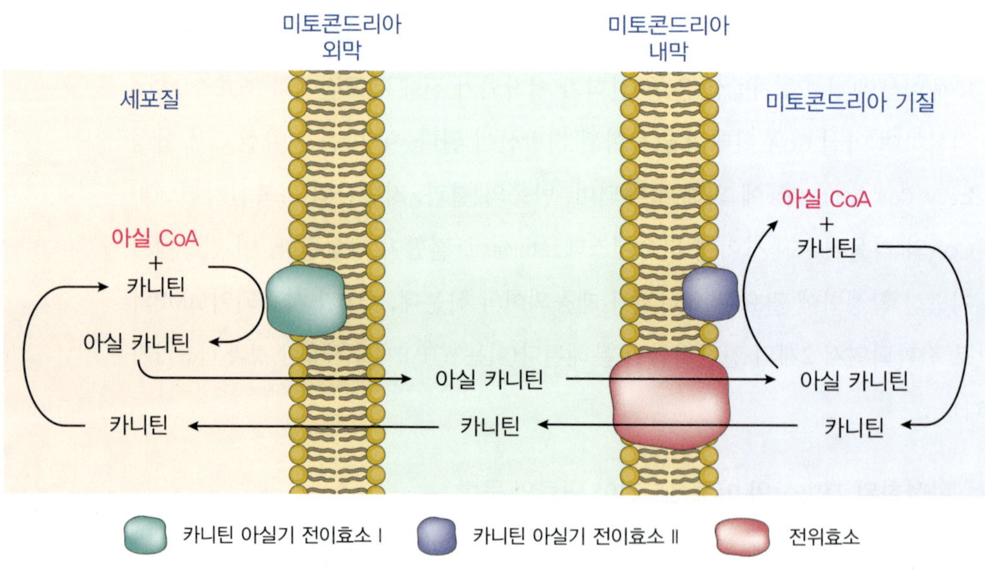

그림 9-6 미토콘드리아 기질로의 지방산 운반

CPT I은 말로닐 CoA에 의해 활성이 억제된다. 말로닐 CoA는 지방산 생합성과정의 첫 번째 중간대사물로, 말로닐 CoA가 증가하게 되면 CPT I의 작용이 억제되어 미토콘드리아 내로 지방산 이동이 감소하고, 결과적으로 지방산의 분해도 감소하게 된다. 이러한 조절작용을 통해 지방산의 생합성이 일어나는 경우에는 지방산의 산화가 동시에 일어나지 않도록 한다.

탄소 12개 이하의 짧은사슬 또는 중간사슬 지방산은 카니틴의 도움 없이도 미토콘드리아 내막을 통과할 수 있다. 기질에 들어온 후 아실 CoA로 활성화되고 이후 산화된다.

(2) 지방산의 β-산화 과정

미토콘드리아 기질로 들어온 지방산은 아실 CoA 형태로 β-산화를 통하여 분해된다. 이 과정에서 카복실 말단-COOH으로부터 탄소 2개가 아세틸 CoA 형태로 연속적으로 제거되면서 지방산 사슬은 탄소 2개씩 짧아진다. 아세틸 CoA는 α-탄소와 β-탄소 시이의 결합이 분열되어 형성되는데, β-산화는 이 과정에서 β-탄소가 산화되기 때문에 붙여진 명칭이다.

포화지방산의 β-산화 과정은 다음의 네 단계 반응으로 구성된다 그림 9-7.

- $FADH_2$가 생성되는 산화 : 이 반응은 아실 CoA 탈수소효소acyl CoA dehydrogenase에 의해 촉매되며, 트랜스 α,β 이중결합이 생성되는 반응이다. 즉 α-탄소와 β-탄소로부터 각각 한 개씩의 수소를 제거하여 FAD에 전달한다. 이 반응에서 생성된 $FADH_2$는 2개의 전자를 미토콘드리아의 전자전달계에 전달하여 ATP를 생성한다.
- 수화hydration : 엔오일 CoA 수화효소enoly-CoA hydrase가 α-탄소와 β-탄소 사이에 있는 이중결합에 수화 반응을 촉매한다. 이 반응에서 β-탄소는 수산화되고 다음 반응에서 이 수산기는 산화된다.
- NADH가 생성되는 두 번째 산화 : L-β-히드록시아실 CoA 탈수소효소β-hydroxyacyl-CoA dehydrogenase에 의해 β-케토아실 CoA가 생성된다. 이 반응에서 생성된 NADH는 전자전달계에 전달되어 ATP를 생성한다.

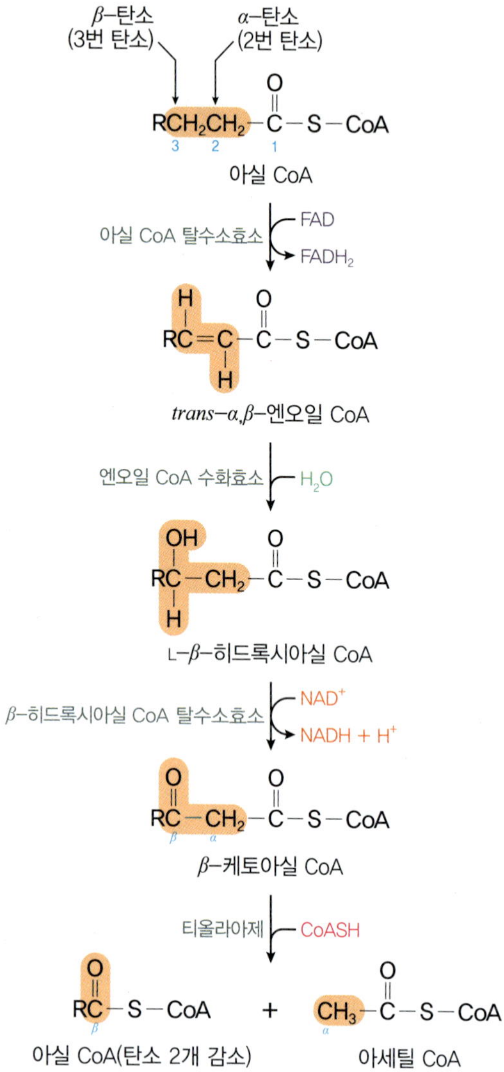

그림 9-7 아실 CoA(fatty acyl CoA)의 β-산화 과정

- 아세틸 CoA를 유리시키는 티올 분해 반응thiolytic cleavage : 티올라아제thiolase에 의해 α-탄소와 β-탄소가 분열된다. 그 결과 아세틸 CoA와 탄소 2개가 짧아진 지방산 아실 CoA가 생성된다.

이 네 단계 반응이 β-산화의 한 주기를 형성하며, 그 다음 주기에서는 탄소 2개만큼 짧아진 지방산 아실 CoA가 다시 β-산화를 거치게 되고, 마지막 주기에서 탄소 4개의 아실 CoA가 분할되어 아세틸 CoA 2개를 형성할 때까지 반복된다. 따라서 탄소 수가 n인 지방산(짝수 탄소의 포화지방산)의 경우 β-산화 주기가 (n/2)−1회 만큼 반복된다.

β-산화의 1회전마다 $FADH_2$ 1분자, NADH 1분자, 아세틸 CoA 1분자가 생성되며, 최종적으로 탄소 수가 n인 지방산은 $FADH_2$가 (n/2)−1분자, NADH가 (n/2)−1분자, 아세틸 CoA가 (n/2)분자가 생성된다. 예를 들어, 탄소 16개의 포화지방산인 팔미트산이 산화되면 $FADH_2$ 7분자, NADH 7분자, 아세틸 CoA 8분자가 생성된다.

(3) 지방산 산화로 인한 에너지 생성

지방산이 TCA 회로와 전자전달계에 의해 호기성 산화aerobic oxidation로 완전히 산화되면 많은 ATP를 생성한다. $FADH_2$와 NADH가 전자전달계에 의해 산화될 때 방출된 에너지는 나중에 산화적 인산화 과정을 거쳐 $FADH_2$는 약 1.5분자의 ATP를, NADH는 약 2.5분자의 ATP를 생성한다. 지방산 산화에 의해 생성된 아세틸 CoA 분자는 TCA 회로를 거쳐 CO_2와 H_2O로 산화되면서 추가적으로 NADH 3분자와 $FADH_2$ 1분자, GTP 1분자가 생성된다. 따라서 아세틸 CoA 한 분자는 구연산 회로를 거쳐 10 ATP를 생성한다.

예를 들어, 팔미토일 CoA 한 분자가 β-산화되면 7 $FADH_2$, 7 NADH, 8 아세틸 CoA가 생성되고 그 결과 108 ATP가 생성된다. 또한 팔미트산의 활성화, 즉 팔미트산에서 팔미토일 CoA를 형성하려면 2분자의 ATP를 사용해야 한다. 따라서 팔미토일 CoA 한 분자가 산화되어 생성되는 ATP는 다음과 같이 106 ATP이다.

팔미트산의 활성화			−2 ATP
7 $FADH_2$	⟶	7×1.5 ATP =	10.5 ATP
7 NADH	⟶	7×2.5 ATP =	17.5 ATP
8 아세틸 CoA	⟶	8×10 ATP =	80 ATP
			106 ATP

팔미트산과 포도당 산화에서 생성되는 ATP의 수를 비교해 볼 때, 팔미트산은 한 분자당 106 ATP, 포도당은 한 분자당 30~32 ATP로 팔미트산이 더 많은 에너지를 생성한다. 탄소 한 원자당으로 비교해 보면, 팔미트산은 106/16=6.6 ATP, 포도당은 31/6=5.2 ATP를 생성하므로 역시 팔미트산이 포도당보다 많은 에너지를 생성한다. 팔미트산은 포도당보다 더 환원된 분자이기 때문에 포도당보다 더 많은 에너지를 생성한다.

(4) 불포화지방산의 β-산화 과정

불포화지방산의 산화 과정에서는 이중결합이 있는 부분에서 또 다른 효소가 필요하다. 이는 β-산화 과정에서 트랜스*trans* 이중결합이 형성되는데 자연계에 존재하는 대부분의 불포화지방산은 시스*cis* 이중결합을 가지고 있기 때문이다. 불포화지방산의 경우 β-산화 주기를 거치다가 이중결합이 있는 부분에 이르면 엔오일 CoA 이성질화효소의 작용에 의해 시스 형태의 이중결합을 트랜스 이중결합 형태로 전환한 후에 계속 β-산화 과정이 진행된다. 따라서 이중결합이 있는 부분에서의 β-산화 과정에서는 트랜스 이중결합을 만드는 아실 CoA 탈수소효소가 작용하지 않기 때문에 $FADH_2$가 생성되는 과정을 한 번 건너뛰게 된다. 그 결과 불포화지방산의 산화로 이중결합의 수 만큼 $FADH_2$의 생성이 적어지고 포화지방산의 산화에 비해 ATP가 덜 생기게 된다. 올레산의 β-산화는 그림 9-8과 같다.

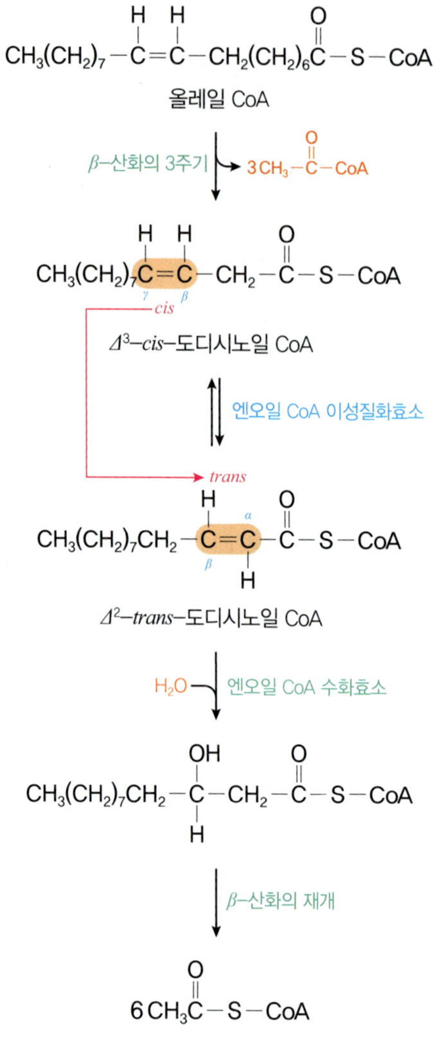

그림 9-8 불포화지방산의 β-산화 과정 (올레일 oleoyl CoA의 예)

> 알아두기 **홀수지방산의 β-산화**
>
> 대부분의 지방산은 짝수의 탄소를 가지고 있으나 일부 식물이나 해양생물에서 홀수 탄소를 가진 지방산이 생성된다. 홀수지방산의 β-산화는 마지막 탄소 3개가 남을 때까지 짝수 탄소 지방산의 β-산화의 같은 반응이 진행된다. 마지막으로 탄소 3개의 프로피오닐 CoA가 생성되며, 프로피오닐 CoA는 숙시닐 CoA로 전환되어 TCA 회로에서 대사된다.

3) 케톤체의 생성과 이용

지방산 β-산화 중 생성된 대부분의 아세틸 CoA는 TCA 회로나 이소프레노이드 합성에 사용된다. 정상적인 상태에서는 과다한 아세틸 CoA가 생기지 않도록 조절되지만, 아세틸 CoA가 과잉으로 존재할 때는 아세틸 CoA로부터 케톤체ketone body가 생성되어 조직에 에너지를 공급한다.

(1) 케톤체의 생성

① 생성 원인

케톤체의 생성은 간의 미토콘드리아 기질에서 이루어진다. 아세틸 CoA 농도가 높아져서 TCA 회로로 들어가기 위해 아세틸 CoA와 반응할 수 있는 옥살로아세트산oxaloacetate이 충분하지 못할 때 케톤체가 생성된다. 즉 중성지방의 분해로 생성된 지방산이 간으로 대거 유입되고, 그 결과 간에서 지방산의 분해로 과량의 아세틸 CoA가 생성되면 피루브산 카복실화효소pyruvate carboxylase의 활성이 증가하여 피루브산이 옥살로아세트산으로 전환된다. 이 과정에서 생성된 옥살로아세트산은 TCA 회로가 아닌 당신생에 사용되고, 따라서 아세틸 CoA도 TCA 회로로 들어가지 못하고 케톤체 형성 경로로 가게 된다 그림 9-9.

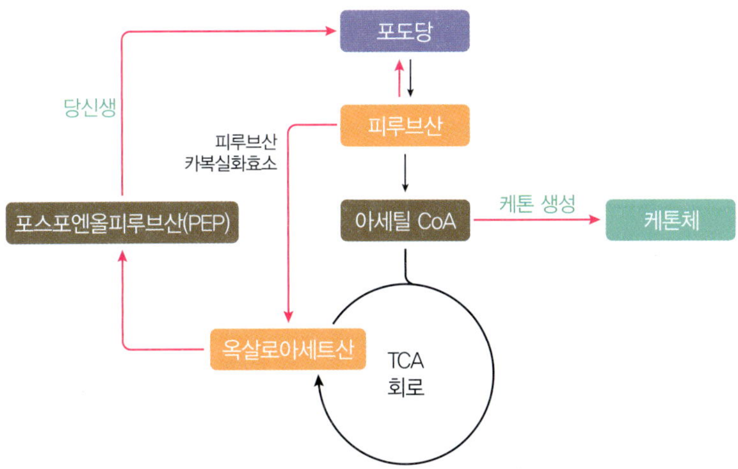

그림 9-9 케톤체 형성의 대사 경로

이런 상황은 결국 세포 내 포도당이 부족할 때 생기는데, 옥살로아세트산은 해당과정의 결과로 생기는 피루브산으로부터 만들어지기 때문이다. 단식이나 기아와 같이 체내 포도당 농도가 낮아졌을 경우나 당뇨병이 심해 혈중 포도당 농도는 높지만 세포 내로 포도당이 들어가지 못하는 경우, 그리고 고지방 저탄수화물 식사를 할 때 이런 상황이 나타난다. 결과적으로 체내 포도당이 부족하면 지방산 분해로 아세틸 CoA가 증가하여 케톤체가 생성되고, 조직에서는 포도당 대신 이 케톤체가 에너지원으로 이용되는 한편, 간에서는 당신생이 일어나서 체내 포도당을 유지하는 데 도움을 주게 된다.

② 생성과정

아세토아세트산, β-히드록시부티르산β-hydroxybutyrate, 아세톤acetone을 케톤체라고 한다. 케톤체의 생성ketogenesis 과정은 그림 9-10과 같다.

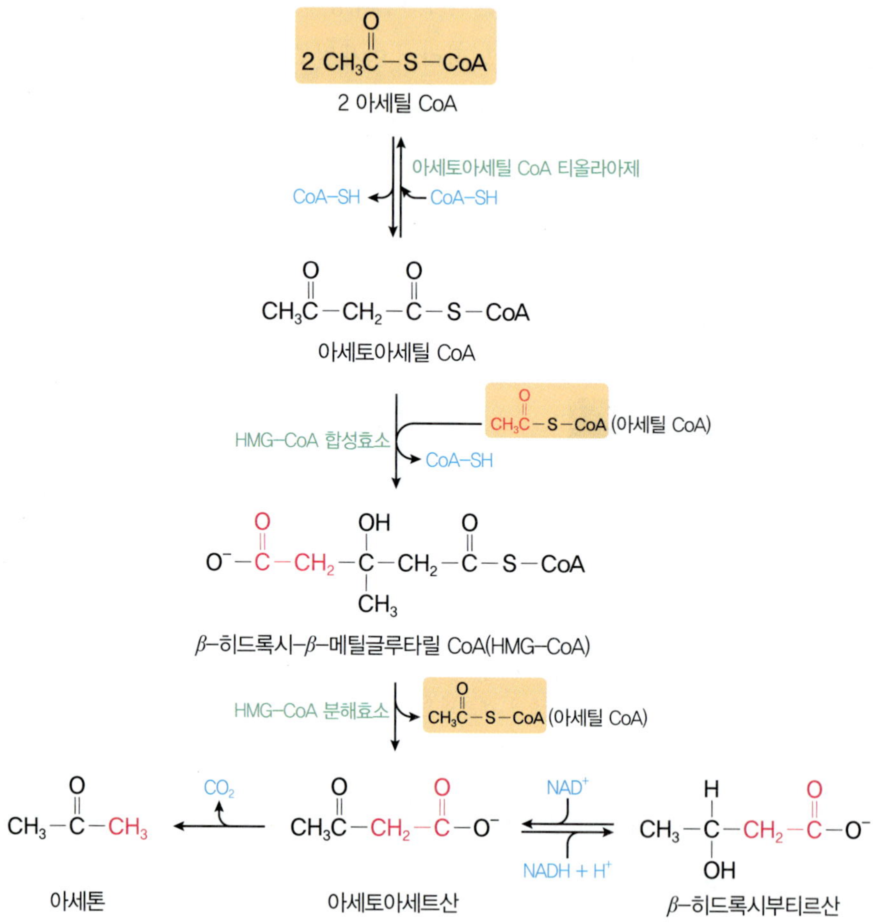

그림 9-10 케톤체 형성과정

- 아세틸 CoA 두 분자가 축합하여 아세토아세틸 CoA가 생성된다.
- 아세토아세틸 CoA가 또 다른 아세틸 CoA 한 분자와 결합하여 β-히드록시-β-메틸글루타릴 CoAβ-hydroxy-β-methylglutaryl CoA, HMG CoA를 형성한다.
- HMG CoA는 HMG CoA 분해효소lyase의 작용에 의해 분할되어 아세틸 CoA가 방출되면서 아세토아세트산이 생성된다.
- 아세토아세트산이 환원되면 β-히드록시부티르산이 만들어진다.
- 아세토아세트산의 농도가 높을 때 효소작용 없이 아세토아세트산의 탈카복실화decarboxylation(탈탄산 반응)에 의해 아세톤으로 전환된다.

(2) 케톤체의 이용

케톤체(β-히드록시부티르산과 아세토아세트산)는 간에서 만들어진 후 혈액을 통해 다른 조직으로 이동하여 에너지원으로 사용된다. 특히 골격근과 심장근육, 신장피질은 케톤체를 에너지원으로 선호하며, 포도당을 선호하는 뇌조직에서도 기아 상태와 같이 포도당이 부족할 때는 케톤체를 중요한 에너지원으로 사용한다.

케톤체는 수용성이라 지단백질이나 알부민 같은 단백질의 도움 없이 혈액 내에서 이동할 수 있기 때문에 다른 조직으로의 운반이 용이하다. 조직으로 운반된 후 케톤체는 다시 아세틸 CoA로 전환되고 TCA 회로에서 산화되어 에너지를 공급할 수 있다. β-히드록시부티르산은 아세토아세트산으로 산화되면서 NADH가 생성되고, 아세토아세트산은 숙시닐 CoA로부터 CoA를 받아 아세토아세틸 CoA를 생성한다. 이후 아세토아세틸 CoA는 아세틸 CoA 2개로 전환된다. 미토콘드리아가 없는 적혈구를 제외하고는 말초조직에서 이런 방법으로 케톤체를 효과적으로 산화한다 그림 9-11. 간은 아세토아세트산을 아세토아세틸 CoA로 전환하는 효소를 가지고 있지 않기 때문에 케톤체를 에너지원으로 사용할 수 없다.

(3) 케톤증

당뇨병이 심한 경우 환자의 입김에서 아세톤 냄새를 맡을 수 있는데, 이는 아세톤이 과량 생성되었기 때문이다. 이 상태를 케톤증ketosis이라고 하며, 심한 당뇨나

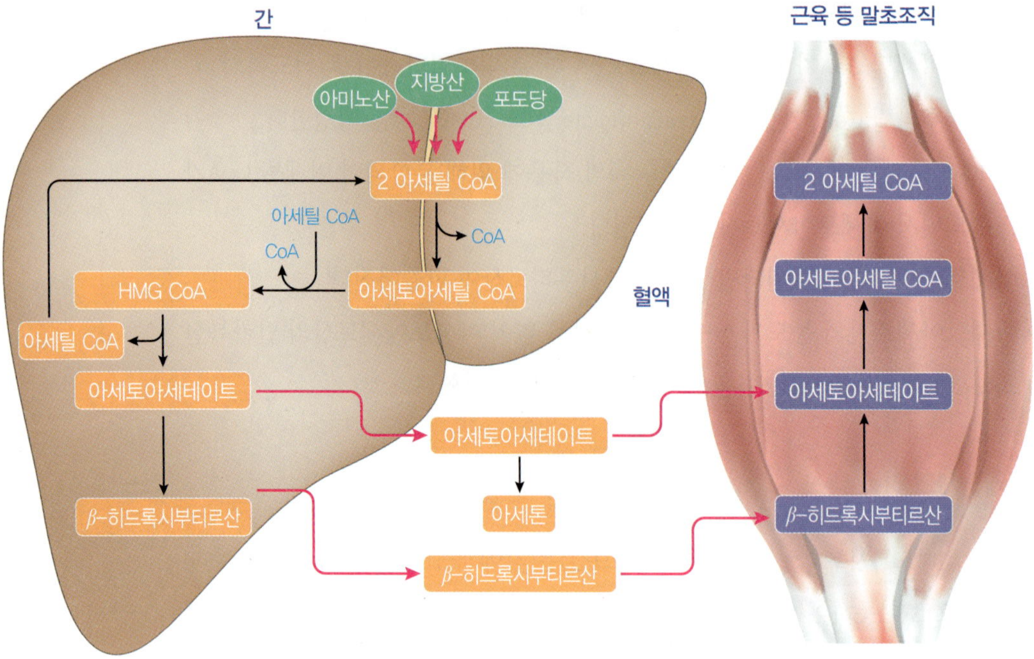

그림 9-11 케톤체의 생성과 조직에서의 이용

기아상태에서 지질이 대량 분해될 때 나타난다.

아세토아세트산과 β-히드록시부티르산은 산성이기 때문에 이들이 고농도로 존재하면 혈액의 완충 능력을 넘어서고 혈액의 pH가 낮아져 산증(케톤산증 ketoacidosis)이 유발된다. 신체는 이에 대처하여 H^+을 소변으로 배설하는데, 이와 더불어 전해질과 수분 배설도 동반되고 결과적으로 심각한 탈수현상을 초래할 수 있다.

3 지방산의 생합성과 중성지방 합성

체내 에너지 요구량이 충족되고 섭취한 탄수화물과 단백질이 필요량을 초과하면 지방산으로 전환되어 중성지방으로 저장될 수 있다. 포도당과 일부 아미노산은 지방산 합성의 기질이 되며, 대부분은 포도당으로부터 합성된다. 지방산은

β-산화의 역과정과 유사한 과정을 거쳐 아세틸 CoA로부터 합성된다 그림 9-12. 체내에서 사용하는 지방산의 대부분은 식사를 통해 공급되지만, 필수지방산인 리놀레산과 α-리놀렌산을 제외한 지방산들은 체내에서도 합성될 수 있다. 지방산의 합성은 주로 간에서 일어나고 유선과 일부 지방세포에서도 이루어진다.

1) 지방산의 생합성

지방산의 생합성은 세포질에서 이루어지며, 아세틸 CoA로부터 공급된 탄소가 2개씩 첨가되는 반응이 반복되면서 지방산 사슬이 길어진다. 이 과정에서 ATP와 조효소로 NADPH를 사용하게 된다. 지방산 합성은 β-산화 경로의 역과정처럼 보이나 단순한 역과정은 아니다. 예를 들어, 지방산 합성은 주로 세포질에서, β-산화는 미토콘드리아에서 일어나며, 지방산 합성에는 NADPH가 소모되지만 β-산화에서는 NADH와 $FADH_2$를 생산한다.

지방산 생합성을 위해서는 합성과정이 시작되기 전에 우선 지방산을 이루는 탄소를 공급할 아세틸 CoA를 미토콘드리아로부터 세포질로 운반해야 하며, 합성과정에 환원제로 작용하는 NADPH가 공급되어야 한다. 지방산 합성과정의 첫 번째 반응을 담당하는 효소는 아세틸 CoA로부터 지방산 사슬에 탄소를 전달할 말로닐 CoA를 형성하는 아세틸 CoA 카복실화효소acetyl CoA carboxylase, ACC이고, 지방산 합성과정의 대부분을 담당하는 지방산 합성효소fatty acid syntase, FAS는 말로닐 CoA로부터 전달된 탄소를 결합시켜 지방산의 길이를 늘려 나가는 역할을 한다.

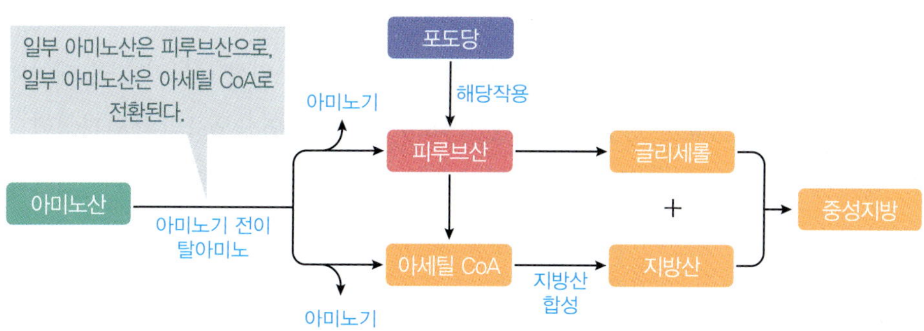

그림 9-12 지방산 및 중성지방 합성 과정의 개요

지방산의 합성은 탄소 16개의 팔미트산이 생성될 때까지 이루어진다. 합성된 지방산은 중성지방이나 인지질 합성에 사용되거나, 연장elongation과 탈포화desaturation 과정을 거쳐 다른 지방산 생성에 사용될 수 있다.

아세틸 CoA에서 팔미트산이 합성되는 최종 반응은 다음과 같다.

$$8\text{아세틸 CoA} + 14\,\text{NADPH} + 14\,\text{H}^+ + 7\,\text{ATP} \longrightarrow \text{팔미트산} + 14\,\text{NADP}^+ + 7\,\text{ADP} + 7\,\text{P}_i + 8\,\text{CoA} + 6\,\text{H}_2\text{O}$$

(1) 지방산 생합성을 위한 아세틸 CoA 운반과 NADPH 생성

① 세포질로 아세틸 CoA 운반

지방산 합성은 세포질에서 일어나기 때문에 지방산 합성을 위해서는 아세틸 CoA를 미토콘드리아로부터 세포질로 운반하는 과정이 필요하다. 아세틸 CoA는 대부분 미토콘드리아에서 포도당 또는 지방산의 산화, 케톤체의 대사 및 일부 아미노산의 대사과정에서 생성된다. 지방산은 대부분 섭취한 포도당으로부터 합성되는데, 포도당은 세포질에서 해당작용에 의해 피루브산을 생성하고, 피루브산은 미토콘드리아로 들어온 후 아세틸 CoA로 전환된다 그림 9-13.

ATP를 생성할 필요성이 적어져서 아세틸 CoA가 TCA 회로로 들어가는 정도가 감소할 경우에는 아세틸 CoA를 지방의 형태로 저장할 필요가 생긴다. 아세틸 CoA의 CoA는 미토콘드리아 내막을 통과할 수 없기 때문에 아세틸기만을 세포질로 보내야 한다. 이를 위해 아세틸 CoA는 옥살로아세트산과 결합하여 구연산을 형성하고, 구연산의 형태로 미토콘드리아 막을 통과하여 세포질로 운반된다. 구연산이 미토콘드리아 밖으로 나오는 것은 미토콘드리아 내의 구연산 농도가 높을 때인데, 세포에 ATP가 충분한 경우에는 구연산으로부터 이소구연산으로의 전환과정이 저해되어 구연산이 TCA 회로로 들어가지 못하기 때문에 미토콘드리아에 구연산 농도가 높아진다. 또 지방산 합성에 많은 양의 ATP가 필요하기 때문에 ATP와 구연산 둘 다 증가하면 이 경로가 촉진된다.

세포질로 나온 구연산은 다시 아세틸 CoA와 옥살로아세트산으로 분열된다. 이

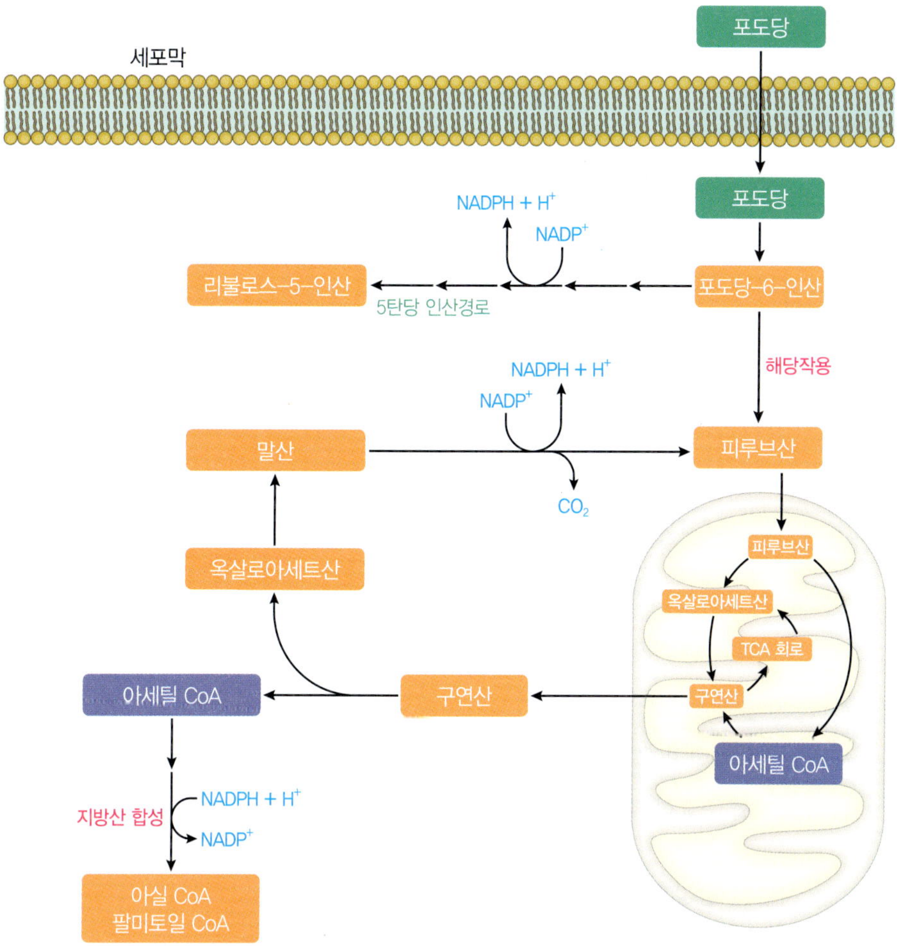

그림 9-13 포도당 대사와 지방산(팔미트산) 합성과의 관계

후 아세틸 CoA는 지방산 생합성 경로로 들어가게 되고, 옥살로아세트산은 지방산 합성에 필요한 NADPH를 생성하는 일련의 반응을 거치게 된다 그림 9-13.

② 지방산 합성을 위한 NADPH 생성

지방산 합성에는 비교적 많은 양의 NADPH가 필요하다. 5탄당 인산경로pentose phosphate pathway가 지방산 합성을 위한 NADPH의 주요 공급원이 된다. 포도당 한 분자가 5탄당 인산경로를 거치면 NADPH 2개가 만들어진다. 또한 말산이 말산효소malic enzyme에 의해 피루브산으로 전환되는 과정에서도 NADPH가 공급된다.

세포질에서 구연산으로부터 분리되어 나온 옥살로아세트산은 말산으로 전환되어 NADPH 생성 반응을 거치게 된다 그림 9-13.

(2) 지방산 생합성과정

지방산은 아세틸 CoA로 부터 말로닐 CoA를 형성하는 아세틸 CoA 카복실화효소의 작용과 말로닐 CoA의 형태로 탄소 2개씩을 결합시켜 축합하고 환원, 탈수, 환원 반응을 거쳐 지방산의 길이를 늘려 나가는 지방산 합성효소의 촉매작용에 의해 합성된다. 지방산 합성의 개요는 그림 9-14와 같다.

① 아세틸 CoA로부터 말로닐 CoA 생성

지방산 합성과정의 첫 번째 단계는 아세틸 CoA가 카복실화carboxylation되어 말로닐 CoA가 되는 것이다. 이 카복실화 과정은 지방산 합성에서 탄소와 탄소의 축합에 필요한 에너지를 제공하게 되며, 축합 이후 카복실기–COO, CO_2는 다시 제거된다. 아세틸 CoA의 카복실화는 아세틸 CoA 카복실화효소에 의해 촉매되는데, ATP가 필요하며 비오틴이 카복실기를 전달하는 조효소로 작용한다. 이 과정은 지방산 합성에서 중요한 조절반응으로서 여러 가지 방법에 의해 조절된다.

② 지방산 합성효소에 의한 지방산 합성

지방산 합성의 나머지 과정은 여러 기능을 가진 지방산 합성효소가 담당한다. 지방산 합성효소는 다중효소 복합체multienzyme complex로 7개 효소 활성을 가지고, 아실 운반단백질acyl carrier protein, ACP이라고 불리는 단백질도 가지고 있다.

지방산 합성은 아세틸기가 지방산 합성효소에 있는 ACP에 결합하였다가 β-케토아실 합성효소로 잠시 옮겨가고, 말로닐 CoA가 ACP에 결합한 뒤 아세틸기와 말로닐 CoA의 탄소 2개 단위가 결합하는 반응을 반복하면서 지방산의 길이를 늘려 나간다. 결국 아세틸 CoA 1개와 말로닐 CoA 7개가 결합하여 탄소 16개의 포화지방산인 팔미트산이 합성된다.

지방산 합성효소의 작용에 의해 팔미트산이 생성되는 과정은 다음 7단계의 반응에 의해 일어난다.

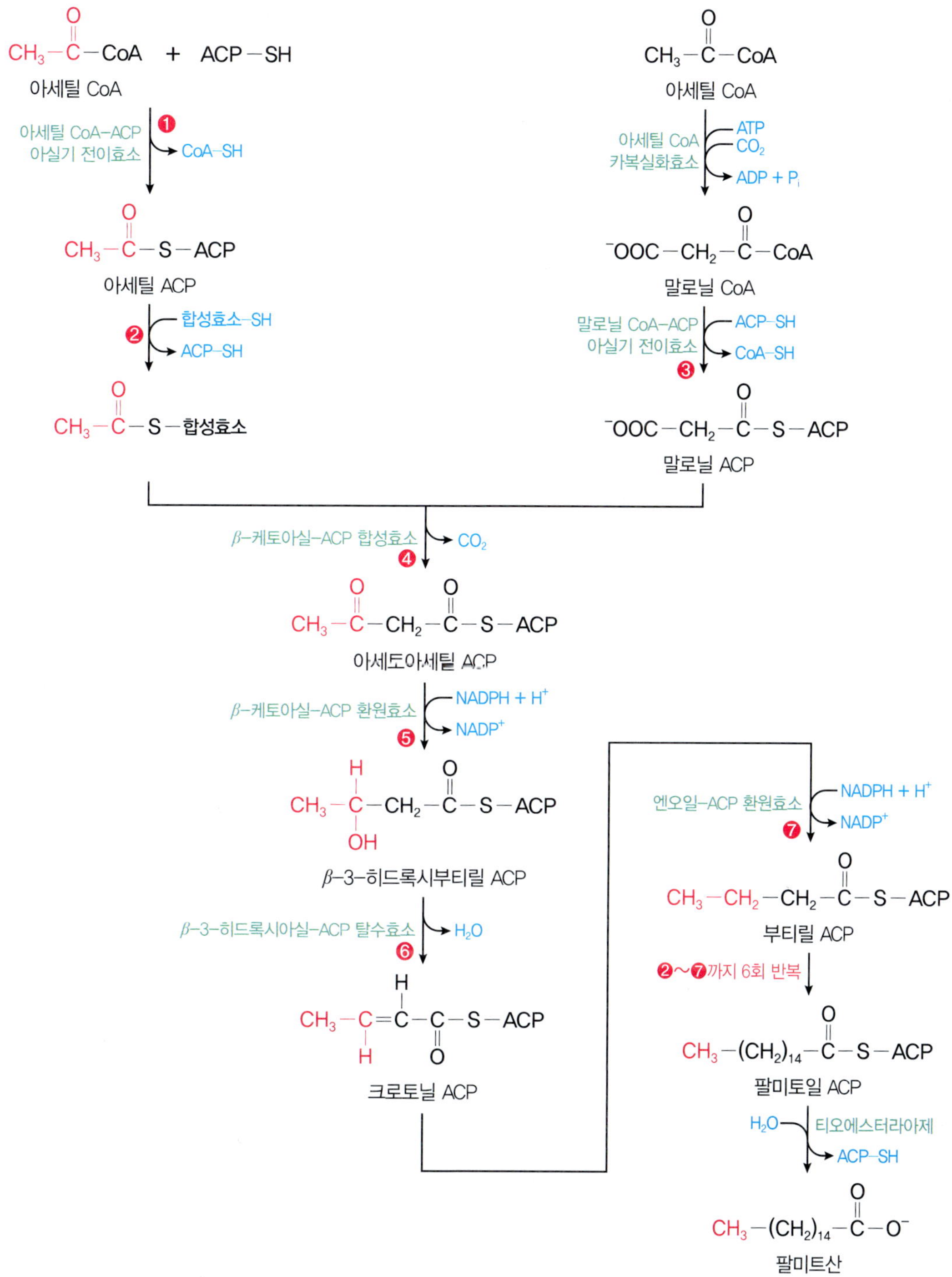

그림 9-14 지방산 생합성과정

① 아세틸기 이동 : 아세틸기(탄소 2개)가 아세틸 CoA에서 효소의 ACP로 이동한다. 아세틸 ACP가 형성된다(아세틸 CoA-ACP 아실기 전이효소acetyltransacylase의 활성).

② 아세틸기가 ACP에서 효소 부위로 잠시 이동한다.

③ 말로닐기 이동 : 말로닐기(탄소 3개)가 말로닐 CoA에서 비어 있는 효소의 ACP로 이동한다. 말로닐 ACP가 형성된다(말로닐 CoA-ACP 아실기 전이효소의 활성).

④ 축합 : 효소 부위에 붙어 있는 아세틸기가 ACP에 결합되어 있는 말로닐기와 축합하고, (ACC에 의해 아세틸기에 추가되었던) CO_2는 떨어져 나간다. 탄소 4개의 아세토아세틸 ACP가 형성된다(β-케토아실-ACP 합성효소β-ketoacyl-ACP synthase의 활성).

⑤ 환원 : 아세토아세틸기는 NADPH를 사용하여 환원되며 β-3-히드록시부티릴 ACP가 형성된다(β-케토아실-ACP 환원효소β-ketoacyl-ACP reductase의 활성).

⑥ 탈수 : 물 한 분자가 제거되면서 2번과 3번 탄소 사이에 이중결합이 형성된다. 크로토닐 ACP가 형성된다(β-3-히드록시아실-ACP 탈수소효소β-3-hydroxy-acyl-ACP deydratase의 활성).

⑦ 환원 : 크로토닐기는 NADPH를 사용하여 탄소 4개의 아실기인 부티릴기로 환원되어 부티릴 ACP가 형성된다(엔오일-ACP 환원효소enoyl-ACP reductase의 활성).

이 7단계 반응이 한 사이클을 형성하여 반복된다. 두 번째 사이클이 돌아갈 때는 첫 번째 사이클 때 아세틸 ACP가 했던 역할과 동일한 역할을 부티릴 ACP가 수행한다. 부티릴 사슬이 ACP로부터 효소 부위로 이동되며(2단계), 말로닐기가 다시 비어 있는 ACP로 전달되고(3단계), 부티릴 사슬과 말로닐기가 축합한다(4단계). 이후 환원되고(5단계), 탈수되고(6단계), 다시 환원되어(7단계) 탄소 6개의 헥사노일hexanoyl-ACP가 만들어진다. 이후 이 사이클이 5회 더 반복되면서, 사이클이 1회 반복될 때마다 탄소가 2개씩(말로닐 CoA로부터 유래) 늘어나 지방산 사슬이 길어진다. 사슬 길이가 탄소 16개가 되면, 팔미토일-ACP로 합성이 종결된다. 이후 팔미토일 티오에스테라아제palmitoryl thioesterase가 티오에스테르 결합을 끊어서 팔미트산이 ACP로부터 떨어져 나온다.

2) 지방산의 연장과 불포화

세포질에서 지방산 합성효소에 의해 합성되는 것은 탄소 16개의 포화지방산인 팔미트산이다. 이렇게 세포질에서 생합성된 지방산이나 식사를 통해 섭취한 지방산은 연장과 탈포화 반응을 통해 변형되어 다른 지방산으로 전환될 수 있다. 체내에서 합성되지 못해 식이로 섭취해야 하는 필수지방산을 제외하고 대부분의 지방산들이 체내에서 합성될 수 있다. 연장과 탈포화 반응은 주로 활면소포체에서 이루어지며 긴밀히 통합되는 과정이다.

지방산의 연장과 탈포화 반응은 여러 지방산 유도체를 위한 전구물질의 합성, 그리고 막 유동성의 조절에도 중요하다. 예를 들어, 세포막을 구성하는 지방산의 종류에 의해 막 유동성이 조절되는데, 날씨가 추우면 녹는점이 낮은 불포화지방산이 더 많이 필요하게 된다.

(1) 지방산 사슬의 연장

지방산 사슬의 연장은 탄소가 2개씩 더해지는 반응으로, 활면소포체와 미토콘드리아에서 장쇄화효소elongase의 작용에 의해 일어난다. 소포체에서는 탄소 2개가 말로닐 CoA에 의해 공급되는 반면, 미토콘드리아에서는 직접 아세틸기가 더해진다. 이 반응은 포화 및 불포화지방산을 둘 다 연장시킬 수 있으며 NADPH가 환원제로 사용된다. 뇌 조직은 추가적인 연장 능력이 있어서 뇌의 지질 합성을 위해 탄소 22개 이상의 매우 긴사슬의 지방산을 생성할 수 있다. 매우 긴사슬을 가진 지방산은 신경세포의 미엘린에 존재하는 세레브로시드cerebroside 및 술파티드sulfatide의 중요한 구성성분이 된다.

(2) 지방산 사슬의 탈포화에 의한 불포화지방산 합성

불포화지방산은 불포화효소desaturase의 작용에 의해 이중결합이 만들어져서 합성된다. 불포화효소는 활면소포체의 세포막에 존재한다. 처음 이중결합은 보통 9번과 10번 탄소 사이에 생겨서 주로 올레산(18:1Δ^9)과 팔미톨레산(16:1Δ^9)이 소량 생성되고, 이후 추가적인 불포화와 연장 반응으로 다양한 다가불포화지방산이 만들어질 수 있다. 인체는 Δ^9, Δ^6, Δ^5, Δ^4 불포화효소가 있으며, 지방산 사슬의 ω 말단으로부터 10번 탄소 이전에는 이중결합을 만들 수가 없다. 따라서 리놀레산(18:2$\Delta^{9,12}$)과 α-리놀렌산(18:3$\Delta^{9,12,15}$)은 합성할 수 없고, 이들이 필수지방산이 되는 이유가 이것이다. 식물은 추가적으로 Δ^{12}와 Δ^{15} 위치를 위한 불포화효소를 가지고 있다. 따라서 사람은 식물성 기름을 통해 필수지방산을 섭취하며, 식사로 섭취한 리놀레산과 α-리놀렌산은 장쇄화효소와 불포화효소의 작용에 의해 γ-리놀렌산, 아라키돈산, DHA 등으로 전환될 수 있다 그림 9-15.

3) 지방산 합성의 조절

지방산 대사는 체내 에너지 상태에 따라 신중하게 조절된다. 대부분 몇 분 이내의 단기 조절에서는 호르몬에 의해 지방산 대사에 핵심적인 조절효소의 활성이 조절되고, 다른자리입체성allosteric 조절도 사용된다.

(1) 에너지 요구도가 높을 때

체내 에너지 요구도가 높을 때, 즉 에너지 보유량이 낮을 때 글루카곤 또는 에피네프린이 분비되어 몇 가지 효소의 인산화를 자극한다.

지방산 생합성의 속도조절 단계rate limiting step인 아세틸 CoA 카복실화효소는 인산화phosphorylation가 되면 불활성화된다. 결국 글루카곤과 에피네프린은 인산화를 통해 ACC의 활성을 저해하고, 그 결과 말로닐 CoA 농도가 낮아져 지방산 합성도 감소한다. 또한 말로닐 CoA는 CPT I의 활성을 저해하기 때문에 말로닐 CoA가 감소하면 CPT I이 활성화면서 지방산은 미토콘드리아로 운반된 후 분해되어 에너지를 발생하게 된다. AMP에 의해 활성화되는 단백질 키나아제AMP-activated

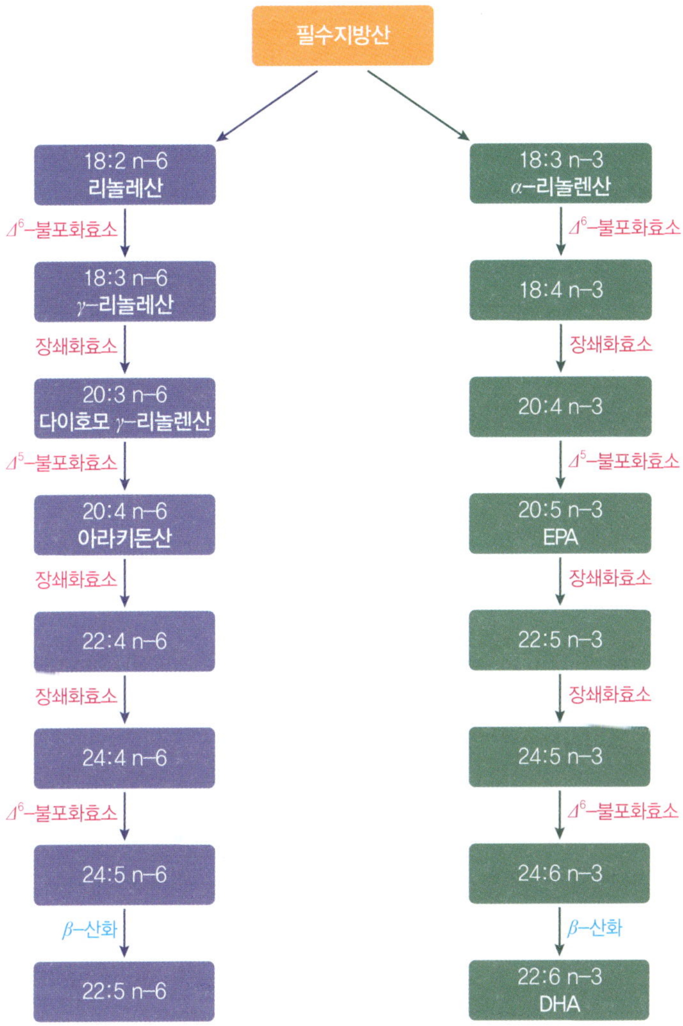

그림 9-15 필수지방산의 연장과 불포화 반응

protein kinase, AMPK 또한 세포 내 에너지 보유량이 낮아지면 활성화되어 ACC를 인산화시킨다. ACC는 말로닐 CoA나 팔미토일 CoA 또는 지방산 합성과정의 산물인 긴사슬 아실 CoA의 농도가 높을 때 다른자리입체성 조절에 의해 활성이 억제된다.

반면 호르몬 민감성 리파아제가 인산화되면 활성화되어 중성지방의 분해가 증가한다. 이후 지방산은 혈액으로 방출되어 조직에서 에너지 생성에 사용된다.

(2) 에너지 요구도가 낮을 때

혈당이 높을 때 인슐린이 분비되어 지질 합성을 촉진한다. 지방산 대사에 대한 인슐린의 작용은 글루카곤이나 에피네프린과 정반대이다. 인슐린은 인산가수분해효소를 활성화하여 ACC를 탈인산화dephosphorylation함으로써 활성화시키고, 그 결과 지방산 합성이 촉진된다. 또한 구연산은 다른자리입체성 조절에 의해 ACC 활성을 증가시키는데, 미토콘드리아 내 아세틸 CoA가 많아지면 세포질의 구연산 농도가 높아져서 ACC 활성이 증가하고, 그 결과 지방산 합성이 증가한다.

또한 인슐린은 단백질 키나아제를 저해하여 HSL을 탈인산화함으로써 불활성화시키고, 그 결과 중성지방 분해가 억제된다.

4) 중성지방의 합성

지방산은 에너지 저장을 위해 글리세롤과 결합하여 중성지방을 형성한다. 중성지방은 일부 지방조직과 소장, 유선에서도 합성되나 대부분 간에서 합성되어 지방조직에 저장된다. 중성지방은 물속에서 거의 녹지 않고 미셀 상태로도 안정하지 않기 때문에 지방세포에 지방구droplet 형태로 합쳐져 세포질에 저장된다. 이것이 인체의 주요 에너지 저장 형태로 에너지가 필요할 때 즉시 분해되어 에너지를 공급하는 역할을 한다. 간에는 중성지방이 거의 저장되지 않는다. 대신 대부분 다른 지질과 함께 지단백질VLDL을 형성하여 혈액으로 내보냄으로써 체내에서 합성된 지질을 말초조직으로 운반하는 역할을 한다.

중성지방은 인산화된 글리세롤에 지방산 아실 CoA 형태로 지방산 3개가 전달되어 에스테르 결합을 형성함으로써 합성된다. 이 반응은 소포체의 세포질 표면에 결합된 아실기 전이효소acyltrasnferase에 의해 촉매되며, 섭취한 지방산과 생합성된 지방산 모두 중성지방 합성에 사용된다.

(1) 글리세롤 3-인산 합성

글리세롤 3-인산은 간에서 중성지방의 합성과 지방조직에서 중성지방의 저장을

표 9-1 지방산의 합성과 분해 비교

구분	지방산의 합성	지방산의 β-산화
시기	고탄수화물 식사 후	단식 상태
호르몬	인슐린/글루카곤 비가 높을 때 (인슐린 분비가 우세)	인슐린/글루카곤 비가 낮을 때 (글루카곤 분비가 우세)
주요 조직	주로 간	근육, 간
세포 내 위치	세포질	미토콘드리아
아실기 운반체	ACP	CoA
탄소 2개 단위 전달	말로닐 CoA로 공급, 비오틴이 필요함	아세틸 CoA 생성, 비오틴이 필요하지 않음
조효소	NADPH 소모(환원)	NADH, $FADH_2$ 생성(산화)
생성물	팔미트산	아세틸 CoA
반복되는 4가지 반응	축합, 환원, 탈수, 환원	탈수소, 수화, 탈수소, 티올 분해
활성화 요인	구연산	-
억제 요인	긴사슬 지방산 아실 CoA(ACC를 억제)	말로닐 CoA(CPT I 을 억제)

위해 모두 필요하다. 첫째, 간에서 글리세롤은 글리세롤 키나아제glycerol kinase에 의해 글리세롤 3-인산으로 전환된다. 둘째, 간과 지방조직에서는 포도당으로부터 해당과정을 통해 생성된 디히드록시아세톤인산으로부터 글리세롤 3-인산이 생성될 수 있다(지방세포에는 글리세롤 키나아제가 없어서 글리세롤로부터 직접 글리세롤 3-인산을 만들 수 없다).

(2) 지방산을 활성화 형태로 전환

지방산은 중성지방 합성과정에 참여하기 전에 활성화된 형태, 즉 CoA와 결합한 지방산 아실 CoA 형태로 전환되어야 한다. 이 반응은 지방산 아실 CoA 합성효소 fatty acyl CoA synthertase에 의해 촉매되며 ATP를 사용한다.

(3) 글리세롤 3-인산과 지방산 아실 CoA로부터 중성지방 합성

이 과정은 4가지 반응으로 구성된다. 지방산 2개가 지방산 아실 CoA로 순차적으로 추가되고, 인산이 제거되고, 그리고 세 번째 지방산이 추가된다 그림 9-16.

① 글리세롤 3-인산의 히드록실기-OH에 지방산 아실 CoA가 결합한다(아실화반응acylation). 리소포스파티드산이 생성된다.

② 리소포스파티드산에 두 번째 지방산 아실 CoA가 결합하여 포스파티드산이 생성된다.

③ 포스파티드산은 인산이 제거되면서 디아실글리세롤diacylglycerol, DG로 전환된다.

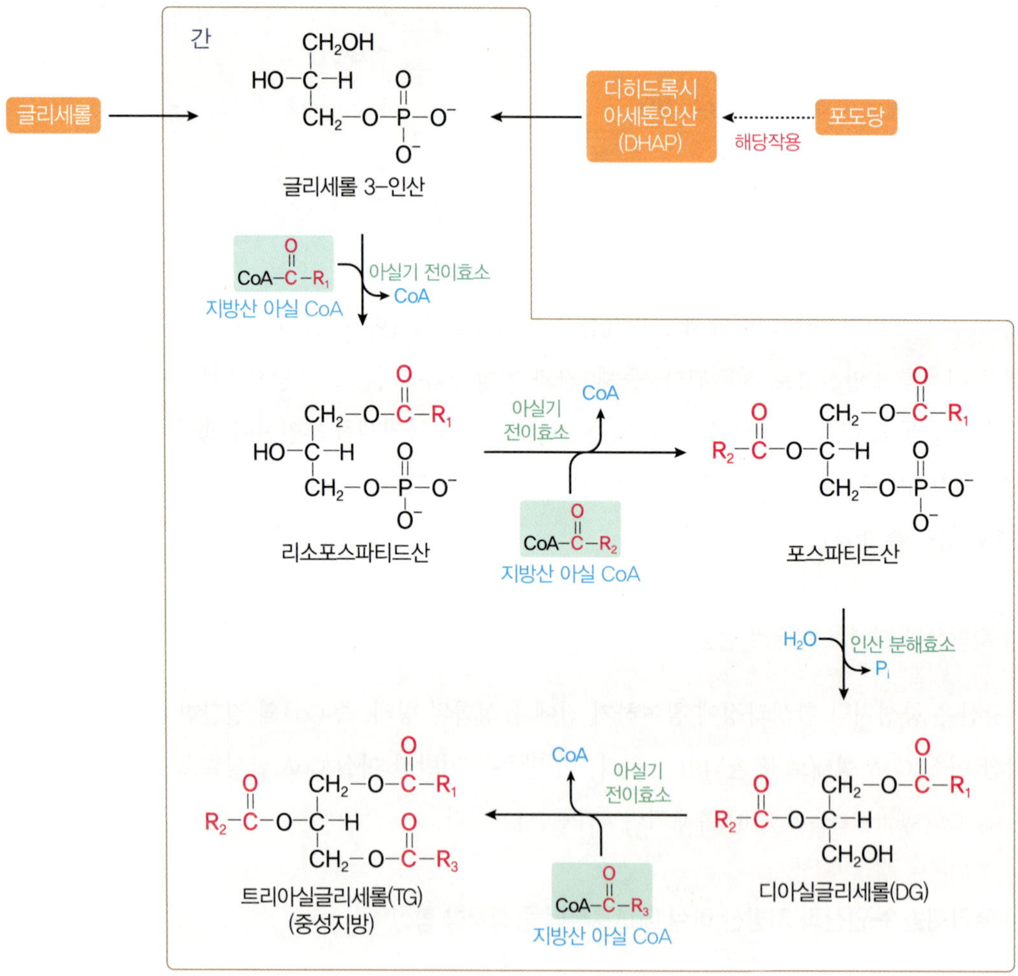

그림 9-16 중성지방 합성과정

④ DG에 세 번째 3번째 지방산 아실 CoA가 결합하여 트리아실글리세롤triacyl-glycerol, TG, 즉 중성지방을 형성한다.

포스파티드산은 지질 생합성에 중요한 중간물질로서 중성지방뿐만 아니라 인지질로도 전환될 수 있다.

4 복합지질 대사

1) 인지질 대사

인지질의 합성은 대부분 활면소포체 표면에서 일어나며 일부 반응은 골지체에서도 일어난다. 합성된 인지질은 세포막 및 세포 소기관 막의 구성성분으로 사용되거나 세포 밖으로 분비된다. 합성 후 인지질에 결합되어 있는 지방산 조성이 변하면서 재구성되기도 하는데, 이는 세포막의 유동성을 조정하기 위한 것이다. 적혈구를 제외하고 모든 세포에서 인지질을 합성할 수 있다.

(1) 인지질 합성

① 콜린과 에탄올아민으로부터 포스파티딜콜린과 포스파티딜에탄올아민 합성

포스파티딜콜린phospatidylcholine과 포스파티딜에탄올아민phospatidyl-ethanol-amine은 가장 흔한 인지질이다. 이들 인지질 합성의 주요 경로는 식사로 섭취하거나 인지질의 반응회전turnover에서 생긴 콜린과 에탄올아민을 사용하는 것이다.

콜린과 에탄올아민은 인산화된 후, CTPcytidine triphosphate와 반응하여 활성화 형태인 CDP-콜린 또는 CDP-에탄올아민으로 전환되고, 마지막으로 콜린-인산 또는 에탄올아민-인산을 CDP로부터 디아실글리세롤DG로 전달하여 포스파티딜콜린 또는 포스파티딜에탄올아민이 생성된다 그림 9-17.

CDP와 결합하는 것은 활성화된 상태로 콜린 또는 에탄올아민을 골격 구조DG에 연결시키기 위함이며, 이 과정에서 CMP가 유리된다(CDP-콜린으로부터 콜린-인

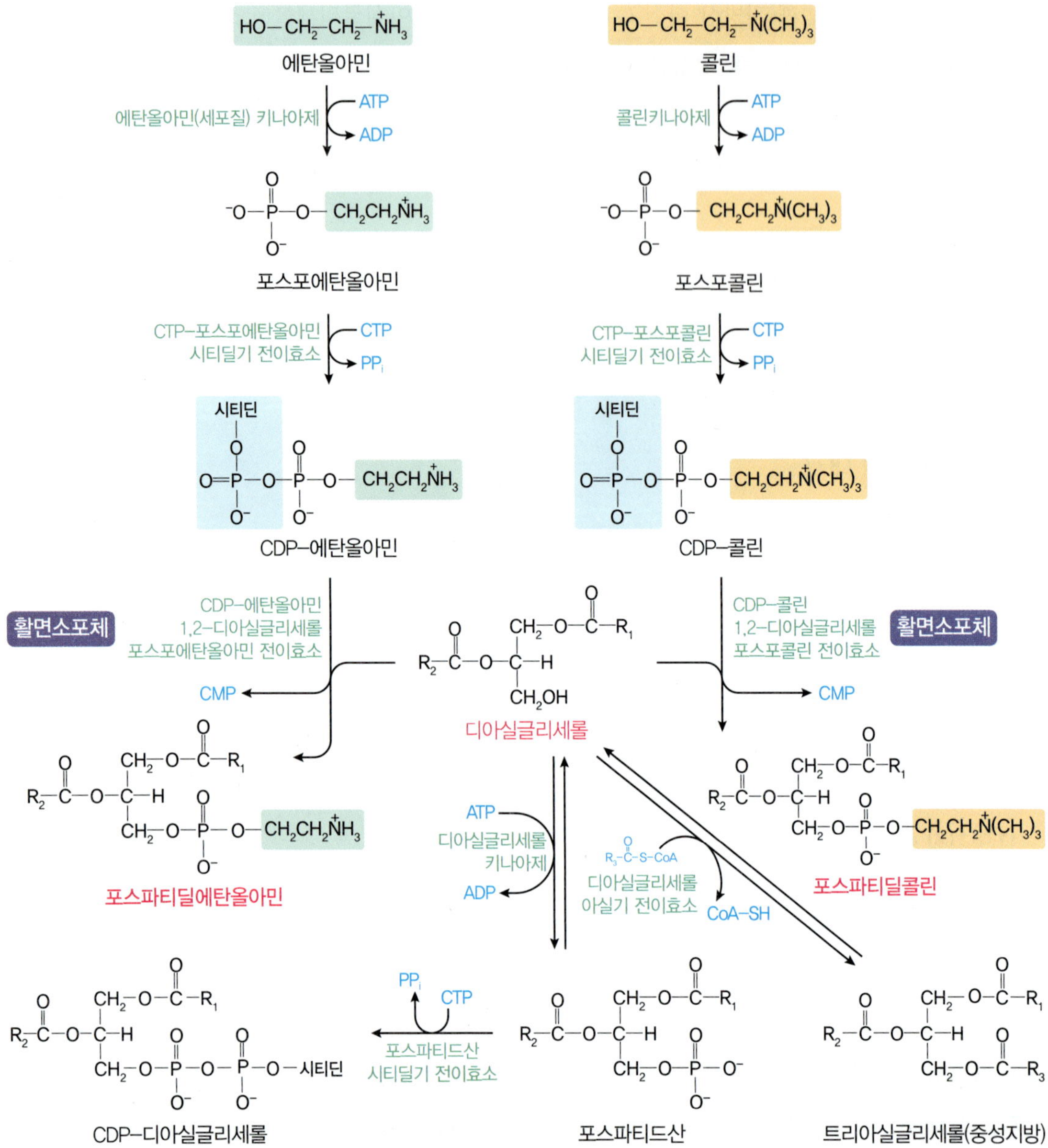

그림 9-17 인지질 합성

산이, CDP-에탄올아민에서 에탄올아민-인산이 떨어져 나가면서 CMP가 남는다). 이것은 당을 UDP와 결합하여 활성화시키는 것과 같은 원리이다. 만일 디아실글리세롤(DG)이 아실 CoA와 반응하면 중성지방이 형성된다.

② 포스파티딜에탄올아민으로부터 포스파티딜콜린 합성

간에서는 콜린의 농도가 낮더라도 포스파티딜콜린을 합성할 수 있는 경로가 필요하다. 간에서는 담즙과 지단백질의 성분으로 포스파티딜콜린을 많이 사용해야 하기 때문이다. 간에서 포스파티딜콜린은 포스파티딜에탄올아민으로부터 합성될 수 있다 그림 9-18. 포스파티딜에탄올아민은 세 단계의 메틸화과정을 거쳐 포스파티딜콜린으로 전환된다. 이 반응에서 S-아데노실메티오닌S-adenosylmethionine, SAM이 메틸기를 공급하고 S-아데노실호모시스테인S-adenosylhomocysteine, SAH으로 전환된다.

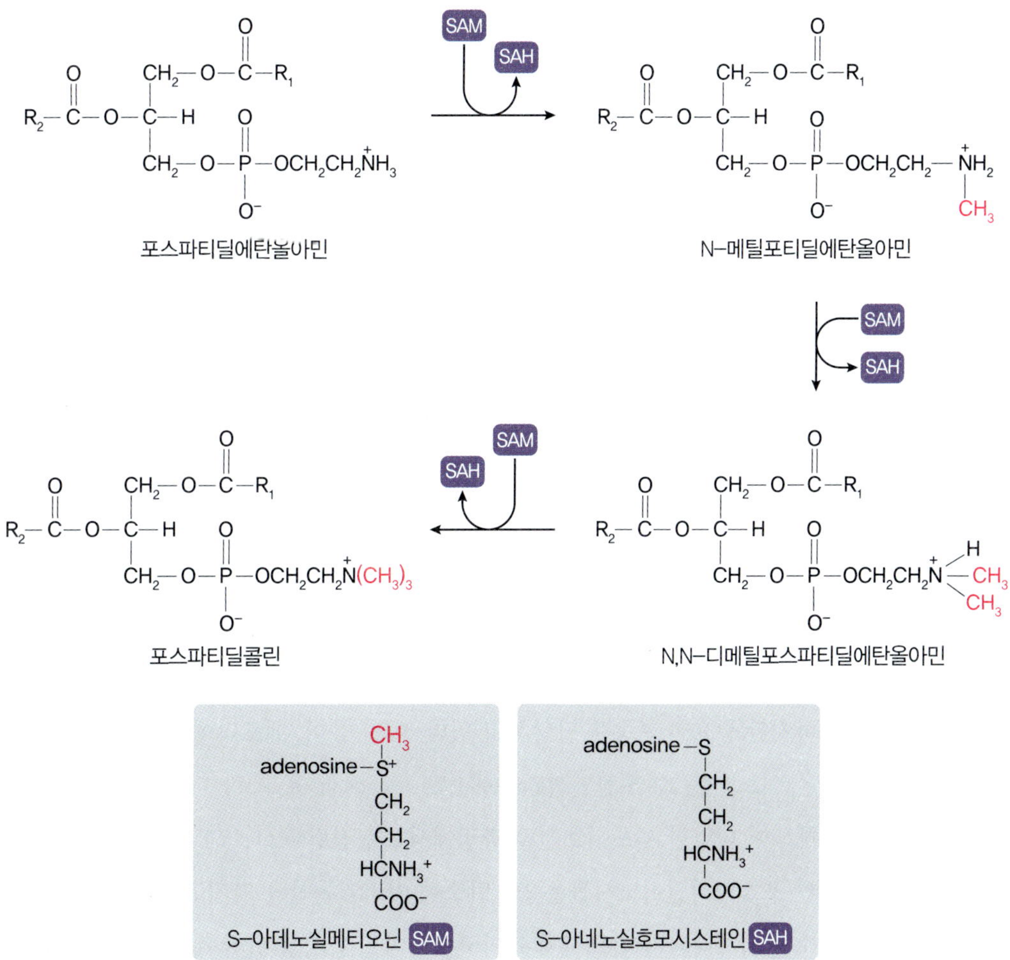

그림 9-18 포스파티딜에탄올아민에서 포스파티딜세린으로의 전환

③ 포스파티딜세린

포스파티딜세린phosphatidyl serine은 활면소포체에서 포스파티딜에탄올아민의 에탄올아민이 세린으로 교환되는 반응을 통해 생성된다. 이 염기교환 반응은 가역적이어서 포스파티딜에탄올아민과 포스파티딜세린의 상호 전환이 일어나기는 하나 주로 세포막 합성을 위해 필요한 포스파티딜세린이 생성된다. 포스파티딜세린은 미토콘드리아에서 탈카복실화 반응을 거쳐 포스파티딜에탄올아민으로 전환된다 그림 9-19.

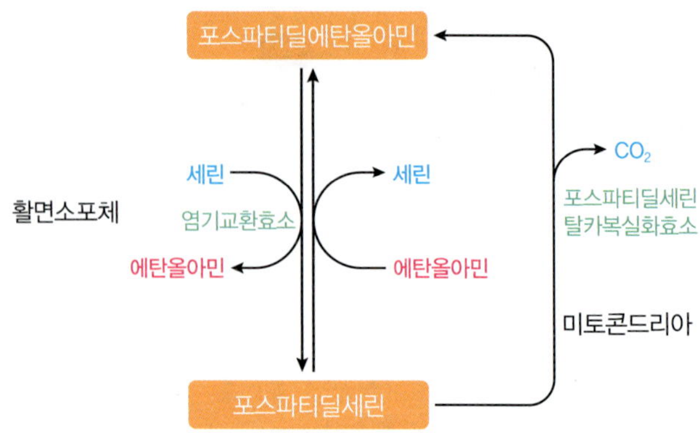

그림 9-19 포스파티딜에탄올아민과 포스파티딜세린의 상호 전환

④ 기타 인지질

CDP-디아실글리세롤로부터 포스파티딜이노시톨phosphatidylinositol, 포스파티딜글리세롤phosphatidyl glycerol 및 카디오리핀cardiolipin 등 몇몇 다른 중요한 인지질이 합성된다. 포스파티딜이노시톨은 흔하지 않은 인지질로 세포막 지질에 소량 존재하지만 중요한 기능을 담당하고 있다. 예를 들어, 세포막에서 포스파티딜이노시톨은 이노시톨 1,4,5-삼인산inositol-1,4,5-triphosphate, IP3과 디아실글리세롤(DG)로 분해되어 다양한 세포신호전달 과정에서 2차 전령second messenger으로 작용한다. 또한 포스파티딜이노시톨은 2번 탄소에 아라키돈산을 가지고 있어 아라키돈산 저장소로 작용하다가 필요시에 에이코사노이드 합성을 위한 기질을 공급하게 된다.

(2) 인지질 분해

인지질은 분해되고 새로 합성되는 반응회전turnover이 빠르게 진행되며, 환경 변화에 반응하여 세포막의 유동성 조정을 위해 인지질의 지방산이 재구성된다.

인지질은 포스포리파아제phospholipase에 의해 인지질의 에스테르 결합이 분해된다. 포스포리파아제는 모든 조직에 존재하며, 췌장액의 포스포리파아제는 인지질의 소화를 담당한다. 인지질 내에서 분해하는 결합 부위에 따라 포스포리파아제의 이름이 붙여지는데, 주요 효소의 종류와 작용 부위 등은 그림 9-20과 같다. 인지질의 1번 탄소와 2번 탄소에서 각각 에스테르 결합을 가수분해하는 포스포리파아제 a_1과 a_2는 인지질의 재구성에 기여한다. 또한 포스포리파아제의 작용에 의해 2차 전령으로 작용하는 물질(DG와 IP_3) 또는 에이코사노이드의 전구체인 아라키돈산이 방출된다.

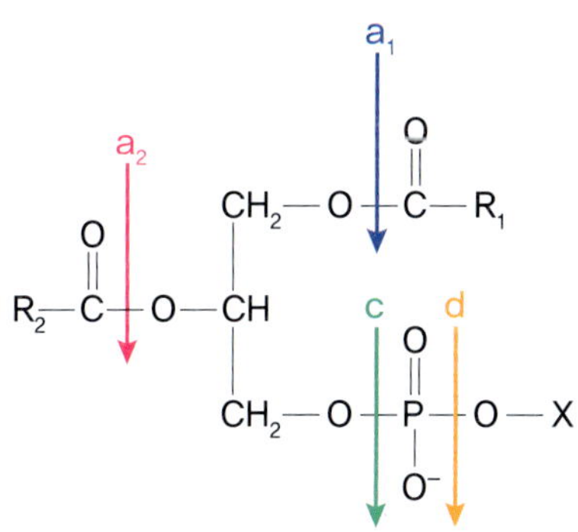

포스포리파아제 a_1
많은 포유류 조직에 존재

포스포리파아제 a_2
- 포유류의 조직에 존재
- 췌장액으로 분비되어 섭취한 인지질의 소화작용을 담당함
- 불활성화 상태로 분비되어 트립신에 의해 활성화되며, 담즙염이 효소작용을 도움
- 포스파티딜이노시톨에 작용하여 아이코사노이드의 전구체인 아라키돈산을 방출
- 코티졸 같은 글루코코티코이드에 의해 억제됨

포스포리파아제 c
- 간의 리소좀에 존재
- 막과 결합되어 있어 2차 전령을 생성함

포스포리파아제 d
주로 식물 조직에 존재

그림 9-20 포스포리파아제 종류에 따른 인지질의 분해

2) 스핑고지질 대사

스핑고지질은 글리세롤 대신 스핑고신sphingosine, 즉 지방산이 결합된 스핑고신(N-아실 스핑고신)인 세라미드ceramide가 기본 골격이 된다. 예를 들어, 세라미드에 인산과 콜린이 결합하여 스핑고미엘린sphingomyelin이, 세라미드에 당이 결합하여 당지질glycolipid이 만들어진다. 스핑고지질은 골지체 막의 안쪽에서 합성되며 리소좀 내에서

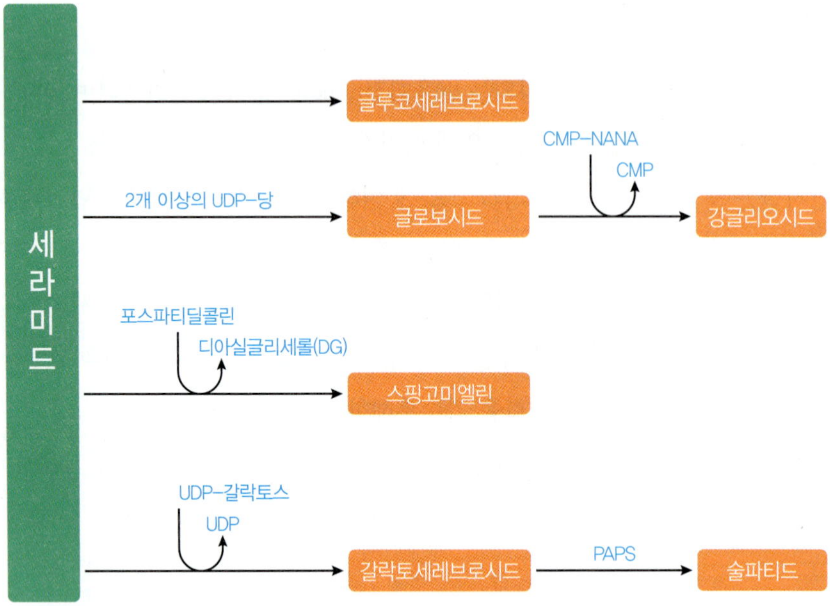

그림 9-21 스핑고지질 합성의 개요

가수분해효소에 의해 분해된다.

(1) 스핑고지질 합성

① 세라미드 합성

스핑고지질의 기본 구조는 지방산 사슬이 결합된 아미노알코올인 스핑고신이다. 스핑고신에 긴사슬 지방산이 또 하나 결합하여 스핑고지질의 핵core 부분인 세라미드를 형성한다. 세라미드가 생성되는 과정은 다음과 같다 그림 9-22.

- 축합 : 팔미토일 CoA(지방산)가 세린(아미노산)과 축합한다. CoA와 세린의 카복실기CO_2가 제거되면서 케토스핑가닌이 생성된다.
- 환원 : NADPH를 사용하면서 환원되어 스핑가닌을 만든다.
- 아실화 : 아미노기$-NH_2$에 긴사슬 지방산이 결합(아실화)하여 N-아실 스핑가닌이 생성된다.
- 이중결합 형성 : 탈포화되어 N-아실 스핑고신, 즉 세라미드가 생성된다.

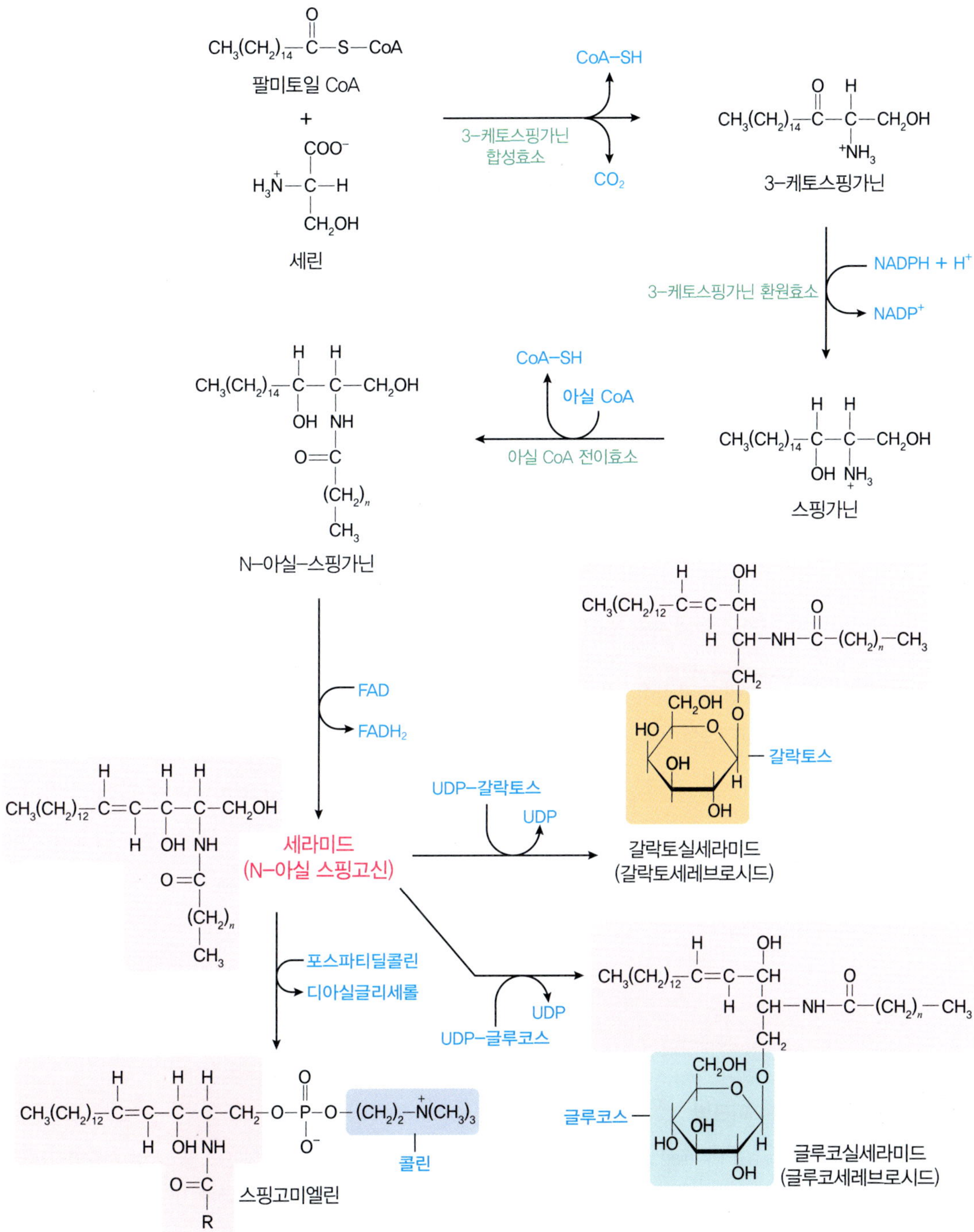

그림 9-22 스핑고미엘린과 당지질의 합성

② 세라미드로부터 스핑고지질 합성

- 스핑고미엘린 : 세라미드에 포스파티딜콜린으로부터 전달된 인산과 콜린이 결합하여 생성된다.
- 세레브로시드cerebroside : 세라미드에 UDP-당으로부터 전달된 당이 결합하여 생성된다. 세라미드에 포도당이 결합하여 글루코실세라미드glucoceramide, 즉 글루코세레브로시드glucocerebroside가 생성되고, 세라미드에 갈락토스가 결합하여 갈락토실세라미드galactoceramide, 즉 갈락토세레브로시드galacto-cerebroside가 생성된다.
- 술파티드sulfatide : 갈락토세레브로시드가 3′-포스포아데노신-5′-포스포황산염3′-phosphoadenosine-5′-phosphosulfate, PAPS와 반응할 때 합성된다.
- 강글리오시드ganglioside : 세라미드에 시알산sialic acid(N-acetylneuraminic acid, NANA)을 하나 이상 포함한 올리고당이 결합하여 생성된다.

(2) 스핑고지질 분해

스핑고지질은 리소좀 내에서 가수분해효소에 의해 분해된다. 스핑고미엘린은 리소좀 효소인 스핑고미엘리나아제sphingomyelinase에 의해 포스포콜린과 세라미드로 분해된다. 세라미드는 세라미드분해효소ceramidase에 의해 스핑고신과 유리지방산으로 분해된다. 방출된 세라미드와 스핑고신은 세포 내 2차 전령second messenger으로 작용한다. 당지질도 리소좀에 있는 가수분해효소에 의해 분해된다.

알아두기 **니만-피크병**

니만-피크병(Niemanna-Pick disease)은 유전적인 결함에 의한 스핑고지질이 축적되는 스핑고지질 저장병의 하나이다. 이 증상은 스핑고미엘린을 분해하는 스핑고미엘리나아제의 결핍증에 의해 나타나며, 이 병을 가진 유아의 경우 중추신경계에 스핑고미엘린이 축적되어 신경 퇴화가 빠르게 진행되고 정신지체가 나타나며, 보통 유년 초기에 사망한다.

5 콜레스테롤과 스테로이드 대사

콜레스테롤은 세포막의 성분이 되고 담즙산 및 스테로이드 호르몬, 비타민 D의 전구체로 작용하는 등 체내 필수물질이기 때문에 세포에 적정량을 공급하는 것이 매우 중요하다. 이 필요를 맞추기 위해 콜레스테롤의 생합성, 운반 및 조절기전이 관여하게 된다. 이런 콜레스테롤 항상성 조절에는 간이 가장 중심적인 역할을 담당한다. 체내 콜레스테롤은 간의 콜레스테롤 풀pool로 들어가고 또한 간에서 제거된다. 간으로의 콜레스테롤 유입 급원은 식사를 통해 섭취한 콜레스테롤을 비롯하여 간 또는 간 외의 조직에서 생합성된 콜레스테롤이다. 간에서 배출되는 콜레스테롤은 주로 담즙을 통해 콜레스테롤 자체 또는 담즙산염으로 전환되어 소장으로 분비된다. 또한 콜레스테롤은 지단백질의 성분으로 말초조직으로 보내진다.

콜레스테롤 생합성과 이동은 여러 기전에 의해 조절된다. 예를 들어, 식사를 통해 충분한 콜레스테롤을 공급받으면 콜레스테롤 생합성은 감소하고, 반대로 콜레스테롤 섭취가 적을 때 생합성이 촉진된다. 또한 콜레스테롤의 배설에 따라 콜레스테롤 합성 속도가 조절된다. 인체에서 콜레스테롤 유입과 방출 간의 균형balance은 아주 정확하게 조절되지는 못하기 때문에 조절의 불균형은 혈중 콜레스테롤의 증가를 야기하여 조직에 콜레스테롤이 축적될 수 있다. 특히 혈관의 내피층에 지질이 축적되어 플라크를 형성할 때 혈관이 좁아지는 죽상동맥경화증atherosclerosis이 초래되어 심장 또는 뇌혈관, 말초혈관 질환의 위험을 높인다.

1) 콜레스테롤의 합성

콜레스테롤은 거의 모든 조직에서 합성되지만 간, 소장, 부신피질, 생식기관(난소, 정소, 태반)에서 주로 합성되며 대부분의 콜레스테롤은 간에서 합성된다. 지방산과 같이 콜레스테롤의 탄소는 아세틸 CoA로부터 공급되고 NADPH가 환원제로 작용한다. 또한 콜레스테롤 합성에는 ATP로부터 에너지가 공급된다. 몇 가지 반응은 세포질에서 일어나지만 콜레스테롤 합성 과정의 대부분은 활면소포체 막에서 일어난다.

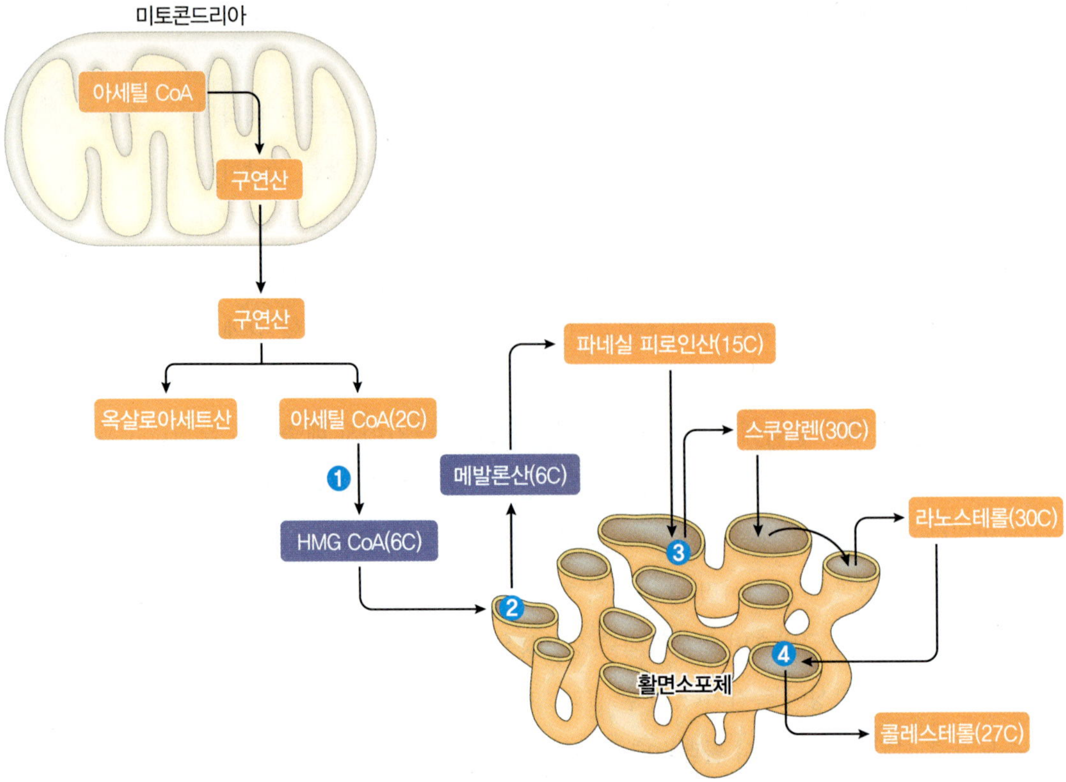

그림 9-23 콜레스테롤 합성의 개요

콜레스테롤의 합성 경로는 다음과 같이 크게 4단계로 나눌 수 있다 그림 9-23.

① 축합 : 아세틸 CoA로부터 HMG CoA의 형성

② 환원 : HMG CoA의 메발론산으로의 전환

③ 중합 : 메발론산으로부터 스쿠알렌 형성

④ 고리화 : 스쿠알렌으로부터 콜레스테롤 형성

(1) 축합 : 아세틸 CoA로부터 HMG CoA의 합성

콜레스테롤 합성의 처음 두 과정은 케톤체가 형성되는 경로와 유사하다. 아세틸 CoA 2분자가 축합하여 아세토아세틸 CoA를 만들고, 세 번째 아세틸 CoA가 추가되어 탄소 6개의 β-히드록시-β-메틸글루타릴 CoA β-hydroxy-β-methylglutaryl CoA,

HMG CoA가 생성된다. 케톤체 합성은 미토콘드리아에서 진행되는 반면, 이 과정은 세포질에서 진행되는 차이점이 있다.

(2) 환원 : HMG CoA로부터 메발론산으로의 전환

그다음 단계에서는 세포질에서 HMG CoA가 NADPH 두 분자를 사용해서 메발론산으로 환원된다. 이 반응은 HMG CoA 환원효소HMG CoA reductase에 의해서 촉매되며, 이 효소가 콜레스테롤 합성의 속도조절효소rate limiting enzym로 주요 조절 단계가 된다. HMG CoA 환원효소는 콜레스테롤 공급 수준에 의해 조절되는데, 세포 내 콜레스테롤 수준이 낮아지면 효소의 합성과 활성이 증가하고, 콜레스테롤 수준이 높아지면 효소 합성과 활성이 감소하고 효소 분해가 촉진된다. 호르몬에 의해서도 조절되어 인슐린은 HMG CoA 환원효소의 합성을 증가시키고 글루카곤은 억제한다. HMG CoA 환원효소는 고콜레스테롤혈증 치료에 사용되는 스타틴statin의 작용 대상이기도 하다.

(3) 중합 : 메발론산으로부터 스쿠알렌 형성

① 메발론산에서 이소프렌 단위로 전환

메발론산에 ATP로부터 인산이 전이되고 탈탄산 반응을 거쳐 탄소 5개의 이소프렌 단위(이소펜테닐 피로인산IPP과 디메틸알릴피로인산DPP)로 전환된다 그림 9-24.

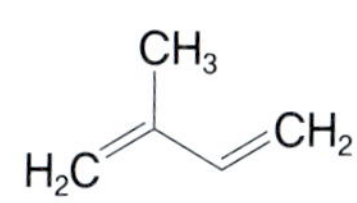

이소프렌 단위

- ATP로부터 인산이 2회 전이되어 메발론산이 5-피로포스포메발론산5-pyrophosphomevalonate으로 전환된다.
- 탈탄산 반응으로 이소펜테닐 피로인산isopentenyl pyrophosphate, IPP이 형성된다. 이 반응 역시 ATP가 필요하다.
- IPP는 이성질화 반응에 의해 디메틸알릴 피로인산dimethylallyl pyrophosphate, DPP으로 전환된다.

② 이소프렌 단위의 중합으로 스쿠알렌 형성

이소프렌 단위 6개가 축합하여 탄소 30개의 스쿠알렌이 합성된다 그림 9-24.

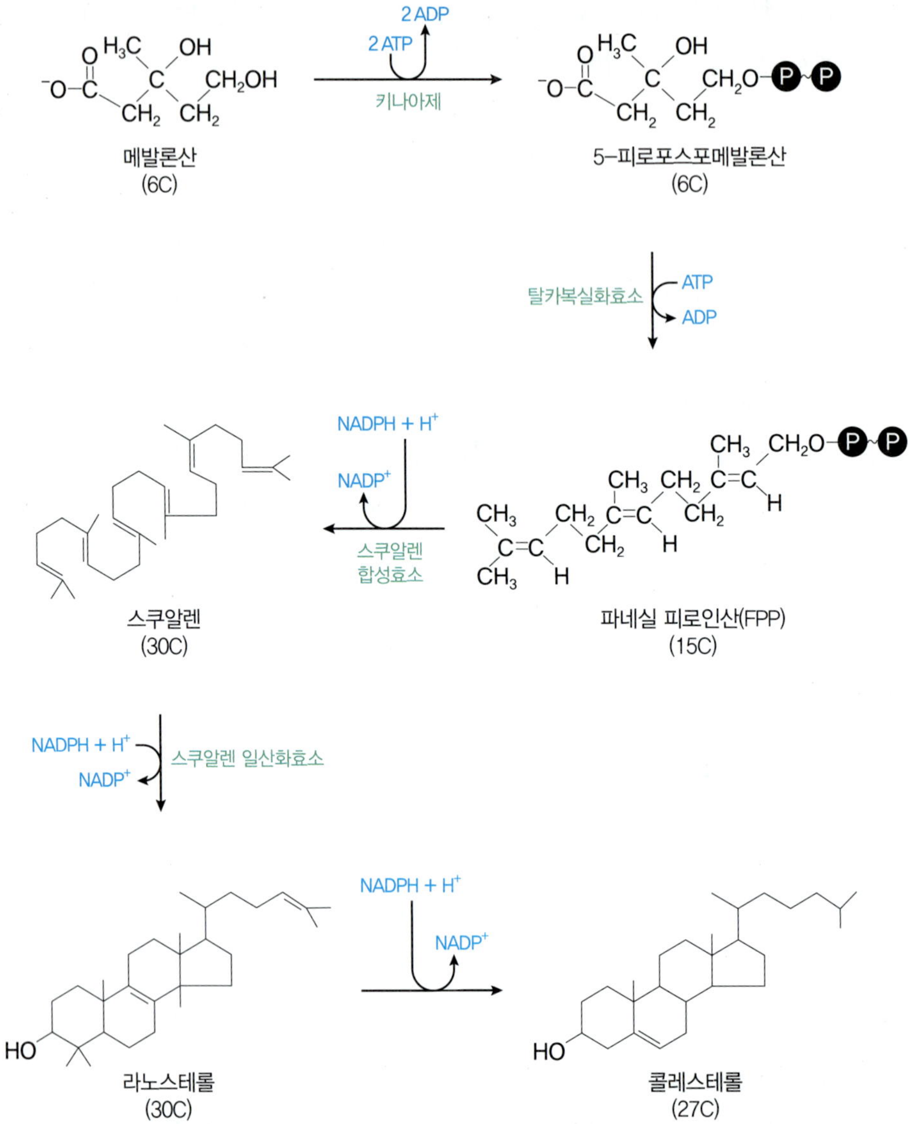

그림 9-24 메발론산으로부터 콜레스테롤의 합성

- IPP와 DPP가 축합하여 탄소 10개의 게라닐 피로인산geranyl pyrophosphate, GPP을 형성한다.
- GPP가 IPP와 축합하여 탄소 15개의 파네실 피로인산farnesyl pyrophosphate, FPP을 형성한다.

• FPP 2분자가 합쳐지고 NADPH를 사용하여 환원되어서 탄소 30개의 스쿠알렌을 형성한다(이소프렌 단위 6개로 형성된다).

(4) 고리화 : 스쿠알렌으로부터 콜레스테롤 형성

스쿠알렌은 스테롤인 라노스테롤로 전환된다. 이 과정은 산소와 NADPH를 사용하며, 활면소포체 막의 효소에 의해 촉매되는 일련의 반응에 의해 이루어진다. 스쿠알렌의 수산화는 고리화를 촉진하여 스테로이드 핵의 특징인 4개의 융합된 고리 구조를 형성하게 된다. 이후 라노스테롤이 콜레스테롤로 전환되는 여러 단계의 반응을 거치면서 탄소사슬이 30개에서 27개로 짧아지고 메틸기 2개가 제거되며, 이중결합의 위치 변화와 이중결합의 환원이 일어난다 그림 9-24.

합성된 콜레스테롤은 지방산과 결합하여 콜레스테롤 에스테르 형태로 간세포 내에 저장되거나 지단백질에 포함되어 다른 조직으로 이동된다.

2) 콜레스테롤의 분해 : 콜레스테롤로부터 담즙산과 담즙산염의 합성

콜레스테롤의 고리 구조는 인체에서 더 작은 분자로 분해될 수 없다. 대신 담즙산과 담즙산염으로 전환되어 용해성 증가, 배설이 용이해진다. 체내에서 콜레스테롤을 제거하는 가장 중요한 기전은 담즙산으로의 전환이며, 담즙산염 형태로 담즙에 섞여 분비됨으로써 소장으로 운반된 후 대변을 통해 체외로 배설된다. 담즙산의 합성은 간에서 일어난다.

담즙은 인지질(주로 레시틴)과 담즙산염(접합한 담즙산), 콜레스테롤, 담즙색소(헴의 분해산물)를 주요 성분으로 간에서 생성된 후 담관을 통해 십이지장으로 분비되거나 당장 소화에 필요하지 않을 경우 담낭에 저장된다. 담즙은 지질의 소화를 위해 분비되어 유화제로 작용한다. 담즙산염은 용해성이 높고 양극성 amphipathic(극성과 비극성 부분을 모두 가진) 성질을 가지고 있어 유화제로서의 기능을 나타낸다.

(1) 담즙산의 합성

담즙산은 간에서 여러 단계에 의해 합성된다. 콜레스테롤에 히드록실기 –OH가 2개 추가되고, 카복실기 –COO–가 첨가되면서 극성이 증가하여 용해성이 높아진다. 카복실기(산성)를 가지고 있기 때문에 담즙산bile acid이라고 부른다.

담즙산 합성의 첫 단계는 콜레스테롤의 7번 탄소에 수산기가 추가되는 것으로 소포체에 존재하는 콜레스테롤 7-α-수산화효소cholesterol 7-α-hydroxylase에 의해 촉매된다. 이 반응이 담즙산 합성의 속도조절단계이며, 기질인 콜레스테롤에 의해 촉진되고 최종 생성물인 콜산에 의해 억제된다.

이후 반응에서 이중결합이 환원되고 탄소사슬에서 탄소 3개가 짧아지면서 사슬 말단에 카복실기가 첨가되어 담즙산인 콜산cholic acid과 체노데옥시콜산chenodeoxycholic acid이 생성된다.

(2) 담즙산염의 합성

생성된 담즙산은 간을 떠나기 전에 글리신 또는 타우린과 접합하여 담즙산염을 만든다. 결과적으로 글리코콜산, 글리코체노디옥시콜산, 타우로콜산, 타우로체노디옥시콜산이 만들어진다. 글리신과 접합하면서 카복실기가 추가되고, 타우린과 접합하면서 황산기 $-SO_3^-$가 추가되어 수용성과 양극성 성질이 더 커지기 때문에 담즙산염은 담즙산보다 더 효과적인 유화제로 작용할 수 있다. 따라서 담즙에서는 접합한 형태인 담즙산염만이 발견된다.

(3) 담즙산염의 장간순환

담즙산염은 소장으로 분비되고 효과적으로(95% 이상) 재흡수되어 재활용된다. 간에서 담관을 통해 십이지장으로 분비된 담즙산염이 지질의 유화에 이용된 후 회장에서 재흡수되어 간으로 돌아가고, 다시 담즙을 만들어 분비되어 재사용되는 현상을 담즙산염의 장간순환enterohepatic circulation이라고 한다. 담즙산염은 마지막으로 제거되기 전에 18번이나 재활용된다.

하루에 15~30 g의 담즙산염이 간에서 십이지장으로 분비되고, 0.5 g 정도(3% 미

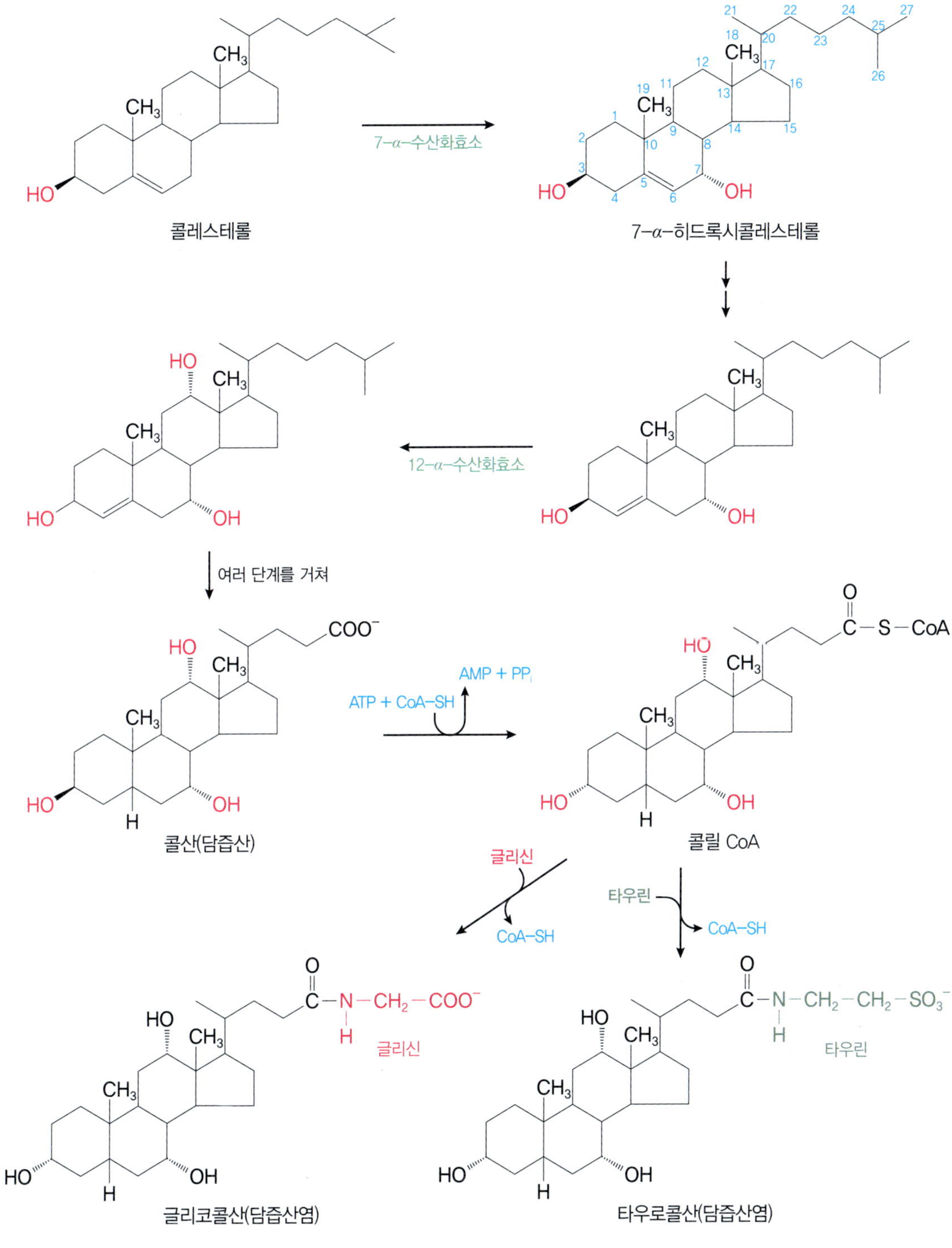

그림 9-25 담즙산과 담즙산염의 합성

만) 만이 변으로 배설된다. 손실된 담즙산을 대체해서 하루에 약 0.5 g의 담즙산이 콜레스테롤로부터 합성된다.

고콜레스테롤혈증의 치료제로 사용되는 콜레스티라민cholestyramine은 장에서 담즙산과 결합해서 재흡수를 막아서 배설을 촉진한다. 담즙산이 배설되면 콜레스테롤이 담즙산으로 더 많이 전환되어 체내 콜레스테롤이 더 많이 제거될 수 있다. 식이섬유도 소장에서 담즙산과 결합하여 배설을 증가시킨다.

3) 콜레스테롤로부터 스테로이드 호르몬의 합성

콜레스테롤은 모든 종류의 스테로이드 호르몬의 전구체가 된다. 스테로이드 호르몬에는 글루코코르티코이드glucocorticoids(예: 코티졸cortisol), 미네랄로코르티코이드mineralocorticoids(예: 알도스테론aldosterone), 성 호르몬(안드로겐androgens, 에스트로겐estrogens) 등이 있다. 호르몬의 합성과 분비는 부신피질(코티졸, 알도스테론, 안드로겐), 난소와 태반(에스트로겐), 고환(테스토스테론)에서 이루어진다. 분비된 호르몬은 혈액을 통해 표적조직target tissue으로 운반된다.

스테로이드 호르몬 합성에 사용되는 콜레스테롤은 새로 생합성되거나 지단백질로부터 운반 또는 세포 내 세포질에 저장되어 있던 콜레스테롤 에스테르로부터 유리될 수도 있다. 콜레스테롤이 미토콘드리아로 이동하는 것이 중요한 조절 포인트이다.

스테로이드 호르몬 합성의 시작은 콜레스테롤이 탄화수소 사슬이 짧아지면서 탄소 21개의 프레그네놀론pregnenolone으로 전환되는 것이다. 이 반응이 속도조절rate-limiting 단계로 미토콘드리아 내막에 있는 데스몰라아제desmolase에 의해 촉매되며 NADPH와 산소가 사용된다.

프레그네놀론은 모든 스테로이드 호르몬의 모체가 된다. 활면소포체로 운반된 다음 프로그네놀론은 산화되고 이중결합의 이성질화 반응을 거쳐 프로게스테론progesterone으로 전환된다. 프로게스테론은 이후 더 변형되어서 다른 스테로이드 호르몬을 생성한다.

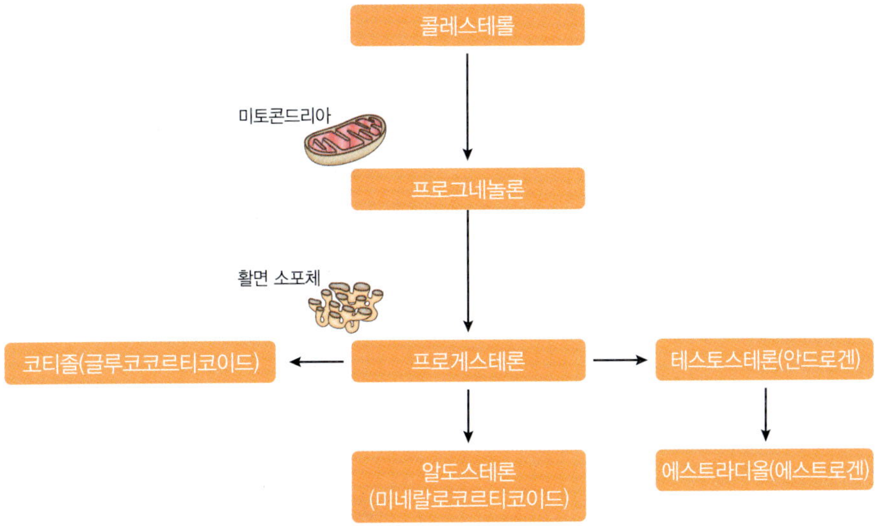

그림 9-26 스테로이드 호르몬의 합성

4) 지단백질 대사

지단백질은 혈액 중 지질의 주요 운반수단이다. 소수성인 지질을 혈액 중에서 운반하려면 수용성 상태로 유지되도록 포장되어야 한다. 따라서 지질을 단백질 등 양극성을 가진 성분들이 둘러싸서 지단백질을 만들고, 혈액 내에서 조직에서 조직으로 지질을 운반한다. 여러 종류의 지단백질들이 식사로 섭취한 또는 생합성된 지질의 운반을 위하여 소장 또는 간에서 만들어진다.

인체에서 지질의 운반체계는 다른 동물에 비해 덜 완벽하기 때문에 체내에 지질이 축적될 수 있는데, 특히 콜레스테롤이 혈관에 축적될 경우에는 플라크를 형성하고, 혈관을 좁게 하여 죽상경화증atherosclerosis을 초래할 수 있다.

(1) 지단백질의 구조 및 종류

① 지단백질의 구조

지단백질은 중심부에 소수성인 지질(주로 중성지방과 콜레스테롤 에스테르, 일부 지용성 비타민)이 있고, 표면은 양극성인 인지질, 단백질, 유리 콜레스테롤이 껍질처럼 둘러싸서 만들어진다. 양극성 성분의 극성 부위가 지단백질의 표면에서 바깥쪽을 향하게 되어 지단백질이 수중 환경에서 수용성 상태를 유지할 수 있게 해준다.

지단백질의 단백질 성분을 아포단백질apoprotein이라고 하며 지단백질의 다양한 기능에 중요한 역할을 한다. 예를 들어, 세포 표면에서 지단백질의 수용체를 인식하게 하고, 지단백질 대사와 관련된 효소를 활성화한다. 아포단백질은 구조와 기능에 따라 A~E까지 다섯 그룹으로 구분하며, 지단백질은 보통 한 가지 이상의 아포단백질을 가지고 있다. 일반적인 지단백질의 모형은 그림 9-27과 같다.

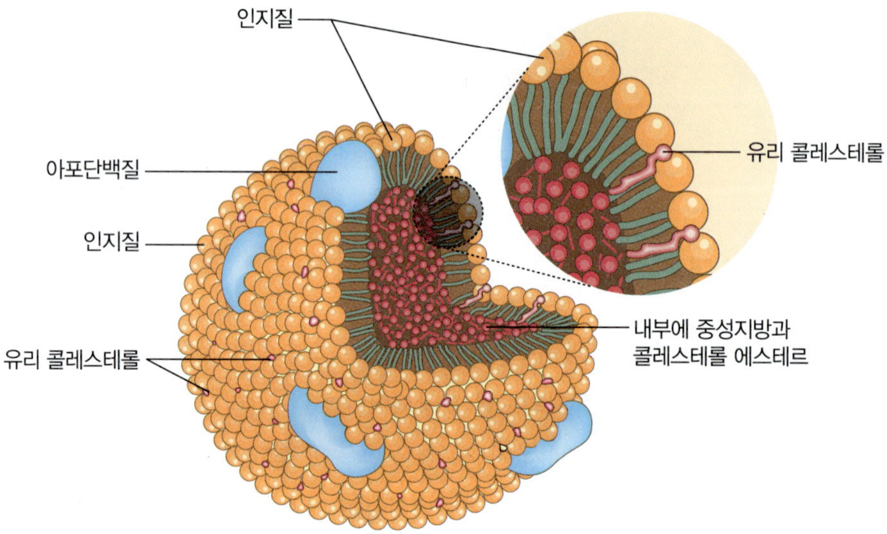

그림 9-27 지단백질의 구조

② 지단백질의 종류

지단백질들은 밀도에 의해 분류된다. 지질이 많을수록 밀도가 감소하고, 단백질이 많을수록 밀도가 증가한다. 지단백질의 종류에는 카일로마이크론chylomicron, CM, 초저밀도 지단백질very low density lipoprotein, VLDL, 저밀도 지단백질low density lipoprotein, LDL, 고밀도 지단백질high density lipoprotein, HDL이 있다. 종류에 따라 지질과 단백질 조성, 크기, 밀도, 아포단백질, 생성 장소가 다르다. 지단백질의 종류와 단백질 및 지질의 상대적 함량을 그림 9-28에 요약하였다.

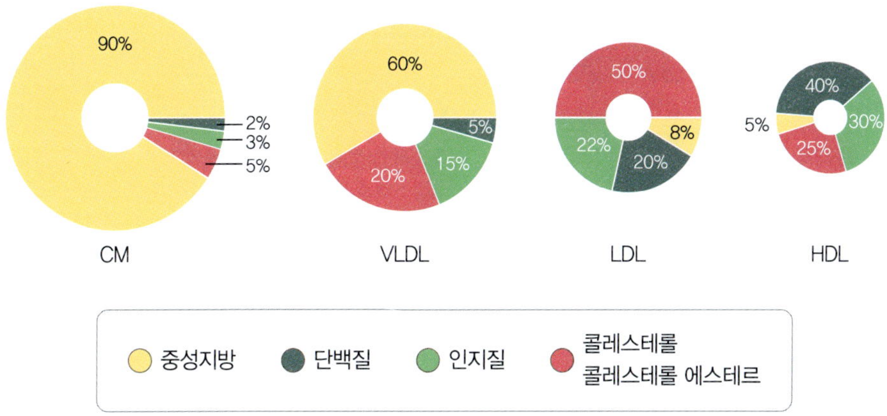

그림 9-28 지단백질의 구성비

- CM : 가장 많은 지질을 가지고 있기 때문에 제일 크고 밀도가 가장 낮으며 단백질 비율도 가장 낮다. CM은 식사로 섭취하여 흡수된 지질을 운반하기 때문에 지질 함량이 높으며 지질의 90% 정도가 중성지방이다.
- VLDL : 간에서 합성된 지질(중성지방과 콜레스테롤 에스테르)로 구성되며 중성지방이 60%로 주요 성분이 된다. 카일로마이크론보다 지질 함량이 낮기 때문에 밀도가 더 높다. 조직으로 운반되는 과정 중 중성지방이 제거되면서 LDL로 전환된다.
- LDL : VLDL에서 중성지방이 제거되어 LDL로 전환되기 때문에 밀도가 더 높아지고 콜레스테롤과 콜레스테롤 에스테르가 주요 지질이 된다. 콜레스테롤을 조직으로 운반한다.
- HDL : 단백질 함량이 높기 때문에 크기가 작고 밀도가 가장 높다. 콜레스테롤을 간으로 운반한다.

(2) 지단백질의 대사

CM과 VLDL이 중성지방의 운반에, LDL과 HDL이 콜레스테롤 운반에 중요한 역할을 한다. CM은 식사를 통해 섭취한 중성지방을 소장으로부터 조직으로 운반하는 역할을 하고, VLDL은 간에서 합성된 중성지방을 조직으로 운반하는 역할을 한

표 9-2 지단백질의 특징 및 기능

구분	카일로마이크론	VLDL	LDL	HDL
생성	소장	간	VLDL	간, 소장
지질 조성	중성지방 매우 많음 콜레스테롤 매우 적음	중성지방 많음 콜레스테롤 적음	중성지방 적음 콜레스테롤 매우 많음	중성지방 매우 적음 콜레스테롤 많음
기능	섭취한 중성지방을 말초조직으로 운반	합성된 중성지방을 말초조직으로 운반	콜레스테롤을 말초조직과 간으로 운반	콜레스테롤을 말초조직에서 간으로 운반하여 제거함
아포단백질	apoA I, A II, A VI, apoB48 apoC I, C II, C III apoE	apoB100 apoC I, C II, C III apoE	apoA I, A II apoB100	apoC I, C II, C III apoE

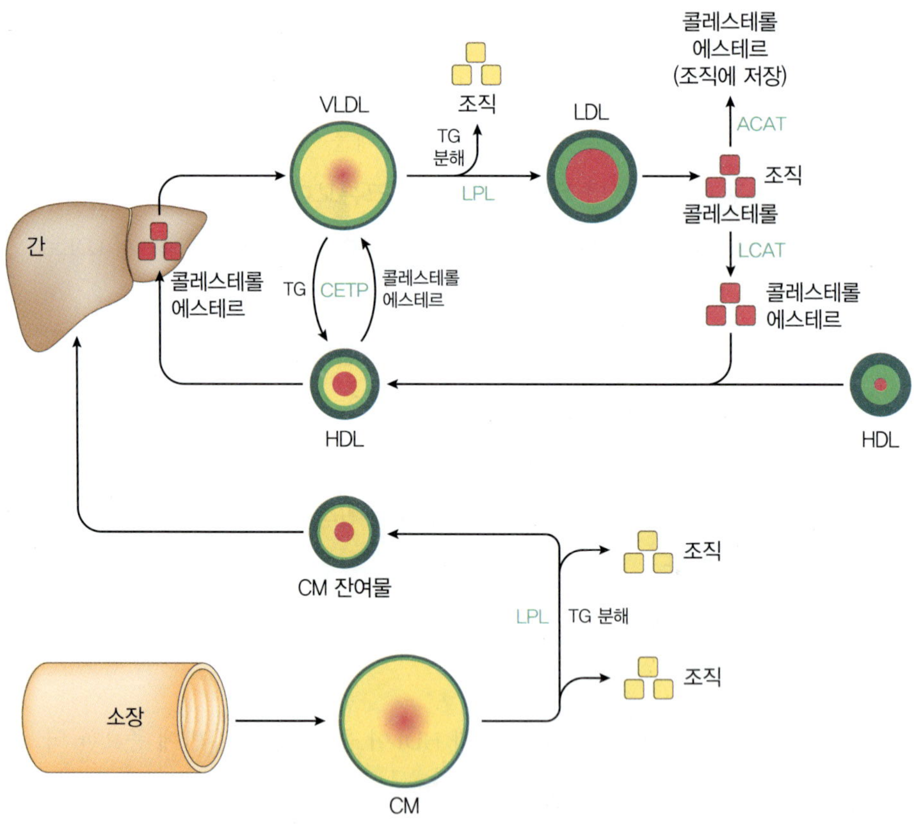

그림 9-29 지단백질의 대사

다. LDL은 콜레스테롤을 조직으로, HDL은 조직의 콜레스테롤을 간으로 운반하는 역할을 한다 그림 9-29.

① CM

CM은 소장 점막세포에서 조립되어 식사로 섭취한 지질(중성지방, 콜레스테롤, 콜레스테롤 에스테르, 지용성 비타민)을 운반하며, 주로 중성지방을 지방조직과 근육으로 운반한다.

소장에서 분비된 후 림프계를 통해 혈액을 순환하면서 조직의 모세혈관 내피세포에 있는 지단백질 분해효소lipoprotein lipase, LPL에 의해 CM 내의 중성지방이 지방산과 글리세롤로 분해된다. 지방산은 조직으로 들어가 지방조직에 저장되거나 근육에서 에너지원으로 사용된다. 카일로마이크론의 지방이 분해되어 제거되면서 점차 크기가 작아져 대부분 식이 콜레스테롤이 남아 있는 카일로마이크론 잔여물chylomicron remnant이 된다. 카일로마이크론 잔여물은 이후 간의 수용체와 결합하여 세포내이입endocytosis을 통해 들어가고 리소좀 효소에 의해 분해된다.

② VLDL

VLDL은 간에서 생성되며 간에서 합성된 중성지방을 말초조직으로 운반한다. CM과 마찬가지로 조직에서 VLDL의 중성지방은 LPL에 의해 분해되어 조직에 지방을 공급하게 된다. 일부 중성지방은 VLDL에서 HDL로 운반되는데 이 과정에서 HDL의 콜레스테롤 에스테르가 VLDL로 이동하면서 중성지방과 교환된다. 이 교환 반응은 콜레스테롤 에스테르 전이 단백질cholesteryl ester transfer protein, CETP에 의해 수행된다. VLDL은 중성지방이 제거되면서 크기가 작아지고 밀도가 높아져 LDL로 전환된다.

③ LDL

LDL은 콜레스테롤의 주요 운반체이다. LDL은 VLDL에서 중성지방이 제거되면서 만들어지기 때문에 중성지방의 함량은 낮고 콜레스테롤과 콜레스테롤 에스테르가 주요 지질이 된다. LDL은 주로 말초조직으로 콜레스테롤을 운반하며, 간으로 돌아가기도 하나 그 영향은 크지 않다.

LDL은 apoB100을 주요 아포단백질로 가지고 있어 apoB100을 인지하는 LDL 수용체가 있는 세포로 운반된다. LDL의 apoB100은 세포막의 LDL 수용체와 결합하여 세포내이입으로 들어간 후 엔도좀이라 부르는 소포vesicle를 형성하고, 수용체는 세포막으로 돌아가 재활용된다. LDL은 리소좀에서 가수분해효소에 의해 콜레스테롤, 아미노산, 지방산, 인지질 등으로 분해된다. 세포로 들어온 콜레스테롤은 세포막의 구성성분이나 대사에 사용된다. 충분한 양의 콜레스테롤이 들어와 세포 내 콜레스테롤 농도가 증가하면 여러 기전이 작동하여 세포 내 콜레스테롤 항상성이 유지된다. 첫째, HMG CoA 환원효소가 억제되어 콜레스테롤 합성이 감소한다. 둘째, LDL 수용체 합성이 감소하여 세포로 콜레스테롤 유입이 감소한다. 마지막으로 사용되지 않는 콜레스테롤은 지방산과 결합하여 콜레스테롤 에스테르로 저장된다. 이 에스테르화 반응은 소포체의 표면에서 아실 CoA:콜레스테롤 아실기 전이효소acyl CoA : cholesterol acyltransferase, ACAT에 의해 촉매된다 그림 9-30.

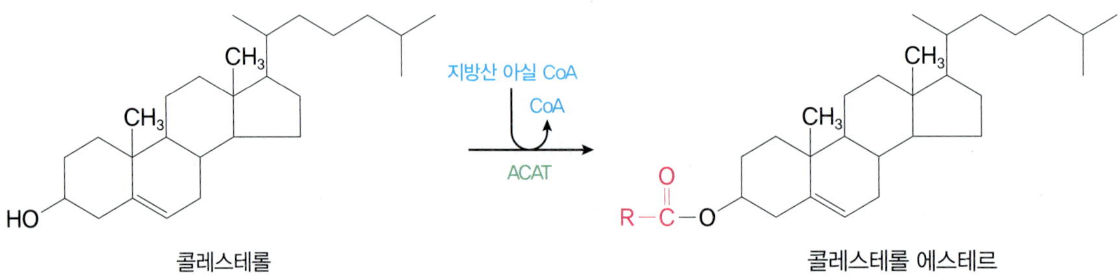

그림 9-30 아실 CoA:콜레스테롤 아실기 전이효소에 의한 콜레스테롤 에스테르 합성

④ HDL

HDL은 간과 소장에서 만들어진 아포단백질 AI에 지질이 추가되어 혈장에서 형성된다. LDL이 콜레스테롤을 조직으로 운반하는 반면, HDL은 말초조직에서 콜레스테롤을 제거하여 간으로 돌려보내는 콜레스테롤 역수송reverse cholesterol transport 작용을 한다.

콜레스테롤이 HDL로 들어갈 때 즉시 혈장 효소인 레시틴 : 콜레스테롤 아실기 전이효소lecithin : cholesterol acyltransferase, LCAT에 의해 에스테르화된다. HDL은 인

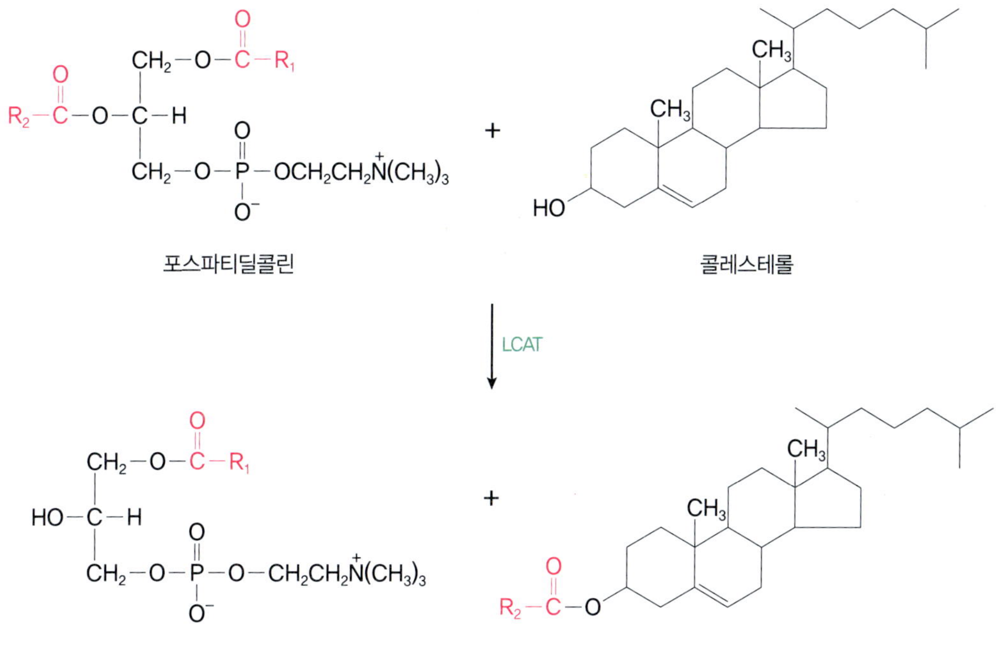

그림 9-31 레시틴:콜레스테롤 아실기 전이효소에 의한 콜레스테롤 에스테르 합성

지질 농도가 높아서 유리 콜레스테롤을 잘 받아들일 수 있다. LCAT은 HDL에 결합하여 레시틴(인지질)의 2번 탄소에 결합된 지방산을 콜레스테롤로 전이한다 그림 9-31. 그 결과, 소수성 콜레스테롤 에스테르가 만들어져서 HDL 중심부로 들어가게 된다. 앞에서 언급한 CETP가 콜레스테롤 에스테르를 HDL에서 VLDL로 운반해서(중성지방과 교환하면서) LCAT이 억제되지 않고 계속 작용할 수 있게 해준다. 콜레스테롤 에스테르가 풍부해진 HDL은 HDL 수용체를 가지고 있는 유일한 세포인 간세포로 들어간다.

결국 콜레스테롤은 HDL을 통해 간으로 이동해서 담즙산 합성과 담즙의 성분, 또는 호르몬 합성에 사용된다. 이것이 콜레스테롤 항상성의 주요 기전을 제공하며 조직의 콜레스테롤 과다 축적을 막을 수 있게 해준다. 혈중 HDL 농도가 죽상동맥경화증과 역관계를 가지는 것, 그리고 HDL을 '좋은good' 콜레스테롤 운반체라고 하는 이유가 이것이다.

알아두기 **지단백질과 동맥경화**

죽상동맥경화증(atherosclerosis)은 죽종 또는 플라크라고 불리는 덩어리가 동맥의 안쪽에 축적되어 동맥이 다소 막혀 있는 상태이다. 플라크는 염증세포에 콜레스테롤이 축적되면서 형성된다. 혈관벽에 손상이 생기면 단핵구가 혈관 내피세포로 들어가서 대식세포(macrophage)로 변하고, 대식세포는 과잉의 LDL을 섭식하면서 콜레스테롤 에스테르가 가득 차 거품 모양을 한 거품세포(foam cell)로 변한다. 일반 세포와는 달리 손상된 혈관벽의 대식세포에서는 세포 내 콜레스테롤 농도가 증가해도 LDL 수용체 합성이 감소하지 않는다. 거품세포가 축적되면서 분열하고 지질을 더욱 섭식하면서 플라크를 형성하게 된다. 플라크는 혈액의 흐름을 방해하여 뇌, 심장 등의 기관에 산소와 영양소 공급이 제한되고, 그 결과 죽상동맥경화증은 뇌졸중, 협심증 등의 원인이 된다.

플라크에서 발견되는 콜레스테롤의 대부분은 거품세포가 LDL을 섭식한 것이기 때문에 혈중 LDL이 높으면 관상동맥질환의 위험성을 높이는 반면, 혈중 HDL이 높으면 관상동맥질환의 위험성이 낮아진다. 또한 플라크 안에서 발견되는 대식세포는 특히 산화된 LDL에 대한 친화성이 높기 때문에 항산화제는 플라크 형성을 지연시킬 수 있다.

6 에이코사노이드 대사

에이코사노이드는 아라키돈산으로부터 생성된다. 식사를 통해 섭취한 필수지방산인 리놀레산(ω-6 지방산)이 불포화와 연장과정을 거쳐 아라키돈산으로 전환된다. 아라키돈산은 세포막을 구성하는 인지질에 포함되어 있다가 필요시 떨어져 나온다. 적절한 자극에 반응하여 세포는 인지질을 분해하는데, 포스포리파아제 A_2phopholipase A_2는 인지질의 2번 탄소 위치에 결합된 지방산을 절단하여 아라키돈산을 방출시킨다. 고리산소화효소cyclooxygenase, COX, 리폭시게나아제lipoxygenase, LOX가 작용하는 다른 경로를 통해 조직에 따라 다양한 에이코사노이드가 생성된다 그림 9-32.

1) 프로스타글란딘과 트롬복산의 합성

프로스타글란딘 합성의 첫 번째 단계는 아라키돈산을 산화시키고 고리화하여 PGH_2를 형성하는 것이다. 이 과정은 소포체 막에 결합되어 있는 프로스타글란딘 엔도퍼옥사이드 합성효소prostaglandin endoperoxide synthase, PGH synthase에 의해 촉매되는데, 이 효소는 두 가지 효소 활성을 갖는다. 첫 번째로 고리산소화효소 활

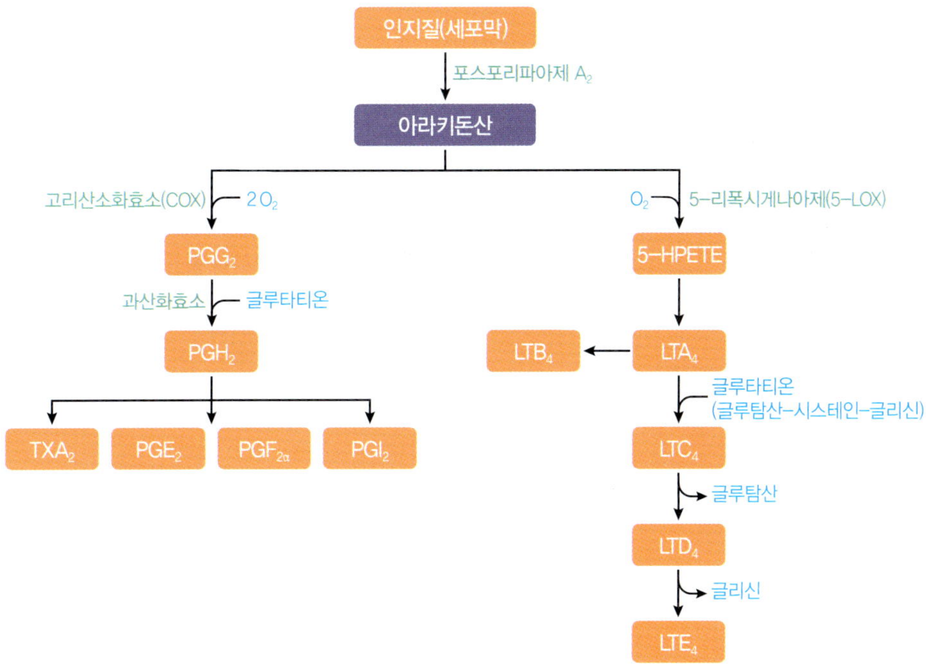

그림 9-32 이라키돈산으로부터 에이코사노이드가 생성되는 경로

성에 의해 산소 두 분자가 첨가되면서 아라키돈산이 고리구조를 가진 PGG_2로 전환되고, 그다음 과산화효소peroxidase 활성에 의해 글루타티온이 사용되면서 PGG_2가 PGH_2로 전환된다. 이후 PGH_2는 조직에 따라 다른 효소가 작용하여 다양한 프로스타글린딘PG과 트롬복산TA으로 전환된다 그림 9-32.

2) 루코트리엔의 합성

아라키돈산은 리폭시게나아제에 의해 다양한 루코트리엔LT으로 전환된다. 루코트리엔은 고리구조가 아닌 직선형 구조를 가지며 아라키돈산에 히드로퍼옥시기hydroperoxy group가 첨가되어 형성된다. 리폭시게나아제에는 5-, 12-, 15- 리폭시게나아제가 있다. 예를 들어, 5-리폭시게나아제는 아라키돈산을 5-hydroxy-6,8,11,14 eicosatetraenoic acid5-HPETE로 전환한다. 5-HPETE는 조직에 따라 다양한 루코트리엔으로 전환된다 그림 9-32.

알아두기 **아스피린과 프로스타글란딘**

프로스타글란딘은 염증을 증진시킨다고 알려져 있다. 아스피린과 같은 소염제(non-steroidal anti-inflammatory drugs, NSAIDs)는 COX를 저해하여 프로스타글란딘 합성의 첫 단계를 억제함으로써 강력한 소염 효과를 나타낸다. COX에는 COX-1과 COX-2의 두 가지 동위효소가 있다. COX-1에 의해 생성되는 프로스타글란딘은 위장 조직의 건강 유지, 신장기능의 항상성과 혈소판 응집 등에 관여하며, COX-2에 의해 생성된 프로스타글란딘은 염증 반응의 통증, 발열 등을 매개한다. 아스피린은 COX-2의 작용을 억제하여 염증 반응을 완화시킴으로써 통증이나 열을 낮추는데, 이때 COX-1의 작용도 억제하기 때문에 아스피린 복용 시 위점막의 약화나 혈액응고 시간 지연 등의 부작용이 나타나게 된다.

단백질 분해와 아미노산 대사

Chapter 10

1. 아미노산의 분해
2. 아미노산 대사에서 조효소의 역할
3. 비필수아미노산의 생합성
4. 아미노산 대사에서 효소 결손으로 인한 질환
5. 아미노산에서 질소함유 화합물의 합성 및 분해

CHAPTER 10

체내로 들어온 단백질은 위에서 단백질 분해효소인 펩신의 작용을 받으면서 분해되기 시작하여 췌장에서 분비되는 트립신trypsin, 키모트립신chymotrypsin, 펩티다아제peptidase 등 여러 효소의 작용을 받아 작은 펩티드와 아미노산으로 분해되고, 소장벽에서 분비되는 아미노펩티다아제aminopeptidase, 디펩티다아제dipeptidase에 의해 최종적으로 아미노산으로 분해된다. 이렇게 생성된 아미노산은 능동수송active transport을 통해 소장벽으로 흡수된 후 문맥을 거쳐 간으로 이동되어 체단백질 합성, 생리활성 물질로 전환되고 남은 것은 주로 간에서 대사된다 그림 10-1.

아미노산에서 분리된 α-아미노기는 다른 아미노산의 합성에 재사용되거나 간에서 요소로 전환되어 신장으로 이동 후 소변으로 배출된다. 아미노기가 떨어져 나간 후 남는 탄소 골격keto acid은 피루브산이나 구연산 회로의 중간물질로 대사되어 포도당 합성에 이용되거나 아세틸 CoA로 전환되어 지방산 합성에 이용된다 그림 10-2.

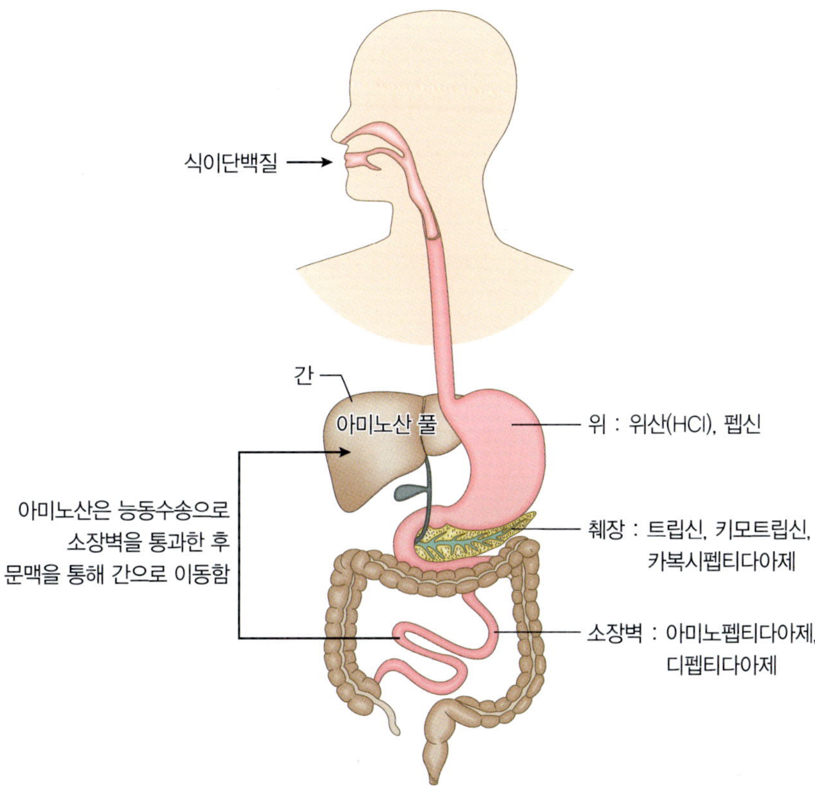

그림 10-1 단백질의 소화 및 흡수

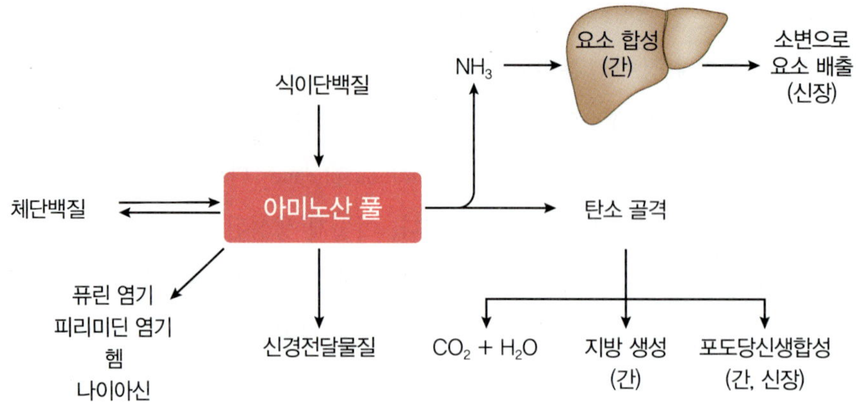

그림 10-2 아미노산의 대사

1 아미노산의 분해

아미노산이 분해되기 위해서는 가장 먼저 아미노산 구조에서 α-탄소에 결합되어 있는 아미노기(α-아미노기)가 떨어져 나오는 것이다 그림 10-3. 이러한 과정은 탈아미노 반응을 거쳐 암모니아로 떨어져 나오거나 아미노 전이효소에 의해 α-케토산으로 전이됨으로써 이루어진다.

아미노산 구조에서 α-아미노기가 떨어져 나가면서 남은 탄소 골격의 α-탄소에는 산소가 결합하여 케톤기가 생기고 α-케토산으로 바뀌게 된다.

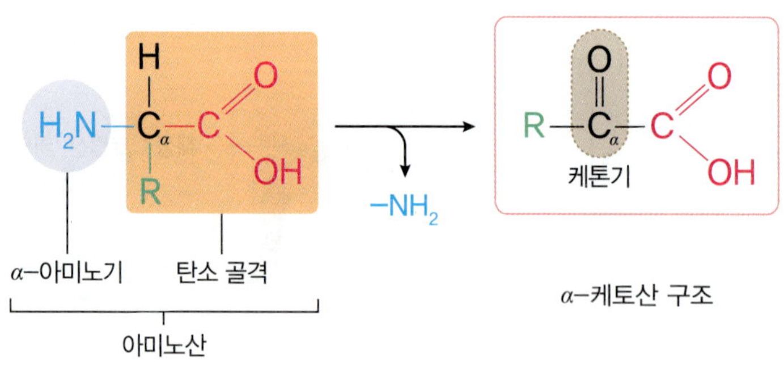

그림 10-3 아미노산의 분해

1) 아미노기 제거반응

아미노산의 α-아미노기 제거는 산화적 탈아미노반응과 아미노기 전이반응에 의해 이루어진다.

(1) 산화적 탈아미노반응

아미노산의 아미노기가 아미노산 산화효소amino acid oxidase의 작용을 받아 유리되어 암모니아로 떨어져 나가는 반응이다. 암모니아는 생리적 pH에서 암모늄이온 NH_4^+으로 존재하며 농도가 증가하면 독성효과를 나타낸다. 수중 생물은 암모늄 이온을 직접 배출하고, 파충류는 요산uric acid으로 전환하여 배설할 수 있으나, 사람은 간에서 요소urea로 전환하여 신장을 통해 배설한다.

글루탐산의 예를 들면, 글루탐산 탈수소효소glutamate dehydogenase에 의해 산화적 탈아미노반응이 일어난다. 이 반응은 산화반응이기 때문에 전자 또는 수소 수용체로 NAD^+와 같은 조효소가 필요하다 그림 10-4.

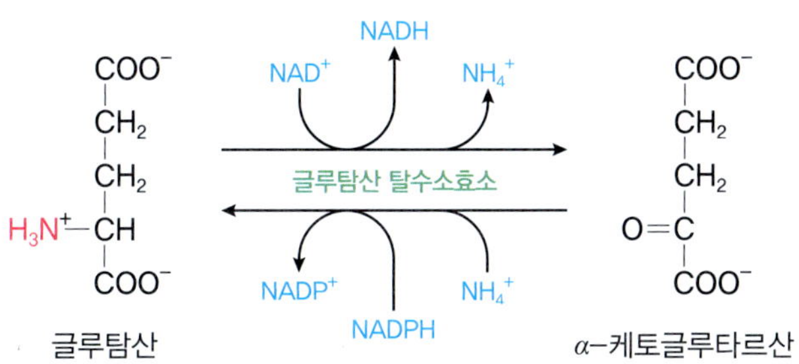

그림 10-4 글루탐산 탈수소효소의 산화적 탈아미노반응

(2) 아미노기 전이반응

한 아미노산의 α-아미노기를 다른 α-케토산에 전달하는 아미노 전이효소amino-transferase에 의해 일어난다. 가장 흔히 일어나는 아미노기 전이반응은 아미노기를 α-케토글루타르산에 전달하여 글루탐산을 생성하는 반응이다 그림 10-5.

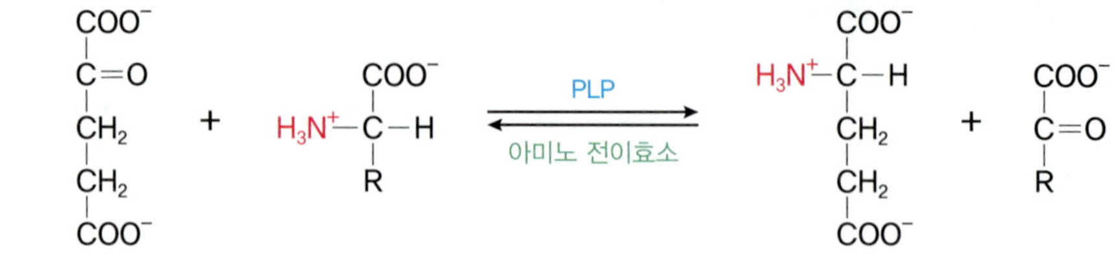

α-케토글루타르산　　L-아미노산　　L-글루탐산　　α-케토산

그림 10-5 아미노기 전이반응(아미노 전이효소)

체내에는 특정한 아미노산의 아미노기를 α-케토산에 전달하는 아미노 전이효소가 많은데, 그중 대표적인 것은 아스파르트산 아미노 전이효소(AST 또는 GOT)와 알라닌 아미노 전이효소(ALT 또는 GPT)가 있다.

① **아스파르트산 아미노 전이효소**(aspartate aminotransferase, AST)

아스파르트산의 아미노기를 TCA 회로의 중간물질인 α-케토글루타르산에 전달하여 글루탐산을 만들고 아미노기를 잃은 아스파트산은 옥살로아세트산이 된다 그림 10-6.

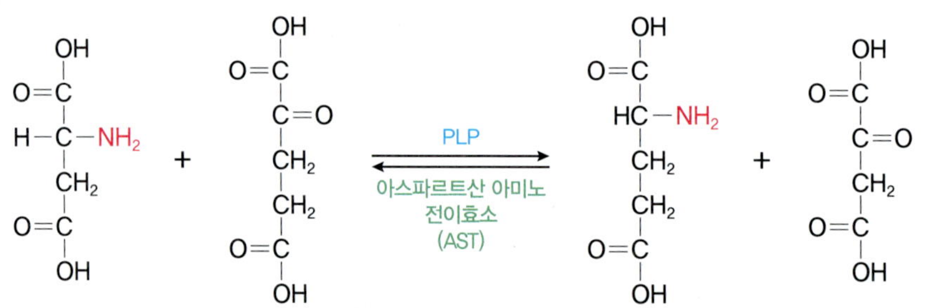

아스파르트산　　α-케토글루타르산　　글루탐산　　옥살로아세트산

그림 10-6 아미노기 전이반응(아스파르트산 아미노 전이효소)

② **알라닌 아미노 전이효소**(alanine aminotransferase, ALT)

알라닌의 아미노기를 α-케토글루타르산에 전달하여 글루탐산을 생성하고 알라닌은 아미노기를 잃어서 피루브산이 된다.

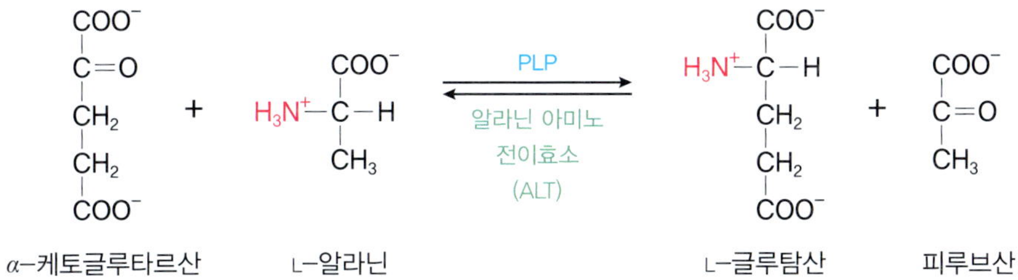

그림 10-7 아미노기 전이반응(알라닌 아미노 전이효소)

아미노 전이효소는 아미노기를 전달할 때 도와주는 조효소로 피리독신(비타민 B_6)에서 유래된 피리독살인산pyridoxal phosphate, PLP을 필요로 한다 그림 10-8.

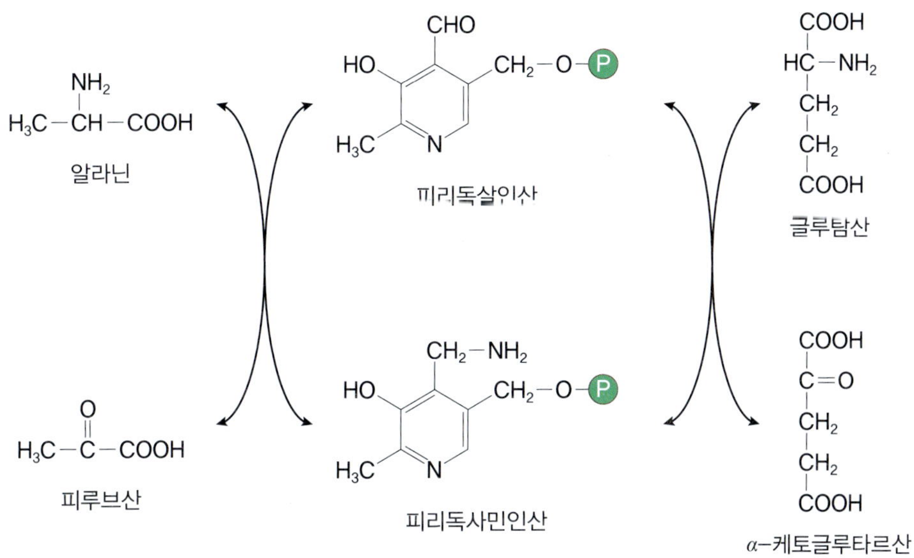

그림 10-8 아미노기 전이반응에서 PLP의 역할

2) 암모니아의 운반

사람을 포함한 척추동물은 독성이 있는 암모니아를 간에서 요소로 전환하여 신장을 통해 배설한다. 따라서 간 외 조직에서 생성된 암모니아를 간으로 운반해야 하는데, 이때 글루타민이나 알라닌 형태로 운반된다.

(1) 글루타민 형태로 운반

근육 외 조직에서 글루타민 합성효소glutamine synthetase에 의해 암모니아와 글루탐산이 결합하여 글루타민이 되고 혈액을 통해 간으로 운반된 후 글루타민 분해효소glutaminase에 의해 글루타민에서 암모니아가 떨어져 나오게 된다 그림 10-9.

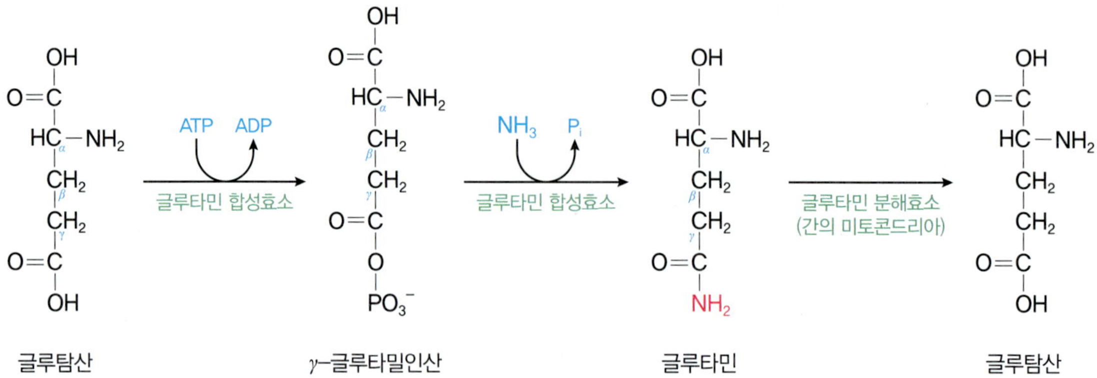

그림 10-9 근육 외 조직에서 암모니아 운반(글루타민 형태)

(2) 알라닌 형태로 운반 : 포도당 알라닌 회로

근육에서 주로 일어나는 경로로 아미노기 전이반응에 의해 피루브산이 아미노기를 전달받아 알라닌이 된 뒤 혈액을 통해 간으로 운반된다. 간에서 알라닌은 아미노 전이효소에 의해 아미노기를 α-케토글루타르산에 전달하여 글루탐산을 생성하고, 자신은 피루브산이 된 다음 당신생경로를 통해 포도당으로 합성되어 근육으로 돌아온다. 글루탐산의 아미노기는 산화적 탈아미노반응에 의해 떨어져 나와 암모니아가 된다 그림 10-10.

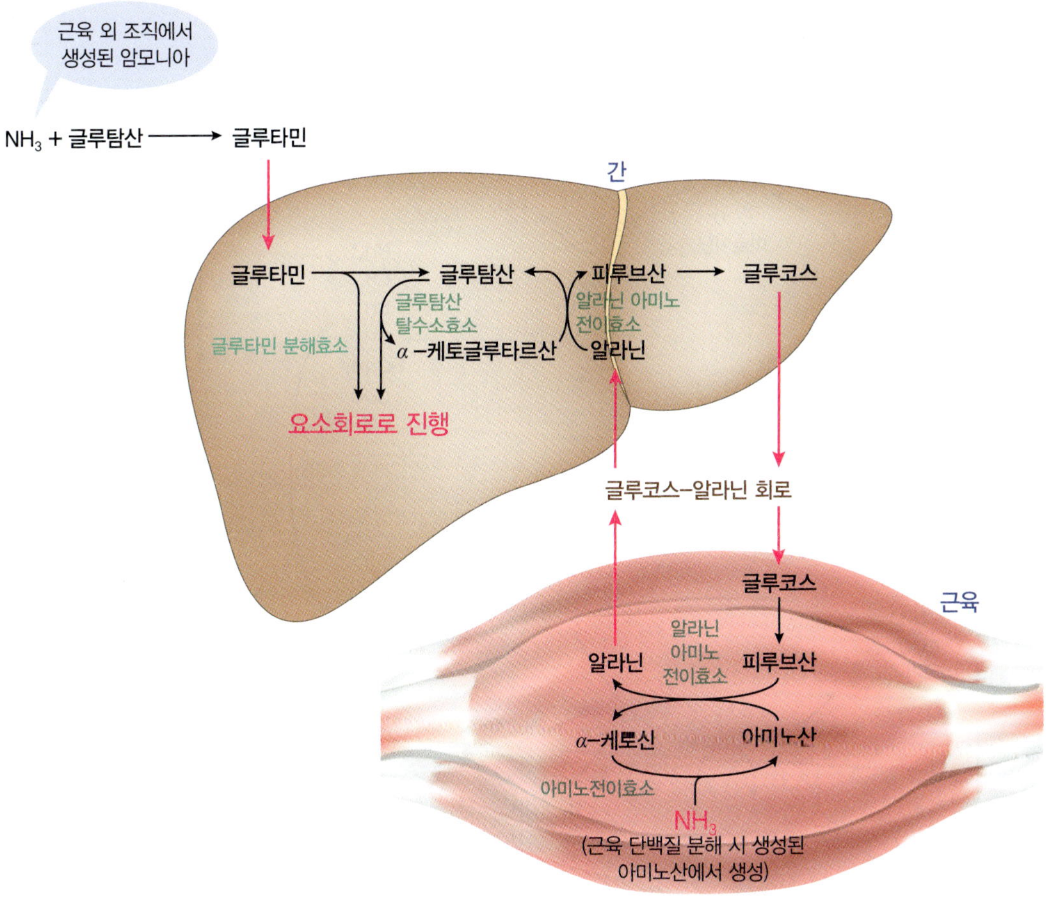

그림 10-10 간으로 암모니아의 운반 경로

3) 요소회로

아미노산 대사와 체단백질 분해에서 생성된 암모니아는 글루타민과 포도당 알라닌 회로를 이용해 간으로 운반되어 요소로 전환된 후 혈액을 통해 신장으로 이동되어 배설된다.

요소회로의 주요 과정은 다음과 같다 그림 10-11.

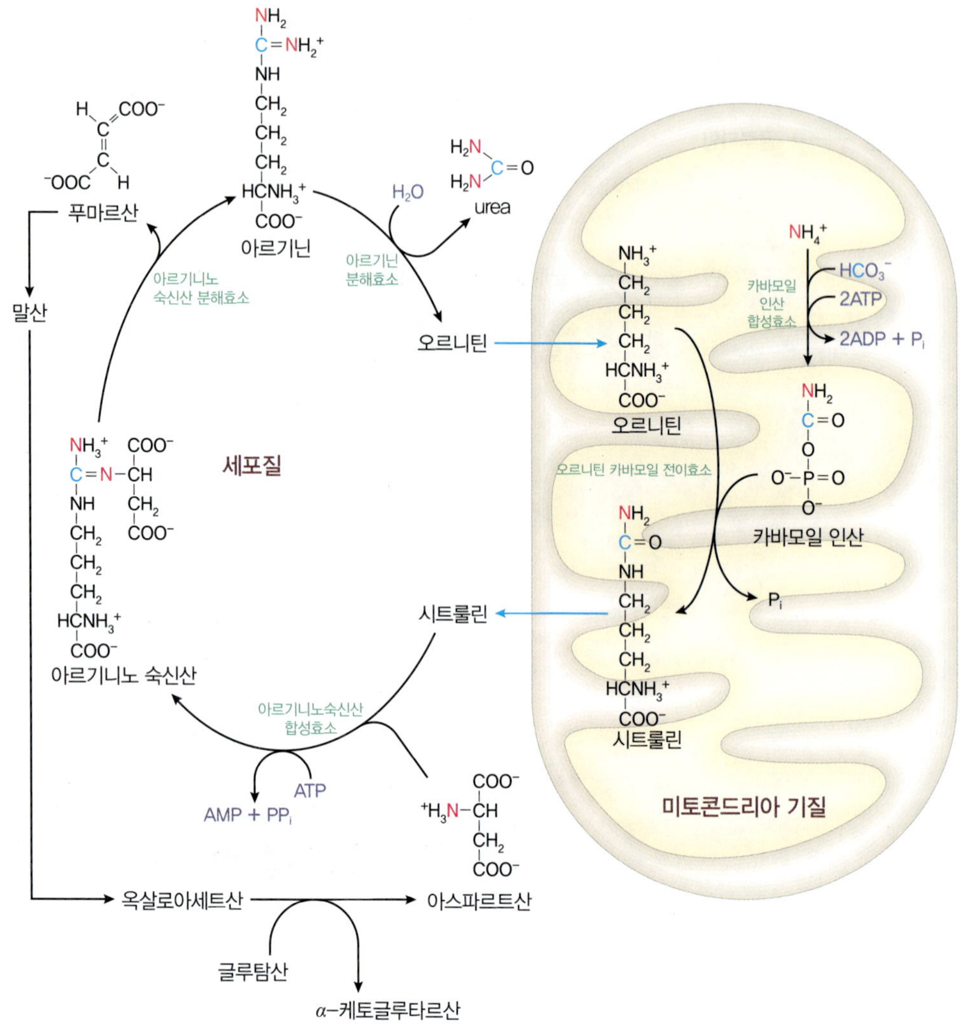

그림 10-11 요소회로

(1) 카바모일 인산의 합성

요소회로의 초기반응은 간세포의 미토콘드리아 기질에서 카바모일 인산 합성효소에 의해 암모니아와 이산화탄소가 반응하여 카바모일 인산이 생성되면서 일어난다 그림 10-12.

요소의 아미노기 2개 중 1개를 제공하며 요소회로의 속도조절 단계이다.

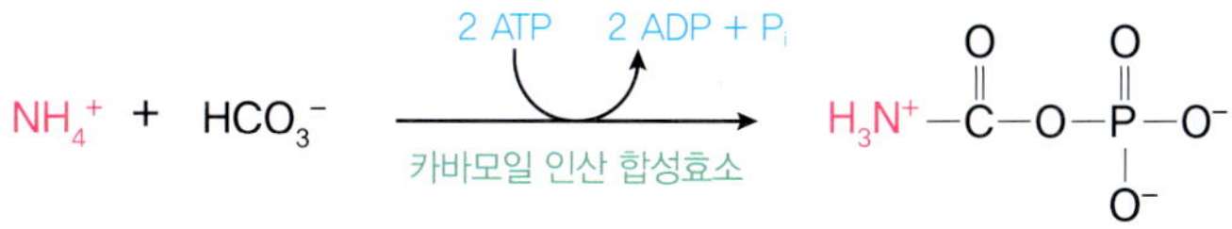

그림 10-12 카바모일 인산 합성

(2) 카바모일 인산 + 오르니틴 + P_i → 시트룰린

오르니틴 카바모일 전이효소에 의해 일어나며, 오르니틴은 세포질에서 합성되어 미토콘드리아로 이동된 뒤 카바모일과 결합하여 시트룰린이 된다. 이렇게 합성된 시트룰린은 바로 세포질로 운반된다.

(3) 시트룰린 + 아스파르트산 + ATP → 아르기니노 숙신산 + AMP + PP_i

아르기니노 숙신산 합성효소에 의해 일어나며 2개의 ATP에 해당하는 에너지가 소모된다(ATP → ADP → AMP).

이 반응에 참여하는 아스파르트산이 요소를 만드는 데 필요한 두 번째 아미노기를 공급한다.

(4) 아르기니노 숙신산 → 아르기닌 + 푸마르산

아르기니노 숙신산 분해효소에 의해 아르기니노 숙신산은 아르기닌과 푸마르산으로 분해된다. 푸마르산은 순차적으로 '말산 → 옥살로아세트산 → 아스파르트산'으로 전환된다.

아르기니노 숙신산이 분해되면서 생성되는 푸마르산은 구연산 회로에 따라 전환되기 때문에 요소회로와 TCA 회로는 서로 연결되어 있고, 이 회로를 크렙스 이회로Krebs bicycle라고 한다 그림 10-13.

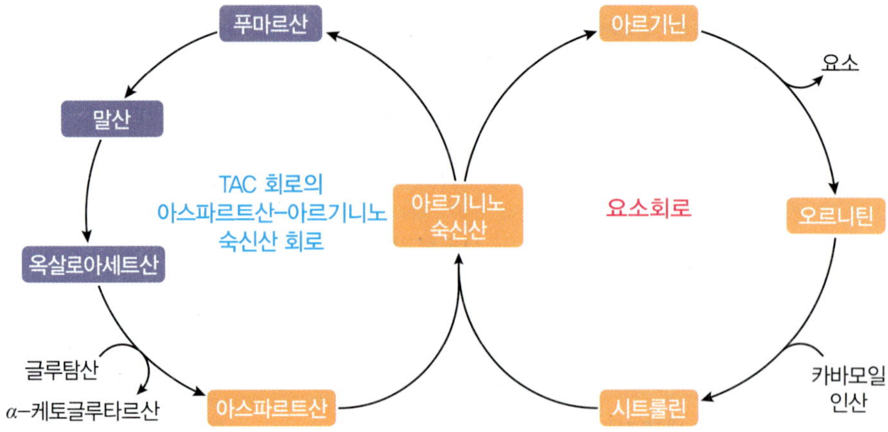

그림 10-13 크렙스 이회로

(5) 요소의 생성

요소회로의 마지막 반응에서 아르기닌 분해효소arginase에 의해 아르기닌은 요소와 오르니틴으로 분해되고, 오르니틴은 미토콘드리아로 이동하여 다시 반응에 참여한다.

요소회로를 정리하면 다음과 같다.

- 요소분자는 2개의 아미노기를 가지는데 하나는 유리 암모니아에서 유래되고, 다른 하나는 아스파르트산에 의해 제공된다.
- 유리 암모니아로부터 시작하여 요소 1분자를 만드는 데 4개의 ATP에 해당하는 에너지가 필요하다. 2개는 카바모일 인산을 합성할 때, 다른 2개는 아르기니노 숙신산을 합성할 때 사용된다.
- 요소회로의 중간산물인 푸마르산이 TCA 회로를 거치기 때문에 요소회로와 TCA 회로는 서로 연결되어 있다.
- 이 경로의 효소들은 세포질과 미토콘드리아에 분리되어 존재하기 때문에 초기 두 반응은 간세포의 미토콘드리아에서 일어나고, 나머지 부분은 세포질에서 일어난다.

4) 아미노산 탄소 골격의 대사

(1) 포도당 생성 아미노산 및 케톤 생성 아미노산

아미노기가 제거되고 남는 탄소 골격은 아미노산의 종류에 따라 포도당신생합성 또는 지방산 합성의 중간물질로 변환되거나 TCA 회로를 통해 이산화탄소와 물로 산화된다.

그림 10-14와 같이 20종류의 아미노산이 아미노기가 제거된 후 남은 탄소 골격은 다음과 같은 물질로 전환되어 이용된다.

- 피루브산
- 아세틸 CoA
- 아세토아세틸 CoA
- 4종류의 TCA 회로 중간물질(α-케토글루타르산, 숙시닐 CoA, 푸마르산, 옥살로아세트산)

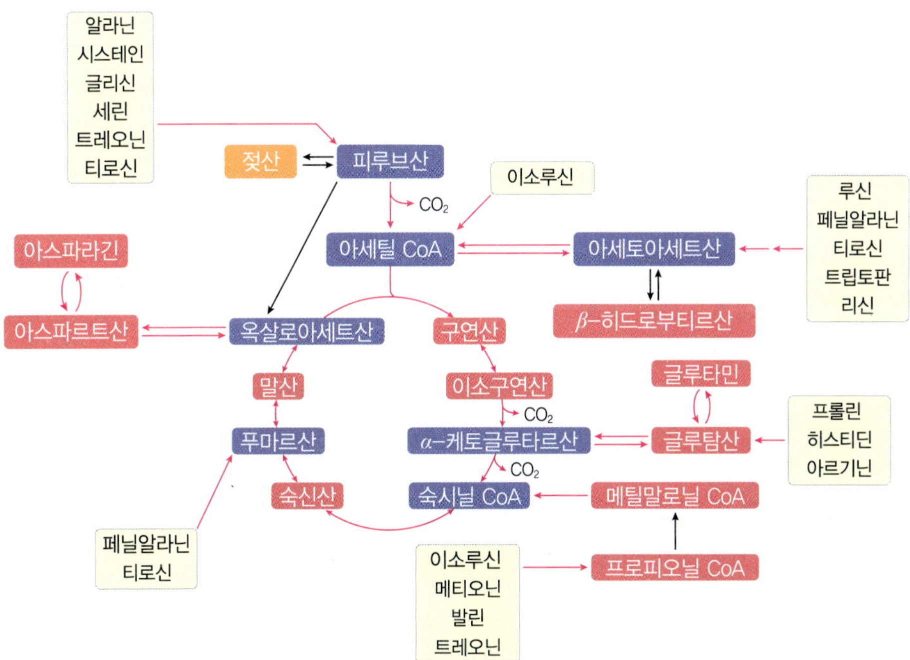

그림 10-14 아미노산 탄소 골격의 대사경로

탄소 골격의 분해과정에서 생기는 물질에 따라 포도당 생성형glucogenic amino acid, 케톤 생성형ketogenic amino acid, 포도당과 케톤 생성형 아미노산으로 분류할 수 있다 표 10-1.

탄수화물의 섭취가 부족하거나 기아상태일 때는 지방과 단백질이 분해되는데, 단백질 분해산물인 아미노산 중 케톤 생성 아미노산은 케톤체를 생성하여 뇌에서 에너지원으로 이용되고, 포도당 생성 아미노산들은 포도당을 생성하여 뇌 활동에 필요한 혈당을 공급한다.

표 10-1 포도당 생성 및 케톤 생성 아미노산 분류

구분	필수아미노산	비필수아미노산
포도당 생성 아미노산	히스티딘, 메티오닌, 트레오닌, 발린	알라닌, 아르기닌, 아스파라긴, 아스파르트산, 시스테인, 글루탐산, 글루타민, 글리신, 프롤린, 세린
케톤 생성 아미노산	루신, 리신	
포도당과 케톤 생성 아미노산	이소루신, 페닐알라닌, 트립토판	티로신

① 포도당 생성 아미노산

포도당신생과정의 중간물질이 되거나 그런 물질을 만드는 데 필요한 피루브산, 옥살로아세트산, α-케토글루타르산, 숙시닐 CoA, 푸마르산으로 전환되는 아미노산들이다. 피루브산로 전환되는 알라닌, α-케토글루타르산으로 전환되는 글루탐산, 옥살로아세트산으로 전환되는 아스파르트산 등이 여기에 속한다.

② 케톤 생성 아미노산

아세틸 CoA나 아세토아세틸 CoA로 분해되어 간에서 아세톤, 아세토아세트산, β-히드록시부티르산 등의 케톤체로 전환될 수 있는 아미노산들이다. 리신과 루신이 여기에 속한다.

③ 포도당과 케톤 모두 생성할 수 있는 아미노산

페닐알라닌, 티로신, 트립토판, 이소루신이 있다.

5) 아미노산 탄소 골격의 분해

(1) 옥살로아세트산 생성 아미노산

분해되었을 때 옥살로아세트산을 생성하는 아미노산에는 아스파라긴과 아스파르트산이 있다 그림 10-15.

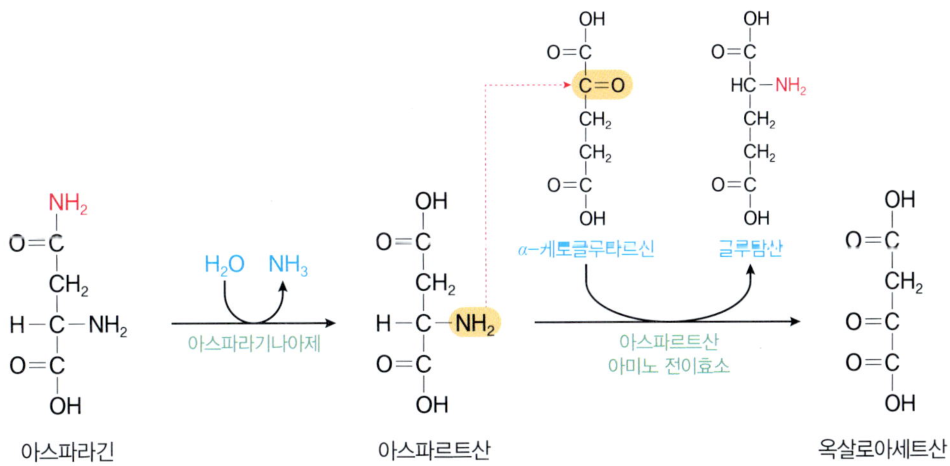

그림 10-15 옥살로아세트산 생성 아미노산

(2) α-케토글루타르산 생성 아미노산

아르기닌, 프롤린, 히스티딘, 글루타민이 여러 단계의 반응을 거쳐 글루탐산으로 전환되고, 글루탐산은 아미노기 전이반응 또는 글루탐산 탈수소효소에 의한 산화적 탈아미노 반응을 통해 α-케토글루타르산이 된다 그림 10-16.

① 아미노기 전이반응

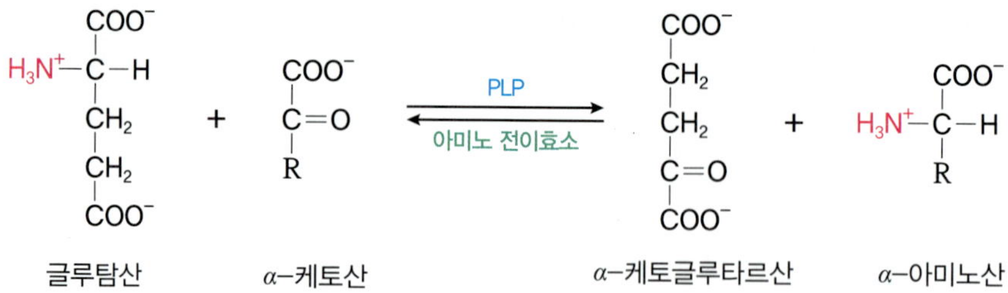

② 산화적 탈아미노반응

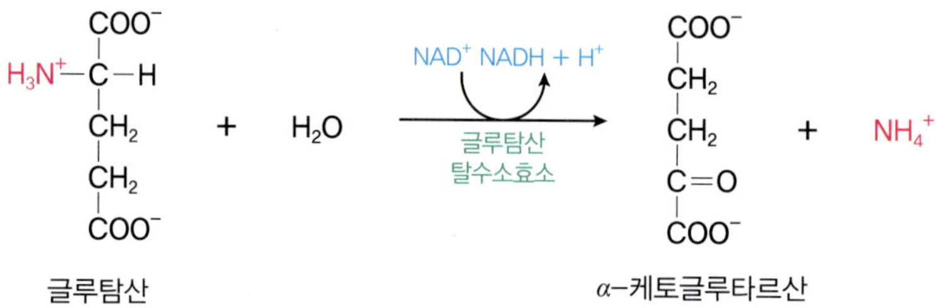

그림 10–16 α–케토글루타르산 생성 아미노산

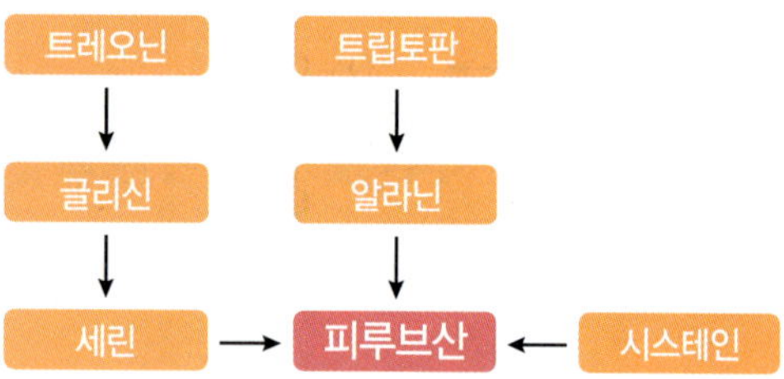

그림 10–17 피루브산 생성 아미노산

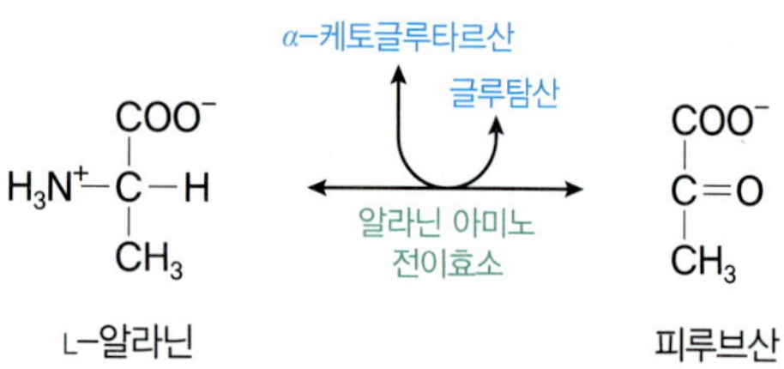

그림 10–18 알라닌의 아미노기 전이반응

(3) 피루브산 생성 아미노산

트레오닌 · 글리신 · 세린 · 시스테인 · 트립토판 · 알라닌의 탄소 골격은 피루브산으로 전환되는데, 트레오닌과 글리신은 세린으로 전환된 다음 피루브산이 된다 그림 10–17.

트립토판은 알라닌으로 전환된 뒤 아미노기 전이반응을 통해 피루브산이 되고그림 10–18, 시스테인은 분자구조에서 황S 원자가 반응과정에서 제거된 뒤 피루브산이 된다.

(4) 푸마르산 생성 아미노산

페닐알라닌은 페닐알라닌 수산화효소phenylalamine hydroxylase에 의해 히드록실기-OH가 붙어 티로신이 되고,

티로신이 푸마르산과 아세토아세트산으로 분해된다. 푸마르산은 TCA 회로를 거쳐 당을 생성하고, 아세토아세트산은 케톤체가 되므로 페닐알라닌과 티로신은 포도당 생성 아미노산이기도 하면서 케톤 생성 아미노산이 된다.

(5) 숙시닐 CoA 생성 아미노산

숙시닐 CoA를 생성하는 아미노산에는 메티오닌, 이소루신, 트레오닌, 발린이 있다. 메티오닌은 S-아데노실메티오닌S-adenosymethionine, SAM → 호모시스테인 → 프로피오닐 CoA를 거쳐 숙시닐 CoA가 된다 그림 10-19.

발린과 이소루신은 곁가지 아미노산으로 프로피오닐 CoA를 거쳐 숙시닐 CoA가 된다 그림 10-19.

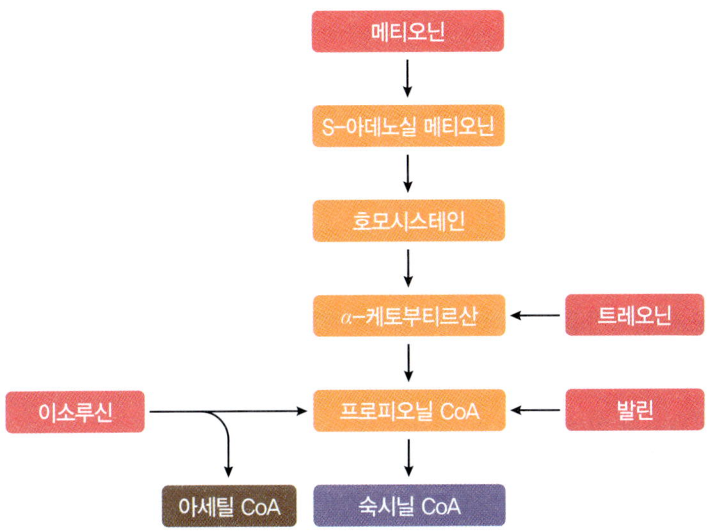

그림 10-19 숙시닐 CoA 생성 아미노산

(6) 아세틸 CoA 또는 아세토아세틸 CoA 생성 아미노산

루신, 이소루신, 트립토판, 리신, 티로신, 페닐알라닌은 분해되어 아세틸 CoA와 아세토아세틸 CoA가 된다 그림 10-20. 루신은 아세틸 CoA와 아세토아세산을 생성하기 때문에 리신과 더불어 케톤만을 생성하는 케톤 생성 아미노산이다.

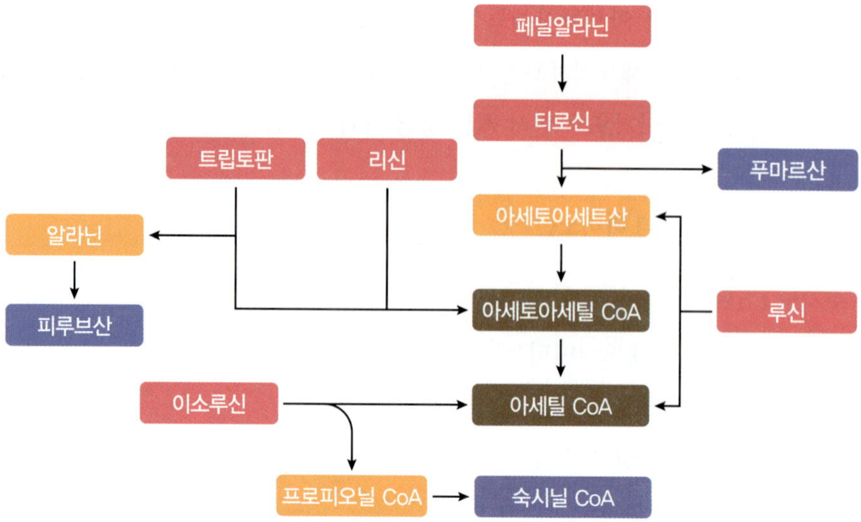

그림 10-20 아세틸 CoA 또는 아세토 아세틸 CoA 생성 아미노산

(7) 곁가지 아미노산의 분해

다른 아미노산들은 주로 간에서 분해되지만, 곁가지가 있는 아미노산branched chain amino acids인 이소루신, 루신, 발린은 주로 말초조직(특히 근육)에서 분해된다. 이들 세 개의 아미노산은 곁가지 아미노산 아미노 전이효소라는 특이한 효소에 의해 아미노기 전이반응이 일어나고, 이후 산화적 탈탄산·탈수소반응이 일어나면서 분해된다.

각 아미노산의 최종산물은 다음과 같다.

- 루신 ——→ 아세틸 CoA + 아세토아세트산
- 발린과 이소루신 ——→ 숙시닐 CoA

2 아미노산 대사에서 조효소의 역할

아미노산 대사 경로에서 어떤 합성단계에서는 1-탄소그룹single carbon group 첨가가 필요할 때가 있다. 주로 첨가되는 1-탄소그룹은 CO_2, 메틸기$-CH_3$, 메틸렌기 $-CH_2-$, 메테닐기 $-CH=$ 등이 있는데, 이들은 비오틴, 엽산tetrahydrofolate, THF, S-아데노실메티오닌과 같은 운반체를 통해 전달된다 그림 10-21.

엽산이 부족하면 DNA를 구성하는 퓨린 염기와 DNA 합성에 필요한 티미딘 일인산TMP 합성이 제대로 안 된다. 적혈구의 경우 전구체 세포가 분열하지 못해 미성숙한 거대적아구세포가 된 뒤 파괴되기 때문에 거대적아구성 빈혈이 발생한다.

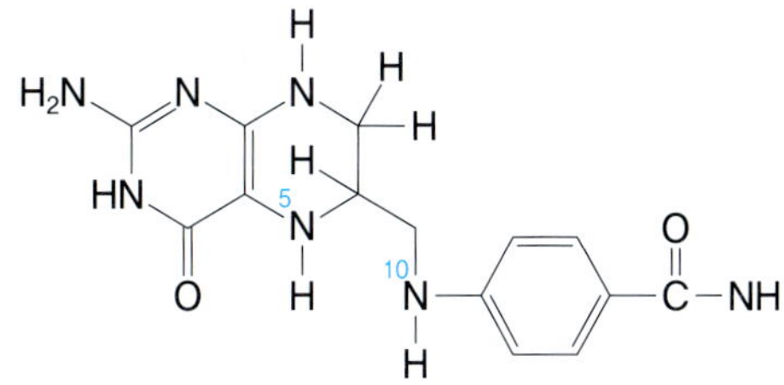

테트라하이드로 엽산(THF)

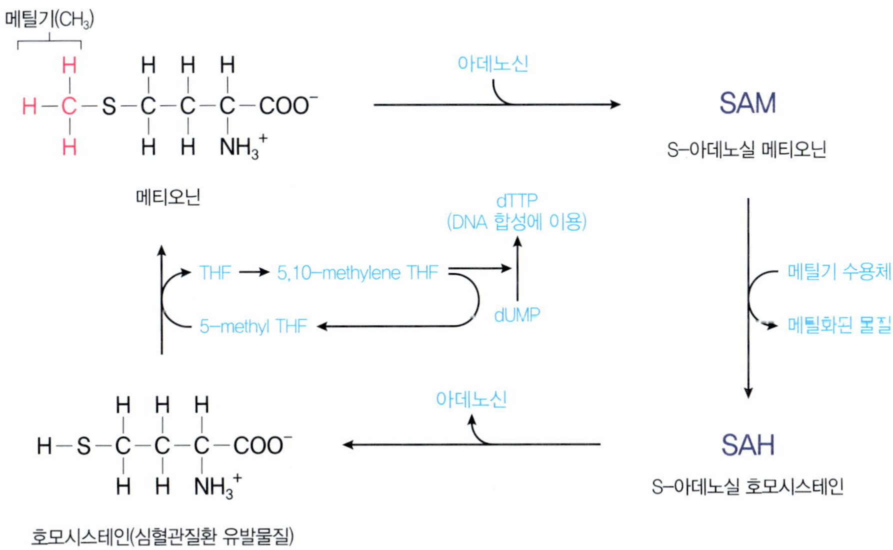

그림 10-21 THF를 이용한 1-탄소 전달

3 비필수아미노산의 생합성

비필수아미노산들은 필수아미노산에서 합성되거나 아미노산 중간대사산물 또는 TCA 회로, 5탄당 인산경로의 중간대사산물로부터 합성된다. 필수아미노산에서 비필수아미노산이 합성되는 대표적인 예는 페닐알라닌에서 티로신, 메티오닌에서 시스테인이 합성되는 것이다.

1) α-케토글루타르산에서 합성되는 아미노산

α-케토글루타르산으로부터 합성되는 아미노산에는 글루탐산, 글루타민, 프롤린, 아르기닌이 있다.

(1) 글루탐산

글루탐산은 α-케토산인 α-케토글루타르산으로부터 아미노기 전이반응을 통해 합성되거나 글루탐산 탈수소효소가 촉매하는 산화적 탈아미노반응에 의해 α-케토글루타르산으로부터 합성되기도 한다.

(2) 글루타민

글루탐산의 γ-카복실기와 암모니아가 아미드결합을 형성하면서 만들어진다 그림 10-22. 이 반응은 글루타민 합성효소에 의해 이루어지는데, 뇌와 간에서 독성이 있는 유리 암모니아를 독성이 없는 형태로 운반하는 중요한 기전이다.

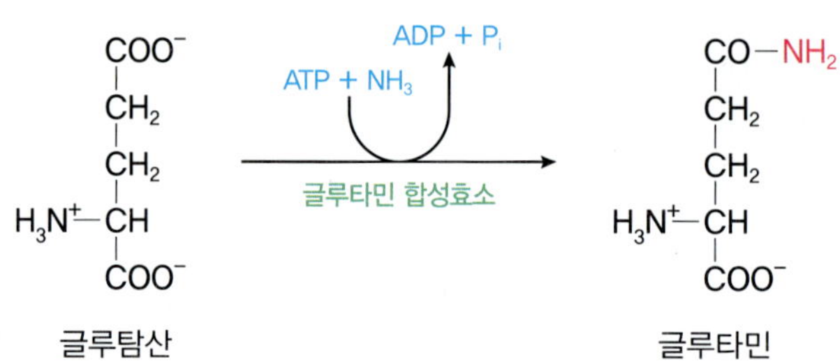

그림 10-22 글루타민의 합성

(3) 프롤린

글루탐산이 고리화반응cyclization과 환원반응을 통해 전환된 것이다.

(4) 아르기닌

글루탐산이 오르니틴으로 전환되고, 오르니틴이 요소회로를 거치면서 아르기닌이 합성된다.

2) 글리세린산 3-인산에서 합성되는 아미노산

세린, 글리신, 시스테인이 글리세린산 3-인산3-phosphoglycerate에서 만들어진다. 먼저 해당과정의 중간산물인 글리세린산 3-인산에서 세린이 합성되고, 글리신은 세린에서 히드록시메틸기가 떨어져 나가면서 생성된다. 이 과정에서 1-탄소를 주고받을 때 THF가 관여한다 그림 10-21 참조. 시스테인은 세린에 호모시스테인이 결합한 후 몇 단계의 과정을 거쳐 합성된다.

3) 피루브산에서 합성

알라닌은 글루탐산과 같은 아미노산으로부터 아미노기를 전달받는 아미노기 전이반응에 의해 합성된다.

4) 옥살로아세트산에서 합성

아스파르트산과 아스파라긴이 옥살로아세트산으로부터 합성된다.

(1) 아스파르트산

옥살로아세트산이 글루탐산과 같은 아미노산으로부터 아미노기를 전달받는 아미노기 전이반응에 의해 합성된다.

(2) 아스파라긴

아스파라긴은 아스파르트산의 β-카복실기에 유리 암모니아가 결합하여 아미드 반응을 통해 합성된다.

5) 히스티딘과 티로신의 합성

히스티딘은 리보스-5-인산으로부터 합성되고, 티로신은 페닐알라닌으로부터 페닐알라닌 수산화효소에 의해 합성된다.

4 아미노산 대사에서 효소 결손으로 인한 질환

아미노산이 분해되는 과정에서 효소 결손으로 중간 대사산물이 축적되어 생기는 질환들에 대해 설명하기로 한다.

1) 페닐케톤뇨증(phenylketonuria, PKU)

페닐알라닌을 티로신으로 전환하는 페닐알라닌 수산화효소phenylalanine hydroxylase의 결핍으로 발생한다 그림 10-23. 페닐알라닌 수산화효소가 결핍되면 체내에 페닐알라닌 대사산물(페닐아세트산, 페닐젖산)이 축적되어 신생아의 구토와 지적 장애를 야기하는 페닐케톤뇨증이 발생한다 그림 10-24.

페닐케톤뇨증을 갖고 있는 사람에게는 페닐알라닌과 페닐알라닌이 함유된 음식(예: 아스파탐)의 섭취를 제한해야 한다.

그림 10-23 페닐케톤뇨증 발생 원인

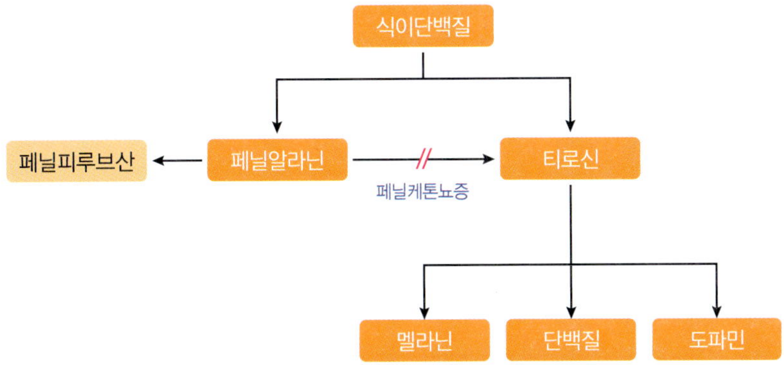

그림 10-24 정상인과 페닐케톤뇨증 환자의 페닐알라닌 대사경로

2) 알캅톤뇨증(alcaptouria)

'페닐알라닌→티로신→호모겐트산homogentic acid—⋯→말레일아세토아세트산'으로 이어지는 대사과정 중 호모겐트산 산화효소의 결핍으로 발생한다 그림 10-25. 호모겐트산이 혈액에 축적되어 소변으로 배출된 뒤 공기 중에 노출되면 호모겐드산은 김은색의 색소로 변하기 때문에 소변 색깔이 검게 변한다 그림 10-26.

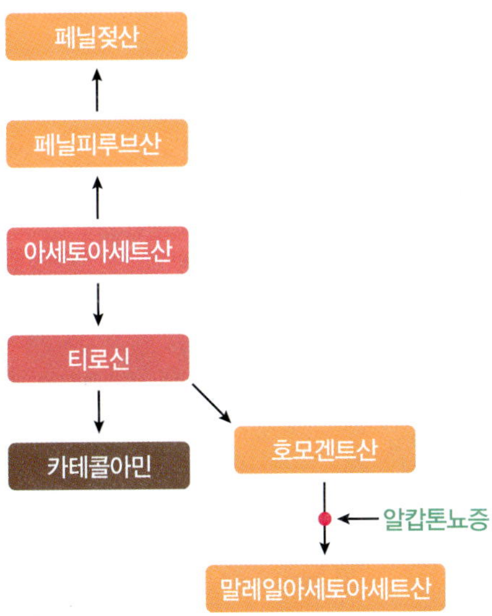

그림 10-25 알캅톤뇨증

그림 10-26 알캅톤뇨증 환자의 소변 색 변화

3) 단풍나무시럽뇨증(maple syrup urine disease, MSUD)

결가지 아미노산인 발린, 이소루신, 루신의 분해에 관련된 효소의 결핍으로 생기는 질환이다. 구토, 경련, 지적 장애가 나타난다 그림 10-27.

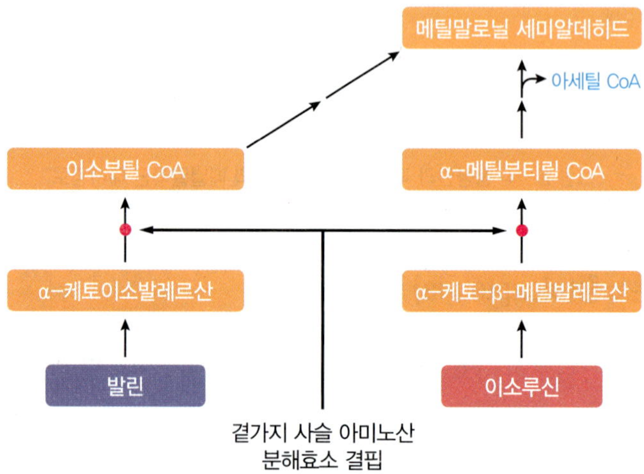

그림 10-27 단풍나무시럽뇨증

4) 백색증(albinism)

티로신이 디히드록시페닐알라닌으로 전환되는 과정에 관여하는 멜라닌 합성효소의 결핍으로 발생한다. 멜라닌 색소 부족으로 시력이 떨어지며 머리카락과 눈의 색소 부족이 나타난다.

알아두기 **임상적으로 중요한 아미노산들**

- 메티오닌 : 메틸기 제공, 시스테인 전구체
- 아르기닌 : 요소회로 구성물질, 일산화질소(NO) 전구체
- 글루타민 : 근육 이외의 조직에서 간으로 암모니아 운반, 퓨린 및 피리미딘 염기 전구체
- 페닐알라닌 : 티로신 전구체, 페닐케톤뇨증과 관련 있음
- 히스티딘 : 히스타민 전구체
- 트립토판 : 세로토닌 전구체
- 알라닌 : 근육에서 간으로 암모니아 운반, 중요한 포도당 생성 아미노산

5 아미노산에서 질소함유 화합물의 합성 및 분해

아미노산은 단백질을 만들어 생체 내에서 중요한 역할을 하는 것 외에 많은 질소함유 화합물의 전구체 역할을 한다. 이러한 질소함유 화합물에는 포피린 porphyrin, 핵산 염기, 신경전달물질, 호르몬 등이 있다.

1) 퓨린 염기와 피리미딘 염기의 합성

핵산의 구성성분인 퓨린 염기purine base와 피리미딘 염기pyrimidine base는 아미노산을 이용하여 만들어진다 그림 10-28.

퓨린 염기(아데닌, 구아닌)의 골격 부분은 아스파르트산, 글루타민, 글리신으로부터 만들어지고 그림 10-29, 피리미딘 염기(우라실, 시토신, 티민)의 고리 부분 합성에는 아스파르트산과 글루타민이 필요하다 그림 10-30.

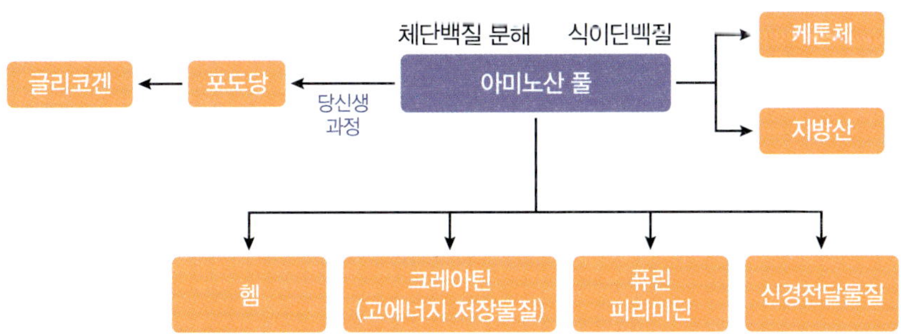

그림 10-28 질소함유 화합물의 전구체로서의 아미노산

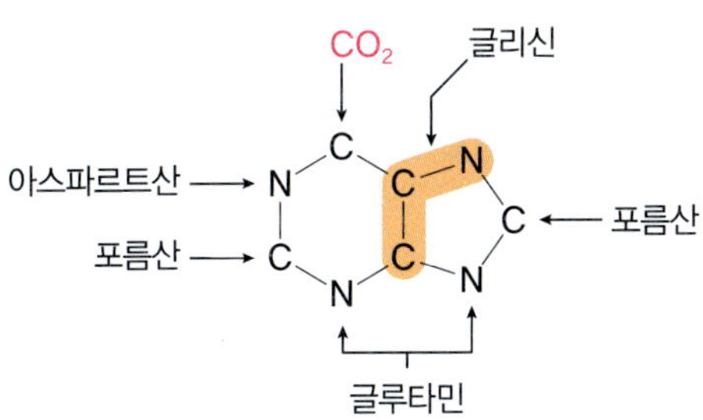

그림 10-29 퓨린 고리를 구성하는 원자의 근원

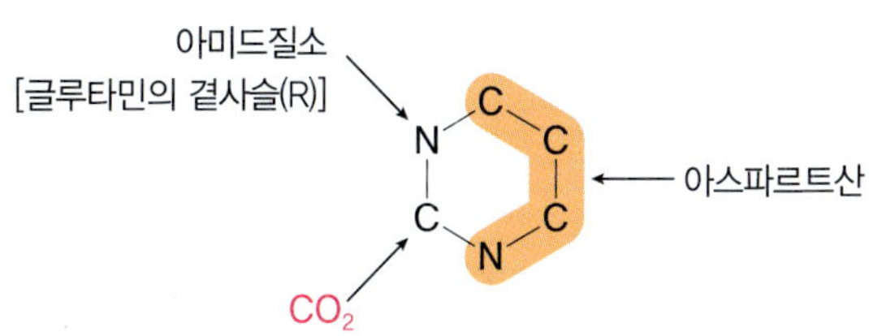

그림 10-30 피리미딘 고리를 구성하는 원자의 근원

2) 크레아틴 인산(creatine phosphate)

근육이나 뇌에 존재하는 고에너지 저장물질이다.

(1) 크레아틴 인산 합성

크레아틴 합성은 아르기닌과 글리신이 결합하면서 시작된다. 두 물질이 결합하여 구아니디노아세트산guanidinoacetate이 되고, 여기에 S-아데노닐메티오닌SAM에 의해 메틸화되어 크레아틴이 된다. 크레아틴은 혈액을 통해 뇌와 근육으로 이동하여 크레아틴 키나아제creatine kinase에 의해 ATP가 소모되면서 고에너지 화합물인 크레아틴 인산이 된다 그림 10-31.

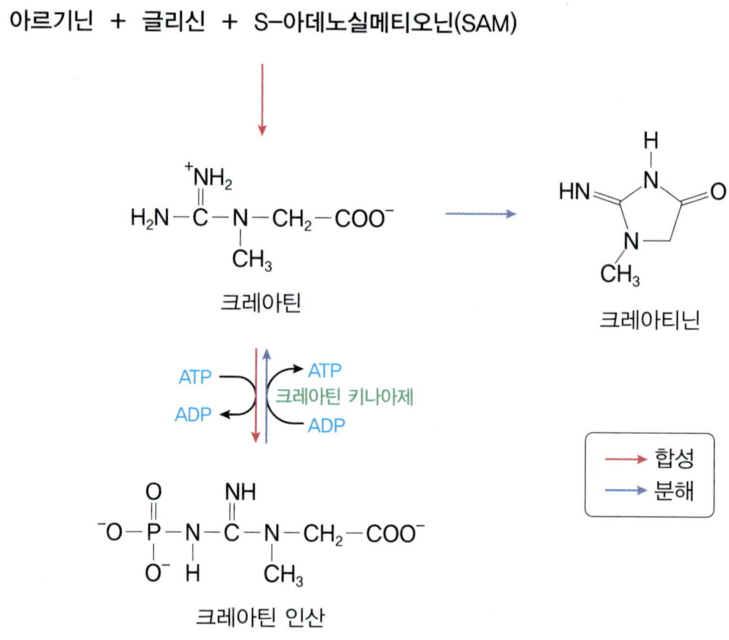

그림 10-31 크레아틴의 합성과 분해

(2) 크레아틴 분해

크레아틴 인산의 분해로 생성된 크레아틴은 자발적으로 천천히 일정한 속도로 고리화되어 크레아티닌creatinine이 되고 소변으로 배출된다. 신장에 질환이 있으면 크레아티닌 배출이 줄어들기 때문에 신장질환의 유무를 밝히는 데 중요한 지표가 된다.

3) 생리활성 아민의 합성

아미노산 또는 아미노산 유도체에서 탈탄산작용에 의해 카복실기가 CO_2로 떨어져 나가면 아민이 된다. 이러한 아민에는 카테콜아민catecholamine(도파민, 노르에피네프린, 에피네프린), 히스타민, 세로토닌serotonin, γ-아미노부티르산γ-aminobutyrate, GABA 등이 있다.

(1) 카테콜아민

도파민, 노르에피네프린(노르아드레날린), 에피네프린(아드레날린)을 통합하여 카테콜아민이라고 부른다. 도파민과 노르에피네프린은 뇌에서 합성되는 신경전달물질이지만, 이 중 노르에피네프린은 에피네프린과 같이 부신수질에서 합성되기도 한다.

노르에피네프린과 에피네프린은 모두 부신수질에서 분비되며 글리코겐과 중성지방의 분해를 촉진하고 심박출량과 혈압을 상승시킨다.

도파민, 노르에피네프린, 에피네프린은 모두 아미노산인 티로신으로부터 합성된다 그림 10-32.

(2) 세로토닌

세로토닌은 뇌의 시상하부에서 분비되는 신경전달물질로 트립토판으로부터 합성되며 기분, 체온 조절, 수면 등에 영향을 준다 그림 10-33.

(3) γ-아미노부티르산

γ-아미노부티르산은 글루탐산의 탈탄산작용에 의해 생성되며, 중추신경계에서

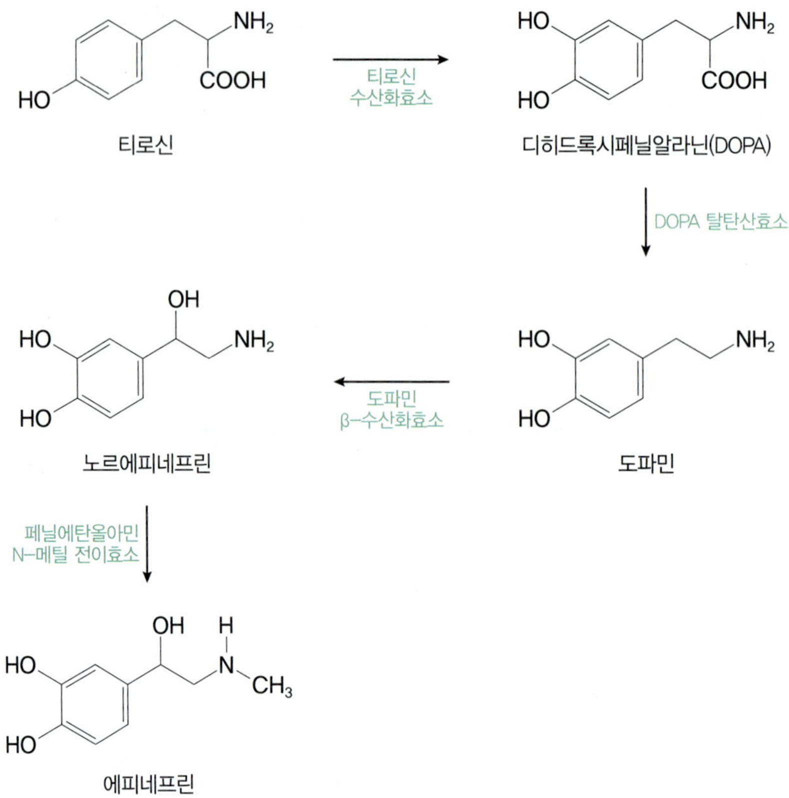

그림 10-32 카테콜아민의 합성

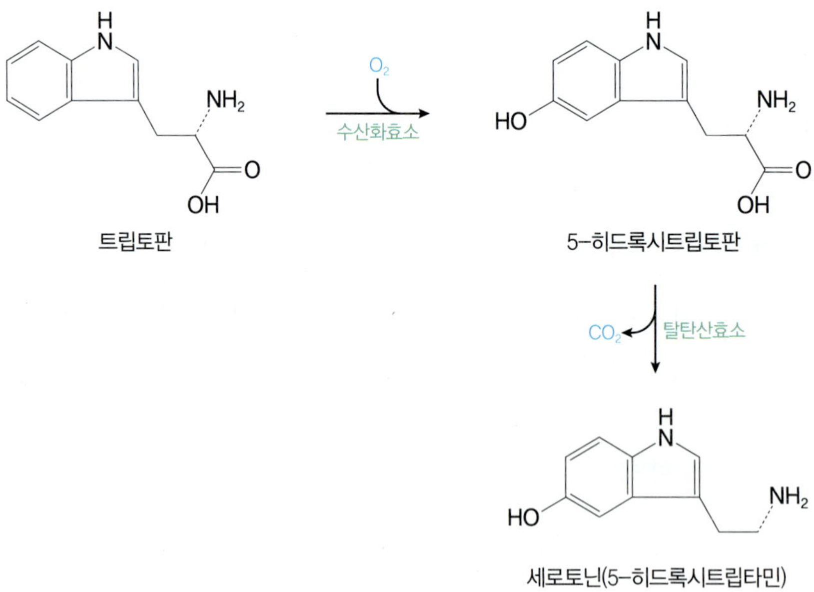

그림 10-33 세로토닌의 합성

억제성 신경전달물질로 작용한다.

(4) 히스타민

히스타민은 히스티딘에서 탈카복실화효소에 의해 카복실기가 제거되어 생성된다. 알레르기, 염증반응, 위산 분비에 영향을 준다 그림 10-34.

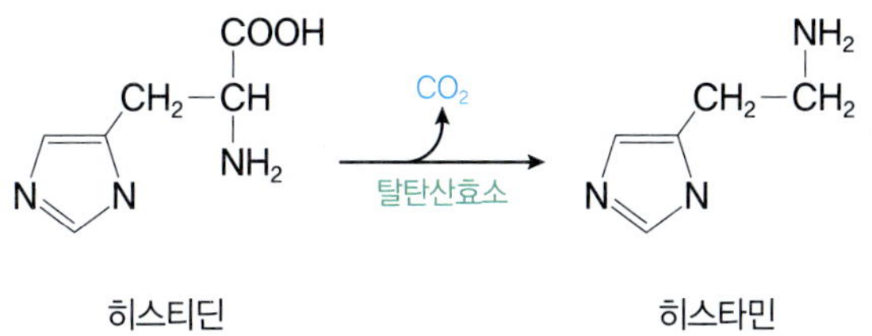

그림 10-34 히스타민의 합성

(5) 멜라닌

멜라닌melanin은 티로신으로부터 합성되는 색소로 일정량의 자외선을 흡수하여 유해한 자외선이 인체 내로 침투하는 것을 차단한다.

(6) 일산화질소

일산화질소nitric oxide, NO는 아르기닌으로부터 합성되며 혈관 확장, 혈소판 응집 저해 등의 역할을 한다.

(7) 타우린

타우린taurine은 주로 시스테인으로부터 합성되며 주로 간에서 만들어진다. 담즙산염의 구성성분이며 세포 내 삼투압 유지, 간의 보호 등에 관여한다.

(8) 글루타티온

글루타티온glutathione은 시스테인, 글루탐산, 글리신을 이용하여 만들어지며 -SH기의 활성이 뛰어나 항산화작용을 나타낸다.

4) 헴 대사

(1) 헴의 생합성

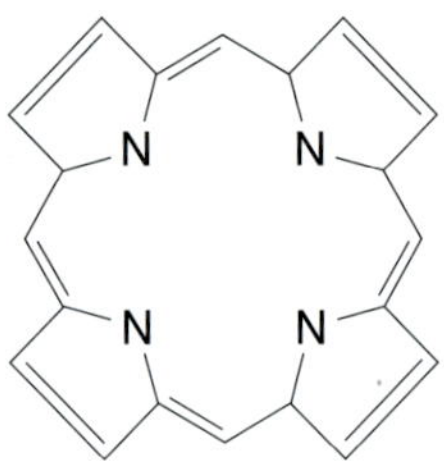
포피린

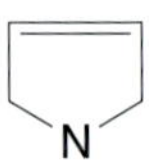
피롤

헴Heme은 4개의 피롤고리pyrrole가 메테닐 다리methenyl bridge로 연결된 포피린 구조에 철Fe이 결합한 것이다. 헴은 헤모글로빈, 미오글로빈, 사이토크롬, 카탈라아제의 보결분자단이다.

헴 합성이 주로 이루어지는 곳은 많은 헴단백질(특히 사이토크롬 P450)이 합성되는 간과 골수의 적혈구 생성세포다. 헴 합성의 첫 번째와 마지막 세 단계는 미토콘드리아에서 일어나고, 나머지는 세포질에서 일어난다.

① 시작 단계 : δ-아미노레불린산(ALA) 합성

미토콘드리아 내부에서 글리신과 숙시닐 CoA가 결합하여 만들어진다. 포피린 생합성의 속도조절 단계로 피리독살인산PLP이 조효소로 사용된다 그림 10-35.

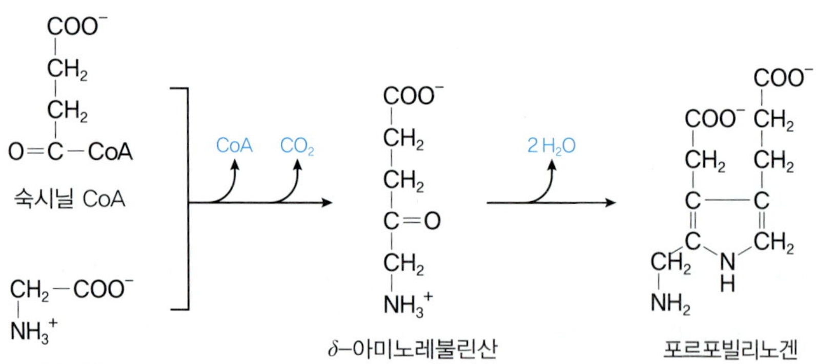

그림 10-35 헴 생합성 시작 단계

② 중간 단계 : 세포질에서 일어남

δ-아미노레불린산이 미토콘드리아를 빠져나와 포르포빌리노겐이 되고, 히드록시메틸빌란 → 우로포피리노겐Ⅲ → 코프로포피리노겐Ⅲ까지 되는 과정이다 그림 10-35.

③ 마지막 3단계 : 미토콘드리아에서 일어남

'프로토포피리노겐Ⅸ → 프로토포피린Ⅸ → 헴' 의 순서로 일어난다 그림 10-36.

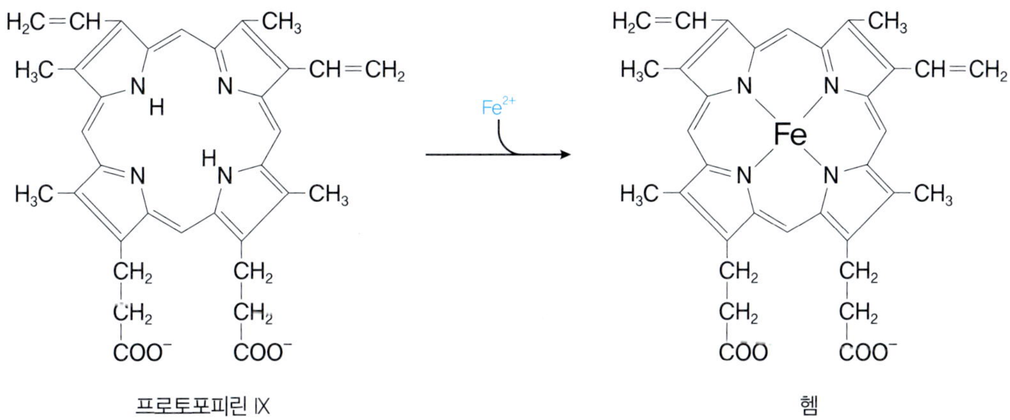

그림 10-36 헴 합성의 마지막 단계

(2) 헴의 분해

120일 동안 체내를 순환한 적혈구는 간과 비장의 망상내피계reticuloendothelial system에 의해 분해된다.

헴 분해의 첫 단계는 망상내피세포계의 헴 산화효소에 의해 일어나며, 제1철Fe^{2+}은 산화되어 제2철Fe^{3+}이 되어 헴에서 떨어져 나가고 포피린 고리는 열리면서 빌리버딘이 된다. 빌리버딘은 빌리루빈으로 전환된 뒤 혈액으로 빠져나와 일부민과 결합하여 간으로 들어간다. 간에서 글루쿠론산과 결합하여 빌리루빈 디글루쿠로니드가 되고 담즙으로 배출된다. 노란색의 빌리루빈 때문에 소변의 특징적인 색깔이 나타난다 그림 10-37.

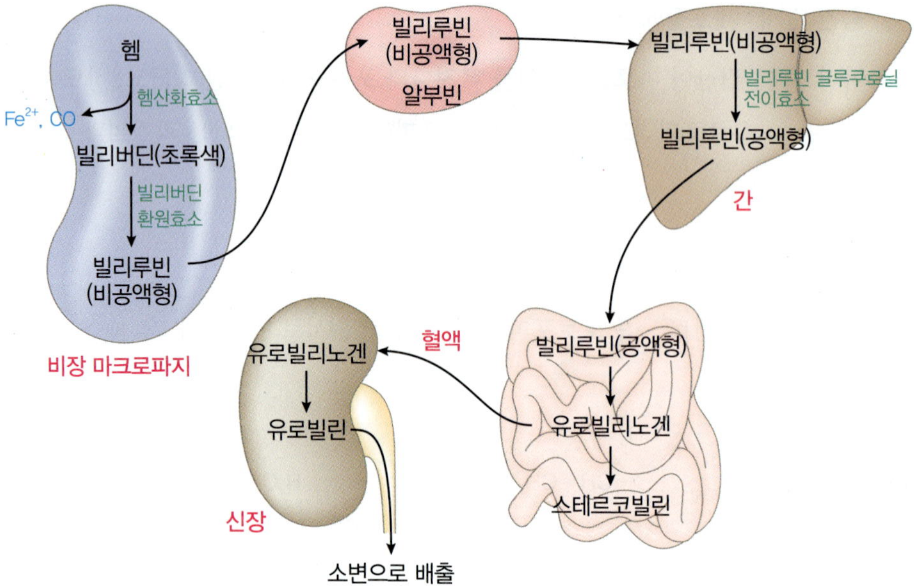
헴
헴산화효소
Fe^{2+}, CO
빌리버딘(초록색)
빌리버딘
환원효소
빌리루빈
(비공액형)
비장 마크로파지
빌리루빈
(비공액형)
알부빈
빌리루빈(비공액형)
빌리루빈 글루쿠로닐
전이효소
빌리루빈(공액형)
간
빌리루빈(공액형)
유로빌리노겐
스테르코빌린
혈액
유로빌리노겐
유로빌린
신장
소변으로 배출

그림 10-37 헴의 분해

뉴클레오티드와 핵산

Chapter 11

CHAPTER 11

1 뉴클레오티드

뉴클레오티드는 염기와 5탄당, 인산으로 구성되어 있다.

1) 뉴클레오티드의 구조

(1) 염기

핵산을 가수분해하면 염기와 5탄당, 인산이 생성된다. 염기는 퓨린purine 염기와 피리미딘pyrimidine 염기로 나뉘며, 모두 질소를 함유하는 헤테로고리형 화합물heterocyclic conpound이다.

퓨린 염기에는 아데닌adenine과 구아닌guanine이 있으며, 피리미딘 염기에는 시토신cytosine과 우라실uracil, 티민thymine이 있다. 피리미딘 염기 중 티민은 DNA에, 우라실은 RNA에만 존재한다 그림 11-1.

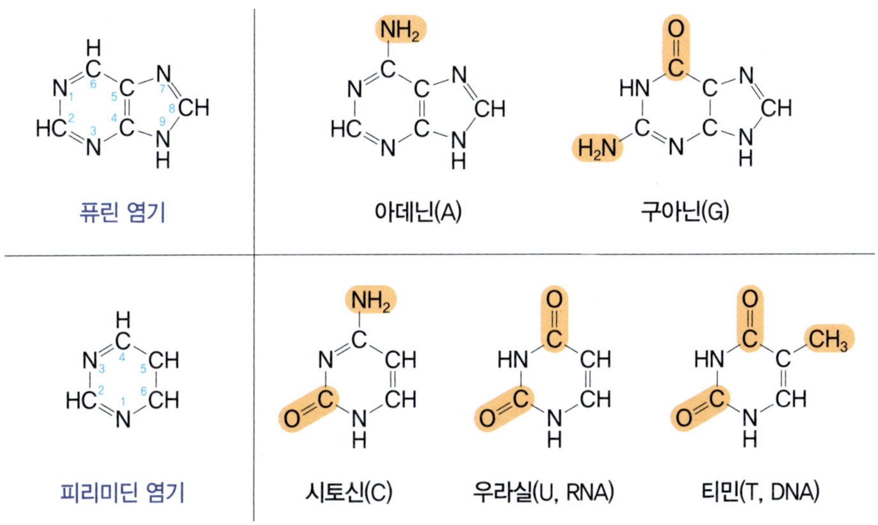

그림 11-1 핵산 염기의 종류

(2) 뉴클레오시드

뉴클레오시드nucleoside는 5탄당에 염기만 결합된 구조이다. 다시 말해서 뉴클레오티드에서 인산을 제외한 염기와 5탄당의 화합물이다.

핵산을 구성하는 5탄당은 리보스ribose와 2-데옥시리보스2-deoxyribose가 있으며, 이들은 5탄당 인산회로에서 생성된다 그림 11-2.

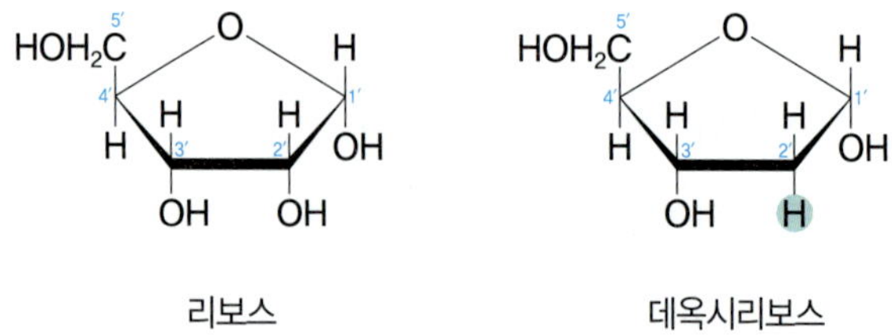

그림 11-2 5탄당의 구조

5탄당의 탄소번호는 염기 구조에서 질소와 탄소에 쓰인 일련번호와 구별하기 위해 1′, 2′, 3′, …으로 표현하며, 이때 "′"는 '프라임'이라고 읽는다.

뉴클레오시드의 명칭은 퓨린 염기가 결합된 경우, 퓨린 이름의 어미를 -osine으로 하여 리보스 5탄당에 아데닌 염기가 결합되면 아데노신, 구아닌이 결합되면 구아노신이 된다. 또 피리미딘 염기가 결합된 경우 피리미딘 이름의 어미를 -idine으로 한다. 티민이 결합되면 티미딘, 시토신이 결합되면 시티딘, 우라실이 결합되면 우리딘이 된다. 데옥시리보스도 동일하다 그림 11-3.

(3) 뉴클레오티드

뉴클레오티드는 핵산의 최소 기본단위로 질소를 함유한 염기(퓨린 혹은 피리미딘), 5탄당 그리고 하나 혹은 그 이상의 인산기로 구성된다. 다시 말해서 뉴클레오티드는 뉴클레오시드에 인산이 1~3개 에스테르결합으로 결합된 것으로, 인산이 5탄당의 5번째 탄소 $-CH_2OH$와 에스테르결합을 형성하면 뉴클레오시드 5′-인산 혹은 5′-뉴클레오티드라고 하며, 5탄당의 종류에 따라 5′-리보뉴클레오티드, 5′-데옥시리보뉴클레오티드가 된다 표 11-1.

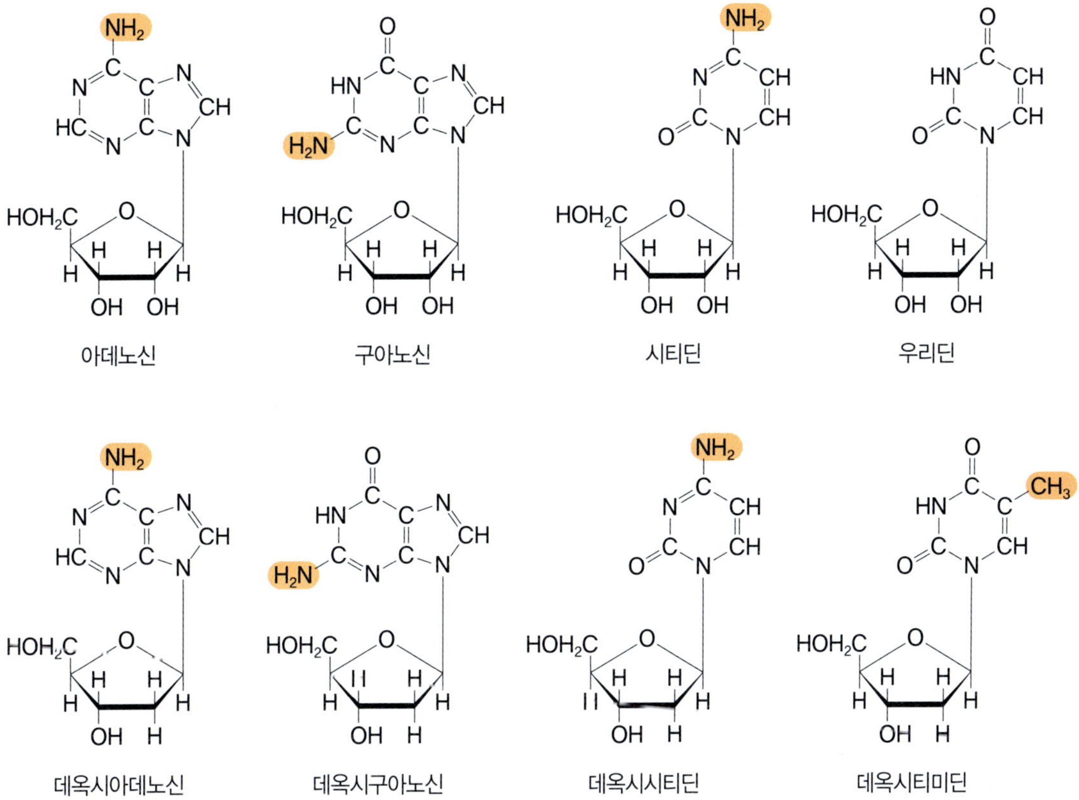

그림 11-3 뉴클레오시드의 종류

표 11-1 뉴클레오시드와 뉴클레오티드의 종류

염기	리보뉴클레오시드	리보뉴클레오티드(5′-일인산)
아데닌(adenine, A)	아데노신(adenosine)	아데닐산(adenylate, AMP)
구아닌(guanine, G)	구아노신(guanosine)	구아닐산(guanylate, GMP)
우라실(uracil, U)	우리딘(uridine)	우리딜산(uridylate, UMP)
시토신(cytosine, C)	시티딘(cytidine)	시티딜산(cytidylate, CMP)
염기	**데옥시리보뉴클레오시드**	**데옥시리보뉴클레오티드(5′-일인산)**
아데닌(adenine, A)	데옥시아데노신(deoxyadenosine)	데옥시아데닐산(deoxyadenylate, dAMP)
구아닌(guanine, G)	데옥시구아노신(deoxyguanosine)	데옥시구아닐산(deoxyguanylate, dGMP)
티민(thymine, T)	데옥시티미딘(deoxythymidine)	데옥시티미딜산(deoxythymidylate, dTMP)
시토신(cytosine, C)	데옥시시티딘(deoxycytidine)	데옥시시티딜산(deoxycytidylate, dCMP)

알아두기 **뉴클레오시드 형성 비교**

퓨린 염기의 9번 위치에 있는 −NH와 5탄당의 1번 탄소에 붙어 있는 −OH 사이에서 H_2O 분자가 탈수되면서 결합하여 N-β-글리코시드결합(N-β-glycosidic bond)의 퓨린 뉴클레오시드가 형성되는 반면에, 피리미딘의 1번 위치 −NH의 H와 5탄당에 있는 1번 탄소의 −OH 사이에 H_2O 분자가 탈수되면서 피리미딘 뉴클레오시드가 형성된다.

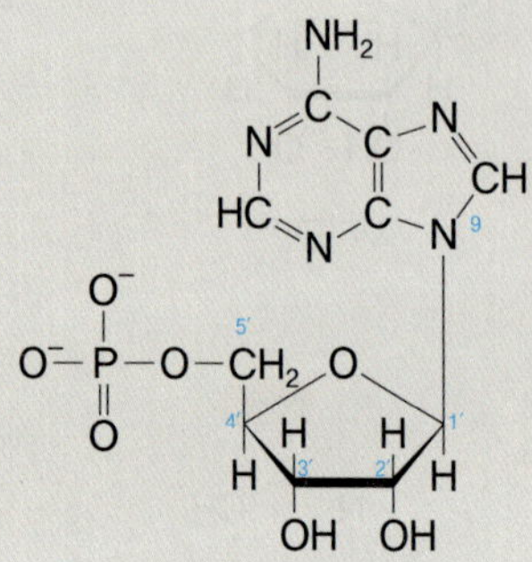

아데노신-5′-일인산

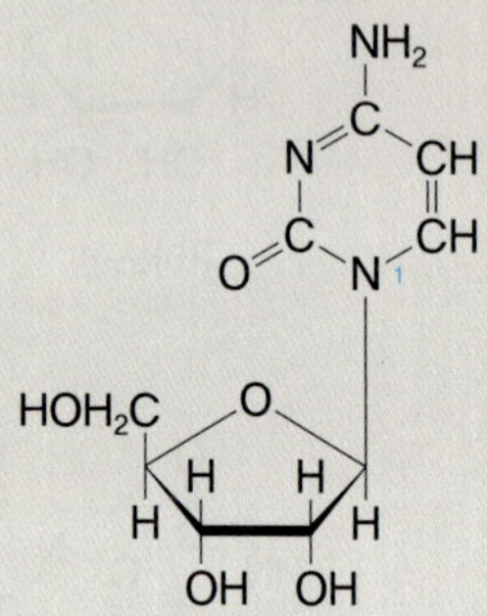

시티딘

인산기 한 개가 5탄당 5′-탄소에 결합되면 뉴클레오시드 일인산(예: 아데노신 일인산, AMP 혹은 아데닐산)이 되고, 2개나 3개의 인산기가 결합되면 뉴클레오시드 이인산(예: ADP) 혹은 삼인산(예: ATP)이 된다. 이때 2번째, 3번째 인산기는 고에너지 결합 형태이다 그림 11-4, 11-5.

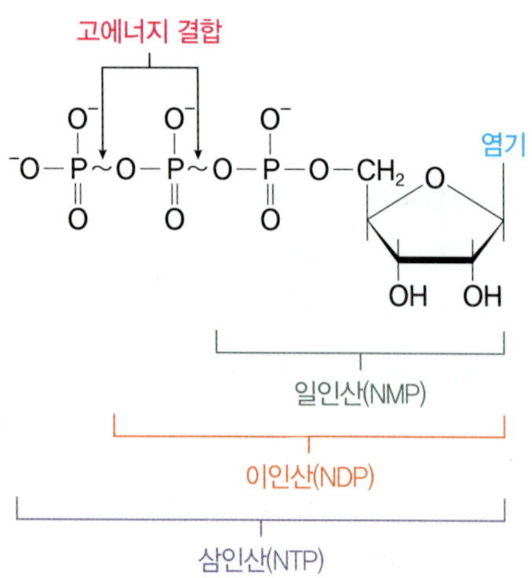

그림 11-4 리보뉴클레오시드 일인산, 이인산, 삼인산

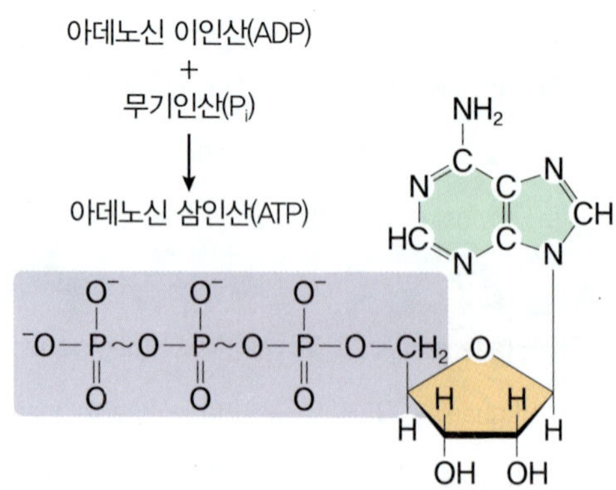

그림 11-5 ATP의 구조

뉴클레오티드는 생체 내에서 대단히 중요한 구성성분으로 작용한다. 유전정보를 저장하고 전달하는 핵산 DNA와 RNA, 에너지를 저장하고 전달하는 ATP adenosine triphosphate, 많은 보조효소(NAD^+, FAD^+ 및 Coenzyme A)와 정보전달물질(GTP, cAMP, IMP 등) 등이 있다. 호르몬과 비슷하게 세포 내에서 조절작용을 하는 환상의 cAMP도 뉴클레오티드 유도체이다.

이 중 생화학 반응에서 특히 중요한 것은 아데노신 삼인산adenosine-5'-triphosphate, ATP이다. ATP가 ADP와 무기인산으로 가수분해될 때 다량의 이용 가능한 에너지(자유에너지)를 방출하므로 생체 내에서 많은 에너지를 필요로 하는 반응에 관여한다.

2) 뉴클레오티드의 생합성

(1) 퓨린 뉴클레오티드의 생합성

퓨린 고리는 질소N와 탄소C를 함유하는 육각형과 오각형의 2개의 헤테로 고리 구조로 이루어져 있다.

퓨린 고리를 구성하는 원자들은 그림 11-6과 같다.

CO_2와 N^{10}-포밀테트라히드로엽산-formyl-THF이 탄소원자를 제공하고 글리신, 글루타민과 아스파르트산이 질소원자를 제공한다.

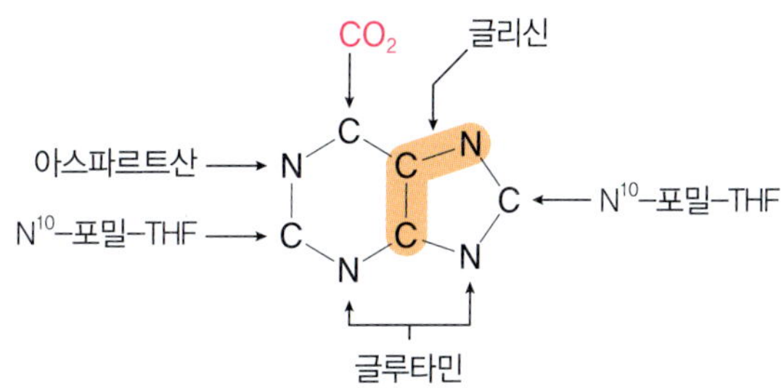

그림 11-6 퓨린 고리를 구성하는 각 원자들의 급원

퓨린 합성의 출발물질은 리보스-5′-인산이며, 간에서 합성된다.

- 퓨린 합성은 포스포리보실피로인산α-5-phosphoribosyl-l-pyrophosphate, PRPP의 합성에서 시작된다. 이는 ATP와 리보스-5′-인산에서 만들어지는데, 이 반응은 리보스 인산 피로인산키나아제ribose phosphate pyrophosphokinase의 촉매작용에 의해 생성된다. 이 효소는 무기인산에 의해 활성화되고, 퓨린 뉴클레오티드에 의해 저해된다.
- 이어서 PRPP는 글루타민의 아미드기를 받아 포스포리보실 리보실아민5-phosphoribosyl-β-D-ribosylamine을 생성한다. 이 반응에 글루타민:포스포리보실피로인

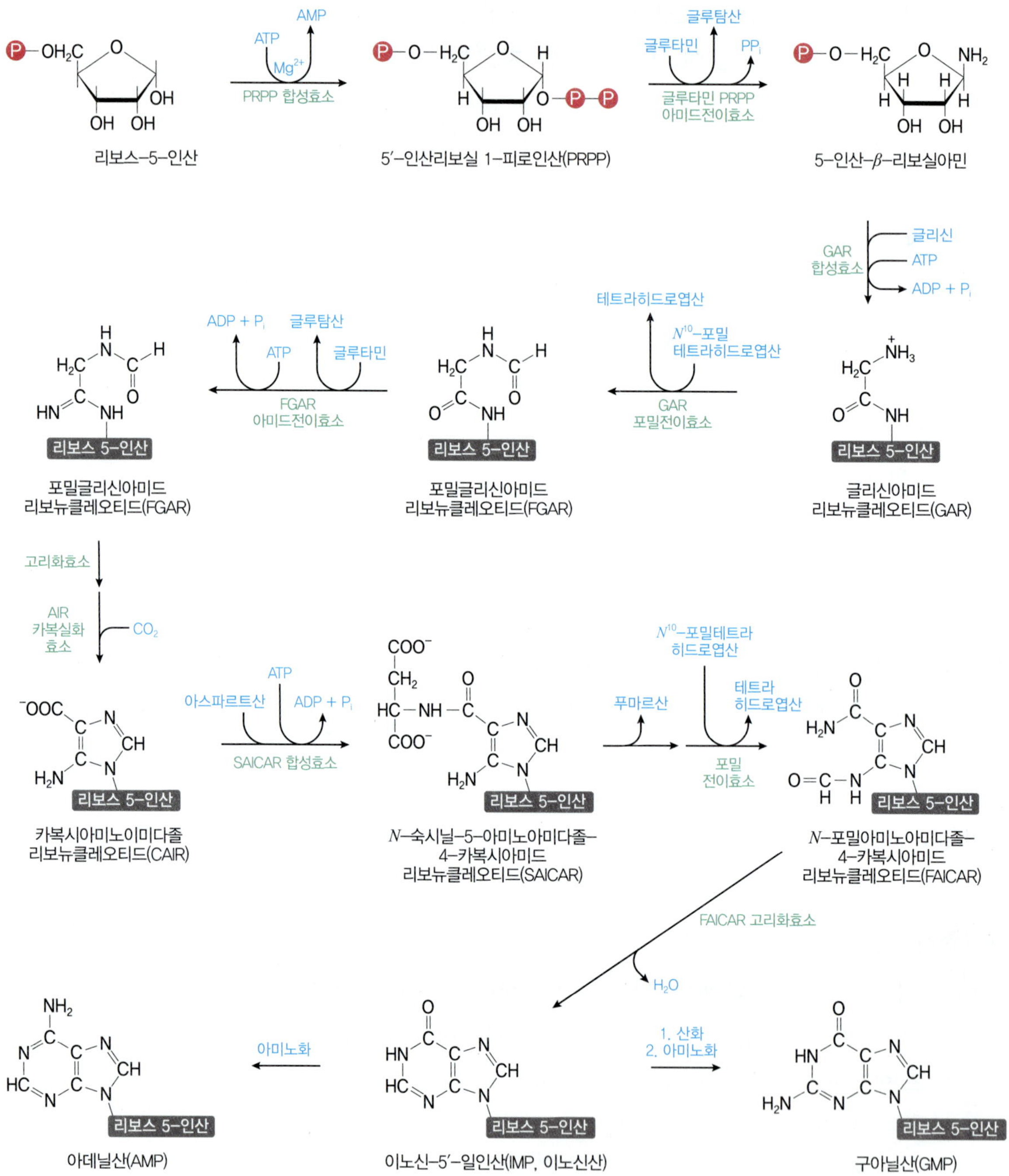

그림 11-7 IMP 생성과정

산 아미도기 전이효소glutamine:phosphoribosylpyrophosphate amidotransferase가 관여하는데, 이 효소는 퓨린 합성경로의 최종산물인 AMP와 GMP에 의해 활성이 저해된다 그림 11-7.

- 그 후 9단계의 반응을 거쳐 이노신-5′-인산(이노신산, IMP)이 합성된다 그림 11-7. 이 IMP는 '퓨린일인산의 모체'이다. IMP가 생성되는 과정에 에너지원으로 ATP가 필요하며, 엽산의 활성형인 N^{10}-formyl-THF이 관여한다.
- IMP에서 2단계를 거쳐 아데노신-5′-일인산AMP 및 구아노신-5′-일인산GMP이 합성된다. AMP 합성에는 GMP를, GMP 합성에는 AMP를 에너지원으로 사용한다.
- 합성된 뉴클레오시드 일인산은 이어서 뉴클레오시드 이인산, 삼인산으로 합성될 수 있다. 뉴클레오시드 이인산은 염기 특이성을 가지는 뉴클레오시드 일인산 키나아제nucleoside monophosphate kinase에 의해 해당 뉴클레오시드 일인산에서 합성된다. 이 효소는 기질 내 리보스와 데옥시리보스를 구별하지 않으므로 리보뉴클레오티드와 데옥시리보뉴클레오티드에서 이인산, 삼인산을 합성한다. 이때 인산을 제공해 주는 것은 ATP이다.

(2) 피리미딘 뉴클레오티드의 생합성

피리미딘 고리도 퓨린 고리와 마찬가지로 저분자 화합물을 이용하여 체내에서 합성된다.

피리미딘 뉴클레오티드의 합성은 퓨린 뉴클레오디드의 합성과는 달리 피리미딘 고리가 먼저 만들어진 다음 리보스 인산에 연결되어 만들어진다.

피리미딘 고리는 글루타민, CO_2, 아스파르트산에 의해 합성되며, 피리미딘 뉴클레오티드의 생합성 과정은 그림 11-8과 같다.

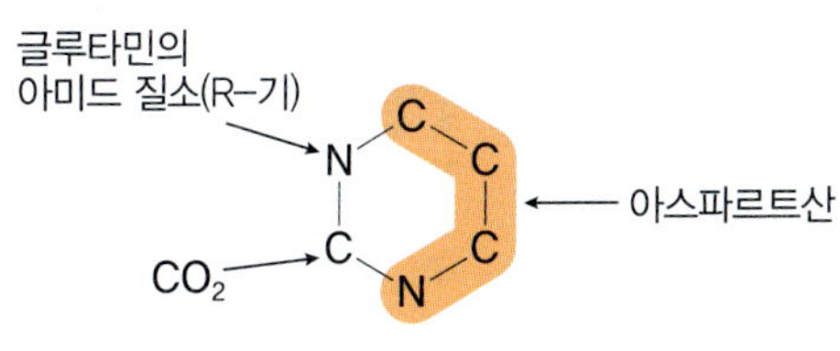

그림 11-8 피리미딘 고리를 구성하는 원소의 급원

① 카바모일 인산의 합성

글루타민과 아스파르트산은 퓨린과 피리미딘 합성에 모두 필요함

피리미딘의 합성은 글루타민, ATP 및 CO_2로부터 카바모일 인산carbamoyl phosphate의 형성으로부터 시작되며, 이 반응은 세포질의 카바모일 인산 합성효소 II carbamoyl phosphate synthetase II에 의해 촉매된다. 이 효소는 피리미딘 합성경로의 최종산물인 UTP에 의해 억제되고, PRPP에 의해 활성화된다.

② 오로트산(orotic acid)의 합성

카바모일 인산에 이어 카바모일 아스파르트산carbamoyl aspartate이 합성된다. 이 반응은 아스파르트산 카바모일기 전이효소aspartate transcarbamoylase에 의해 진행된다. 카바모일 아스파르트산는 이어서 디히드로오로타아제dihydroorotase에 의해 고리구조인 디히드로오로트산dihydroorotate이 되고, 디히드로오로트산 탈수소효소dihydroorotate dehydrogenase에 의해 산화되어 오로트산orotic acid이 생성된다. 디히드로오로트산 탈수소효소dihydroorotate dehydrogenase는 미토콘드리아 내막에 존재하며, 이 효소를 제외한 피리미딘 생합성에 관여하는 다른 효소들은 모두 세포질에 존재한다 그림 11-9.

알아두기

카바모일 인산 합성효소 I, II

카바모일 인산 합성효소(CPS)에는 I과 II가 있으며, CPS I에 의해 합성되는 카바모일 인산은 요소 합성의 전구물질이다. 요소회로에서 오르니틴 카바모일 전이효소(ornithine transcarbamoylase)가 부족하면 카바모일 인산이 증가하여 피리미딘의 합성을 촉진시킨다.

	CPS I	CPS II
세포 내 위치	미토콘드리아	세포질
생성물질	카바모일 인산	카바모일 인산
관여하는 경로	요소회로	피리미딘 합성
질소 급원	암모니아	글루타민의 γ-아미드기
조절인자	활성인자 : *N*-acetyl-glutamate	활성인자 : PRPP 억제인자 : UTP

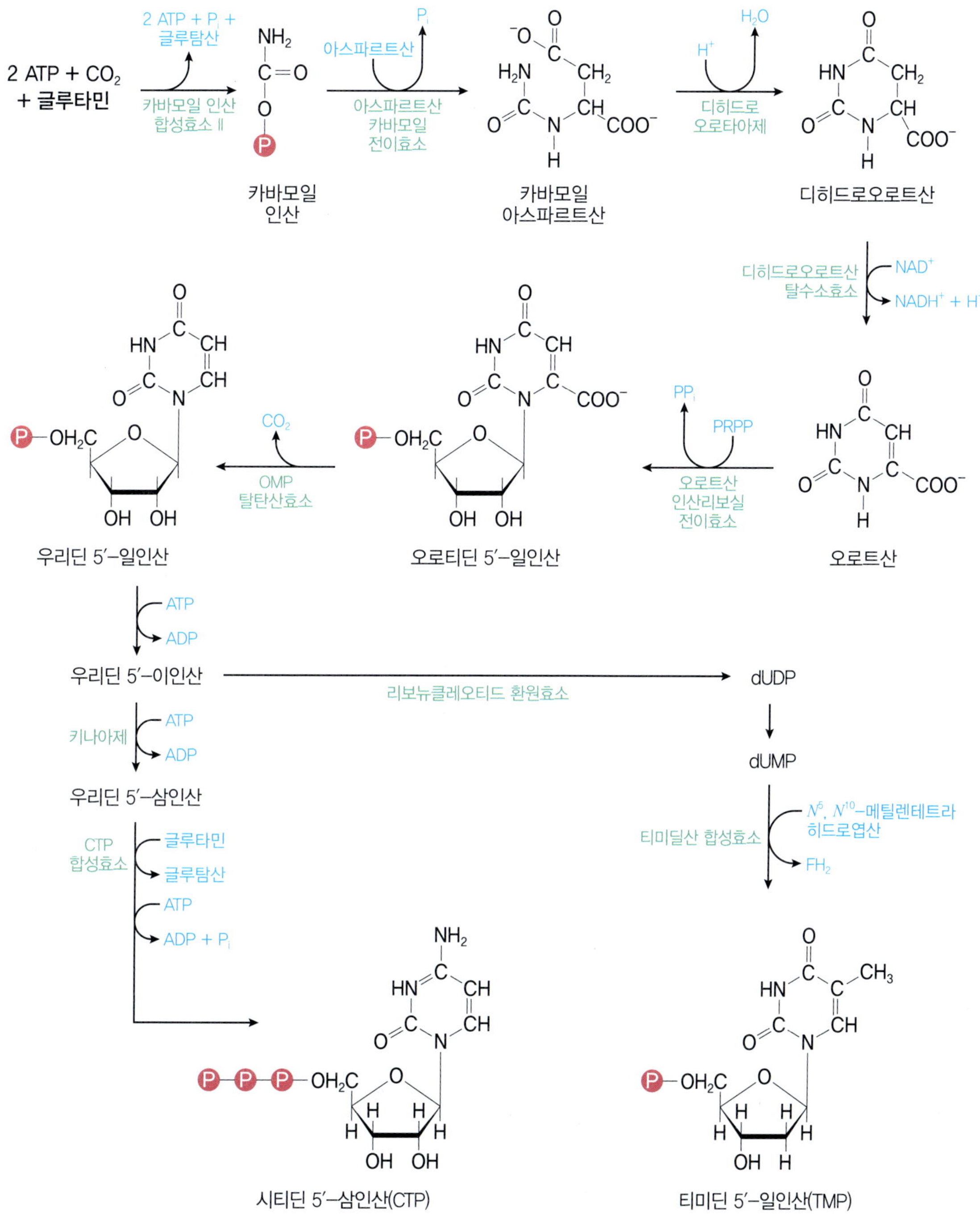

그림 11-9 피리미딘 뉴클레오티드의 생합성

③ 피리미딘 뉴클레오티드의 형성

피리미딘 고리구조인 오로트산에 PRPP가 제공하는 리보스-5-인산과 결합하면 오로티딘 일인산orotidine-5′-monophosphate, OMP이 생성된다. OMP는 피리미딘 일인산의 모체이다 그림 11-9. 피로인산이 떨어져 나오는 이 반응은 오로트산 인산리보실기전이효소orotate phosphoribosyltransferase에 의해 진행되며, 반응은 비가역적이다.

OMP에 오로티딘산 탈탄산효소orotidylate decarboxylase의 작용으로 카복실기가 떨어져 나오면서 우리딘 일인산uridine monophosphate, UMP이 생성되고 계속적으로 인산화되어 UDP와 UTP를 생성한다. 이때 인산기는 ATP가 제공한다 그림 11-10.

그림 11-10 UMP로부터 UTP의 생성

④ CTP의 합성

CTP는 UTP에서 합성되는데, CTP는 UTP에 글루타민이 제공하는 아미노기가 결합된 상태로 CTP 합성효소CTP synthetase에 의해 생성된다 그림 11-11.

생성된 CTP 중 일부는 탈인산화되어 CDP를 생성하고 리보뉴클레오티드 환원효

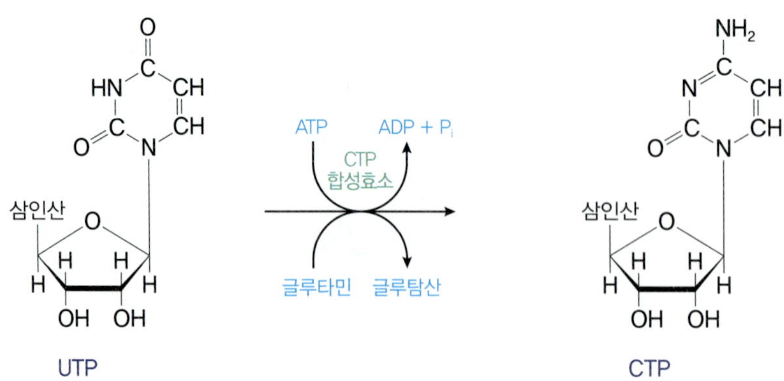

그림 11-11 UTP로부터 CTP의 합성

소ribonucleotide reductase의 작용으로 dCDP가 생성된다. 이 dCDP는 dCTP로 인산화되어 DNA 합성의 기질로 사용된다.

⑤ dUMP의 생성 및 TMP의 합성

- UMP의 인산화로 생성된 UDP는 리보뉴클레오티드 환원효소에 의해 dUDP가 되고, 다시 인산화되어 dUTP가 된다. dUTP는 DNA 합성의 기질로 사용될 수 있으므로 uracil이 DNA 속에 잘못 삽입되는 것을 방지하기 위해 dUTP는 UTP 이인산분해효소UTP diphosphatase, dUTPase의 작용에 의해 dUMP로 빠르게 가수분해된다.
- dUMP에 메틸기가 결합하면 dTMP가 생성된다. 이때 메틸기는 N^5, N^{10}-메틸렌테트라하이드로엽산N^5, N^{10}-methylene tetrahydrofolate이 제공하며, 티미딜산 합성효소thymidylate synthase에 의해 진행된다. 이 반응은 THF가 단일 탄소와 2개의 수소원자를 제공하고 DHF로 전환되는 특별한 반응이다.

  티미딜산 합성효소 저해제에는 5-플루오로우라실5-fluorouracil 같은 항암제가 있다 그림 11-12.

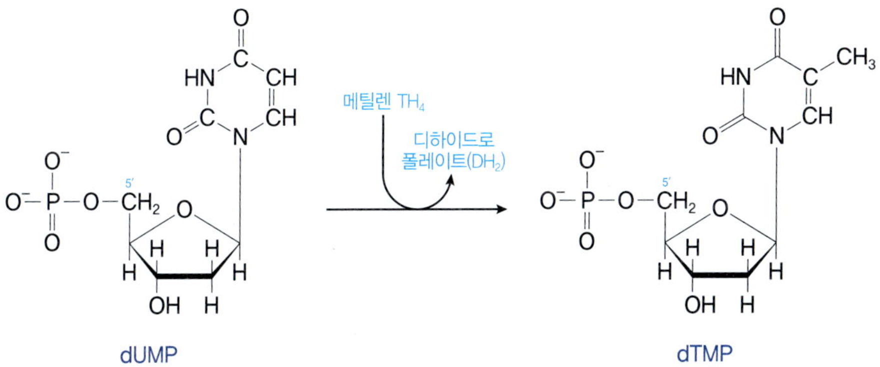

그림 11-12 dUMP로부터 dTMP의 합성

3) 뉴클레오티드의 분해

(1) 퓨린 뉴클레오티드의 분해

퓨린 염기는 분해되면 요산uric acid을 생성한다 그림 11-13.

- AMP는 AMP 디아미나아제AMP deaminase에 의해 아미노기가 제거되어 IMP가 생성되거나 아데노신의 아미노기가 아데닌 디아미나아제adensine deaminase에 의해 제거되어 이노신hypoxanthine-ribose이 생성된다.
- IMP와 GMP는 5′-뉴클레오티다아제5′-nucleotidase의 작용으로 뉴클레오시드인 이노신과 구아노신으로 전환된다.
- 이노신과 구아노신은 퓨린 뉴클레오시드 가인산분해효소purine nucleoside phosphorylase에 의해 각각의 퓨린 염기인 하이포잔틴hypoxanthine과 구아닌으로 전환된다.

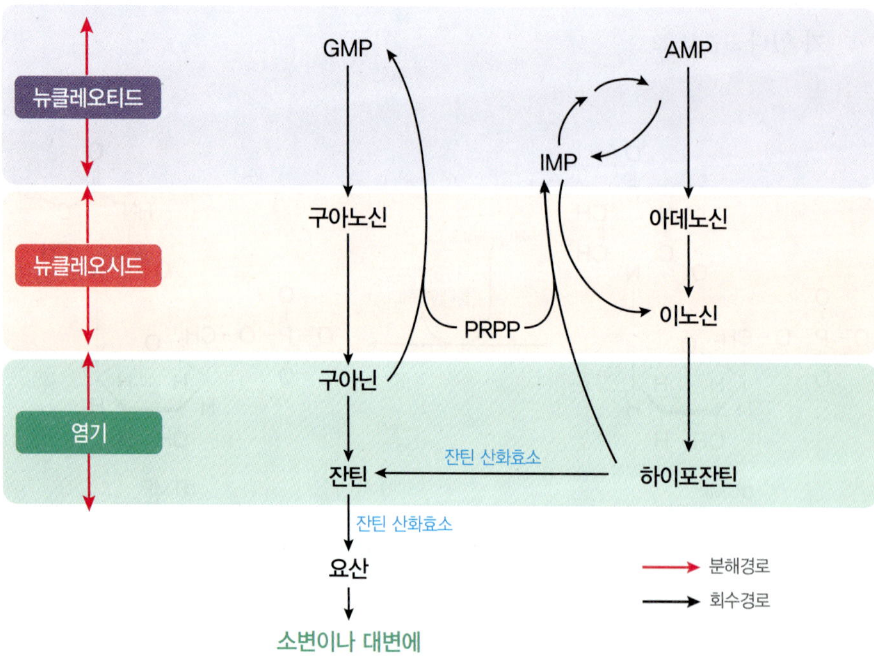

그림 11-13 퓨린 뉴클레오티드의 분해 및 재이용

- 구아닌은 탈아미노반응에 의해, 하이포잔틴은 잔틴산화효소에 의해 잔틴xanthine이 생성된다.
- 잔틴에 잔틴 산화효소가 계속 작용하면 산화되어 요산이 생성된다. 생성된 요산은 대부분 소변으로 배설된다. 요산은 인체 퓨린대사의 최종대사산물이다.

요산이 과잉 생성되거나 소변 배설량이 감소하면 고요산혈증hyperuricemia이 나타난다. 고요산혈증으로 관절과 연조직에 요산결석이 축적되면 이에 대한 염증반응으로 통풍gout이 나타난다.

(2) 피리미딘 뉴클레오티드의 분해

피리미딘 고리는 고도로 수용성인 β-알라닌β-alanine과 β-아미노이소부티르산β-aminoisobutyrate으로 분해되고, 암모니아NH_3와 이산화탄소CO_2를 생성한다. 그러나 사람의 경우 피리미딘 고리는 분해되지 않는다.

4) 뉴클레오티드의 재사용

(1) 퓨린 뉴클레오티드의 재사용(salvage pathway)

세포 내 핵산이 정상적으로 대사되어turnover 생성된 퓨린 염기나 식이로 섭취했지만 분해되지 않은 소량의 퓨린 염기는 뉴클레오티드 삼인산NTP으로 전환되어 체내에서 이용된다.

(2) 피리미딘 뉴클레오티드의 재사용

사람의 경우 피리미딘 염기는 거의 재사용salvage되지 않지만, 피리미딘 뉴클레오시드는 뉴클레오시드 키나아제nucleoside kinase에 의해 ATP가 제공하는 인산기를 받아 뉴클레오티드로 전환되어 재사용될 수 있다.

5) 뉴클레오티드 생합성의 조절

(1) 퓨린 뉴클레오티드 생합성의 조절

퓨린 뉴클레오티드의 생합성의 속도는 두 가지 조절기구에 의해 진행된다. 전체 반응속도 조절기구(제1조절기구: 장거리 최종산물 저해)와 최종산물인 AMP와 GMP의 생성속도 조절기구(제2조절기구: 단거리 최종산물 저해)로 이들은 최종산물의 협동 저해에 의해 이루어진다 그림 11-14.

AMP와 GMP가 모두 충분한 양이 존재하면 퓨린 염기 생합성*de novo* 경로는 PRPP로부터 5-인산리보실아민이 생성되는 과정인 5-인산리보실피로인산 아미드기전이효소5-phosphoribosyl-l-pyrophosphate amidotransferase 단계에서 억제된다(제1조절기구). 이 효소는 최종산물인 AMP와 GMP에 의해 저해되는 다른자리입체성 조절효소이다.

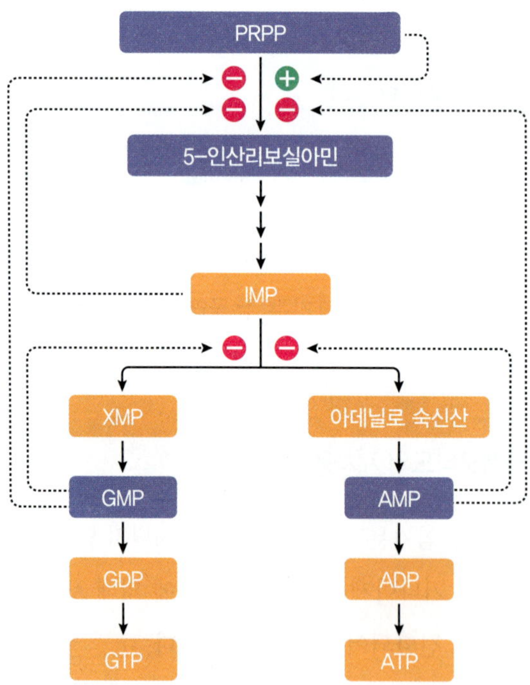

그림 11-14 퓨린 뉴클레오티드 생합성의 조절

제2의 조절기구의 경우는 세포 내에 GMP가 과잉 생성되면 AMP의 생성에는 영향을 미치지 않고, IMP로부터 GMP의 생성에 다른자리입체성 저해작용을 일으킨다. 역으로 AMP가 과잉 생성되면 GMP의 생성에는 영향을 미치지 않고 IMP로부터의 AMP의 생성을 저해한다. 즉 AMP가 GMP보다 많이 생성되면 AMP가 IMP로부터 AMP 생성경로의 첫 단계를 저해하여, AMP의 생성을 억제하고 IMP를 GMP 생성하는 방향으로 진행시킨다. 이것이 IMP가 최종산물이 적은 퓨린 염기의 생성에 관여하는 기전이다.

(2) 피리미딘 뉴클레오티드 생합성의 조절

피리미딘 뉴클레오티드 합성속도의 조절은 아스파르트산 카바모일기 전이효소 ATCase를 통해 이루어진다. 이 효소는 반응경로의 최종 생성물인 CTP에 의해서 저해되는 다른자리입체성 조절효소이다. ATP가 존재하면 CTP에 의해서 일어나는 이 반응은 억제된다 그림 11-15.

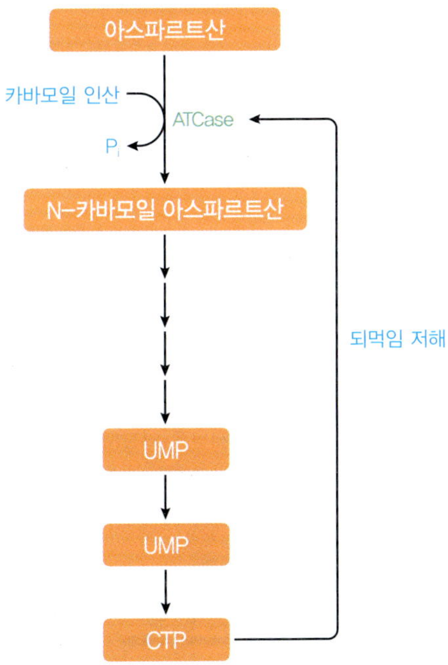

그림 11-15 피리미딘 뉴클레오티드 생합성의 조절

2 핵산

핵산nucleic acid은 생물의 증식이나 생명의 유지에 필수적이며, 각 세포 고유의 단백질을 합성하는 데 필요한 유정정보를 보존·전달·번역하는 기능을 가지고 있다.

핵산을 이루는 기본단위는 뉴클레오티드로 이러한 기본단위를 연속해서 결합시킨 폴리뉴클레오티드polynucleotide를 핵산이라고 한다. 핵산에는 DNA와 RNA가 있다.

DNA와 RNA는 뉴클레오티드가 인산디에스테르 결합phosphodiester bond으로 연결된 고분자 화합물polynucleotide이다.

DNA와 RNA는 그 구성성분인 염기와 5탄당의 종류가 다르다. DNA와 RNA를 구성하는 성분은 표 11-2와 같다.

표 11-2 DNA와 RNA의 구성성분

구분	DNA	RNA
염기	퓨린체: 아데닌, 구아닌 피리미딘체: 시토신, 티민	퓨린체: 아데닌, 구아닌 피리미딘체: 시토신, 우라실
5탄당	2′-데옥시리보스	리보스
인	인산	인산
가닥 수	이중 가닥	단일 가닥

알아두기

분자생물학의 중심 원리(central dogma)

DNA, RNA, 단백질 합성에 의한 정보의 흐름을 말하며, RNA에 유전정보를 저장하는 일부 바이러스를 제외한 모든 유기체에 적용된다.

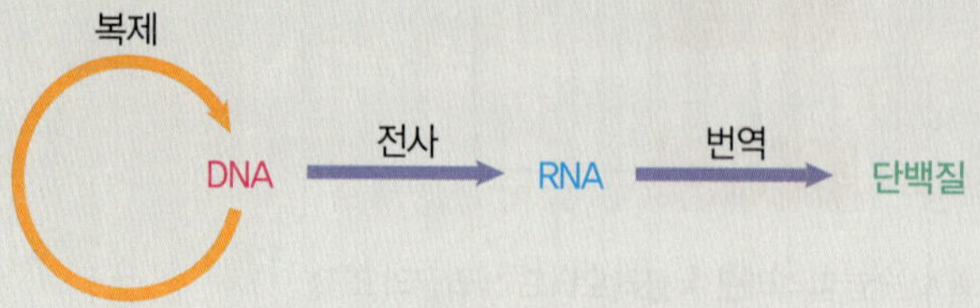

1) DNA

(1) DNA의 구조

DNA는 유전정보를 저장하고 있는 이중나선 구조의 유연한 폴리뉴클레오티드이다.

DNA를 구성하는 5탄당은 2′-데옥시리보스이고, 함유되어 있는 염기성분은 아데닌, 구아닌, 시토신, 티민이다. DNA는 핵 내에 존재하고 히스톤histone이라는 단백질과 복합체를 형성하여 염색체를 만든다. 히스톤은 염기성이 강한 단백질로 핵산을 보호하는 작용을 한다.

원핵세포의 DNA는 이중나선의 둥근 환상구조인 반면, 진핵세포의 DNA는 여덟 개의 히스톤 단백질 덩어리를 휘감은 뉴클레오좀nucleosome의 구조로, 이 구조들이 연속적으로 연결되어 염색체를 형성한다.

① 뉴클레오티드의 인산디에스테르 결합

DNA는 뉴클레오티드가 인산디에스테르 결합으로 연결된 고분자 화합물이다.

인산디에스테르 결합은 인산이 2개의 당과 결합하여 생성된다. 한 개의 뉴클레오티드 내 데옥시5탄당deoxypentose의 3′번 탄소에 결합된 히드록시기와 인접한 다른 뉴클레오티드 내 데옥시5탄당의 5′번 탄소에 결합된 히드록시기가 인산기로 연결된 형태로 5′→3′의 방향성을 나타낸다. 양쪽 말단은 인산과 결합되지 않는 유리 형태의 인산기와 히드록실기가 존재한다. 5′ 탄소에 결합된 유리인산기 형태를 5′-말단5′-end, 3′탄소에 결합된 유리히드록실기 형태를 3′-말단3′-end이라고 표시한다 그림 11-16.

② 이중나선 구조

DNA는 두 줄의 폴리뉴클레오티드가 서로 마주보면서 오른쪽으로 꼬여진 직쇄상의 이중나선 구조double helical structure로, 두 가닥의 염기배열은 서로 상보적complementary 또는 역평행antiparallel으로 배열되어 있다. 다시 말해서 한 가닥 DNA 사슬의 염기가 5′–C′–…′–T′–3′의 순서로 배열되어 있으면, 다른 가닥은 3′

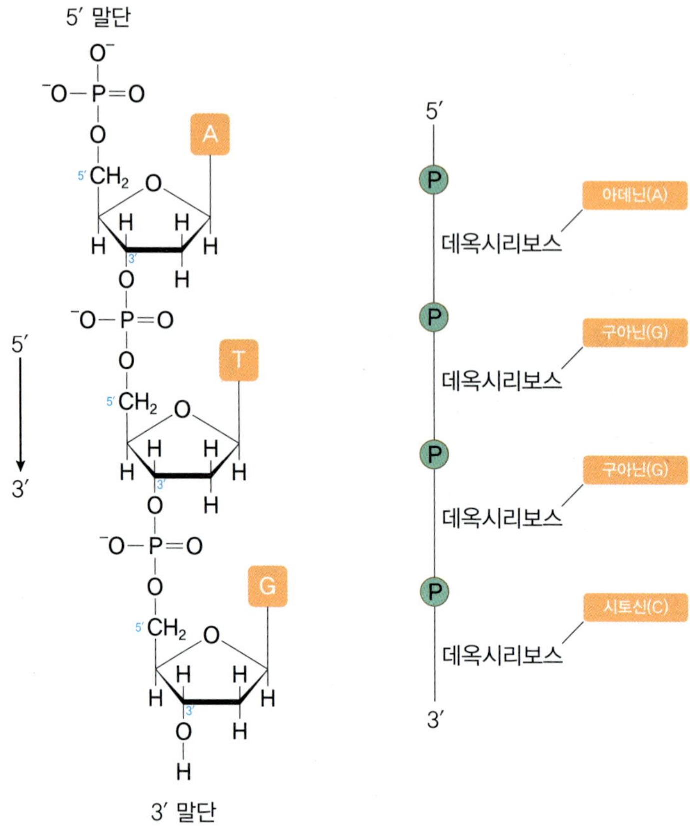

그림 11-16 DNA 사슬의 구조

−G′−…′−A′−5′의 순서로 되어 있다.

상보적인 염기배열은 염기 간의 수소결합에 의해 형성된다. DNA의 서로 다른 두 가닥 간에 아데닌과 티민, 구아닌과 시토신이 각각 상보적인 염기쌍을 형성한다. 염기쌍은 아데닌과 티민 염기 사이에 2개의 수소결합을, 구아닌과 시토신 염기사이에 3개의 수소결합을 형성하면서 사슬 간의 안정성을 유지한다 그림 11-17.

알아두기

샤가프(Chargaff)의 규칙

일반적으로 종에 관계없이 모든 세포 내 DNA에는 아데닌 염기와 티민 염기 그리고 구아닌 염기와 시토신 염기의 수는 서로 같다(즉 [A]=[T], [G]=[C]이다). 이러한 관계에서 퓨린 염기의 수와 피리미딘 염기의 수는 같다(즉 [A+G]=[T+C]이다). 하지만 종에 따라 (A+T)/(C+G)의 비율은 다르다.

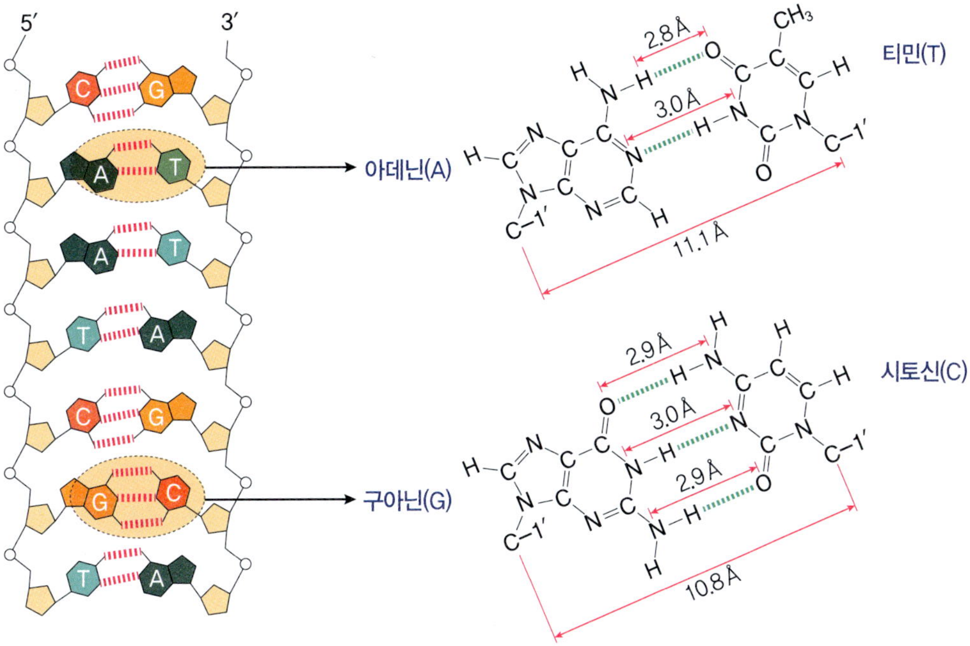

그림 11-17 상보적인 두 가닥 DNA와 염기 간 수소결합

③ DNA의 변성

DNA의 이중나선 구조는 쌍염기 간의 수소결합이 깨지면서 두 가닥으로 분리된다. DNA를 담은 용액의 pH를 변경하거나 가열하면 안정된 이중 구조의 DNA는 수소결합이 끊어지면서 DNA는 두 가닥으로 분리된다. 그러나 인산디에스테르 결합은 분해되지 않는다. 이러한 과정을 변성denaturation이라 한다.

일정한 조건에서 서서히 열을 가하면 DNA는 용해되어 이중나선구조가 파괴되는데, DNA 용액이 가열되어 수소결합이 절반 풀리는 온도를 녹는 온도melting Temperature, Tm라고 하며, 260 nm의 흡광도absorbance에서 풀림 현상을 확인할 수 있다.

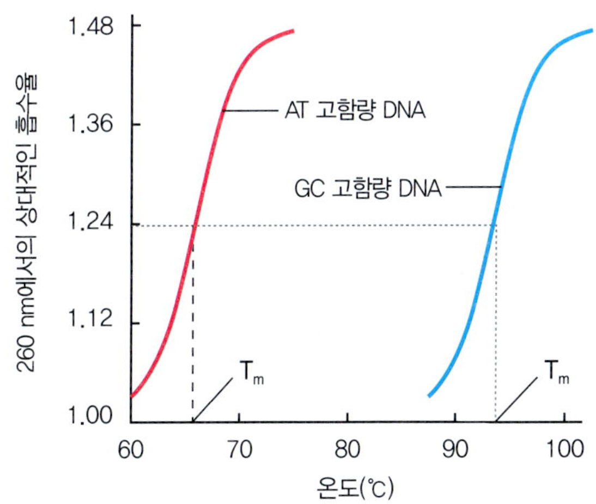

그림 11-18 뉴클레오티드 구성이 다른 DNA 분자의 녹는 온도

아데닌과 티민 간에는 2중 수소결합, 구아닌과 시

토신 간에는 3중 수소결합으로 이루어져 있으므로 아데닌과 티민이 풍부한 DNA는 구아닌과 시토신이 풍부한 DNA보다 더 낮은 온도에서 변성이 이루어진다 그림 11-18.

④ DNA의 재생

DNA의 재생은 어느 정도 가역적인 과정으로 적당한 이온강도에서 서서히 냉각시키면 원래의 상태로 회복되어 일부 이중나선으로 되돌아갈 수 있다. 이를 DNA의 재생renaturation, reannealing이라고 한다.

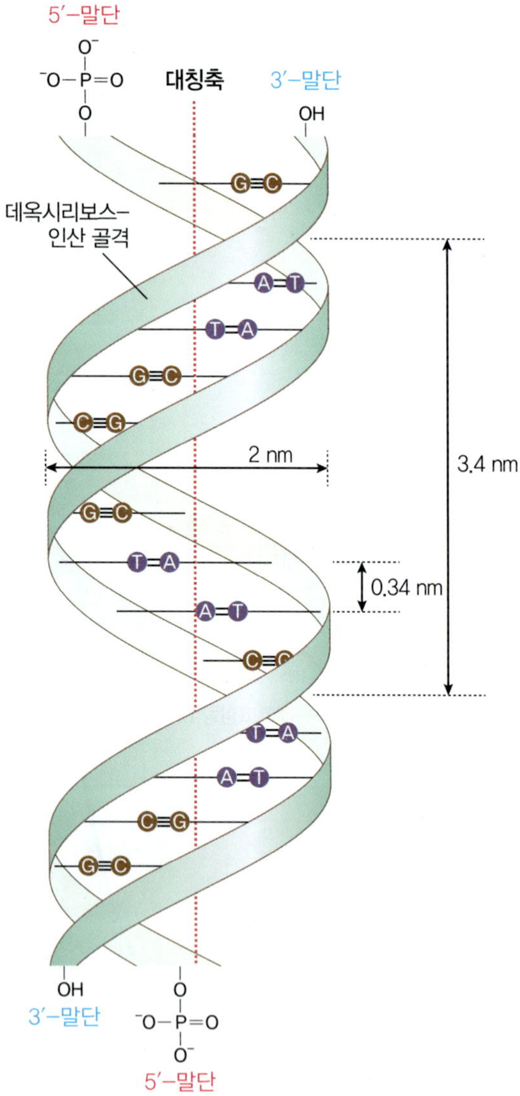

그림 11-19 이중나선 구조

(2) DNA의 종류: 서로 다른 형태의 DNA 2차 구조

DNA의 구조에는 세 가지 형태가 존재한다. 1953년도에 왓슨Watson과 크릭Crick이 발표한 B형 DNA 외에 A형 DNA와 Z형 DNA가 있다.

B형 DNA는 B-DNA라고도 한다. 이것은 생리적 조건하에서 가장 안정된 구조로 이중나선의 직경은 2 nm 정도이고, 길이는 수천 Å에 이른다. 나선축의 1회전은 34 Å에 해당되며, 회전당 10개의 염기쌍을 가지고 있다. 오른쪽 방향으로 감기는 나선구조로, 엄지손가락이 위쪽을 가리킬 때 오른 손가락들이 감아지는 방향으로 감기며, 세포 내 DNA 구조를 연구하는 데 표준이 되는 형태이다 그림 11-19.

A-DNA는 나선축 1회전당 11개의 염기쌍을 가지고 있으며, 이들 염기쌍은 나선축에 대해 약 20° 정도 기울어져 있어서 넓은 협곡이 더 깊게 보이고, 좁은 협곡은 좀 더 얕게 보인다. B-DNA처럼 오른쪽 방향으로 감기는 나선구조를 이룬다 그림 11-20.

Z-DNA는 왼쪽 방향으로 감기는 나선구조로, 1회

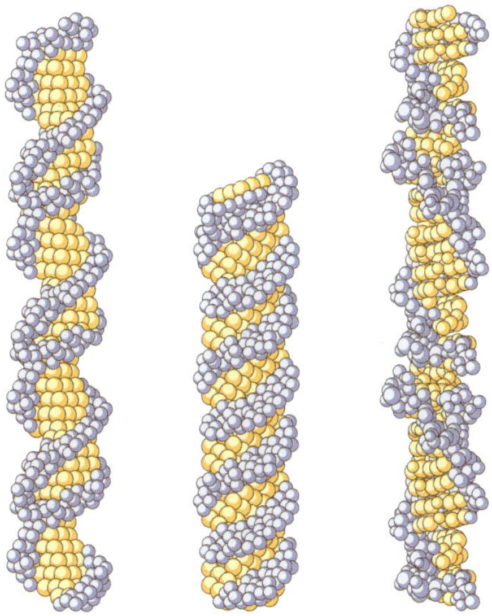

그림 11-20 B형, A형, Z형 DNA의 구조

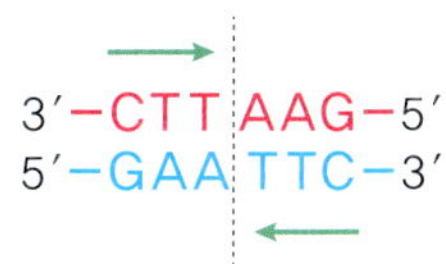

그림 11-21 회문식 구조

전당 12개 염기쌍이 있으며, 외관은 훨씬 가늘어 지그재그 모양으로 뒤틀어져 있다. GC가 많은 부분에서 Z-DNA가 나타난다.

그 밖의 특이한 DNA 구조에는 회문식palindrome 구조가 있다. 이는 두 가닥의 DNA상에서 축을 중심으로 한쪽 가닥 염기서열이(예: GAA) 상보적인 다른 쪽 가닥의 같은 중심축으로부터 반대 방향에서 염기가 GAA 서열로 배열되어 있는 구조이다. 특정한 제한효소에 의해 인식되어 인산디에스테르 결합이 끊어지면서 DNA의 이중가닥이 결국 분리된다 그림 11-21.

2) RNA

(1) RNA의 구조

RNA는 리보뉴클레오시드 일인산ribonucleoside monophosphate들이 인산디에스테르결합에 의해 형성된 축합체polymer이다.

그러나 RNA는 DNA에 비해 크기가 상당히 작고, 데옥시리보스 대신에 리보스를, 티민 대신에 우라실을 함유하고 있으며, 단일 가닥이지만 여러 다양한 형태로 접힐 수 있어서 부분적으로 이중나선구조를 형성하기도 한다 그림 11-23.

(2) RNA의 종류

RNA는 단백질 합성에 관여하며, 구조와 기능에 따라 전령 RNAmessenger RNA, mRNA, 운반 RNAtransfer RNA, tRNA, 리보솜 RNAribosome RNA, rRNA의 세 종류로 구분된다.

① 전령 RNA

mRNA는 한 가닥으로 구성되어 있으며, 단백질 합성이 필요하면 핵 내에서 DNA를 구성하는 두 가닥 사슬 중 한 가닥을 주형template으로 하여 그 가닥의 뉴클레오티드 배열로 기록되어 있는 유전정보의 일부를 합성한다. 예를 들어, DNA의 티민T, 시토신C, 구아닌G, 아데닌A은 각각 RNA의 아데닌, 구아민, 시토신, 우라실U의 위치를 정해 주므로, mRNA 분자는 DNA 분자의 일부와 염기배열이 상보적으로 되어 mRNA에 유전정보가 전사transcription된다.

mRNA는 DNA가 가진 유전정보를 세포질에 전달하는 기능을 하며, 그곳에서 단백질 합성의 주형으로 사용된다. 1개의 단백질을 생합성하기 위해서는 대응하는 mRNA가 반드시 필요하므로 mRNA의 종류는 단백질의 종류만큼 많다. 전사되어 합성된 mRNA는 1개 사슬의 분자량이 5만~50만 정도이며, 수명이 짧고 양도 적어서 체내 총 RNA의 약 5%를 차지하고 있다.

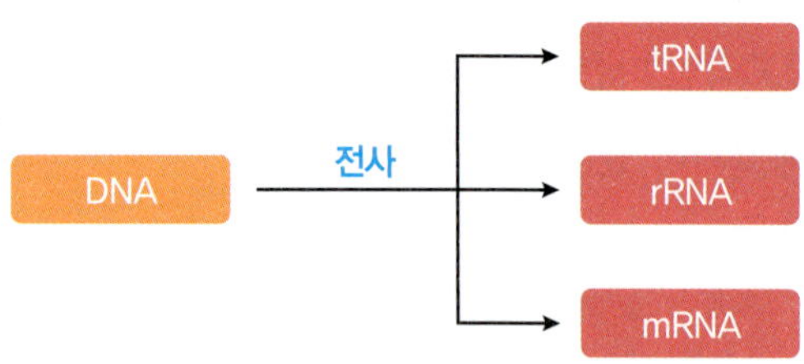

그림 11-22 전사에 의한 유전정보의 표현

② 운반 RNA

tRNA는 단백질을 생합성할 때 대응하는 아미노산과 결합하여 리보솜으로 아미노산을 운반하는 역할을 한다.

tRNA는 클로버잎 모양의 2차구조를 이룬다. 클로버의 잎에 해당하는 부분에는 특별한 구조를 가진 염기가 많아 수소결합이 형성되지 않아서 루프형으로 되어 부

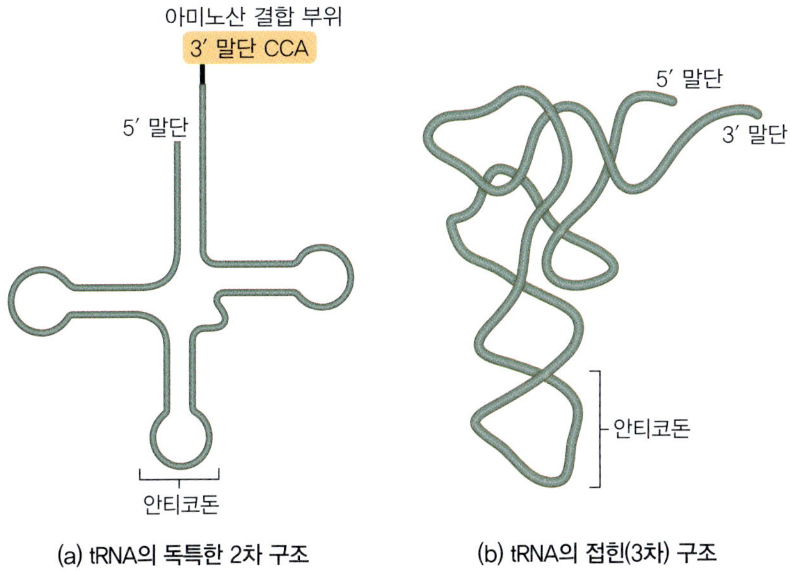

그림 11-23 tRNA의 구조

풀어져 있다 그림 11-23.

안티코돈anticodon 부분에는 한 종류의 아미노산에 대응하는 3개의 뉴클레오티드가 존재하며, 이 부위에 mRNA의 염기배열과 상보적으로 결합하여 mRNA 분자상의 정보codon를 아미노산으로 대치translation함으로써 단백질의 아미노산 배열을 결정한다.

아미노산이 결합하는 부분amino acid arm인 3′-말단은 모든 tRNA에 공통으로 CCA의 구조를 가지고 있으며 그 말단 아데노신의 3′-OH에 그 tRNA와 대응하는 아미노산이 아실화하여 결합한다.

tRNA는 20 종류의 각 아미노산에 대응하고, 각각 1종류 이상 존재한다. tRNA는 리보솜ribosome에서 단백질합성이 행해질 때에 mRNA의 정보대로 아미노산을 운반하여 펩티드결합의 연장을 돕는다. tRNA는 핵에서 합성되며, 그 분자량은 25,000 정도로 작고, 세포 내에서 총 RNA의 약 15%를 차지하고 있다.

③ 리보솜 RNA

rRNA는 리보솜을 구성하는 RNA로 핵소체에서 합성되며, 단백질을 합성할 때는

mRNA와 결합하여 단백질 생합성 장소인 리보솜을 형성한다. 세포 내에 가장 많아 60~80%를 차지한다. 핵소체에서 합성된다.

그 밖에 작은 크기의 snRNAsmall nuclear RNA, iRNAinterference RNA 등이 있으며, 전사나 세포활동을 조절한다.

유전정보의 흐름
(DNA 복제, 전사, 번역)

Chapter 12

CHAPTER 12

1 개관

수정된 난자는 어머니의 DNA와 아버지의 DNA가 합쳐진 하나의 세포로서 그 세포가 반복적인 세포분열을 통해 늘어나 수정란과 같은 DNA를 갖는 세포의 집합체, 즉 개체가 된다. 이렇게 유전정보가 부모로부터 아이에게 전달되는 것을 유전inheritance이라고 한다. 유전정보를 담당하는 인자를 유전자gene라고 하며, 유전자의 집합이 DNA이다.

DNA의 유전정보를 기반으로 여러 가지 단백질protein이 만들어지며, 이러한 단백질 중에는 체내 대사를 촉매하는 효소 단백질, 세포의 구조를 형성하는 골격에 사용되는 구조 단백질, 외부로부터의 우리 몸의 방어를 담당하는 항체 등 여러 가지 기능별 단백질이 있다. 이들 단백질의 종류와 양 그리고 구조 등이 각각의 개체 간에 조금씩 다르게 나타나기 때문에 각 개체의 고유 형질이 나타난다.

사람의 세포에는 핵nucleus과 미토콘드리아mitochondria에 DNA가 존재한다. 미토콘드리아의 DNA는 미토콘드리아 자체에 있는 단백질 중 수십 종의 유전자만을 포함하지만, 핵의 DNA는 22,000개 정도의 유전자를 포함한다. 세포 대부분의 유전자는 핵의 DNA에 존재한다.

DNA는 히스톤 단백질histone protein 또는 비히스톤 단백질non-histone protein과 복합체를 형성하여 염색질chromatin 형태로 존재한다. 염색질을 세포분열 시에 응축함으로써 막대 모양의 염색체chromosome를 형성한다. 체세포는 46개의 염색체를 가지고, 두 부모에서 유래되는 두 조(한 조는 23개)의 유전정보를 가지고 있다. 그 한 조를 게놈genome이라고 하며, 이는 한 조의 유전정보 전부를 포함한 것이다.

세포분열 시 부모 세포가 가진 DNA와 완전히 같은 DNA가 또 한 쌍 만들어지는 과정을 복제replication라고 한다. 즉 수정란 세포가 가진 유전정보가 세포분열을 할 때마다 유전자의 재생산 과정을 복제라고 하며, 이런 유전정보를 바탕으로 유전정보가 mRNA(messenger RNA, 전령 RNA)로 옮겨지는 과정을 전사transcription라고 하며, mRNA의 염기서열에 따라 tRNA(transfer RNA, 운반 RNA)가 운반한 아미노산이 결합되어 단백질이 합성되는 과정을 번역translation이라고 한다.

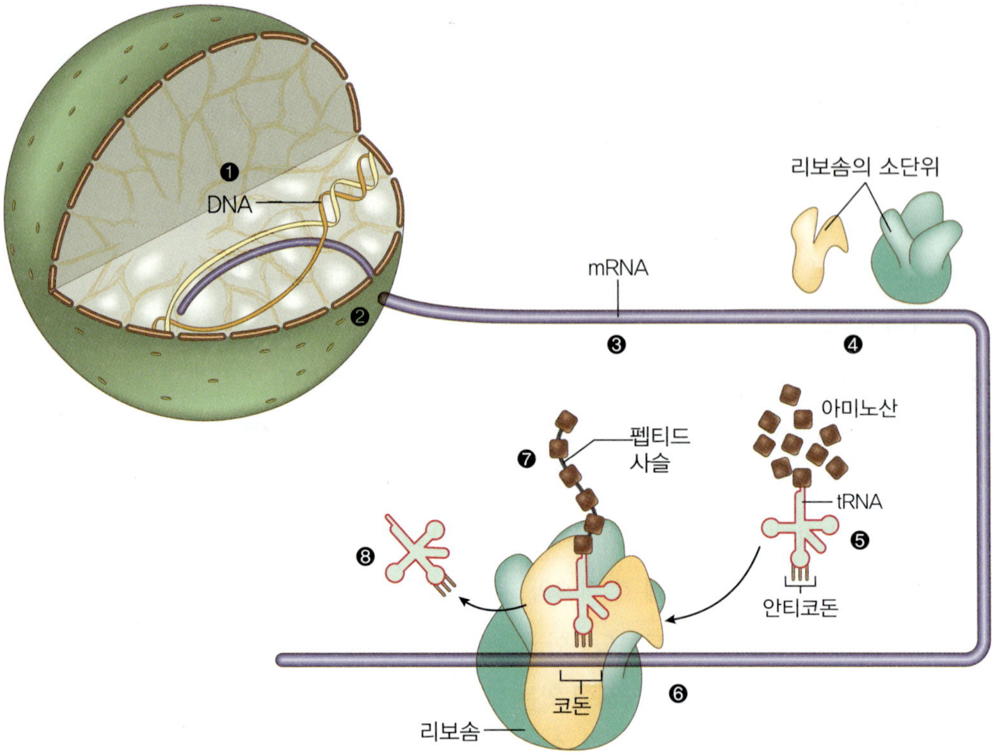

❶ 핵 안의 DNA는 mRNA를 만드는 과정의 주형 역할을 함

❷ mRNA는 핵을 떠나기 전에 활성화됨

❸ mRNA가 형성되면 여러 코돈을 가지게 됨

❹ mRNA는 세포질로 이동하고 리보솜과 결합

❺ 안티코돈을 가진 tRNA는 mRNA로 아미노산을 운반함

❻ tRNA의 안티코돈과 mRNA 코돈의 상보적 염기서열의 짝지어짐이 일어남

❼ 남아 있던 tRNA로부터 펩티드 사슬은 새로 들어오는 tRNA로 옮겨짐

❽ tRNA는 또 다른 아미노산과 결합하기 위해 리보솜을 곧 떠남

그림 12-1 유전정보 흐름의 개관

2 DNA 복제

1) DNA 복제의 특징

DNA는 유전정보의 저장과 전달의 기능을 담당하는 생체분자로서 앞에서 언급한 것처럼 상보적인 염기쌍에 의해 형성된 두 개의 폴리뉴클레오티드 가닥으로 이루어진 이중나선double helix 구조이다. 세포가 한 세대에서 다음 세대로 유전정보를 전달하기 위해서는 정보에 대한 충실한 복사과정이 필수적인데, 이러한 과정을 복제라고 한다. DNA는 이중나선 구조를 하고 있으며, 이는 두 개의 폴리뉴클레오티드 사슬이 A(아데닌adenine)과 T(티민thymine) 사이의 이중 수소결합 및 C(시토신cytosine)과 G(구아닌guanine) 사이에서 삼중 수소결합을 형성함으로써 생긴다.

복제는 이중나선 구조의 풀림을 통해 두 가닥의 주형template, 즉 복사를 하기 위한 '원본'의 폴리뉴클레오티드 단일 사슬을 부분적으로 만들고, 각각의 단일 사슬을 주형으로 하여, 이 주형이 가지는 염기배열과 상보적인 염기배열을 형성하는 새로운 DNA 사슬을 만드는 것이다. 이러한 과정에서 원래 이중나선 구조의 원본 사슬과 같은 이중나선의 DNA 사슬이 두 개 생기는 과정을 말한다.

DNA 복제는 크게 다음과 같은 두 가지 특징을 가진다.

먼저, DNA 복제는 반보전적 복제 방식semiconservative replication을 따른다. DNA 이중나선에 대한 왓슨Watson과 크릭Crick의 모델에서는 원래 DNA의 각 가닥은 새로운 가닥의 합성을 위한 주형으로 사용되기 때문에 새로운 DNA 분자가 합성되므로, 새로 합성된 DNA 분자는 원래의 DNA 가닥과 혼성체hybrid가 될 것임을 예상했다. 이중나선 구조의 DNA가 반보존적 방식으로 복제된다는 모델을 증명하는 결정적인 실험은 메셀슨M. Meselson과 스탈F. Stahl에 의해 수행되었으며, 이들은 대장균*E.Coli*을 무거운 질소 동위원소(^{15}N)가 함유된 배지에서 배양하여 ^{15}N로 세포 내 DNA를 표지시키고, 이후 가벼운 동위원소(^{14}N)를 포함하는 배지로 옮겨 배양하는 과정에서 DNA 표본들을 정기적으로 채취하여 밀도 구배 원심분리를 통해 1세대에서 ^{15}N-,^{14}N- 혼성 표지의 이중나선 구조를 얻음으로써 반보전적 방식의 DNA 복제를 증명하였다.

다음으로, DNA 복제는 DNA의 어떤 특정 지점에서 시작된다. 1950년대 케인즈J.

Cairns는 ^{3}H로 표지된 뉴클레오사이드인 ^{3}H-티미딘thymidine이 첨가된 배양배지에서 대장균을 배양한 후, 배양된 대장균에서 ^{3}H가 표지된 염기를 지닌 DNA를 분리하여 자가방사법autoradiography으로 X-ray film에 노출시킴으로써 고리형 DNA 분자에서의 복제는 복제 개시점replication origin이라는 특정 지점에서 시작하여 양쪽 방향으로 뉴클레오티드 가닥이 복사됨을 관찰하였다. 고리형인 원핵세포의 복제뿐만 아니라 선형의 진핵세포 DNA도 복제 개시점을 통한 DNA 복제를 시작한다.

다만 원핵세포와 진핵세포의 복제 개시점 차이는 진핵세포의 복제 개시점이 여러 곳에 존재하여 여러 개의 복제단위replicon를 만들고, 이들이 합쳐져 이중가닥

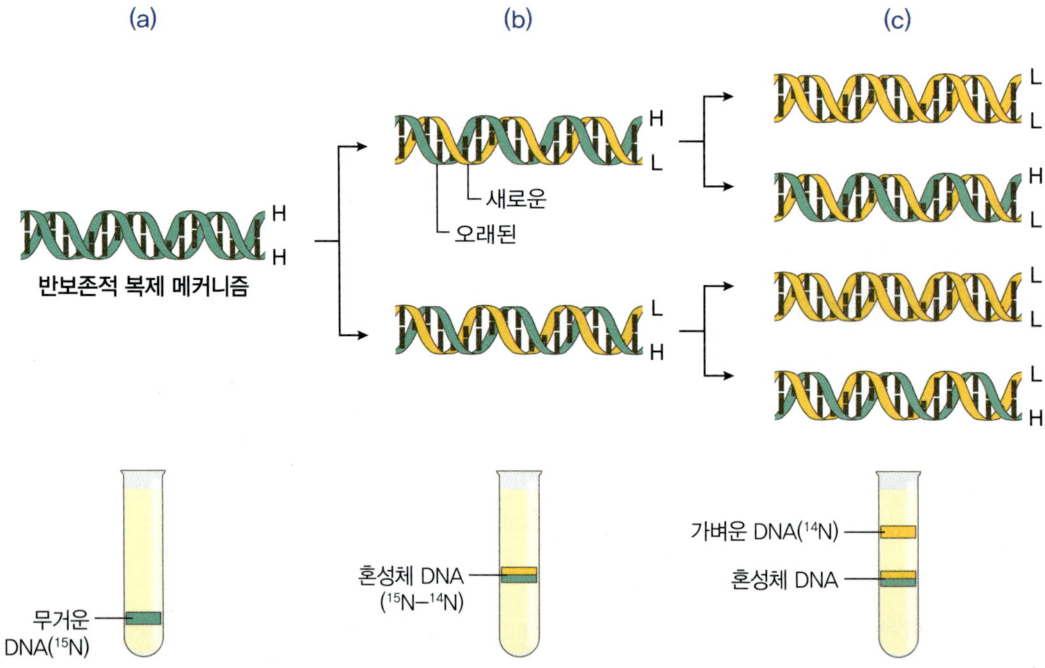

E.Coil 세포를 무거운 질소원인 ^{15}N이 포함된 배지에서 몇 세대를 배양하면 DNA 중의 대부분의 질소는 ^{15}N를 함유하여 밀도 구배 중 거의 밑바닥으로 침강하여 단일 밴드로 원심분리 된다.

E.Coil 세포를 가벼운 질소원인 ^{14}N이 포함된 배지에 옮긴 후, 배양하여 한 세대가 지난 후 세포의 DNA를 분리하면 ^{15}N가 포함된 가닥(H)과 ^{14}N가 포함된 가닥(L)을 포함한 혼성체 DNA를 형성하여 ^{15}N만을 포함한 DNA 가닥보다 위에 밴드를 위치한다.

두 번째 세대까지 복제시키면 혼성체 DNA(^{15}N–^{14}N)와 ^{14}N DNA만을 포함하는 가벼운 DNA가 나타나며, 이로써 두 개의 밴드가 형성됨이 관찰된다.

그림 12-2 메셀슨-스탈의 반보전적 DNA 복제 실험

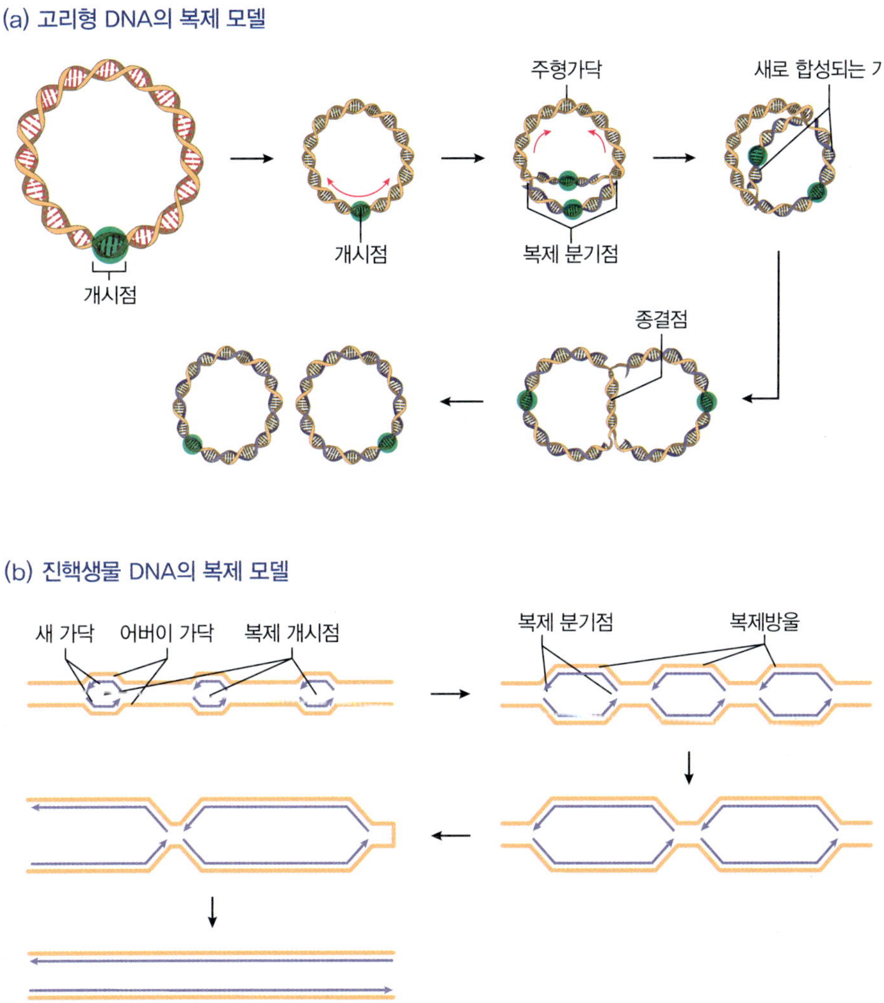

그림 12-3 원핵세포(a)와 진핵세포(b)의 DNA 복제 모델

DNA 분자가 형성됨을 나타낸다 그림 12-3.

2) DNA 중합효소의 작용

DNA 합성을 촉매할 수 있는 효소 중에서 최초로 발견된 것은 DNA 중합효소 I DNA polymerase I이며, 대장균의 돌연변이세포 연구를 통해 DNA 중합효소 II와 DNA 중합효소 III도 추가로 발견되었다. DNA 중합효소는 다음과 같이 DNA 사슬에 데옥시리보뉴클레오티드deoxyribonucleotide 단위를 하나씩 첨가하는 반응을 촉매한다.

$$(DNA)_n + dNTP \rightleftarrows (DNA)_{n+1} + PP_i$$

DNA 합성반응은 dNTP로 나타내는 4개의 전구물질 데옥시리보뉴클레오티드 5′-삼인산 dATP, dGTP, dCTP, dTTP과 Mg^{2+} 이온이 필요하다.

그림 12-4와 같이 새로 만들어지는 DNA 사슬은 이미 존재하는 DNA 사슬, 즉 주형가닥을 토대로 주형가닥에 상보적인 염기서열을 형성하여 자란다. 즉 DNA 중합효소는 주형의 지시에 따라 작용하는 효소template-directed enzyme이다.

주형에 따라 새로 DNA 사슬이 합성되기 위해서는 DNA 중합효소가 주형의 복제를 시작하기 위해 시발물질primer을 필요로 한다. 그림 12-4에서 보면 시발물질의 유리 3′-히드록실기는 사슬 연장반응을 위해 새로 들어오는 dTTP의 첫 번째 인산과의 반응을 통해 포스포디에스테르 결합phosphodiester bond을 형성하고, 피로인산염pyrophosphate, PP_i이 방출된다. 따라서 3′ 말단에서 신장이 일어나고 새로 복제되는 DNA의 합성은 5′→3′ 방향으로 진행된다.

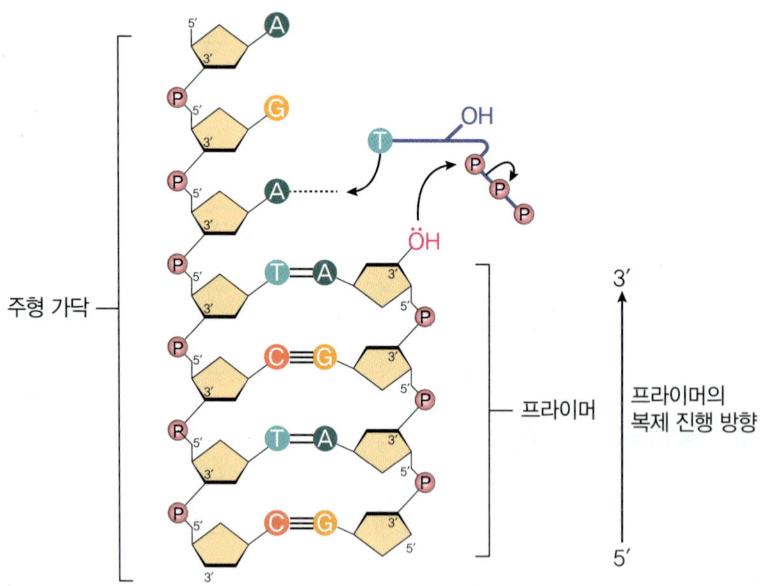

그림 12-4 DNA 합성효소의 중합작용

DNA 중합효소 I은 핵산 말단 가수분해효소exonuclease의 활성을 갖고 있어서 잘못 짝지은 뉴클레오티드를 제거해 DNA의 잘못된 부분을 교정proofreading하거나 수리repair할 수 있는 편집 기능을 담당한다. DNA 중합효소 I은 세 개의 촉매작용을 담당할 수 있는데, ① DNA 중합효소, ② 5′→ 3′ 핵산 말단 가수분해효소, ③ 3′→ 5′핵산 말단 가수분해효소의 활성을 담당한다. DNA 중합효소 III은 아주 빠른 DNA 중합속도를 가지며, 대장균에서 가장 핵심적인 복제효소로 알려졌다.

표 12-1 대장균(*E.Coli*) DNA 중합효소의 종류별 특징

특징	DNA 중합효소 I	DNA 중합효소 II	DNA 중합효소 III
분자량(KDa)	103	88	900
5′→3′ polymerase 활성	있음	있음	있음
합성 속도(nucleotides/Sec)	16~20	7	250~1000
5′→3′ exonuclease 활성	있음	없음	없음
3′→5′ exonuclease 활성	있음	있음	있음
효소별 주요 기능	primer 제거	DNA repair	DNA 합성

3) DNA 복제

(1) 원핵생물의 DNA 복제

① DNA 이중나선 구조의 풀림

대장균의 복제 개시점 또는 oriC 자리에 복제 개시단백질(DnaA)이 결합하면 약간의 이중나선 구조가 풀리고, 헬리카아제helicase가 결합하면 ATP의 분해과정을 통해 이중나선을 구성하는 염기쌍 사이의 수소결합을 제거함으로써 두 가닥의 DNA 사슬이 분리되도록 촉매한다. 그 결과 복제 분기점replication fork이 형성된다. 위상이성질화효소topoisomerase의 일종인 DNA 선회효소DNA gyrase는 초나선supercoiling을 도입하여 DNA 사슬이 풀리는 것을 도와주며, 노출된 단일가닥의 DNA는 단일가닥을 이루는 뉴클레오티드 사이에 포스포디에스테르 결합이 끊기지 않도록 보호해야 한다. 이를 위해 DNA 단일가닥 결합단백질(SSB단백질single-stranded DNA binding protein)이 DNA 단일가닥에 결합한다 그림 12-5.

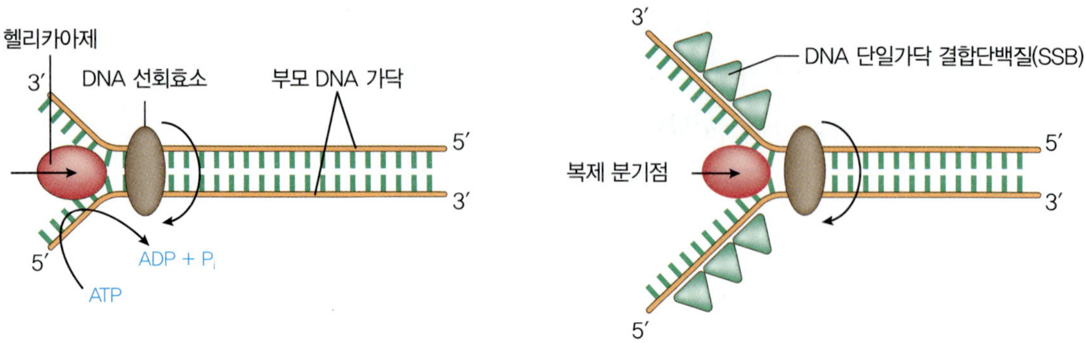

그림 12-5 DNA 이중나선 구조의 풀림

② DNA 합성의 개시와 신장

DNA 중합효소 III을 비롯한 모든 DNA 중합효소의 촉매작용은 유리 3′-OH 말단을 갖는 프라이머가 필요하다. 이때 DNA 주형에 상보적인 짧은 가닥의 프라이머 합성은 RNA 중합효소RNA polymerase의 일종인 프리마아제primase라는 효소에 의해 촉매된다. DNA 중합효소들은 모두 5′→3′ 방향으로 사슬을 연장시키는데, 주형으로 사용되는 분리된 두 가닥들은 서로 역평행 방식으로 위치하고 있으며, DNA 중합효소는 오직 3′→5′ 방향으로 주형가닥을 읽어 5′→3′ 방향으로 상보적 DNA 사슬을 합성하게 된다.

이때 주형가닥 중 5′→3′ 방향의 주형가닥의 경우 DNA 중합효소의 촉매 진행 방향과 사슬연장의 방향이 틀리므로, 5′→3′ 방향으로 짧은 불연속적 단편을 합성하여 나중에 이들 조각을 연결시켜 완전한 가닥을 형성하는 방법을 이용한다. 이때의 짧은 조각 형태를 오카자키 조각Okazaki fragment이라고 하며, 5′→3′ 방향의 연속적으로 신장하는 새 가닥을 선도가닥leading strand, 선도가닥의 반대 방향으로 짧은 DNA 단편을 만들어내는 가닥을 지연가닥lagging strand이라고 한다 그림 12-6.

프라이머의 유리 3′-OH 말단 사용이 가능하므로 DNA 합성효소Ⅲ의 촉매작용에 의해 DNA 합성이 시작되며, 선도가닥, 지연가닥 모두 이러한 방법으로 사슬이 연장된다. 선도가닥은 복제 분기점이 전진하는 방향으로 계속 진행되며, 지연가닥의 합성은 먼저 합성된 짧은 DNA 단편을 만날 때까지 선도가닥의 진행 방향과 반대로 진행되지만, 지연가닥의 전체적인 합성 방향은 DNA 중합효소의 진행 방향과

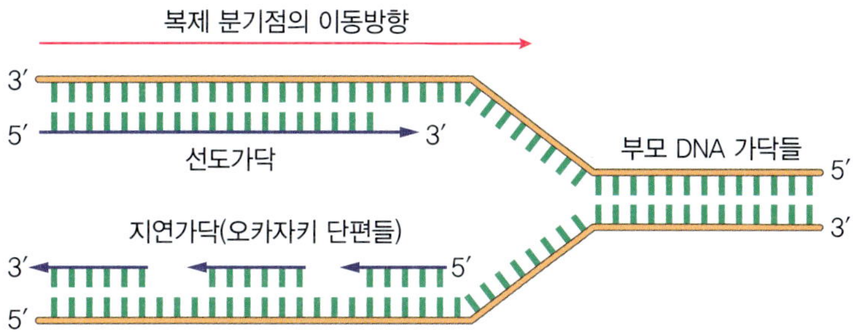

그림 12-6 선도가닥과 지연가닥

동일함을 알 수 있다.

③ 프라이머의 제거와 지연가닥 완성

RNA 프라이머는 제거되어야 하는데, DNA 중합효소 I의 5′→3′ 핵산 가수분해효소의 작용에 의해 제거되며, 이때 프라이머의 제거로 형성된 빈틈은 짧은 영역이어서 DNA 중합효소 I의 합성작용으로 충분히 채워질 수 있다. 또한 지연가닥에서 오카자키 단편들의 마지막 간격을 포스포디에스테르 결합을 통해 간격을 완선히 연결하는 데 필요한 효소는 DNA 연결효소DNA ligase로서 3′ 말단의 유리 히드록실기와 5′ 말단의 인산기를 ATP 가수분해를 통해 포스포에스테르 결합을 형성한다 그림 12-7.

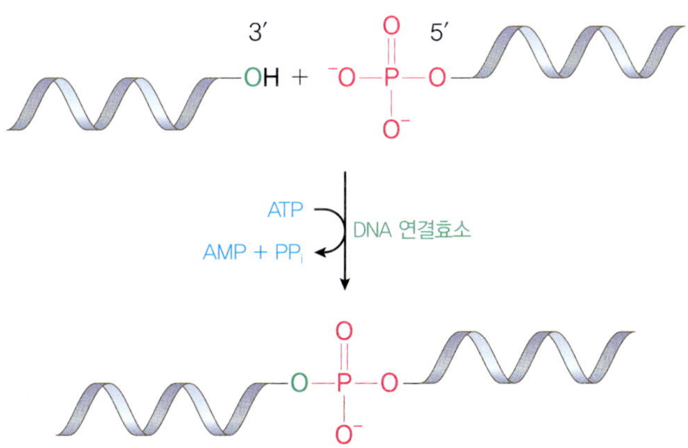

그림 12-7 DNA 연결효소에 의한 포스포디에스테르 결합 형성

표 11-2 DNA 복제에 필요한 효소 및 단백질의 기능

효소 및 단백질	기 능
헬리카아제(helicase)	DNA 이중나선 풀림의 개시
DNA 선회효소(DNA gyrase)	초나선 형성, DNA 풀림을 도움
SSB 단백질(single strand binding protein)	단일가닥 DNA의 안정화 및 보호
프리마아제(primase)	RNA primer의 합성
DNA 중합효소 III (DNA polymerase III)	DNA 사슬의 연장
DNA 중합효소 I (DNA polymerase I)	RNA primer 제거 및 간격 완성
DNA 연결효소(DNA ligase)	마지막 포스포디에스테르 결합 완성

(2) 진핵생물의 DNA 복제

전반적으로 진핵세포의 DNA 복제과정은 원핵세포의 DNA 복제과정과 유사하나, 여러 개의 복제 시작점을 가지며 대부분 고리형 원핵세포의 DNA와는 달리 선형의 DNA를 갖는다는 차이가 있다. 진핵세포의 선형 DNA 3′ 말단에는 말단소체telomere라고 불리는 특별한 구조가 존재하며, 주로 구아닌G이 풍부한 헥사뉴클레오티드hexanucleotide가 수백 번 반복되는 구조로서 이 구조의 복제는 DNA 중합효소가 아닌 말단소체 복원효소telomerase가 사용된다.

보통 체세포의 경우 세포분열을 거듭할수록 말단소체의 염기쌍이 줄어들지만, 생식세포에는 말단소체 복원효소가 존재하여 세포분열이 반복되어도 말단소체의 단축이 일어나지 않으며, 암세포의 경우에도 말단소체 복원효소의 발현으로 인해 암세포가 무한 증식할 수 있는 요인이 되기도 한다.

3 전사

1) 전사과정

전사transcription는 DNA의 유전자 염기배열을 복사하여 mRNA, tRNA, rRNA 등의 RNA를 만드는 과정을 총칭한다. 대장균의 DNA의 경우는 약 4,000종류의 단백

질을 만들 정보를 포함하고 있으며, 사람의 경우는 수만 가지의 단백질을 만들 수 있는 정보를 간직하고 있다. 유전정보는 A, G, C, T로 이루어진 염기서열의 언어로서 이 정보를 해독하여 단백질 언어(아미노산)로 번역해야 하며, 이때 RNA는 단백질 합성을 위해 DNA의 유전정보를 전달하는 분자 운반체의 역할을 수행한다.

RNA 바이러스를 제외하고 모든 생물은 단일가닥의 DNA를 주형으로 mRNA 분자를 합성하는 과정을 전사라고 한다. 전사라는 말은 그리스어 transcribere에서 유래한 것으로서 '사본을 만든다'를 의미하는데, 이 과정을 통해 DNA의 정보 부분을 RNA 가닥에 복제한다.

이 과정은 모든 생명체에 존재하는 RNA 중합효소에 의해 촉매되며, 이 효소는 다음과 같은 요소들을 전사과정에 사용한다.

- DNA 주형 이중나선으로 된 DNA는 두 가닥 중 한 가닥만 전사의 주형으로 사용되며, DNA의 주형가닥template strand 또는 역의미가닥antisense strand의 염기서열은 RNA 전사물과 상보적인 염기서열을 나타내며, DNA의 암호가닥coding strand 또는 센스가닥sense strand은 우라실U 대신에 티민T이 있는 것만 제외하면, RNA 전사물과 동일한 염기서열을 나타낸다. RNA 중합효소의 전사시작 부분transcription initiation site에 +1 번호를 표기하고, RNA polymerase가 DNA 가닥을 읽어가는 방향이 '하류downstream' 이고 양의 숫자로 표시하며, 반대방향은 '상류upstream' 이며 음의 숫자로 표시한다. RNA 중합효소를 유전자에 결합시킬 수 있는 기능이 있는 프로모터 서열promoter sequence과 같은 몇몇 중요 부위는 전사시작 부위 위쪽에 위치한다 그림 12-8.
- RNA 가닥의 구성성분인 리보뉴클레오티드 삼인산ribonucleotide triphosphates, ATP, GTP, UTP, CTP 등을 필요로 한다.
- RNA 중합효소는 Mg^{2+}, Mn^{2+} 등의 2가의 양이온이 보조인자로 필요하다.

2) RNA 중합효소

원핵세포 및 진핵세포의 RNA 중합효소는 구조적·기능적으로 유사한 모습을 나타낸다. 대장균의 RNA 중합효소는 서로 다른 다섯 가지 종류의 단위체subunit로

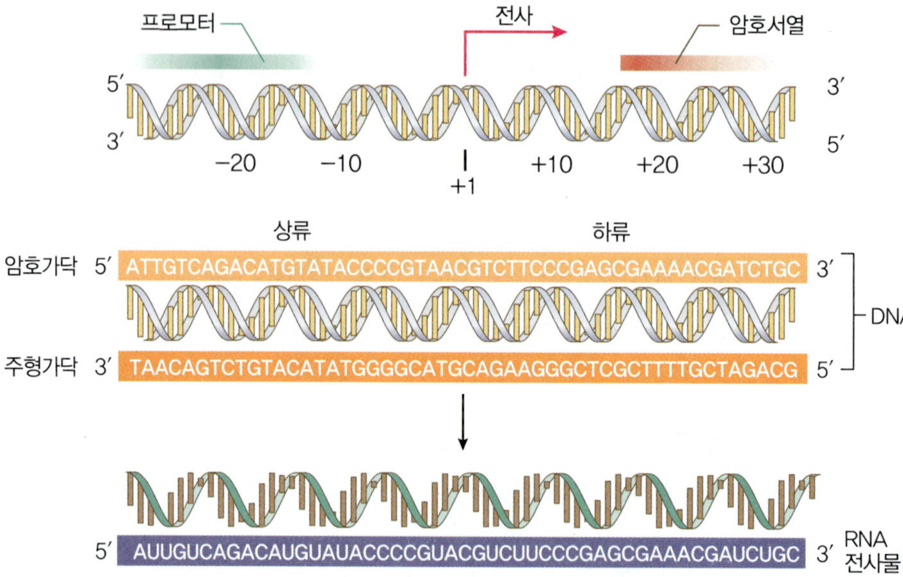

그림 12-8 RNA 중합효소의 결합 부위 및 전사 성물

구성된 매우 큰 효소 복합체로서 $\alpha_2\beta\beta'\omega$의 핵심유전자와 정확한 개시 부위를 찾을 수 있게 도와주는 σ 소단위체로 구성된 완전효소holoenzyme가 RNA의 합성을 시작하지만 전사가 시작된 직후에는 σ 소단위체는 해리되어 떨어져 나가며, 프로모터 부위와 기질 결합자리를 가지고 있는 핵심효소($\alpha_2\beta\beta'\omega$)는 남아 있게 된다. σ 소단위체는 일반 DNA 부위에 대한 RNA 중합효소의 친화도를 10^4배 정도 낮추어 프로모터 부위와 특이적으로 인식하고 결합할 수 있도록 한다.

진핵세포에서의 전사과정은 한 가지의 RNA 중합효소가 참여하는 대장균에서의 전사과정과는 달리 RNA 중합효소 I, II, III으로 명명되는 세 가지 중합효소를 가지고 있다. RNA 중합효소 I은 큰 rRNA, RNA 중합효소 II는 mRNA, RNA 중합효소 III은 tRNA와 작은 rRNA를 합성한다. 진핵세포에서 전사과정이 개시되기 위해서는 여러 가지 전사인자transcription factor라고 불리는 단백질이 필요하며, 이러한 더욱 복잡한 전사 조절을 통해 다세포 진핵생물은 세포가 공통적으로 가진 DNA의 전사과정을 차별적·특이적으로 조절함으로써 서로 다른 세포의 기능과 유형을 만들어 낸다.

3) RNA 합성의 단계

대장균의 전사단계는 다음과 같다.

(1) 1단계 : 개시

전사의 시작단계initiation에서는 RNA 중합효소는 이중가닥 DNA의 특정 부위에 존재하는 촉진유전자promoter를 인식하고 결합한다. 대부분 원핵세포의 DNA 염기서열에서 발견되는 두 개의 프로모터 부분이 존재하는데, 하나는 TATAAT의 공통적인 염기서열을 갖는 -10부위의 프리브노 상자Pribnow box와 다른 하나는 TTGACA의 염기서열을 갖는 -35부위 등인데, RNA 중합효소는 DNA 상류 부위에서 비특이적으로 결합하여 프로모터 부위를 인식할 때까지 주형의 3′→5′ 방향으로 이동 후 -10부위의 프로모터 부분에서 특이적 결합을 통해 DNA 이중나선을 풀고, 12~14개의 염기쌍 정도가 수소결합이 파괴되어 전사버블transcription bubble을 형성한다. 이때 +1부위에 들어온 상보적인 리보뉴클레오티드rNTP와 +2 위치에 들어온 상보적인 rNTP 사이에 포스포디에스테르 결합이 형성되어 RNA 합성이 시작된다.

이때 DNA 복제와 RNA 중합과정의 차이는 DNA 합성 시에 필요한 RNA primer는 RNA 중합의 시작에는 필요하지 않다. 또 첫 번째 리보뉴클레오티드 5′ 쪽에 인산 세 분자가 남아 있다.

(2) 2단계 : 신장

RNA 사슬의 신장elongation은 5′→3′ 방향으로 진행되며, 몇 개의 리보뉴클레오티드가 중합된 후 RNA 중합효소의 σ 소단위체는 핵심 효소로부터 떨어져 나오며, RNA 단일가닥이 신장되는 동안 RNA 중합효소의 이동방향 앞으로는 이중가닥의 DNA는 풀어나간다. 일단 DNA가 전사되면 이전에 분리된 가닥은 이중가닥으로 다시 결합하게 된다. 또한 RNA 중합효소는 14개 정도의 분리된 염기쌍이 존재하는 지역, 전사버블은 유지되며 진행된다.

(3) 3단계 : 종결

대장균에서 RNA 사슬 합성의 종결termination은 두 가지 방법으로 진행될 수 있다. 하나는 ρrho 단백질이라고 불리는 종결인자가 결합하는 방법이고, 또 하나는 특별한 DNA 염기서열에 의해 종료되는 경우가 있을 수 있다. DNA에 존재하는 가장 간단한 종결신호는 T염기가 여러 개 따라붙고 회문형palindrome으로 생긴 GC가 풍부한 구역이며, 이러한 DNA의 회문형 구조로부터 전사되는 RNA는 자기상보적으로 머리핀 구조를 이루고, RNA 중합효소는 이러한 머리핀 구조의 합성 후 전사를 멈추게 된다. 전사가 멈추면 약하게 결합된 RNA 가닥이 DNA 주형으로부터 분리되어 RNA 중합효소도 분리된다.

4) 전사 후 RNA의 변형

핵이 없는 원핵세포의 경우 mRNA에서 단백질로 번역되는 과정은 RNA 중합효소에 의한 전사과정이 동시에 일어날 수 있지만, 진핵세포의 경우는 핵에서 DNA로부터 RNA의 전사가 진행되며 세포질cytoplasm에서 mRNA로부터 단백질의 생성반응, 즉 번역translation이 일어나 장소적으로도 분리되어 있을 뿐 아니라 새로 합성된 RNA 분자들은 전구체 mRNA(pre-mRNA)로서 대체로 생물학적으로 불활성 형태이다. 기능이 있는 성숙한 형태로 변형되기 위해서는 RNA 가공과정이라는 일련의 변형과정을 거쳐야 한다. 이러한 1차 전사물의 변형 과정을 전사 후 변형post-transcriptional modification이라고 한다 그림 12-9.

> **회문형(palindrome)**
> 오른쪽으로 읽든 왼쪽으로 읽든 상관없이 똑같은 단어나 문장

(1) tRNA 및 rRNA의 변형

진핵세포에서의 tRNA 전구체 분자가 성숙한 tRNA 분자로 변환되려면 이어맞추기에 의한 인트론intron 제거, 포스포디에스테르 결합의 절단에 의한 5′ 및 3′ 말단에서의 염기 제거와 첨가 등의 변형이 일어난다. 또한 진핵세포에서 rRNA의 대표적인 가공의 예로서 pre-rRNA 전사체가 리보솜의 구성 소단위 18S, 5.8S, 28S의 rRNA들을 변성과 절단 같은 가공과정을 통해 성숙한 rRNA로 변형시키는 과정을 들 수 있다.

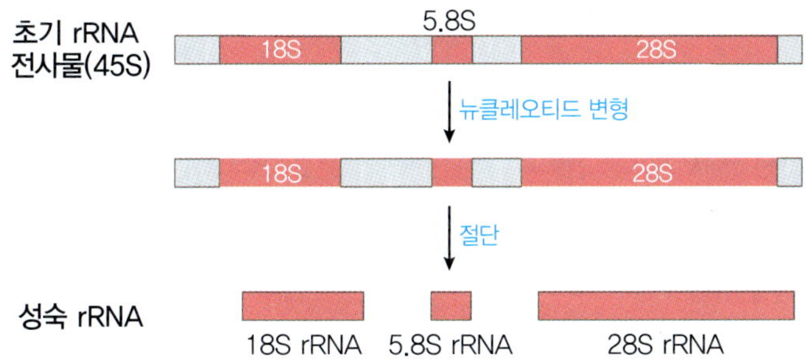

(a) rRNA의 전사 후 변형

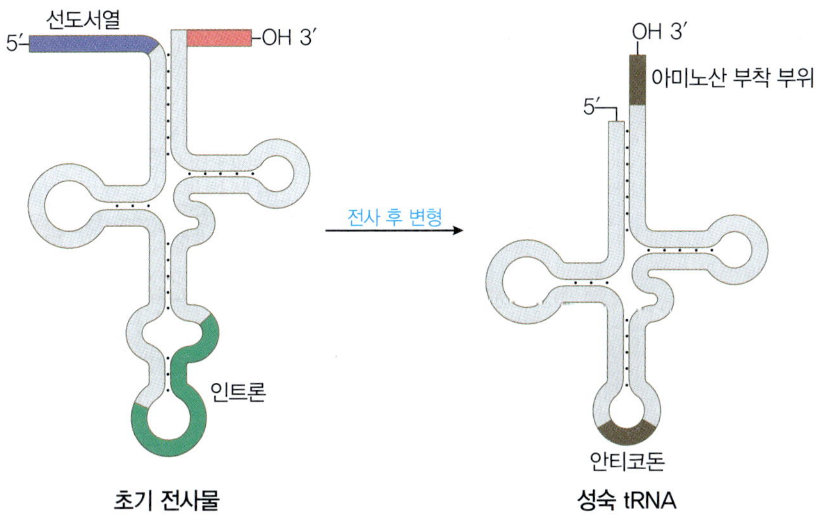

(b) tRNA의 전사 후 변형

그림 12-9 전사 후 변형 과정

(2) mRNA의 변형

새로 전사된 RNA 사슬의 5′ 말단이 RNA 중합효소에서 나오면, 여러 효소에 의해 즉시 RNA 사슬의 5′ 말단에 7-메틸화구아닐산7-methylated guanylate이 5′ → 5′ 연결을 생성하며, RNA 첫 번째 뉴클레오티드와 두 번째 뉴클레오티드 리보스의 2′ 히드록실원자단hydroxyl group, –OH에 메틸기–CH_3를 결합시킨다. 이러한 RNA 5′ 말단에 변형을 5′ 메틸화 모자methylated cap의 생성이라고 하며, 이러한 모자cap의 생성은 mRNA가 효소로부터 분해되는 것을 억제하며 세포질로의 이동을 돕는다.

pre-mRNA의 3′ 말단은 핵산 가수분해효소endonuclease에 의해 유리 3′-히드록실기가 생성되는 변화과정을 겪고, 여기에 poly(A) 중합효소의 작용에 의해 100~250 정도의 길이가 되는 poly(A) 꼬리가 생성된다. 진핵세포 mRNA의 전사 후 변형의 마지막 단계는 RNA 스플라이싱splicing이다. 전사물의 중간 부분을 잘라 인트론을 제거한 후 단백질로 번역될 수 있는 엑손exon 부위를 이어주는 과정을 말한다 그림 12-10.

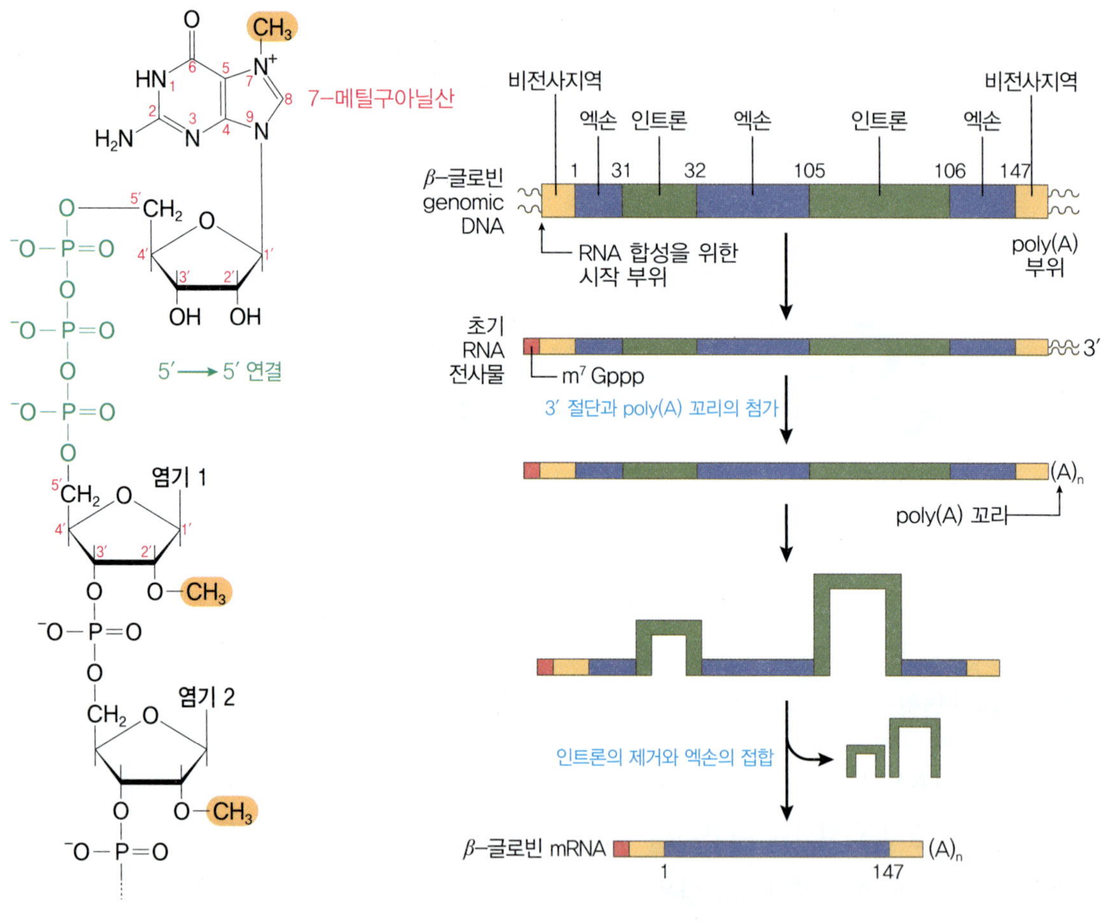

(a) 5′ 메틸화 모자의 구조

(b) mRNA 프로세싱의 개요

그림 12-10 mRNA의 변형

4 단백질의 합성

핵에서 만들어져 전사 후 변형을 거친 성숙한 활성형의 mRNA는 세포질로 이동하여 리보솜ribosome과 결합한다. mRNA 분자를 주형으로 tRNA 분자와 rRNA 분자를 이용하여 단백질을 합성하는 과정을 번역이라고 한다. 번역과정은 전사와 다르게 정보를 한 언어로부터 다른 언어로 변환하는 것으로, 뉴클레오티드의 염기서열을 단백질, 즉 아미노산의 서열로 번역하는 것을 의미한다. 세 종류의 RNA 분자들이 협동적 작용을 수행함으로써 유전정보를 단백질로 번역하는 과정을 수행한다.

1) 단백질 합성의 특징

(1) 리보솜

리보솜은 단백질 합성의 장이 되는 작은 과립형 입자 구조로서, 진핵세포에서는 세포질과 미토콘드리아 내에 존재하는데 서로 다른 크기의 두 개의 단위체로 구성되어 있다 그림 12-11. 대장균을 비롯한 원핵세포의 리보솜의 경우 30S와 50S의 단위체가 가역적으로 결합하여 70S의 복합체를 형성하고, 사람을 비롯한 진핵세포의 리보솜의 경우 40S와 60S

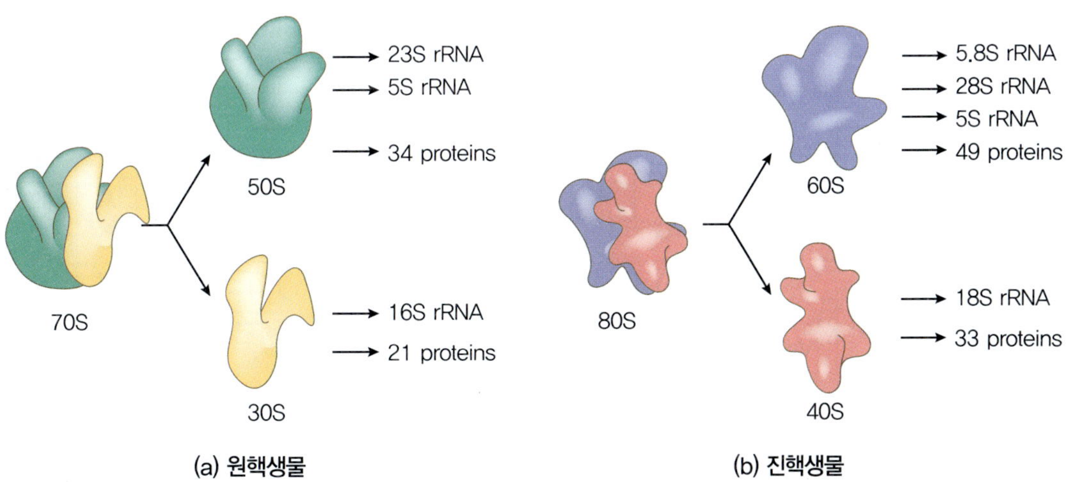

그림 12-11 리보솜 구성의 단위

의 단위체가 가역적으로 결합하여 80S 복합체를 형성한다.

(2) 전령 RNA

DNA의 1차 구조로 전사된 정보를 전달하며, mRNA의 염기배열이 단백질의 아미노산 배열 순서를 결정하게 되는데, mRNA의 연속하는 3개의 염기는 코돈codon이라고 부르는 뉴클레오티드 세트로 리보솜에 의해 읽히며, 이 코돈은 3개의 염기 조합은 특정 아미노산을 지정한다. mRNA는 네 종류의 염기로 구성될 수 있으며, 1개의 코돈은 3개의 염기로 구성되므로, 코돈의 수는 $4^3=64$가 된다. 코돈의 유전암호genetic code는 미토콘드리아와 몇몇 조류algae를 제외하고는 모든 생물체가 동일한 유전암호를 사용함으로써 보편성universal을 지녔다. 그림 12-12에 나타난 mRNA의

코돈을 구성하는 두 번째 염기

코돈을 구성하는 첫 번째 염기	U	C	A	G	코돈을 구성하는 세 번째 염기
U	UUU, UUC — Phe UUA, UUG — Leu	UCU, UCC, UCA, UCG — Ser	UAU, UAC — Tyr UAA UAG	UGU, UGC — Cys UGA UGG — Trp	U C A G
C	CUU, CUC, CUA, CUG — Leu	CCU, CCC, CCA, CCG — Pro	CAU, CAC — His CAA, CAG — Gln	CGU, CGC, CGA, CGG — Arg	U C A G
A	AUU, AUC, AUA — Ile AUG — Met	ACU, ACC, ACA, ACG — Thr	AAU, AAC — Asn AAA, AAG — Lys	AGU, AGC — Ser AGA, AGG — Arg	U C A G
G	GUU, GUC, GUA, GUG — Val	GCU, GCC, GCA, GCG — Ala	GAU, GAC — Asp GAA, GAG — Glu	GGU, GGC, GGA, GGG — Gly	U C A G

AUG는 시작코돈이며, UAA,UAG,UGA는 종결코돈이다.

그림 12-12 유전암호

64종류의 염기 조합 중 61개는 각각의 아미노산을 암호화하고, 나머지 3개는 종결코돈 stop codon(UAA, UAG, UGA)으로 어떤 아미노산에도 대응하지 않는 코돈이다. AUG는 단백질 합성을 개시하는 개시코돈start codon으로 메티오닌methionine을 지정하는 코돈이기도 하며, 따라서 모든 단백질 합성의 시작은 메티오닌으로 시작된다.

(3) 운반 RNA

mRNA에 있는 코돈을 해석하는 열쇠로서 각각의 아미노산은 자기 자신이 운반될 tRNA가 있으며, 20종류의 각 아미노산에 대응하는 tRNA가 하나 혹은 2개 이상 존재하고 각 진핵생물에는 60종씩의 tRNA가 존재하기도 한다. 아미노산은 특정 tRNA의 3′-히드록실기 말단에 에스테르 결합을 통해 공유결합으로 연결되어 있으며, tRNA의 다른 쪽 말단에서는 세 개의 인접한 뉴클레오티드 염기(안티코돈)가 mRNA 코돈의 염기쌍 사이에 수소결합을 통해 서로 결합한다 그림 12-13.

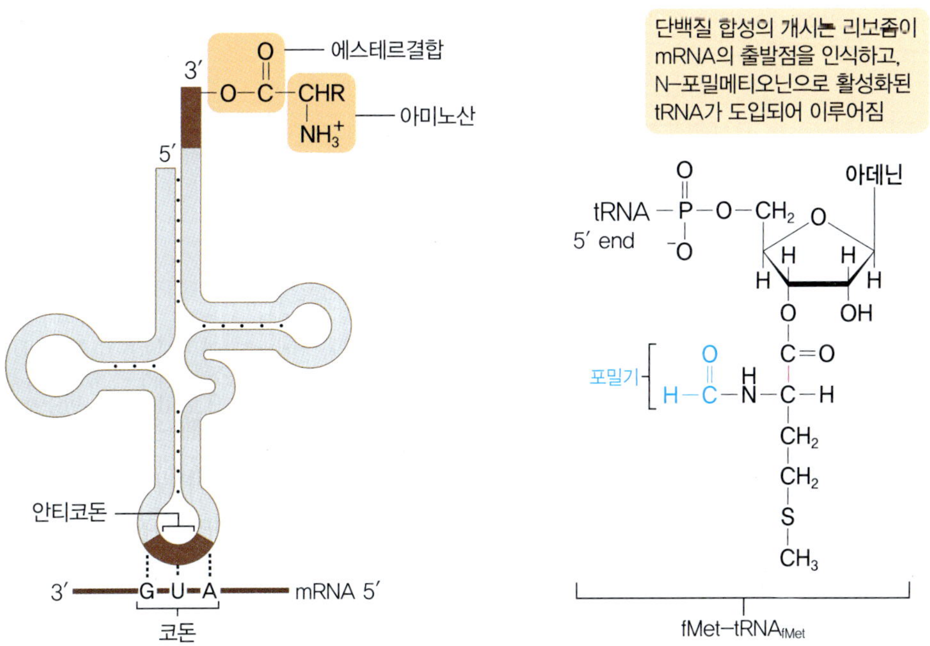

(a) 아미노아실 tRNA 구조 (b) tRNA에 의해 활성화된 N-포밀메티오닌

그림 12-13 아미노아실 tRNA 및 활성화된 $tRNA_{fmet}$의 구조

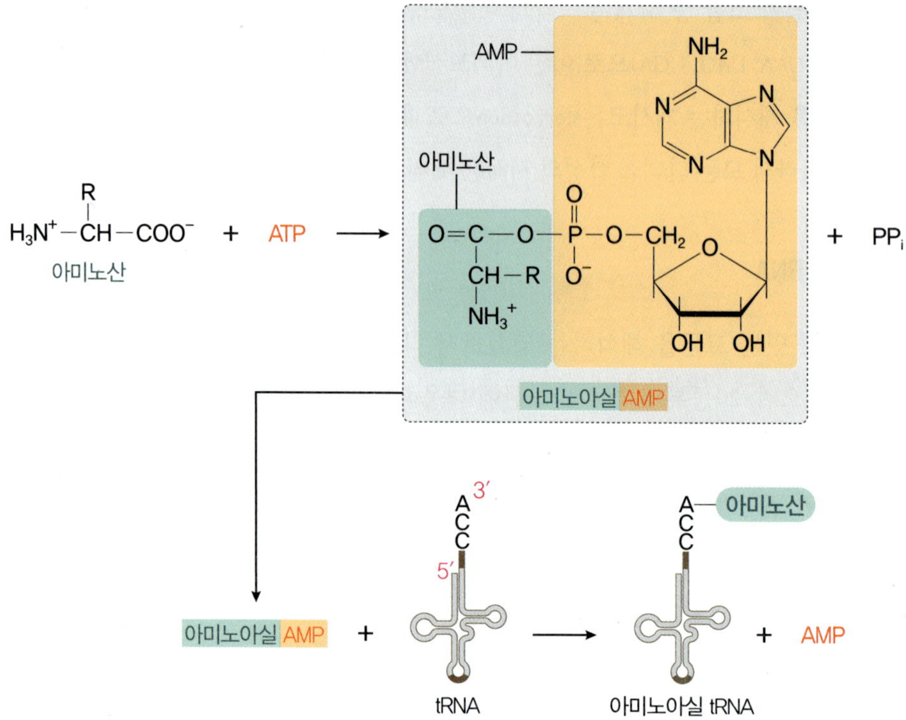

$$\text{아미노산} + \text{ATP} \rightleftharpoons \text{아미노아실 AMP} + PP_i$$

$$\text{아미노산 AMP} + \text{tRNA} \rightleftharpoons \text{아미노아실} - \text{tRNA} + \text{AMP}$$

$$PPi + H_2O \rightleftharpoons 2P_i$$

그림 12-14 아미노아실 tRNA 구조의 형성

아미노산이 tRNA와 결합하기 위해서 먼저 아미노산이 ATP와 반응하여 활성 형태인 아미노아실 AMPaminoacyl AMP를 형성하고, 이는 연쇄적으로 tRNA와 반응하여 아미노산이 결합한 형태인 아미노아실 tRNAaminoacyl tRNA가 생성된다 그림 12-14.

2) 단백질 합성의 3단계

(1) 개시

단백질 합성의 첫 단계는 개시Initiation다. 개시인자initiation factor, IF라고 부르는

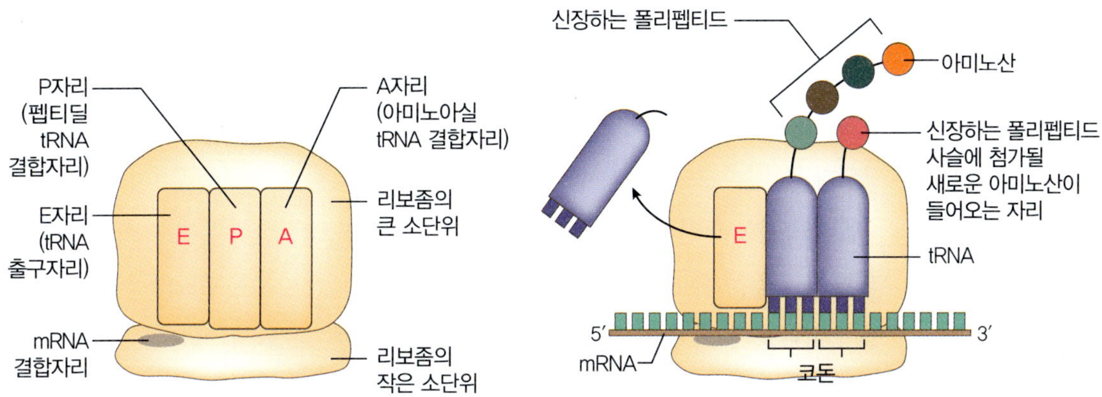

(a) 리보좀 내 tRNA의 결합자리

리보솜은 A, P, E 세 개의 tRNA와 결합하는 자리를 가지고 있다.

(b) 리보좀 내에서 수행되는 폴리펩티드 합성

tRNA가 보유한 안티코돈의 염기서열은 세 개의 mRNA 염기와 상보적으로 결합할 수 있다. P자리는 신장하는 폴리펩티드 사슬과 결합한 tRNA가 결합되어 있으며, A자리는 새로 첨가될 아미노산이 들어오는 자리이다. 아미노산을 신장하는 폴리펩티드 사슬에 첨가 후, tRNA는 E자리를 통해 나간다.

그림 12-15 단백질 합성 수행을 위한 리보솜과 tRNA 상호작용

단백질은 한 mRNA 분자, 즉 작은 리보솜 소단위와 큰 리보솜 소단위 그리고 개시 tRNA로 구성된 번역 개시 복합체의 형성으로 시작된다. 이러한 개시 tRNA는 AUG 코돈을 인식하고 메티오닌 아미노산을 운반한다 그림 12-15.

개시인자 단백질들이 번역 개시 복합체를 한데 묶기 위해 필요하며, 이때 GTP 분자의 가수분해 형태로 에너지 소모가 발생한다.

리보솜은 결합 tRNA 분자에 두 자리를 갖는다. 펩티딜 tRNA 결합자리(P-site)라고 부르는 첫째 자리는 tRNA 분자와 결합하고 성장하는 펩티드를 갖는다. 아미노아실 tRNA 결합자리(A-site)라고 부르는 둘째 자리는 펩티드 사슬에 첨가될 다음 아미노산을 운반하는 자리이다.

(2) 신장

신장elongation 단계에서는 70s의 개시 복합체, 새로운 아미노아실-tRNA, 그리고 신장인자elongation factor, EF 단백질이 참여하게 된다. 이 단계는 신장인자의 유도

에 의해 둘째 아미노산이 리보솜의 A 자리에 들어오는 것으로 시작된다.

합성개시 아미노산에 펩티딜기 전이효소peptidyl transferase의 작용으로 아미노산이 연속적으로 펩티드 결합을 형성함으로써 아미노산 잔기 수를 늘려 길이가 신장된다.

펩티드 결합이 형성된 후 리보솜은 mRNA의 3′쪽으로 한 코돈만큼 이동한다. 이러한 자리옮김translocation의 결과, 탈아실화된 tRNA가 코돈 부위와 P자리로부터 떨어져 나오게 되어 결국은 방출된다. 그와 동시에 디펩티딜 tRNA는 A자리에서 P자리로 자리를 옮기게 되고, 자리가 빈 A자리에 새로운 아미노아실 tRNA가 들어오게 된다.

(3) 종결

번역의 최종단계는 종결termination로서 세 종결 코돈termination codon, 즉 UAA, UAG, UGA이 있다. 그것은 상응하는 tRNA 분자들이 없다. 이러한 '정지' stop 코돈 중 하나를 만날 때 번역이 끝난다.

하나의 유리인자release factor, RF는 빈 A자리와 결합하고, 이미 펩티드 결합 형성을 촉매작용한 펩티딜 전이효소peptidyl transferase는 새로 합성된 단백질의 마지막 아미노산과 펩티딜 tRNA 사이에 에스테르 결합을 가수분해한다.

참고문헌

국내문헌

곽한식 외 역, 생화학 제5판, 라이프사이언스, 2007

김건희 외, 재미있는 식품화학, 수학사, 2011

김나현 외, 생명과학을 위한 생화학, 지구문화사, 2014

박인국 역, 생화학 길라잡이 제3판, 라이프사이언스, 2004

박인국, 생화학 길라잡이, 라이프사이언스, 2013

방병호, 채기수, 최신생화학, 진로연구사, 2009

백형환, 윤경식, 김호식 외 역, 레닌저 생화학 상, 월드사이언스, 2014

윤경식, 김호식 외 역, 하퍼 생화학, 범문에듀케이션, 2013

윤경식, 김호식, 김정희 외 역, 레인저 생화학 하, 월드사이언스, 2014

이주희 외, 꼭 알아야 할 생화학, 교문사, 2012

이주희 외, 대사를 중심으로 한 생화학, 교문사, 2010

이호재 외, 재미있는 생화학, 수학사, 2013

조성호 외 역, Boyer's 생화학의 이해 제3판, 월드사이언스, 2007

최진호, 주진순, 기초생화학. 교문사, 2009

국외문헌

Campbell MK, *Biochemistry*, Holt, Rinehart and Winston Inc., 1991

Campbell PN, Smith AD, *Biochemistry illustrated, 4th ed.*, Churchill Livingstone, 2000

Conn EE, Stumpf PK, *Outline of Biochemistry, 4th ed*, John Wiley & Sons Inc., 1976

David LN, Michael M, *cox Lehninger Principles of Biochemistry, 5th ed.*, W. H. Freeman and company, 2008

Delvin TM, *Textbook of Biochemistry with Clinical correlations, 5th ed.*, Wiley-Liss, 2002

Gerald Karp, C*ell And Molecular Biology concepts and experiments, 5th ed.*, John Wiley &Sons, 2007

Harvey RA, Ferrier D, *Lippincott's illustrated reviews Biochemistry, 5th ed.*, Lippincott Williams & Wilkins, 2011

Jeremy MB, John LT, Lubert S, *Biochemistry, 5th ed.*, W. H. Freeman and company, 2002

Lehninger AL, *Principles of Biochemistry*, Worth, 1982

Lehninger AL, Nelson DL, Cox MM. *Principles of Biochemistry*. Worth Publishers Inc., 1993

Lodish et al., *Molecular cell biology, 6th ed.*, W. H. Freeman and company, 2007

McKee T, McKee JR, *Biochemistry an Introduction, 2nd ed.*, WCB & McGraw Hill, 1999

Montgomery R, Dryer RL, Conway TW, Spector AA, *Biochemistry a case oriented Approach, 3rd ed.*, 1980

Murray RK, Granner DK, Mayes PA, Rodwell VW, *Harper's Biochemistry, 23rd ed.*, Appleton & Lange, 1993

Reginald Garrett, *Biochemistry*, Cengage Learning, 2013

Richard A. *Harvey Lippincott's Illustrated Reviews Series: Biochemistry*. Wolters Kluwer. 2013.

Richard A. Harvey, Denise Ferrier, *Biochemistry 5th ed.*, Lippincott Williams & Wilkins, 2011

Stryer L, *Biochemistry*, Freeman & Toppan, 1975

Trudy McKee, James Robert McKee. *Biochemistry: The Molecular Basis of Life*, Oxford University Press, 2009

Vasudevan DM, Sreekumari S, *Anshan Gold Mini Atlas Series Biochemistry*, Anshan Tunbridge Wells UK, 2007

웹사이트

http://en.wikipedia.org/wiki/File:Cori_%26_Alanine_Cycle_edited_by_wrekodara.svg

http://oregonstate.edu/instruct/bb350/textmaterials/18/Slide14.jpg

찾아보기

저자 소개

변기원

서울대학교 대학원 식품영양학과 이학박사

전 부천대학교 식품영양학과 교수

원혜숙

이화여자대학교 대학원 식품영양학과 이학박사

현재 동남보건대학교 식품영양학과 교수

송태희

숙명여자대학교 대학원 식품영양학과 이학박사

현재 배화여자대학교 식품영양학과 교수

이상준

서울대학교 대학원 식품공학과 박사

현재 연성대학교 호텔조리전공 교수

홍경희

경희대학교 동서의학대학원 임상영양전공 의학영양학박사

현재 동서대학교 식품영양학과 교수

이용권

고려대학교 대학원 농화학과 농학박사

현재 유한대학교 유한바이오제약전공 교수

이해하기 쉬운 **생화학**

2015년 7월 15일 초판 발행
2025년 3월 5일 5쇄 발행

지은이 | 변기원 · 원혜숙 · 송태희 · 이상준 · 홍경희 · 이용권
발행인 | 유제구
발행처 | 파워북
주 소 | 경기도 고양시 일산동구 호수로 358-25
동문타워 2차 529호
전 화 | (02) 730-1412
팩 스 | (031) 908-1410
등 록 | 1997년 1월 31일 제2014-000067호

정 가 25,000원
ISBN 978-89-8160-239-0 (93590)